子流形理论与应用丛书

子流形变分理论

Variation Theory of Submanifolds

刘进　著

国防科技大学出版社
湖南长沙

内容简介

子流形变分理论是微分几何重要的研究方向。本书系统阐述了子流形变分理论的基本内容，并给出了几个主要应用。全书分为三部分。第一部分为第 1 章，介绍本书的研究背景和研究现状。第二部分为第 2、3、4、5 四章，叙述和推导了本书的理论基础。第三部分为第 6、7、8、9 四章，给出了变分理论的几个应用专题，特别是F-Willmore泛函的间隙现象的研究。全书论述严密精炼，适合数学与图形处理专业的研究生及科研工作者参考。

图书在版编目（CIP）数据

子流形变分理论/刘进著.—长沙：国防科技大学出版社，2013.6
ISBN 978-7-5673-0100-9

Ⅰ.①子… Ⅱ.①刘… Ⅲ.①子流形—变分（数学）—研究
Ⅳ.① O189.3

中国版本图书馆CIP数据核字(2013)第091229号

国防科技大学出版社出版
电话：(0731)84572640　邮政编码：410073
http://www.gfkdcbs.com
责任编辑：谷建湘　　LaTeX排版：谷建湘
国防科技大学印刷厂印刷
开本：890mm×1240mm 1/32　印张：8.25　字数：260千
2013年6月第1版第1次印刷　印数：1～1000册
定价：28.00元

前言

子流形变分理论成为微分几何的重点课题，基于三个主要理由：理由一，在自然科学中的成功应用，特别是在图形处理的新理论、新方法、新算法设计中的作用；理由二，古典曲面论启发人们对空间形态的认识取决于两个因素——内蕴因素与外蕴因素，即曲面在三维空间的形态不仅由内蕴度量性质的第一基本型决定，也由曲面的嵌入方式即外蕴度量性质的第二基本型决定；理由三，数学家和诺贝尔经济学奖获得者Nash发明的Nash嵌入定理，使任何一个完备的黎曼流形都可嵌入为欧氏空间的子流形，在此意义上，黎曼流形内蕴的研究本质上可以归结于子流形内蕴和外蕴性质的研究。

变分理论的研究历史悠久，最速下降线或者测地线的变分法研究即是子流形变分法的雏形。数学家欧拉、高斯、黎曼、嘉当、陈省身、丘成桐等对变分法作出了重要贡献。一个著名的例子是陈省身与合作者利用变分法和结构方程讨论了单位球面中极小子流形的某些几何量的间隙现象，并定出了间隙端点所对应的特殊子流形。这是子流形几何中具有显著地位的定理。以此结论为出发点，众多数学家进行推广和深入探讨，形成目前子流形几何一个较为重要的方向——间隙现象的研究。

本书的主要目的在于系统地研究和介绍子流形的变分理论。全书共分九章，可以归纳为三部分。第一部分为第 1 章，主要介绍变分理论的研究历程和国内外研究现状，使读者对于变分法有整体的把握。第二部分是基础理论篇，包括第 2、3、4、5 四章。各章的目的和作用不一。第 2 章精炼介绍微分几何的基本方程和定理，为后面各章提供预备知识；第 3 章推导子流形几何的基本方程和变分法基本公式，是本书的理论基础；通常，变分法的计算非常复杂，为了简化公式和计算过程，第 4 章研究子流形第二基本型的组合构造方法——Newton 变换法，并推导了新构造的张量的基本性质，是对第 3 章内容的扩充和精细；自伴算子是子流形间隙现象研究的有效工具，第 5 章设计了多种几何意义明确的自伴算子，并对几种典型函数做了精细的计算。第三部分是应用专题篇，包括第 6、7、8、9 四章。各章的应用主题不一。受微分几何中著名的Willmore猜想的驱动，第 6 章作者研究了子流形共形不变积分的构造和泛函变分公式的计算问题，特别提出了 F-Willmore泛函的概念并得出了丰富的研究成果，主要集中于F-Willmore 子流形的构造和间隙现象的讨论，更重要的是定出了间隙端点的子流形。极小子流形的概念一直是子流形几何的中心概念，对此概念的推广研究主要集中于巴西超曲面几何学派，他们研究并提出了 r 极小子流形的概念，作者在第 7 章提出了能够统一概括极小和 r 极小子流形的概念——平均曲率场线性相关子流形，给出了其代数、微分、变分法的刻画，特别研究了其稳定性。锥的研究在极小函数图的Bernstein性质的发掘中发挥了重要作用，子流形几何的各种概念皆可与其融合，在第 8 章作者研究了某些类型的自伴算子的特征值与某些特殊子流形稳定性的联系。总结第 6、7、8 三章的具体变分问题，可以归结为Reilly泛函的特殊情形，但Reilly 只考虑超曲面的情形，而在第 9 章作者对最一般情形进行了计算。

本书是作者对子流形变分问题的一个粗浅阐述，希望随着研究的进行，可以得到更丰富、更深刻的结果。作者也希望在不久的将来，针对具体的专题，例如F-Willmore子流形，可以写一本专著。

由于作者水平有限，书中的纰漏和不足是难免的，请各位专家不吝赐教。

刘进

2013年1月

目录

第1章 绪 论

子流形几何成为微分几何的重要课题，基于三个主要理由。理由一：在自然科学中的成功应用；理由二：古典曲面论启发对空间形态的认识，即曲面在三维空间的形态不仅由内蕴度量性质决定，也由曲面的嵌入方式即外蕴的第二基本型决定；理由三：Nash嵌入定理使任何一个完备的黎曼流形都成为欧氏空间的子流形。

本书的主要目的在于系统地研究子流形的变分理论，本书的组织结构遵循从特殊到一般再到特殊的研究规律。

为了使本书尽可能是自封的，我们在第二章列出了本书需要的预备知识，包括黎曼几何基本方程、曲率的代数关系和协变导数关系。同时为了研究子流形的共形积分理论，列出了标准的共形几何基本知识，包括曲率的正交分解、曲率各个部分在共形变换下的变换规律。

本书第3章的第1节推导了子流形基本方程，包括Gauss方程、Codazzi方程、Ricci方程，同时为了区别外围流形的切丛和子流形拉回丛上协变导数的不同，我们严格推导了子流形拉回丛上的曲率的第二Bianchi恒等式，它和外围流形切丛的第二Bianchi恒等式有区别，参见定理 3 .1。第2节研究了子流形的共形变换。在外围流形共形变换的基础上，通过拉回映射，子流形也有相对应的共形变换，通过基本的黎曼几何方程，可以得出第二基本型在共形变换下的规律，这是研究子流形共形不变积分的根本出发点，参见定理3.2。为了使概念能够得到具体的支持，在第3节，作者列出了众多具体的例子。第3章最重要的部分是第4节，也是全书的理论基础。作者系统推导了变分公式，比一般的处理更进一步的是，作者不仅推导了第二基本型的变分公式，还推导了拉回丛曲率分量的变分公式，参见定理3.3，这使得在外围流形相当一般的情况下，对子流形的一些曲率作的组合，如对称函数产生的泛函的变分成为可能。

在处理泛函问题的时候，基本上都会出现Newton变换。关于此变换，Robert Reilly[36]、巴西以Do Carmo为首的超曲面学派[2–5,15,23]、国内的李海中教授[8,22]都有研究。作者为了应用方便，在第4章将其推广到最一般的情形，同时为了兼顾欧氏几何和共形几何的需求，讨论了一般第二基本型和迹零第二基本型两种Newton 变换。分别研究了它们的对称性、反对称性、 迹、协变导数、散度性质、展开性质和变分公式。

1977年Cheng和Yau在Math.Ann的文章[12]中，提出了一类型的算子，一般称之为Cheng-Yau算子，此类算子包括众多算子。事实证明，此类算子在超曲面的刚性定理的研究上有重大应用。除此之外，用Cheng-Yau算子刻画某类概念也是有用的。作者在第5 章介绍了此类算子，同时对特殊函数用特殊的Cheng-Yau算子做了计算，这些计算在后面诸章皆有应用。

Willmore泛函是一个共形不变积分[11,34,42,43]，Willmore猜想其泛函的下界估计。关于此泛函，李海中、王长平、胡泽军等写过系列的文章[20,21,24,26–30]，得出了Euler-Lagrange方程、第二变分公式、 以及离散化现象和一些刚性定理。受此启发，作者试图以自然的方式而不是组合的方式来得出诸多共形不变积分。基于重要的定理3.2，作者认识到迹零第二基本型$\hat{B}$满足极好的变换规律，自然，$\hat{B}$的对称函数就是构造共形不变积分的出发点，这就是本书中的命题6.1。正是基于这一认识，作者在第4章研究了迹零Newton变换，为第6章的诸多积分不变泛函的引入留下伏笔。作者举出了大量的例子，参见例6.1至例6.13。针对两类相当广泛的泛函给出了Euler-Lagrange 方程，参见定理6.1和定理6.2。作为定理6.2的特例，作者专门研究了所谓的F-Willmore子流形。与经典Willmore泛函类似，作者得到了Simons型积分不等式，对于典型函数，作者得到了离散化的结果，参见第6.7节、第6.8节和其中的诸多推论。这些定理大大推广了经典的结果，有了这些定理，刚性定理是可预期的。

极小子流形概念的推广是一个重要课题，为此，有两方面的重要工作。一是巴西以Do Carmo为首的超曲面微分几何学派关于超曲面情形的构造[2–5,15,23]；二是李海中教授等对子流形情形的构造[8,22]。本书第7章推广了这方面的结果，研究了平均曲率向量场的线性相关性，提出了$(\boldsymbol{r+1},\boldsymbol{\lambda})$平行子流形的概念。用Cheng-Yau算子给出了微分刻画，参见定理7.1。构造了泛函并给出了变分刻画，参见定理7.2。 给出了第二变分公式，参见定理7.3。给出了球面中的不稳定性结果，参见定理7.4，此定理推广了Simons 不存在定理和李海中教授关于r 极小子流形的不存在定理。对于欧氏空间中满足一定条件的稳定的$(r+1, s+1, \lambda)$平行超曲面，给出了刻画，指出只能是球面，参见定理7.6。以上这些定理都是对经典结果的自然推广。

在锥的研究方面，主要基于三篇基本文献：(1) 陈省身在Kansas大学的子流形理论讲义[13]；(2) Simons在《Annals of Mathematics》上的关于极小子流形的文章[37]；(3) Barbosa和Do Carmo在《Annals of Global Analysis and Geometry》上的关于 1 极小锥的文章[4]。作者完全仿照文献[4]在第8 章研究了 r 极小锥，给出了高余维子流形、超曲面的第二基本型和其生成的锥的第二基本型的关系，参见定理8.1。给出了高余维子流形、超曲面上的一些微分算子和其生成锥的相应算子的关系，参见定理8.3。计算了高余维 r -极小锥和超曲面 r 极小锥的第二变分公式，参见定理8.4。用第一特征值刻画了 r 极小超曲面锥的稳定性，参见引理8.4。在一定条件下，证明了$(n-r) \leqslant 5$ 时总存在不稳定的r 极小超曲面锥，参见定理8.5。证明了当$(n-r) \geqslant 6$时，总可以在torus 中构造稳定锥，参见定理8.6。

Robert Reilly在文章[36]中构造了一个很一般的泛函，是关于各阶对称函数的一个抽象函数，Reilly做了空间形式中超曲面的计算。因为很多已知泛函都是其特殊情形，第9章的目的在于计算更一般的Robert Reilly泛函的Euler-Lagrange方程，参见定理9.1 至定理9.4。

总之，本书是对子流形变分理论的系统总结和研究，本书第三章以后的绝大多数定理都是作者得到的。

第 2 章　预备知识

本章列出需要的预备知识，其中包括黎曼几何的基本方程、共形变换公式。

2.1　黎曼几何基本方程

本节回顾黎曼几何基本方程。读者可以参见陈省身的讲义[13]或者教材[44]。

设$(N, \mathrm{d}s^2)$是黎曼流形，$S = (s_1, \cdots, s_N)^{\mathrm{T}}$和$\sigma = (\sigma^1, \cdots, \sigma^N)$分别是$TN$, T^*N 的局部正交标架，显然有

$$S \cdot S^{\mathrm{T}} = I,\ \sigma^{\mathrm{T}} \cdot \sigma = I.$$

设D是联络，ω, τ, Ω 分别是联络形式、挠率形式和曲率形式，那么有以下方程。

- 运动方程

$$\begin{aligned} DS &= \omega \otimes S,\ DS_A = \omega_A^B \otimes S_B = \Gamma_{AC}^B \sigma^C \otimes S_B, \\ D\sigma &= -\sigma \otimes \omega,\ D\sigma^A = -\sigma^B \otimes \omega_B^A. \end{aligned}$$

- 挠率方程

$$\begin{aligned} D(\sigma \otimes S) &= \mathrm{d}\sigma \otimes S - \sigma \wedge \omega \otimes S \\ &= (\mathrm{d}\sigma - \sigma \wedge \omega) \otimes S = \tau \otimes S, \\ \tau = \mathrm{d}\sigma - \sigma \wedge \omega, &\quad \tau^A = \mathrm{d}\sigma^A - \sigma^B \wedge \omega_B^A. \end{aligned}$$

- 曲率方程

$$\begin{aligned} D^2 S &= D(\omega \otimes S) = (\mathrm{d}\omega - \omega \wedge \omega) \otimes S = \Omega \otimes S, \\ D^2 S_A &= \frac{1}{2} R_{ACD}^B \sigma^C \wedge \sigma^D \otimes S_B, \\ D^2 \sigma &= D(-\sigma \otimes \omega) = -\sigma \otimes (\mathrm{d}\omega - \omega \otimes \omega) = -\sigma \otimes \Omega. \end{aligned}$$

- 第一 Bianchi 方程

$$D^2(\sigma\otimes S)=\sigma\wedge D^2S=(\sigma\wedge\Omega)\otimes S,$$
$$\begin{aligned}D^2(\sigma\otimes S)&=D(D(\sigma\otimes S))\\&=D(\tau\otimes S)=(\mathrm{d}\tau+\tau\wedge\omega)\otimes S,\end{aligned}$$
$$\mathrm{d}\tau+\tau\wedge\omega=\sigma\wedge\Omega.$$

- 第二 Bianchi 方程

$$\begin{aligned}D^3S&=D(D^2(S))=D(\Omega\otimes S)\\&=(\mathrm{d}\Omega+\Omega\wedge\omega)\otimes S,\\D^3S&=D^2(\omega\otimes S)=\omega\wedge\Omega\otimes S,\end{aligned}$$
$$\mathrm{d}\Omega=\omega\wedge\Omega-\Omega\wedge\omega.$$

- 相容方程

$$\begin{aligned}DI=&D(S\cdot S^{\mathrm{T}})\\=&\omega\otimes S\cdot S^{\mathrm{T}}+S\cdot S^{\mathrm{T}}\otimes\omega^{\mathrm{T}}\\=&\omega+\omega^{\mathrm{T}}=0,\\D^2I=&D^2(S\cdot S^{\mathrm{T}})\\=&\Omega\otimes S\cdot S^{\mathrm{T}}+S\cdot S^{\mathrm{T}}\otimes\Omega^{\mathrm{T}}\\=&\Omega+\Omega^{\mathrm{T}}=0.\end{aligned}$$

注释 2.1 本文采用活动标架法，故约定：$S_A=S^A$，$\sigma^A=\sigma_A$，$\tau^A=\tau_A$，$\omega_A^B=\omega_{AB}$，$\Gamma_{AC}^B=\Gamma_{ABC}$，$\Omega_A^B=\Omega_{AB}$，$R_{ACD}^B=R_{ABCD}$.

黎曼联络由相容方程和挠率为零唯一决定，这就是著名的黎曼联络存在唯一定理。

定理 2.1 设$(N,\mathrm{d}s^2)$是黎曼流形，σ是局部正交余标架，那么黎曼联络ω由以下方程唯一决定：

$$\omega+\omega^{\mathrm{T}}=0,\ \mathrm{d}\sigma-\sigma\wedge\omega=0.$$

◇

对于黎曼流形上的任意张量T,

$$T=T_{j_1\cdots j_s}^{i_1\cdots i_r}\sigma^{j_1}\otimes\cdots\otimes\sigma^{j_s}\otimes S_{i_1}\otimes\cdots\otimes S_{i_r}.$$

定义其协变导数如下：

$$\begin{aligned} DT^{i_1\cdots i_r}_{j_1\cdots j_s} &= \sum_k T^{i_1\cdots i_r}_{j_1\cdots j_s,k}\sigma^k \\ &= \mathrm{d}T^{i_1\cdots i_r}_{j_1\cdots j_s} - \sum_{1\leqslant a\leqslant s} T^{i_1\cdots i_r}_{j_1\cdots p\cdots j_s}\omega^p_{j_a} + \sum_{1\leqslant b\leqslant r} T^{i_1\cdots p\cdots i_r}_{j_1\cdots j_s}\omega^{i_b}_p, \\ DT^{i_1\cdots i_r}_{j_1\cdots j_s,k} &= \sum_l T^{i_1\cdots i_r}_{j_1\cdots j_s,kl}\sigma^l \\ &= \mathrm{d}T^{i_1\cdots i_r}_{j_1\cdots j_s,k} - \sum_{1\leqslant a\leqslant s} T^{i_1\cdots i_r}_{j_1\cdots p\cdots j_s,k}\omega^p_{j_a} \\ &\quad - T^{i_1\cdots i_r}_{j_1\cdots j_s,p}\omega^p_k + \sum_{1\leqslant b\leqslant r} T^{i_1\cdots p\cdots i_r}_{j_1\cdots j_s,k}\omega^{i_b}_p. \end{aligned}$$

有Ricci恒等式：

$$T^{i_1\cdots i_r}_{j_1\cdots j_s,kl} - T^{i_1\cdots i_r}_{j_1\cdots j_s,lk} = \sum_a T^{i_1\cdots i_r}_{j_1\cdots p\cdots j_s} R^p_{j_akl} - \sum_b T^{i_1\cdots p\cdots i_r}_{j_1\cdots j_s,k} R^{i_b}_{pkl}.$$

特别地，从曲率张量出发，可以定义新的张量和函数：

$$\begin{aligned} Ric &= R_{ij}\sigma^i\otimes\sigma^j = (\sum_p R^p_{ipj})\sigma^i\otimes\sigma^j, \\ R &= \sum_i R_{ii} = \sum_{ij} R_{ijji}. \end{aligned}$$

从Bianchi方程、相容方程出发可以得到下面的结论：

定理 2.2 设$(N, \mathrm{d}s^2)$是黎曼流形，其上的曲率张量、Ricci张量、数量曲率满足

$$R_{ijkl} = -R_{jikl} = -R_{ijlk} = R_{klij}, \tag{2.1}$$

$$R_{ijkl} + R_{iklj} + R_{iljk} = 0, \tag{2.2}$$

$$R_{ijkl,h} + R_{ijlh,k} + R_{ijhk,l} = 0, \tag{2.3}$$

$$\sum_j R_{ij,j} = \frac{1}{2}R_{,i}. \tag{2.4}$$

◇

2.2 共形几何变换公式

本节中主要回顾共形几何的基本知识，读者可以参见文献[6]。为了方便起见，引进一个符号称为Kulkarni-Nomizu乘法：设a, b是两个对

称的(0,2)型张量，通过以下运算构造(0,4)型张量$a \owedge b$:

$$(a \owedge b)_{ijkl} = (a_{ik}b_{jl} - a_{il}b_{jk} + b_{ik}a_{jl} - b_{il}a_{jk}).$$

设$(N, \mathrm{d}s^2)$是黎曼流形，$S = (S_1, \cdots, S_N)^{\mathrm{T}}$, $\sigma = (\sigma^1, \cdots, \sigma^N)$是局部正交标架，那么$\mathrm{d}s^2 = \sum_A (\sigma^A)^2$。设$u$是$N$上的光滑函数，考虑$N$上新的度量$\widetilde{\mathrm{d}s^2} = \mathrm{e}^{2u}\mathrm{d}s^2$。本节的目的就是要推导$(N, \widetilde{\mathrm{d}s^2})$和$(N, \mathrm{d}s^2)$之间的各种张量之间的关系。约定：$(N, \widetilde{\mathrm{d}s^2})$上的各种量都加上$\widetilde{\ }$。显然地，$\widetilde{S} = \dfrac{S}{\mathrm{e}^u}$, $\widetilde{\sigma} = \mathrm{e}^u\sigma$是$(N, \widetilde{\mathrm{d}s^2})$的局部正交标架。

设$\widetilde{\omega}$是$(N, \widetilde{\mathrm{d}s^2})$的联络形式，设$\omega$是$(N, \mathrm{d}s^2)$的联络形式。根据定理2.1，有

$$\mathrm{d}u = \sum_A u_{,A}\sigma^A,$$

$$\omega + \omega^{\mathrm{T}} = 0,\ \mathrm{d}\sigma - \sigma \wedge \omega = 0,$$

$$\widetilde{\omega} + \widetilde{\omega}^{\mathrm{T}} = 0,\ \mathrm{d}\widetilde{\sigma} - \widetilde{\sigma} \wedge \widetilde{\omega} = 0.$$

事实上，有

$$\begin{aligned}
\mathrm{d}\widetilde{\sigma}^A &= \mathrm{d}(\mathrm{e}^u\sigma^A) = \mathrm{e}^u \sum_B u_{,B}\sigma^B \wedge \sigma^A + \mathrm{e}^u\mathrm{d}\sigma^A \\
&= \mathrm{e}^u \sum_B u_{,B}\sigma^B \wedge \sigma^A + \mathrm{e}^u\sigma^B \wedge \omega_B^A \\
&= \sum_B \widetilde{\sigma}^B \wedge (u_{,B}\sigma^A + \omega_B^A) \\
&= \sum_B \widetilde{\sigma}^B \wedge (u_{,B}\sigma^A - u_{,A}\sigma^B + \omega_B^A).
\end{aligned}$$

显然，我们证明了下面结论：

定理 2.3 在$(N, \widetilde{\mathrm{d}s^2})$和$(N, \mathrm{d}s^2)$的标架$\widetilde{S}$, S下，有如下关系

$$\widetilde{\omega}_A^B = u_{,A}\sigma^B - u_{,B}\sigma^A + \omega_A^B, \tag{2.5}$$

$$\widetilde{\Gamma}_{AC}^B = \frac{u_{,A}}{\mathrm{e}^u}\delta_{BC} - \frac{u_{,B}}{\mathrm{e}^u}\delta_{AC} + \frac{\Gamma_{AC}^B}{\mathrm{e}^u}. \tag{2.6}$$

◇

设$\widetilde{\Omega}$是$(N, \widetilde{\mathrm{d}s^2})$的曲率形式，而$\Omega$是$(N, \mathrm{d}s^2)$的曲率形式。

$$\mathrm{d}u = \sum_A u_{,A}\sigma^A,$$

$$Du_{,A} = \mathrm{d}u_{,A} - u_{,C}\omega_A^C = u_{,AB}\sigma^B,$$

$$\Omega + \Omega^{\mathrm{T}} = 0,\ \mathrm{d}\omega - \omega \wedge \omega = \Omega,$$

$$\widetilde{\Omega}+\widetilde{\Omega}^{\mathrm{T}}=0,\ \mathrm{d}\widetilde{\omega}-\widetilde{\omega}\wedge\widetilde{\omega}=\widetilde{\Omega}.$$

由定理2.3，有

$$\begin{aligned}
&\frac{1}{2}\widetilde{R}_{ABCD}\widetilde{\sigma}^C\wedge\widetilde{\sigma}^D\\
=&\widetilde{\Omega}_A^B=\mathrm{d}\widetilde{\omega}_A^B-\widetilde{\omega}_A^C\wedge\widetilde{\omega}_C^B\\
=&\mathrm{d}(u_{,A}\sigma^B-u_{,B}\sigma^A+\omega_A^B)-(u_{,A}\sigma^C\\
&-u_{,C}\sigma^A+\omega_A^C)\wedge(u_{,C}\sigma^B-u_{,B}\sigma^C+\omega_C^B)\\
=&\mathrm{d}u_{,A}\sigma^B+u_{,A}\mathrm{d}\sigma^B-\mathrm{d}u_{,B}\sigma^A-u_{,B}\mathrm{d}\sigma^A+\mathrm{d}\omega_A^B\\
&-u_{,A}u_{,C}\sigma^C\wedge\sigma^B-u_{,A}\sigma^C\wedge\omega_C^B+u_{,P}u_{,P}\sigma^A\wedge\sigma^B\\
&-u_{,C}u_{,B}\sigma^A\wedge\sigma^C+u_{,C}\sigma^A\wedge\omega_C^B-u_{,C}\omega_A^C\wedge\sigma^B\\
&+u_{,B}\omega_A^C\wedge\sigma^C-\omega_A^C\wedge\omega_C^B\\
=&(\mathrm{d}u_{,A}-u_{,C}\omega_A^C)\wedge\sigma^B+u_{,A}(\mathrm{d}\sigma^B-\sigma^C\wedge\omega_C^B)\\
&-(\mathrm{d}u_{,B}-u_{,C}\omega_B^C)\wedge\sigma^A-u_{,B}(\mathrm{d}\sigma^A-\sigma^C\wedge\omega_C^B)\\
&-u_{,A}u_{,C}\sigma^C\wedge\sigma^B+|Du|^2\sigma^A\wedge\sigma^B\\
&-u_{,C}u_{,B}\sigma^A\wedge\sigma^C+\mathrm{d}\omega_A^B-\omega_A^C\wedge\omega_C^B\\
=&u_{,AC}\sigma^C\wedge\sigma^B-u_{,BC}\sigma^C\wedge\sigma^A-u_{,A}u_{,C}\sigma^C\wedge\sigma^B\\
&+|Du|^2\sigma^A\wedge\sigma^B-u_{,C}u_{,B}\sigma^A\wedge\sigma^C+\Omega_A^B\\
=&u_{,AC}\delta_{BD}\sigma^C\wedge\sigma^D-u_{,BC}\delta_{AD}\sigma^C\wedge\sigma^D\\
&-u_{,A}u_{,C}\delta_{BD}\sigma^C\wedge\sigma^D+u_{,B}u_{,C}\delta_{AD}\sigma^C\wedge\sigma^D\\
&+|Du|^2\delta_{AC}\delta_{BD}\sigma^C\wedge\sigma^D+\frac{1}{2}R_{ABCD}\sigma^C\wedge\sigma^D\\
=&\frac{1}{2}\frac{1}{\mathrm{e}^{2u}}(u_{,AC}\delta_{BD}-u_{,BC}\delta_{AD}+\delta_{AC}u_{BD}-\delta_{BC}u_{,AD})\widetilde{\sigma}^C\wedge\widetilde{\sigma}^D\\
&-\frac{1}{2}\frac{1}{\mathrm{e}^{2u}}(u_{,A}u_{,C}\delta_{BD}-u_{,B}u_{,C}\delta_{AD}\\
&+\delta_{AC}u_{,B}u_{,D}-\delta_{BC}u_{,A}u_{,D})\widetilde{\sigma}^C\wedge\widetilde{\sigma}^D\\
&+\frac{1}{2}\frac{1}{\mathrm{e}^{2u}}|Du|^2(\delta_{AC}\delta_{BD}-\delta_{AD}\delta_{BC})\widetilde{\sigma}^C\wedge\widetilde{\sigma}^D\\
&+\frac{1}{2}\frac{1}{\mathrm{e}^{2u}}R_{ABCD}\widetilde{\sigma}^C\wedge\widetilde{\sigma}^D
\end{aligned}$$

$$=\frac{1}{2}\Big[\frac{1}{e^{2u}}(D^2u \owedge \delta)_{ABCD}\widetilde{\sigma}^C\wedge\widetilde{\sigma}^D\Big]$$
$$-\frac{1}{2}\Big[\frac{1}{e^{2u}}((Du\otimes Du)\owedge \delta)_{ABCD}\widetilde{\sigma}^C\wedge\widetilde{\sigma}^D\Big]$$
$$+\frac{1}{2}\Big[\frac{|Du|^2}{2e^{2u}}(\delta\owedge\delta)_{ABCD}\widetilde{\sigma}^C\wedge\widetilde{\sigma}^D\Big]$$
$$+\frac{1}{2}\Big[\frac{1}{e^{2u}}R_{ABCD}\widetilde{\sigma}^C\wedge\widetilde{\sigma}^D\Big].$$

这样，用活动标架法证明了下面结论：

定理 2.4 在$(N,\widetilde{ds^2})$和(N,ds^2)的标架$\widetilde{S}$, S下，曲率张量或函数的变化规律为

$$\widetilde{Riem}=\frac{1}{e^{2u}}\Big[(D^2u-Du\otimes Du)\owedge\delta+\frac{|Du|^2}{2}\delta\owedge\delta+Riem\Big],\tag{2.7}$$

$$\begin{aligned}\widetilde{R}_{ABCD}=&\frac{1}{e^{2u}}\big[(u_{,AC}\delta_{BD}-u_{,BC}\delta_{AD}+\delta_{AC}u_{BD}-\delta_{BC}u_{,AD})\\&-(u_{,A}u_{,C}\delta_{BD}-u_{,B}u_{,C}\delta_{AD}+\delta_{AC}u_{,B}u_{,D}-\delta_{BC}u_{,A}u_{,D})\\&+|Du|^2(\delta_{AC}\delta_{BD}-\delta_{AD}\delta_{BC})+R_{ABCD}\big],\end{aligned}\tag{2.8}$$

$$\begin{aligned}\widetilde{Ric}=&\frac{1}{e^{2u}}\big[Ric-(n-2)(D^2u-Du\otimes Du)\\&-(\Delta u+(n-2)|Du|^2)\delta\big],\end{aligned}\tag{2.9}$$

$$\begin{aligned}\widetilde{R}_{AB}=&\frac{1}{e^{2u}}\big[R_{AB}-(n-2)u_{,AB}+(n-2)u_{,A}u_{,B}\\&-\Delta u\delta_{AB}-(n-2)|Du|^2\delta_{AB}\big],\end{aligned}\tag{2.10}$$

$$\widetilde{R}=\frac{1}{e^{2u}}\big[R-2(n-1)\Delta u-(n-1)(n-2)|Du|^2\big].\tag{2.11}$$

◇

注释 2.2 在上面的定理及其推导过程中，对 u 的协变导数都是在 (N,ds^2) 的意义下进行的。

在黎曼几何中，对曲率张量有以下著名的正交分解，其中当 $n\geqslant 4$ 时，称W为Weyl张量。设

$$Riem=U\oplus V\oplus W.$$

- $\dim_R N=2$

$$U=-\frac{R}{4}(\delta\owedge\delta),\quad V=0,\quad W=0.$$

- $\dim_R N = 3$

$$U = -\frac{R}{12}(\delta \owedge \delta), \quad V = -(Ric - \frac{R}{3}\delta) \owedge \delta, \quad W = 0.$$

- $\dim_R N \geqslant 4$

$$\begin{aligned} U &= -\frac{R}{2n(n-1)}\delta \owedge \delta, \\ V &= -\frac{1}{n-2}(Ric - \frac{R}{n}\delta) \owedge \delta, \\ W &= Riem - U - V. \end{aligned}$$

记$X = U \oplus V$，则$Riem = X \oplus W$.

- $\dim_R N = 2$

$$X = -\frac{R}{4}(\delta \owedge \delta), \quad W = 0.$$

- $\dim_R N = 3$

$$X = -(Ric - \frac{R}{4}\delta) \owedge \delta, \quad W = 0.$$

- $\dim_R N \geqslant 4$

$$X = -\frac{1}{(n-2)}[Ric - \frac{R}{2(n-1)}\delta] \owedge \delta, \quad W = Riem - X.$$

当$n \geqslant 3$时，定义Schouten张量和Bak张量分别为

$$\begin{aligned} Scht &= (C_{ij}) \stackrel{\text{def}}{=} Ric - \frac{R}{2(n-1)}\delta, \\ Bak &= (B_{ijk}) \\ &= (R_{ij,k} - R_{ik,j}) - \frac{1}{2(n-1)}(\delta_{ij}R_{,k} - \delta_{ik}R_{,j}) \\ &= C_{ij,k} - C_{ik,j}. \end{aligned}$$

这样，当$n \geqslant 3$时，

$$X = -\frac{1}{n-2}C \owedge \delta.$$

在$(N, \widetilde{ds^2})$和(N, ds^2)的标架$\widetilde{S}$, S下，直接计算有

$$\widetilde{Riem} = \widetilde{U} \oplus \widetilde{V} \oplus \widetilde{W} = \widetilde{X} \oplus \widetilde{W}.$$

- $\dim_R N = 2$

$$\begin{aligned}
\widetilde{U} &= -\frac{\widetilde{R}}{4}(\delta \owedge \delta) \\
&= -\frac{1}{4}\frac{1}{e^{2u}}(R - 2\Delta u)(\delta \owedge \delta) \\
&= \frac{1}{e^{2u}}\Big(-\frac{R}{4} + \frac{1}{2}\Delta u\Big)(\delta \owedge \delta) \\
&= \frac{1}{e^{2u}}(U + \frac{1}{2}\Delta u\delta \owedge \delta), \\
\widetilde{V} &= 0, \\
\widetilde{W} &= 0, \\
\widetilde{X} &= \frac{1}{e^{2u}}[X + \frac{1}{2}\Delta u\delta \owedge \delta].
\end{aligned}$$

- $\dim_R N = 3$

$$\begin{aligned}
\widetilde{U} &= -\frac{\widetilde{R}}{12}(\delta \owedge \delta) \\
&= \frac{1}{e^{2u}}(-\frac{1}{12})(R - 4\Delta u - 2|Du|^2)(\delta \owedge \delta) \\
&= \frac{1}{e^{2u}}(-\frac{R}{12} + \frac{1}{3}\Delta u + \frac{1}{6}|Du|^2)(\delta \owedge \delta) \\
&= \frac{1}{e^{2u}}(U + \frac{1}{3}\Delta u\delta \owedge \delta + \frac{1}{6}|Du|^2\delta \owedge \delta), \\
\widetilde{V} &= -(\widetilde{Ric} - \frac{\widetilde{R}}{3}\delta) \owedge \delta \\
&= \frac{-1}{e^{2u}}(Ric - |Du|^2\delta - \Delta u\delta + Du \otimes Du \\
&\quad - D^2u - \frac{R}{3}\delta + \frac{4}{3}\Delta u\delta + \frac{2}{3}|Du|^2\delta) \owedge \delta \\
&= \frac{-1}{e^{2u}}[Ric - \frac{R}{3}\delta - \frac{1}{3}(|Du|^2 - \Delta u)\delta \\
&\quad + Du \otimes Du - D^2u] \owedge \delta \\
&= \frac{1}{e^{2u}}[V + \frac{1}{3}(|Du|^2 - \Delta u)\delta \owedge \delta + (D^2u \\
&\quad - Du \otimes Du) \owedge \delta], \\
\widetilde{W} &= 0, \\
\widetilde{X} &= \frac{1}{e^{2u}}[X + \frac{1}{2}|Du|^2\delta \owedge \delta + (D^2u - Du \otimes Du) \owedge \delta].
\end{aligned}$$

- $\dim_R N \geqslant 4$

$$
\begin{aligned}
\widetilde{U} &= -\frac{\widetilde{R}}{2n(n-1)}(\delta \owedge \delta) \\
&= \frac{1}{e^{2u}}\Big[-\frac{1}{2n(n-1)}\Big][R - 2(n-1)\Delta u \\
&\quad - (n-1)(n-2)|Du|^2(\delta \owedge \delta)] \\
&= \frac{1}{e^{2u}}\Big[-\frac{R}{2n(n-1)} + \frac{1}{n}\Delta u + \frac{n-2}{2n}|Du|^2\Big](\delta \owedge \delta) \\
&= \frac{1}{e^{2u}}[U + \frac{1}{n}\Delta u \delta \owedge \delta + \frac{n-2}{2n}|Du|^2 \delta \owedge \delta], \\
\widetilde{V} &= -\frac{1}{n-2}(\widetilde{Ric} - \frac{\widetilde{R}}{n}\delta) \owedge \delta \\
&= \frac{1}{e^{2u}}\Big(-\frac{1}{n-2}\Big)\Big[Ric - (n-2)|Du|^2\delta - \Delta u \delta \\
&\quad + (n-2)Du \otimes Du - (n-2)D^2u - \frac{R}{n}\delta \\
&\quad + \frac{2(n-1)}{n}\Delta u \delta + \frac{(n-1)(n-2)}{n}|Du|^2\delta\Big] \owedge \delta \\
&= \frac{1}{e^{2u}}\Big[-\frac{1}{n-2}(Ric - \frac{R}{n}\delta) + \frac{1}{n}(|Du|^2 - \Delta u)\delta \\
&\quad + D^2u - Du \otimes Du\Big] \owedge \delta \\
&= \frac{1}{e^{2u}}[V + \frac{1}{n}(|Du|^2 - \Delta u)\delta \owedge \delta \\
&\quad + (D^2u - Du \otimes Du) \owedge \delta], \\
\widetilde{X} &= \frac{1}{e^{2u}}[X + \frac{1}{2}|Du|^2 \delta \owedge \delta + (D^2u \\
&\quad - Du \otimes Du) \owedge \delta], \\
\widetilde{Riem} &= \frac{1}{e^{2u}}[Riem + \frac{1}{2}|Du|^2 \delta \owedge \delta \\
&\quad + (D^2u - Du \otimes Du) \owedge \delta], \\
\widetilde{W} &= \widetilde{Riem} - \widetilde{X} = \frac{1}{e^{2u}}W.
\end{aligned}
$$

- $\dim_R N \geqslant 3$

$$
\widetilde{Scht} = \widetilde{Ric} - \frac{\widetilde{R}}{2(n-1)}\delta
$$

$$
\begin{aligned}
&=\frac{1}{e^{2u}}[Ric-\frac{R}{2(n-1)}\delta-\frac{n-2}{2}|Du|^2\delta\\
&\quad+(n-2)(Du\otimes Du-D^2u)]\\
&=\frac{1}{e^{2u}}[Scht-(n-2)(D^2u-Du\otimes Du)\\
&\quad-\frac{n-2}{2}|Du|^2\delta].
\end{aligned}
$$

设$\widetilde{D}$, D分别是$(N, \mathrm{d}s^2)$, $(N, \widetilde{\mathrm{d}s^2})$上的黎曼联络。定义曲率张量的协变导数如下：

- Ricci曲率

$$
\begin{aligned}
D\widetilde{R}_{AB}&\overset{\text{def}}{=}\widetilde{R}_{AB,C}\sigma^C=\mathrm{d}\widetilde{R}_{AB}-\widetilde{R}_{PB}\omega_A^P-\widetilde{R}_{AP}\omega_B^P,\\
\widetilde{D}\widetilde{R}_{AB}&\overset{\text{def}}{=}\widetilde{R}_{AB,\widetilde{C}}\widetilde{\sigma}^C=\mathrm{d}\widetilde{R}_{AB}-\widetilde{R}_{PB}\widetilde{\omega}_A^P-\widetilde{R}_{AP}\widetilde{\omega}_B^P\\
&=\mathrm{d}\widetilde{R}_{AB}-\widetilde{R}_{PB}(\omega_A^P+u_{,A}\sigma^P-u_{,P}\sigma^A)\\
&\quad-\widetilde{R}_{AP}(\omega_B^P+u_{,B}\sigma^P-u_{,P}\sigma^B)\\
&=\widetilde{R}_{AB,C}\sigma^C-\widetilde{R}_{PB}u_{,A}\sigma^P+\widetilde{R}_{PB}u_{,P}\sigma^A\\
&\quad-\widetilde{R}_{AP}u_{,B}\sigma^P+\widetilde{R}_{AP}u_{,P}\sigma^B\\
&=\widetilde{R}_{AB,C}\sigma^C-(u_{,A}\widetilde{R}_{BC}+u_{,B}\widetilde{R}_{AC}\\
&\quad-\delta_{AC}u_{,P}\widetilde{R}_{PB}-\delta_{BC}u_{,P}\widetilde{R}_{PA})\sigma^C\\
&=\frac{1}{e^u}[\widetilde{R}_{AB,C}-(u_{,A}\widetilde{R}_{BC}+u_{,B}\widetilde{R}_{AC}\\
&\quad-\delta_{AC}u_{,P}\widetilde{R}_{PB}-\delta_{BC}u_{,P}\widetilde{R}_{PA})]\widetilde{\sigma}^C.
\end{aligned}
$$

- 数量曲率

$$
\widetilde{D}\widetilde{R}\overset{\text{def}}{=}\widetilde{R}_{,\widetilde{A}}\widetilde{\sigma}^C=\mathrm{d}\widetilde{R}, D\widetilde{R}\overset{\text{def}}{=}\widetilde{R}_{,A}\sigma^C=\mathrm{d}\widetilde{R}.
$$

根据上面定义有

$$
\begin{aligned}
\widetilde{R}_{AB,\widetilde{C}}&=\frac{1}{e^u}[\widetilde{R}_{AB,C}-(u_{,A}\widetilde{R}_{BC}+u_{,B}\widetilde{R}_{AC}\\
&\quad-\delta_{AC}u_{,P}\widetilde{R}_{PB}-\delta_{BC}u_{,P}\widetilde{R}_{PA})],\\
\widetilde{R}_{,\widetilde{A}}&=\frac{1}{e^u}\widetilde{R}_{,A}.
\end{aligned}
$$

对于Bak张量，经计算有

$$
\begin{aligned}
\widetilde{Bak} =& \widetilde{R}_{AB,\widetilde{C}} - \widetilde{R}_{AC,\widetilde{B}} - \frac{1}{2(n-1)}(\delta_{AB}\widetilde{R}_{,\widetilde{C}} - \delta_{AC}\widetilde{R}_{,\widetilde{B}}) \\
=& \frac{1}{e^u}[\widetilde{R}_{AB,C} - (u_{,A}\widetilde{R}_{BC} + u_{,B}\widetilde{R}_{AC} \\
& - \delta_{AC}u_{,P}\widetilde{R}_{PB} - \delta_{BC}u_{,P}\widetilde{R}_{PA})] \\
& - \frac{1}{e^u}[\widetilde{R}_{AC,B} - (u_{,A}\widetilde{R}_{BC} + u_{,C}\widetilde{R}_{AB} \\
& - \delta_{AB}u_{,P}\widetilde{R}_{PC} - \delta_{BC}u_{,P}\widetilde{R}_{PA})] \\
& - \frac{1}{2(n-1)}\frac{1}{e^u}(\delta_{AB}\widetilde{R}_{,C} - \delta_{AC}\widetilde{R}_{,B}) \\
=& \frac{1}{e^u}(\widetilde{R}_{AB,C} - \widetilde{R}_{AC,B} + u_{,C}\widetilde{R}_{AB} - u_{,B}\widetilde{R}_{AC} \\
& + \delta_{AC}u_{,P}\widetilde{R}_{PB} - \delta_{AB}u_{,P}\widetilde{R}_{PC}) \\
& - \frac{1}{e^u}\frac{1}{2(n-1)}(\delta_{AB}\widetilde{R}_{,C} - \delta_{AC}\widetilde{R}_{,B}).
\end{aligned}
$$

对上式各项分别计算如下：

$$
\begin{aligned}
& u_{,C}\widetilde{R}_{AB} - u_{,B}\widetilde{R}_{AC} \\
&\quad = \frac{1}{e^{2u}}[R_{AB}u_{,C} - R_{AC}u_{,B} + (n-2)u_{,AC}u_{,B} \\
&\qquad - (n-2)u_{,AB}u_{,C} + \Delta u\delta_{AC}u_{,B} - \Delta u\delta_{AB}u_{,C} \\
&\qquad + (n-2)|Du|^2\delta_{AC}u_{,B} - (n-2)|Du|^2\delta_{AB}u_{,C}].
\end{aligned}
$$

$$
\begin{aligned}
& \widetilde{R}_{AB,C} - \widetilde{R}_{AC,B} \\
&\quad = -2(u_{,C}\widetilde{R}_{AB} - u_{,B}\widetilde{R}_{AC}) + \frac{1}{e^{2u}}[R_{AB,C} - R_{AC,B} \\
&\qquad + (n-2)u_{,ACB} - (n-2)u_{,ABC} + (n-2)u_{,AC}u_{,B} \\
&\qquad - (n-2)u_{,AB}u_{,C} + (\Delta u)_{,B}\delta_{AC} - (\Delta u)_{,C}\delta_{AB} \\
&\qquad + 2(n-2)u_{,P}u_{,PB}\delta_{AC} - 2(n-2)u_{,P}u_{,PC}\delta_{AB}].
\end{aligned}
$$

$$
\begin{aligned}
& \delta_{AC}u_{,P}\widetilde{R}_{PB} - \delta_{AB}u_{,P}\widetilde{R}_{PC} \\
&\quad = \frac{1}{e^{2u}}[\delta_{AC}u_{,P}R_{PB} - \delta_{AB}u_{,P}R_{PC} \\
&\qquad + (n-2)\delta_{AB}u_{,P}u_{,PC} - (n-2)\delta_{AC}u_{,P}u_{,PB}
\end{aligned}
$$

$$
\begin{aligned}
&+(n-2)\delta_{AC}|Du|^2u_{,B}-(n-2)\delta_{AB}|Du|^2u_{,C}\\
&+\Delta u\delta_{AB}u_{,C}-\Delta u\delta_{AC}u_{,B}\\
&+(n-2)|Du|^2\delta_{AB}u_{,C}-(n-2)|Du|^2\delta_{AC}u_{,B}].
\end{aligned}
$$

$$
\begin{aligned}
&\delta_{AB}\widetilde{R}_{,C}-\delta_{AC}\widetilde{R}_{,B}\\
&=\frac{1}{e^{2u}}[2\delta_{AC}u_{,B}R-2\delta_{AB}u_{,C}R\\
&\quad+4(n-1)\delta_{AB}u_{,C}\Delta u-4(n-1)\delta_{AC}u_{,B}\Delta u\\
&\quad+2(n-1)(n-2)\delta_{AB}u_{,C}|Du|^2\\
&\quad-2(n-1)(n-2)\delta_{AC}u_{,B}|Du|^2\\
&\quad+\delta_{AB}R_{,C}-\delta_{AC}R_{,B}+2(n-1)\delta_{AC}(\Delta u)_{,B}\\
&\quad-2(n-1)\delta_{AB}(\Delta u)_{,C}\\
&\quad+2(n-1)(n-2)\delta_{AC}u_{,P}u_{,PB}\\
&\quad-2(n-1)(n-2)\delta_{AB}u_{,P}u_{,PC}].
\end{aligned}
$$

综合以上的计算，有

$$
\begin{aligned}
\widetilde{Bak}=&\frac{1}{e^{3u}}\Big[R_{AB,C}-R_{AC,B}+(n-2)u_{,ACB}-(n-2)u_{,ABC}\\
&+(n-2)u_{,AC}u_{,B}-(n-2)u_{,AB}u_{,C}+(\Delta u)_{,B}\delta_{AC}\\
&-(\Delta u)_{,C}\delta_{AB}+2(n-2)u_{,P}u_{,PB}\delta_{AC}-2(n-2)u_{,P}u_{,PC}\delta_{AB}\\
&-R_{AB}u_{,C}+R_{AC}u_{,B}-(n-2)u_{,AC}u_{,B}+(n-2)u_{,AB}u_{,C}\\
&-\Delta u\delta_{AC}u_{,B}+\Delta u\delta_{AB}u_{,C}-(n-2)|Du|^2\delta_{AC}u_{,B}\\
&+(n-2)|Du|^2\delta_{AB}u_{,C}+\delta_{AC}u_{,P}R_{PB}-\delta_{AB}u_{,P}R_{PC}\\
&+(n-2)\delta_{AB}u_{,P}u_{,PC}-(n-2)\delta_{AC}u_{,P}u_{,PB}+(n-2)\delta_{AC}|Du|^2u_{,B}\\
&-(n-2)\delta_{AB}|Du|^2u_{,C}+\Delta u\delta_{AB}u_{,C}-\Delta u\delta_{AC}u_{,B}\\
&+(n-2)|Du|^2\delta_{AB}u_{,C}-(n-2)|Du|^2\delta_{AC}u_{,B}\\
&-\frac{1}{n-1}\delta_{AC}u_{,B}R+\frac{1}{n-1}\delta_{AB}u_{,C}R-2\delta_{AB}u_{,C}\Delta u\\
&+2\delta_{AC}u_{,B}\Delta u-(n-2)\delta_{AB}u_{,C}|Du|^2+(n-2)\delta_{AC}u_{,B}|Du|^2\\
&-\frac{1}{2(n-1)}(\delta_{AB}R_{,C}-\delta_{AC}R_{,B})-\delta_{AC}(\Delta u)_{,B}+\delta_{AB}(\Delta u)_{,C}
\end{aligned}
$$

$$
\begin{aligned}
&- (n-2)\delta_{AC}u_{,P}u_{,PB} + (n-2)\delta_{AB}u_{,P}u_{,PC}\Big]\\
=&\frac{1}{e^{3u}}\Big\{R_{AB,C} - R_{AC,B} - \frac{1}{2(n-1)}(\delta_{AB}R_{,C} - \delta_{AC}R_{,B})\\
&- (n-2)u_{,P}[-\frac{1}{n-2}(R_{AB}\delta_{PC} - R_{AC}\delta_{PB}\\
&+ \delta_{AB}R_{PC} - \delta_{AC}R_{PB}) + \frac{R}{(n-1)(n-2)}(\delta_{AB}\delta_{PC} - \delta_{AC}\delta_{PB})\\
&+ W_{APBC}] + R_{AC}u_{,B} - R_{AB}u_{,C} + \delta_{AC}u_{,P}R_{PB}\\
&- \delta_{AB}u_{,P}R_{PC} + \frac{R}{n-1}\delta_{AB}u_{,C} - \frac{R}{n-1}\delta_{AC}u_{,B}\Big\}\\
=&\frac{1}{e^{3u}}[Bak - (n-2)u_{,P}W_{APBC}].
\end{aligned}
$$

当$n=3$时，$W=0$，所以

$$\widetilde{Bak} = \frac{1}{e^{3u}}Bak.$$

这样，用活动标架法证明了下面结论：

定理 2.5 在$(M, d\tilde{s}^2)$的标架$\tilde{S}$和(M, ds^2)的标架S下，U, V, W, Bak,Schouten张量的变化规律为

- $\dim_R N = 2$

$$\widetilde{U} = \frac{1}{e^{2u}}(U + \frac{1}{2}\Delta u\delta \oslash \delta), \tag{2.12}$$

$$\widetilde{V} = 0, \quad \widetilde{W} = 0, \tag{2.13}$$

$$\widetilde{X} = \frac{1}{e^{2u}}[X + \frac{1}{2}\Delta u\delta \oslash \delta]. \tag{2.14}$$

- $\dim_R N = 3$

$$\widetilde{U} = \frac{1}{e^{2u}}(U + \frac{1}{3}\Delta u\delta \oslash \delta + \frac{1}{6}|Du|^2\delta \oslash \delta), \tag{2.15}$$

$$
\begin{aligned}
\widetilde{V} =&\frac{1}{e^{2u}}[V + \frac{1}{3}(|Du|^2 - \Delta u)\delta \oslash \delta\\
&+ (D^2u - Du \otimes Du) \oslash \delta],
\end{aligned}
\tag{2.16}
$$

$$\widetilde{W} = 0, \tag{2.17}$$

$$
\begin{aligned}
\widetilde{X} =&\frac{1}{e^{2u}}[X + \frac{1}{2}|Du|^2\delta \oslash \delta\\
&+ (D^2u - Du \otimes Du) \oslash \delta],
\end{aligned}
\tag{2.18}
$$

$$\widetilde{Scht} = \frac{1}{e^{2u}}[Scht - (D^2u - Du \otimes Du) - \frac{1}{2}|Du|^2\delta], \tag{2.19}$$

$$\widetilde{Bak} = \frac{1}{e^{3u}} Bak. \tag{2.20}$$

- $\dim_R N \geqslant 4$

$$\widetilde{U} = \frac{1}{e^{2u}}(U + \frac{1}{n}\Delta u \delta \owedge \delta + \frac{n-2}{2n}|Du|^2 \delta \owedge \delta), \tag{2.21}$$

$$\begin{aligned}\widetilde{V} =& \frac{1}{e^{2u}}[V + \frac{1}{n}(|Du|^2 - \Delta u)\delta \owedge \delta \\ &+ (D^2 u - Du \otimes Du) \owedge \delta],\end{aligned} \tag{2.22}$$

$$\widetilde{X} = \frac{1}{e^{2u}}[X + \frac{1}{2}|Du|^2 \delta \owedge \delta + (D^2 u - Du \otimes Du) \owedge \delta], \tag{2.23}$$

$$\widetilde{W} = \widetilde{Riem} - \widetilde{X} = \frac{1}{e^{2u}} W, \tag{2.24}$$

$$\begin{aligned}\widetilde{Scht} =& \frac{1}{e^{2u}}[Scht - (n-2)(D^2 u - Du \otimes Du) \\ &- \frac{n-2}{2}|Du|^2 \delta].\end{aligned} \tag{2.25}$$

◇

在共形几何中，下面的定理是众所周知的：

定理 2.6 [6,45] 设(N, ds^2)是局部共形平坦流形当且仅当满足下列情形之一：

- 当$\dim_R N = 2$时，总是局部共形平坦流形；
- 当$\dim_R N = 3$时，$Bak = 0$，即Schouten张量的一阶导数指标可交换；
- 当$\dim_R N \geqslant 4$时，$Weyl = 0$，即黎曼张量由Schouten张量决定。

◇

特别地，完备、单连通、常截面曲率c的空间——空间形式总是局部共形平坦流形，记为$R^n(c)$，满足以下简单关系：

$$R_{ABCD} = -c(\delta_{AC}\delta_{BD} - \delta_{AD}\delta_{BC}),$$

$$R_{AB} = (n-1)c\delta_{AB}, \quad R = n(n-1)c.$$

第 3 章　子流形基本方程

本章主要研究子流形的基本方程，包括结构方程、共形变换公式、变分公式。 同时也列出了很多子流形的例子。大部分内容都是新的。本章的指标采用如下两个约定。(1) 爱因斯坦约定，即重复指标表示求和；(2) 指标范围：

$$1 \leqslant A, B, C, D \cdots \leqslant n+p,$$

$$1 \leqslant i, j, k, l \cdots \leqslant n,$$

$$n+1 \leqslant \alpha, \beta, \gamma, \delta \cdots \leqslant n+p.$$

3.1　子流形结构方程

本节主要研究子流形的结构方程，读者可参见文献[13]。

设$x:(M^n, \mathrm{d}s^2) \to (N^{n+p}, \mathrm{d}\bar{s}^2)$是子流形，$x$ 是等距浸入，即$x^*\mathrm{d}\bar{s}^2 = \mathrm{d}s^2$。设$S = (S_{\mathcal{I}}, S_{\mathcal{A}})^{\mathrm{T}}$是$TN$的局部正交标架，相应地，设$\sigma = (\sigma^{\mathcal{I}}, \sigma^{\mathcal{A}})$是$T^*N$的局部正交标架。那么$e = x^*S = x^*(S_{\mathcal{I}}, S_{\mathcal{A}}) = (e_{\mathcal{I}}, e_{\mathcal{A}})$是$M$上的拉回向量从 $x^*TN = TM \oplus T^{\perp}M$ 局部正交标架，相应地，$\theta^{\mathcal{I}} = x^*\sigma^{\mathcal{I}}$是$T^*M$的局部正交标架。 在子流形几何中一个基本的重要事实是

$$\theta^{\mathcal{A}} = x^*\sigma^{\mathcal{A}} = 0.$$

有等式

$$\mathrm{d}s^2 = \sum_i (\theta^i)^2, \quad \mathrm{d}\bar{s}^2 = \sum_A (\sigma^A)^2.$$

设ω, Ω是TN上的联络和曲率形式，在不致混淆的情况下，设D是联络，那么

$$x^*\omega = \phi, x^*\Omega = \Phi,$$

$$DS = \omega S = D\begin{pmatrix} S_{\mathcal{I}} \\ S_{\mathcal{A}} \end{pmatrix} = \begin{pmatrix} \omega_{\mathcal{I}}^{\mathcal{I}} & \omega_{\mathcal{I}}^{\mathcal{A}} \\ \omega_{\mathcal{A}}^{\mathcal{I}} & \omega_{\mathcal{A}}^{\mathcal{A}} \end{pmatrix} \begin{pmatrix} S_{\mathcal{I}} \\ S_{\mathcal{A}} \end{pmatrix},$$

$$D^2S = \Omega S = D^2\begin{pmatrix} S_{\mathcal{I}} \\ S_{\mathcal{A}} \end{pmatrix} = \begin{pmatrix} \Omega_{\mathcal{I}}^{\mathcal{I}} & \Omega_{\mathcal{I}}^{\mathcal{A}} \\ \Omega_{\mathcal{A}}^{\mathcal{I}} & \Omega_{\mathcal{A}}^{\mathcal{A}} \end{pmatrix} \begin{pmatrix} S_{\mathcal{I}} \\ S_{\mathcal{A}} \end{pmatrix},$$

$$De = x^*(\omega)e = \phi e = D\begin{pmatrix} e_{\mathcal{I}} \\ e_{\mathcal{A}} \end{pmatrix} = \begin{pmatrix} \phi_{\mathcal{I}}^{\mathcal{I}} & \phi_{\mathcal{I}}^{\mathcal{A}} \\ \phi_{\mathcal{A}}^{\mathcal{I}} & \phi_{\mathcal{A}}^{\mathcal{A}} \end{pmatrix}\begin{pmatrix} e_{\mathcal{I}} \\ e_{\mathcal{A}} \end{pmatrix},$$

$$D^2e = x^*(\Omega)e = \Phi e = D^2\begin{pmatrix} e_{\mathcal{I}} \\ e_{\mathcal{A}} \end{pmatrix} = \begin{pmatrix} \Phi_{\mathcal{I}}^{\mathcal{I}} & \Phi_{\mathcal{I}}^{\mathcal{A}} \\ \Phi_{\mathcal{A}}^{\mathcal{I}} & \Phi_{\mathcal{A}}^{\mathcal{A}} \end{pmatrix}\begin{pmatrix} e_{\mathcal{I}} \\ e_{\mathcal{A}} \end{pmatrix}.$$

从而$(D, e_{\mathcal{I}}, \phi_{\mathcal{I}}^{\mathcal{I}})$ 是TM的联络，$(D, e_{\mathcal{A}}, \phi_{\mathcal{A}}^{\mathcal{A}})$ 是 $T^{\perp}M$的联络， $\phi_{\mathcal{I}}^{\mathcal{A}}, \phi_i^{\alpha} = h_{ij}^{\alpha}\theta^j$ 是M的第二基本型，记

$$B = \sum_{ij\alpha} h_{ij}^{\alpha}\theta^i \otimes \theta^j \otimes e_{\alpha}, \quad B_{ij} = \sum_{\alpha} h_{ij}^{\alpha} e_{\alpha}.$$

记$TN, TM, T^{\perp}M$上的微分算子、Christoffel和黎曼曲率符号分别为

d, d_M; $\bar{\Gamma}_{AC}^{B}$, $\omega, \bar{R}_{ABCD}$, Ω; Γ_{ik}^{j}, ϕ_i^j, R_{ijkl}, $\Omega^{\top}$; $\Gamma_{\alpha i}^{\beta}$, ϕ_{α}^{β}, $R^{\perp}{}_{\alpha\beta ij}$, $\Omega^{\perp}$.

于是

$$\omega + \omega^{\mathrm{T}} = 0,\ \mathrm{d}\sigma - \sigma \wedge \omega = 0, \tag{3.1}$$

$$\Omega + \Omega^{\mathrm{T}} = 0,\ \mathrm{d}\omega - \omega \wedge \omega = \Omega, \tag{3.2}$$

$$\left.\begin{aligned} \sigma \wedge \Omega = 0,\ \sigma \wedge \Omega^t = 0, \\ \mathrm{d}\Omega = \omega \wedge \Omega - \Omega \wedge \omega. \end{aligned}\right\} \tag{3.3}$$

对(3.1)式进行拉回运算：

$$\begin{aligned}
&\phi + \phi^{\mathrm{T}} = 0, \quad \phi_A^B = \Gamma_{Ai}^B\theta^i, \quad x^*\bar{\Gamma}_{Ai}^B = \Gamma_{Ai}^B, \\
&\Gamma_{ik}^j = -\Gamma_{jk}^i, \quad \Gamma_{ij}^{\alpha} = -\Gamma_{\alpha j}^i \overset{\mathrm{def}}{=} h_{ij}^{\alpha}, \quad \Gamma_{\alpha i}^{\beta} = -\Gamma_{\beta i}^{\alpha}, \\
&\mathrm{d}_M\theta - \theta \wedge \phi = 0, \\
&\mathrm{d}_M\theta^{\mathcal{I}} - \theta^{\mathcal{I}} \wedge \phi_{\mathcal{I}}^{\mathcal{I}} - \theta^{\mathcal{A}} \wedge \phi_{\mathcal{A}}^{\mathcal{I}} = \mathrm{d}_M\theta^{\mathcal{I}} - \theta^{\mathcal{I}} \wedge \phi_{\mathcal{I}}^{\mathcal{I}} = 0, \\
&\mathrm{d}_M\theta^{\mathcal{A}} - \theta^{\mathcal{I}} \wedge \phi_{\mathcal{I}}^{\mathcal{A}} - \theta^{\mathcal{A}} \wedge \phi_{\mathcal{A}}^{\mathcal{A}} = -\theta^{\mathcal{I}} \wedge \phi_{\mathcal{I}}^{\mathcal{A}} = 0, \\
&h_{ij}^{\alpha} = h_{ji}^{\alpha}.
\end{aligned}$$

对(3.2)式进行拉回运算：

$$\begin{aligned}
&\Phi + \Phi^{\mathrm{T}} = 0, \\
&\Phi_{AB} = \frac{1}{2}x^*\bar{R}_{ABij}\theta^i \wedge \theta^j, \\
&R_{ijkl} = x^*\bar{R}_{ijkl} = -R_{jikl} = -R_{ijlk}, \\
&R^{\perp}{}_{\alpha\beta ij} = x^*\bar{R}_{\alpha\beta ij} = -R^{\perp}{}_{\beta\alpha ij} = -R^{\perp}{}_{\alpha\beta ji}.
\end{aligned}$$

对矩阵的第一部分：

$$\Phi = \mathrm{d}_M\phi - \phi \wedge \phi, \quad \Phi_{\mathcal{I}\mathcal{I}} = \Omega^{\mathrm{T}} - \phi_{\mathcal{I}}^{\mathcal{A}} \wedge \phi_{\mathcal{A}}^{\mathcal{I}},$$

$$\begin{aligned}\frac{1}{2}\bar{R}_{ijkl}\theta^k \wedge \theta^l &= \frac{1}{2}R_{ijkl}\theta^k \wedge \theta^l + \sum_\alpha h_{ik}^\alpha h_{jl}^\alpha \theta^k \wedge \theta^l \\ &= \frac{1}{2}(R_{ijkl} + \sum_\alpha h_{ik}^\alpha h_{jl}^\alpha - h_{jk}^\alpha h_{il}^\alpha)\theta^k \wedge \theta^l,\end{aligned}$$

$$\bar{R}_{ijkl} = R_{ijkl} + \sum_\alpha h_{ik}^\alpha h_{jl}^\alpha - h_{jk}^\alpha h_{il}^\alpha.$$

对矩阵的第二部分：

$$\begin{aligned}\Phi_{\mathcal{I}}^{\mathcal{A}} =& \mathrm{d}_M\phi_{\mathcal{I}}^{\mathcal{A}} - \phi_{\mathcal{I}}^{\mathcal{I}} \wedge \phi_{\mathcal{I}}^{\mathcal{I}} - \phi_{\mathcal{I}}^{\mathcal{A}} \wedge \phi_{\mathcal{A}}^{\mathcal{I}}, \\ \frac{1}{2}\bar{R}_{ijk}^\alpha\theta^j \wedge \theta^k =& \Phi_i^\alpha = \mathrm{d}_M h_{ik}^\alpha \wedge \theta^k - h_{ip}\phi_k^p \wedge \theta^k \\ & - h_{pk}^\alpha\phi_i^p \wedge \theta^k + h_{ik}^\beta\phi_\beta^\alpha\theta^k \\ =& \frac{1}{2}(h_{ik,j}^\alpha - h_{ij,k}^\alpha)\theta^j \wedge \theta^k,\end{aligned}$$

$$\bar{R}_{ijk}^\alpha = h_{ik,j}^\alpha - h_{ij,k}^\alpha.$$

对矩阵的第四部分：

$$\begin{aligned}\Phi_{\mathcal{A}\mathcal{A}} =& \mathrm{d}_M\phi_{\mathcal{A}}^{\mathcal{A}} - \phi_{\mathcal{A}}^{\mathcal{A}} \wedge \phi_{\mathcal{A}}^{\mathcal{A}} - \phi_{\mathcal{A}}^{\mathcal{I}} \wedge \phi_{\mathcal{I}}^{\mathcal{A}} \\ =& \Omega^\perp - \phi_{\mathcal{A}}^{\mathcal{I}} \wedge \phi_{\mathcal{I}}^{\mathcal{A}}, \\ \frac{1}{2}\bar{R}_{\alpha\beta ij}\theta^i \wedge \theta^j =& \frac{1}{2}R^\perp{}_{\alpha\beta ij}\theta^i \wedge \theta^j + \sum_p h_{ip}^\alpha h_{pj}^\beta\theta^i \wedge \theta^j \\ =& \frac{1}{2}(R^\perp{}_{\alpha\beta ij} + \sum_p h_{ip}^\alpha h_{pj}^\beta - h_{ip}^\beta h_{pj}^\alpha) \\ \bar{R}_{\alpha\beta ij} =& R^\perp{}_{\alpha\beta ij} + \sum_p h_{ip}^\alpha h_{pj}^\beta - h_{ip}^\beta h_{pj}^\alpha.\end{aligned}$$

对(3.3)式进行拉回运算：

$$\begin{aligned}&\theta \wedge \Omega = 0, \quad \theta \wedge \Omega^{\mathrm{T}} = 0, \\ &\theta^{\mathcal{I}} \wedge (\Omega_{\mathcal{I}}^{\mathcal{I}})^{\mathrm{T}} = 0, \quad \theta^{\mathcal{I}} \wedge (\Omega_{\mathcal{I}}^{\mathcal{A}}) = 0, \\ &\frac{1}{2}\bar{R}_{ijkl}\theta^j \wedge \theta^k \wedge \theta^l = 0, \\ &\bar{R}_{ijkl} + \bar{R}_{iklj} + \bar{R}_{iljk} = 0, \\ &\frac{1}{2}\bar{R}_{ijk}^\alpha\theta^i \wedge \theta^j \wedge \theta^k = 0,\end{aligned}$$

$$\bar{R}^{\alpha}_{ijk}+\bar{R}^{\alpha}_{jki}+\bar{R}^{\alpha}_{kij}=0.$$

对于矩阵的第一部分：

$$\begin{aligned}
&\mathrm{d}_M\Phi=\phi\wedge\Phi-\Phi\wedge\phi,\\
&\mathrm{d}_M\Phi_{\mathcal{I}\mathcal{I}}=\phi^{\mathcal{I}}_{\mathcal{I}}\wedge\Phi^{\mathcal{I}}_{\mathcal{I}}+\phi^{\mathcal{A}}_{\mathcal{I}}\wedge\Phi^{\mathcal{I}}_{\mathcal{A}}-\Phi^{\mathcal{I}}_{\mathcal{I}}\wedge\phi^{\mathcal{I}}_{\mathcal{I}}-\Phi^{\mathcal{A}}_{\mathcal{I}}\wedge\phi^{\mathcal{I}}_{\mathcal{A}},\\
&\frac{1}{2}\mathrm{d}_M\bar{R}_{ijkl}\theta^k\wedge\theta^l-\frac{1}{2}\bar{R}_{ijpl}\phi^p_k\theta^k\wedge\theta^l-\frac{1}{2}\bar{R}_{ijkp}\phi^p_l\theta^k\wedge\theta^l\\
&-\frac{1}{2}\bar{R}_{pjkl}\phi^p_i\theta^k\wedge\theta^l-\frac{1}{2}\bar{R}_{ipkl}\phi^p_j\theta^k\wedge\theta^l\\
&+\frac{1}{2}\sum_{\alpha}(h^{\alpha}_{im}\bar{R}^{\alpha}_{jkl}-h^{\alpha}_{jm}\bar{R}^{\alpha}_{ikl})\theta^k\wedge\theta^l\wedge\theta^m=0,\\
&\frac{1}{2}(\bar{R}_{ijkl,m}-\sum_{\alpha}(\bar{R}^{\alpha}_{ikl}h^{\alpha}_{jm}-\bar{R}^{\alpha}_{jkl}h^{\alpha}_{im}))\theta^k\wedge\theta^l\wedge\theta^m=0,\\
&\bar{R}_{ijkl,m}+\bar{R}_{ijlm,k}+\bar{R}_{ijmk,l}-\sum_{\alpha}(\bar{R}^{\alpha}_{ikl}h^{\alpha}_{jm}-\bar{R}^{\alpha}_{jkl}h^{\alpha}_{im})\\
&-\sum_{\alpha}(\bar{R}^{\alpha}_{ilm}h^{\alpha}_{jk}-\bar{R}^{\alpha}_{jlm}h^{\alpha}_{ik})-\sum_{\alpha}(\bar{R}^{\alpha}_{imk}h^{\alpha}_{jl}-\bar{R}^{\alpha}_{jmk}h^{\alpha}_{il})=0.
\end{aligned}$$

对于矩阵的第二部分：

$$\begin{aligned}
&\mathrm{d}_M\Phi^{\mathcal{A}}_{\mathcal{I}}=\phi^{\mathcal{I}}_{\mathcal{I}}\wedge\Phi^{\mathcal{A}}_{\mathcal{I}}+\phi^{\mathcal{A}}_{\mathcal{I}}\wedge\Phi^{\mathcal{A}}_{\mathcal{A}}-\Phi^{\mathcal{I}}_{\mathcal{I}}\wedge\phi^{\mathcal{A}}_{\mathcal{I}}-\Phi^{\mathcal{A}}_{\mathcal{I}}\wedge\phi^{\mathcal{A}}_{\mathcal{A}},\\
&\frac{1}{2}[\bar{R}^{\alpha}_{ijk,l}+(\sum_p\bar{R}_{ipjk}h^{\alpha}_{pl}-\sum_{\beta}\bar{R}^{\alpha}_{\beta jk}h^{\beta}_{il})]\theta^j\wedge\theta^k\wedge\theta^l=0,\\
&\bar{R}^{\alpha}_{ijk,l}+\bar{R}^{\alpha}_{ikl,j}+\bar{R}^{\alpha}_{ilj,k}+(\sum_p\bar{R}_{ipjk}h^{\alpha}_{pl}-\sum_{\beta}\bar{R}^{\alpha}_{\beta jk}h^{\beta}_{il})\\
&+(\sum_p\bar{R}_{ipkl}h^{\alpha}_{pj}-\sum_{\beta}\bar{R}^{\alpha}_{\beta kl}h^{\beta}_{ij})+(\sum_p\bar{R}_{iplj}h^{\alpha}_{pk}-\sum_{\beta}\bar{R}^{\alpha}_{\beta lj}h^{\beta}_{ik})=0.
\end{aligned}$$

对于矩阵的第四部分：

$$\begin{aligned}
&\mathrm{d}_M\Phi^{\mathcal{A}}_{\mathcal{A}}=\phi^{\mathcal{I}}_{\mathcal{A}}\wedge\Phi^{\mathcal{A}}_{\mathcal{I}}+\phi^{\mathcal{A}}_{\mathcal{A}}\wedge\Phi^{\mathcal{A}}_{\mathcal{A}}-\Phi^{\mathcal{I}}_{\mathcal{A}}\wedge\phi^{\mathcal{A}}_{\mathcal{I}}-\Phi^{\mathcal{A}}_{\mathcal{A}}\wedge\phi^{\mathcal{A}}_{\mathcal{A}},\\
&\frac{1}{2}[\bar{R}_{\alpha\beta ij,k}-\sum_p(\bar{R}^{\alpha}_{pij}h^{\beta}_{pk}-\bar{R}^{\beta}_{pij}h^{\alpha}_{pk})]\theta^i\wedge\theta^j\wedge\theta^k=0,\\
&\bar{R}_{\alpha\beta ij,k}+\bar{R}_{\alpha\beta jk,i}+\bar{R}_{\alpha\beta ki,j}-\sum_p(\bar{R}^{\alpha}_{pij}h^{\beta}_{pk}-\bar{R}^{\beta}_{pij}h^{\alpha}_{pk})\\
&-\sum_p(\bar{R}^{\alpha}_{pjk}h^{\beta}_{pi}-\bar{R}^{\beta}_{pjk}h^{\alpha}_{pi})-\sum_p(\bar{R}^{\alpha}_{pki}h^{\beta}_{pj}-\bar{R}^{\beta}_{pki}h^{\alpha}_{pj})=0.
\end{aligned}$$

对于第二基本型，下面的Ricci恒等式是重要的：

$$h^{\alpha}_{ij,kl}-h^{\alpha}_{ij,lk}=\sum_p h^{\alpha}_{pj}R_{ipkl}+\sum_p h^{\alpha}_{ip}R_{jpkl}+\sum_{\beta}h^{\beta}_{ij}R^{\perp}_{\alpha\beta kl}$$

$$
\begin{aligned}
&= \sum_p h^\alpha_{pj}[\bar{R}_{ipkl} - \sum_\beta (h^\beta_{ik}h^\beta_{pl} - h^\beta_{il}h^\beta_{pk})] \\
&\quad + \sum_p h^\alpha_{ip}[\bar{R}_{jpkl} - \sum_\beta (h^\beta_{jk}h^\beta_{pl} - h^\beta_{jl}h^\beta_{pk})] \\
&\quad + \sum_\beta h^\beta_{ij}[\bar{R}_{\alpha\beta kl} - \sum_p (h^\alpha_{kp}h^\beta_{pl} - h^\alpha_{lp}h^\beta_{pk})] \\
&= \sum_p h^\alpha_{pj}\bar{R}_{ipkl} + \sum_p h^\alpha_{ip}\bar{R}_{jpkl} + \sum_\beta h^\beta_{ij}\bar{R}_{\alpha\beta kl} \\
&\quad + \sum_{p\beta}(h^\beta_{il}h^\alpha_{jp}h^\beta_{pk} - h^\beta_{ik}h^\alpha_{jp}h^\beta_{pl}) + \sum_{p\beta}(h^\alpha_{ip}h^\beta_{pk}h^\beta_{jl} - h^\alpha_{ip}h^\beta_{pl}h^\beta_{jk}) \\
&\quad + \sum_{p\beta}(h^\beta_{ij}h^\beta_{kp}h^\alpha_{pl} - h^\beta_{ij}h^\alpha_{kp}h^\beta_{pl}).
\end{aligned}
$$

综上所述，得到了子流形的结构方程：

定理 3.1 [13] 设$x: M \to N$是子流形，张量的变化规律为

$$h^\alpha_{ij} = h^\alpha_{ji}, \quad \bar{R}_{ijkl} = R_{ijkl} + \sum_\alpha h^\alpha_{ik}h^\alpha_{jl} - h^\alpha_{jk}h^\alpha_{il}, \tag{3.4}$$

$$\bar{R}^\alpha_{ijk} = h^\alpha_{ik,j} - h^\alpha_{ij,k}, \quad \bar{R}_{\alpha\beta ij} = R^\perp{}_{\alpha\beta ij} + \sum_p h^\alpha_{ip}h^\beta_{pj} - h^\beta_{ip}h^\alpha_{pj}, \tag{3.5}$$

$$R_{ij} = \sum_p \bar{R}_{ippj} - \sum_{p\alpha} h^\alpha_{ip}h^\alpha_{pj} + \sum_\alpha nH^\alpha h^\alpha_{ij}, \tag{3.6}$$

$$R = \sum_{ij} \bar{R}_{ijji} - \sigma + n^2H^2, \tag{3.7}$$

$$
\begin{aligned}
&\bar{R}_{ijkl,m} + \bar{R}_{ijlm,k} + \bar{R}_{ijmk,l} - \sum_\alpha (\bar{R}^\alpha_{ikl}h^\alpha_{jm} - \bar{R}^\alpha_{jkl}h^\alpha_{im}) \\
&\quad - \sum_\alpha (\bar{R}^\alpha_{ilm}h^\alpha_{jk} - \bar{R}^\alpha_{jlm}h^\alpha_{ik}) - \sum_\alpha (\bar{R}^\alpha_{imk}h^\alpha_{jl} - \bar{R}^\alpha_{jmk}h^\alpha_{il}) = 0,
\end{aligned} \tag{3.8}
$$

$$
\begin{aligned}
&\bar{R}^\alpha_{ijk,l} + \bar{R}^\alpha_{ikl,j} + \bar{R}^\alpha_{ilj,k} + (\sum_p \bar{R}_{ipjk}h^\alpha_{pl} - \sum_\beta \bar{R}^\alpha_{\beta jk}h^\beta_{il}) \\
&\quad + (\sum_p \bar{R}_{ipkl}h^\alpha_{pj} - \sum_\beta \bar{R}^\alpha_{\beta kl}h^\beta_{ij}) + (\sum_p \bar{R}_{iplj}h^\alpha_{pk} - \sum_\beta \bar{R}^\alpha_{\beta lj}h^\beta_{ik}) = 0,
\end{aligned} \tag{3.9}
$$

$$
\begin{aligned}
&\bar{R}_{\alpha\beta ij,k} + \bar{R}_{\alpha\beta jk,i} + \bar{R}_{\alpha\beta ki,j} - \sum_p (\bar{R}^\alpha_{pij}h^\beta_{pk} - \bar{R}^\beta_{pij}h^\alpha_{pk}) \\
&\quad - \sum_p (\bar{R}^\alpha_{pjk}h^\beta_{pi} - \bar{R}^\beta_{pjk}h^\alpha_{pi}) - \sum_p (\bar{R}^\alpha_{pki}h^\beta_{pj} - \bar{R}^\beta_{pki}h^\alpha_{pj}) = 0.
\end{aligned} \tag{3.10}
$$

◇

注释 3.1 在定理3.1中，前三行等式是经典的结果，后面的Bianchi等式是新推导的结果，当然也可以由Gauss、Codazzi、Ricci等式的协变导数得到。

设N是空间形式$R^{n+p}(c)$，众所周知，有如下关系：

$$\bar{R}_{ABCD} = -c(\delta_{AC}\delta_{BD} - \delta_{AD}\delta_{BC}).$$

代入定理3.1，可得如下推论：

推论 3.1 [13] 设N是空间形式$R^{n+p}(c)$，子流形$x : M \to R^{n+p}(c)$有以下结构方程：

$$dx = \theta^i e_i, \quad de_i = \phi_i^j e_j + \phi_i^\alpha e_\alpha - c\theta^i x, \quad de_\alpha = \phi_\alpha^i e_i + \phi_\alpha^\beta e_\beta, \tag{3.11}$$

$$h_{ij}^\alpha = h_{ji}^\alpha, \quad R_{ijkl} = -c(\delta_{ik}\delta_{jl} - \delta_{il}\delta_{jk}) - \sum_\alpha (h_{ik}^\alpha h_{jl}^\alpha - h_{jk}^\alpha h_{il}^\alpha), \tag{3.12}$$

$$R_{ij} = c(n-1)\delta_{ij} - \sum_{p\alpha} h_{ip}^\alpha h_{pj}^\alpha + \sum_\alpha nH^\alpha h_{ij}^\alpha, \tag{3.13}$$

$$R = cn(n-1) - \sigma + n^2H^2, \tag{3.14}$$

$$h_{ik,j}^\alpha = h_{ij,k}^\alpha, \quad R^\perp{}_{\alpha\beta ij} = -\sum_p (h_{ip}^\alpha h_{pj}^\beta - h_{ip}^\beta h_{pj}^\alpha), \tag{3.15}$$

$$\bar{R}_{ijkl,m} + \bar{R}_{ijlm,k} + \bar{R}_{ijmk,l} = 0, \tag{3.16}$$

$$\bar{R}_{ijk,l}^\alpha + \bar{R}_{ikl,j}^\alpha + \bar{R}_{ilj,k}^\alpha = 0, \tag{3.17}$$

$$\bar{R}_{\alpha\beta ij,k} + \bar{R}_{\alpha\beta jk,i} + \bar{R}_{\alpha\beta ki,j} = 0. \tag{3.18}$$

注释 3.2 在定理3.1和推论3.1之中，对$\bar{R}_{ABCD}$的协变导数都是在拉回丛上进行的。

命题 3.1 设$x : M \to N$是子流形，有如下Ricci恒等式：

- 当$p \geqslant 2$时，对于一般子流形：

$$\begin{aligned} h_{ij,kl}^\alpha - h_{ij,lk}^\alpha = &\sum_p h_{pj}^\alpha \bar{R}_{ipkl} + \sum_p h_{ip}^\alpha \bar{R}_{jpkl} + \sum_\beta h_{ij}^\beta \bar{R}_{\alpha\beta kl} \\ &+ \sum_{p\beta}(h_{il}^\beta h_{jp}^\alpha h_{pk}^\beta - h_{ik}^\beta h_{jp}^\alpha h_{pl}^\beta) \\ &+ \sum_{p\beta}(h_{ip}^\alpha h_{pk}^\beta h_{jl}^\beta - h_{ip}^\alpha h_{pl}^\beta h_{jk}^\beta) \\ &+ \sum_{p\beta}(h_{ij}^\beta h_{kp}^\beta h_{pl}^\alpha - h_{ij}^\beta h_{kp}^\alpha h_{pl}^\beta). \end{aligned} \tag{3.19}$$

- 当$p \geqslant 2$时，对于空间形式中子流形：

$$\begin{aligned} h_{ij,kl}^\alpha - h_{ij,lk}^\alpha = &c(\delta_{il}h_{jk}^\alpha - \delta_{ik}h_{jl}^\alpha + \delta_{jl}h_{ik}^\alpha - \delta_{jk}h_{il}^\alpha) \\ &+ \sum_{p\beta}(h_{il}^\beta h_{jp}^\alpha h_{pk}^\beta - h_{ik}^\beta h_{jp}^\alpha h_{pl}^\beta) \end{aligned}$$

$$
\begin{aligned}
&+\sum_{p\beta}(h^{\alpha}_{ip}h^{\beta}_{pk}h^{\beta}_{jl}-h^{\alpha}_{ip}h^{\beta}_{pl}h^{\beta}_{jk})\\
&+\sum_{p\beta}(h^{\beta}_{ij}h^{\beta}_{kp}h^{\alpha}_{pl}-h^{\beta}_{ij}h^{\alpha}_{kp}h^{\beta}_{pl}).
\end{aligned}
\tag{3.20}
$$

- 当$p=1$时，对于一般超曲面：

$$
\begin{aligned}
h_{ij,kl}-h_{ij,lk}=&\sum_{p}h_{pj}\bar{R}_{ipkl}+\sum_{p}h_{ip}\bar{R}_{jpkl}\\
&+\sum_{p}(h_{il}h_{jp}h_{pk}-h_{ik}h_{jp}h_{pl}\\
&+h_{ip}h_{pk}h_{jl}-h_{ip}h_{pl}h_{jk}).
\end{aligned}
\tag{3.21}
$$

- 当$p=1$时，对于空间形式中超曲面：

$$
\begin{aligned}
h_{ij,kl}-h_{ij,lk}=&c(\delta_{il}h_{jk}-\delta_{ik}h_{jl}+\delta_{jl}h_{ik}-\delta_{jk}h_{il})\\
&+\sum_{p}(h_{il}h_{jp}h_{pk}-h_{ik}h_{jp}h_{pl}\\
&+h_{ip}h_{pk}h_{jl}-h_{ip}h_{pl}h_{jk}).
\end{aligned}
\tag{3.22}
$$

在本节的最后，列出和定义一些记号：

当余维数为1，$p=1$ 时，记

$$
\begin{aligned}
&B=h_{ij}\theta^i\otimes\theta^j,\quad A=(h_{ij})_{n\times n},\\
&H=\frac{1}{n}\sum_{i}h_{ii},\quad \sigma=\sum_{ij}(h_{ij})^2,\\
&\hat{h}_{ij}=h_{ij}-H\delta_{ij},\quad \hat{B}=\hat{h}_{ij}\theta^i\otimes\theta^j=B-H\mathrm{d}s^2,\\
&\hat{A}=(\hat{h}_{ij})_{n\times n}=A-HI,\quad \hat{\sigma}=\sigma-nH^2.
\end{aligned}
$$

当余维数大于1，$p\geqslant 2$ 时，记

$$
\begin{aligned}
&B=h^{\alpha}_{ij}\theta^i\otimes\theta^j\otimes e_{\alpha},\quad B_{ij}=\sum_{\alpha}h^{\alpha}_{ij}e_{\alpha},\\
&A_{\alpha}=A^{\alpha}=(h^{\alpha}_{ij})_{n\times n},\\
&H^{\alpha}=\frac{1}{n}\sum_{i}h^{\alpha}_{ii},\\
&\vec{H}=\sum_{\alpha}H^{\alpha}e_{\alpha},\\
&H=\sqrt{\sum_{\alpha}(H^{\alpha})^2},\quad \sigma=\sum_{ij\alpha}(h^{\alpha}_{ij})^2,
\end{aligned}
$$

$$\hat{h}^\alpha_{ij} = h^\alpha_{ij} - H^\alpha \delta_{ij},$$

$$\hat{B} = \hat{h}^\alpha_{ij}\theta^i \otimes \theta^j \otimes e_\alpha = B - \vec{H} \otimes \mathrm{d}s^2,$$

$$\hat{B}_{ij} = \hat{h}^\alpha_{ij} \otimes e_\alpha = \sum_\alpha (h^\alpha_{ij} - H^\alpha \delta_{ij}) e_\alpha = B_{ij} - \vec{H}\delta_{ij},$$

$$\begin{aligned}\hat{A}_\alpha = \hat{A}_\alpha &= (\hat{h}^\alpha_{ij})_{n\times n} = (h^\alpha_{ij} - H^\alpha \delta_{ij}) \\ &= A_\alpha - H^\alpha I = A^\alpha - H^\alpha I,\end{aligned}$$

$$\sigma = \sum_{ij\alpha} (h^\alpha_{ij})^2, \quad \sigma_{\alpha\beta} = \sum_{ij} h^\alpha_{ij} h^\beta_{ij} = \mathrm{tr}(A_\alpha A_\beta), \quad \sigma = \sum_\alpha \sigma_{\alpha\alpha},$$

$$\hat{\sigma} = \sum_{ij\alpha} (\hat{h}^\alpha_{ij})^2 = \sum_{ij\alpha} (h^\alpha_{ij} - H^\alpha \delta_{ij})^2 = \sigma - nH^2,$$

$$\begin{aligned}\hat{\sigma}_{\alpha\beta} &= \mathrm{tr}(\hat{A}_\alpha \hat{A}_\beta) = \mathrm{tr}((A_\alpha - H^\alpha)(A_\beta - H^\beta)) \\ &= \sigma_{\alpha\beta} - nH^\alpha H^\beta.\end{aligned}$$

显然有

$$\sigma_{\alpha\alpha} \geqslant 0, \quad \sigma \geqslant 0, \quad \hat{\sigma}_{\alpha\alpha} \geqslant 0, \quad \hat{\sigma} \geqslant 0.$$

3.2 子流形共形变换

本节主要讨论子流形的共形变换，沿用第2章和第3.1节的符号。

设$\bar{u}: N \to R$是光滑函数，则$\widetilde{\mathrm{d}\bar{s}^2} = \mathrm{e}^{2\bar{u}}\mathrm{d}\bar{s}^2$是$\mathrm{d}\bar{s}^2$的共形变换，$(N, \widetilde{\mathrm{d}\bar{s}^2})$的局部正交标架分别为

$$\widetilde{S} = \frac{1}{\mathrm{e}^{\bar{u}}} S = \frac{1}{\mathrm{e}^{\bar{u}}}(S_{\mathcal{I}}, S_{\mathcal{A}})^{\mathrm{T}},$$

$$\widetilde{\sigma} = \mathrm{e}^{\bar{u}}\sigma = \mathrm{e}^{\bar{u}}(\sigma^{\mathcal{I}}, \sigma^{\mathcal{A}}).$$

记

$$\mathrm{d}\bar{u} = \bar{u}_{,A}\sigma^A, \quad \mathrm{d}\bar{u}_{,A} - \bar{u}_{,B}\omega^B_A = \bar{u}_{,AB}\sigma^B,$$

$$D\bar{u} = (\bar{u}_{,A})_{1\times(n+p)}, \quad D^2\bar{u} = (\bar{u}_{,AB})_{(n+p)\times(n+p)},$$

$$x^*\bar{u} = u, \quad x^*\bar{u}_{,\alpha} = u_{,\alpha}, \quad x^*\bar{u}_{,i} = u_{,i},$$

$$\mathrm{d}_M u = \sum_i u_{,i}\theta^i, \quad \mathrm{d}_M u_{,i} - \sum_p u_{,p}\phi^p_i = u_{,ij}\theta^j,$$

$$\mathrm{d}_M u_{,\alpha} - u_{,\beta}\phi^\beta_\alpha = u_{,\alpha i}\theta^i,$$

$$Du = (u_{,i})_{1\times n}, \quad D^2 u = (u_{,ij})_{n\times n}, \quad DD^\perp u = (u_{,\alpha i})_{p\times n},$$

$$x^*\bar{u}_{,ij} = u_{,ij} - \sum_{\alpha} u_{,\alpha} h^{\alpha}_{ij}, \quad x^*\bar{u}_{\alpha i} = u_{,\alpha i} + \sum_{j} h^{\alpha}_{ij} u_{,j}.$$

显然，$\widetilde{\mathrm{d}s^2} = \mathrm{e}^{2u}\mathrm{d}s^2$是 $\mathrm{d}s^2$ 的共形变换，因此子流形

$$x:\ (M, \mathrm{d}s^2) \to (N, \mathrm{d}\bar{s}^2),$$
$$x:\ (M, \widetilde{\mathrm{d}s^2}) \to (N, \widetilde{\mathrm{d}\bar{s}^2})$$

的局部正交标架是

$$\widetilde{e} = x^*\widetilde{S} = \frac{1}{\mathrm{e}^u} e = \frac{1}{\mathrm{e}^u}(e_{\mathcal{I}}, e_{\mathcal{A}})^{\mathrm{T}},$$
$$\widetilde{\theta} = x^*\widetilde{\sigma} = \mathrm{e}^u\theta = \mathrm{e}^u(\theta^{\mathcal{I}}, \theta^{\mathcal{A}}).$$

由定理2.3，可得到以下的定理:

定理 3.2 在$(M, \widetilde{\mathrm{d}s^2})$和$(M, \mathrm{d}s^2)$分别的标架$\widetilde{e}$, e下，第二基本型的变换规律为

$$\widetilde{h}^{\alpha}_{ij} = \frac{1}{\mathrm{e}^u}(h^{\alpha}_{ij} - u_{,\alpha}\delta_{ij}), \tag{3.23}$$

$$\widetilde{B} = \widetilde{h}^{\alpha}_{ij}\widetilde{\theta}^i \otimes \widetilde{\theta}^j \otimes \widetilde{e_{\alpha}} = B - \sum_{\alpha} u_{,\alpha} e_{\alpha} \mathrm{d}s^2. \tag{3.24}$$

◇

3.3 子流形的例子

例 3.1 全测地子流形$B = 0$。欧氏空间中的超平面，球面中的赤道。

例 3.2 欧氏空间R^{n+1}中的单位球面$S^n(1)$，显然，$k_1 = k_2 = \cdots = k_n = 1$.

例 3.3 [13] 设$0 < r < 1$，$M : S^m(r) \times S^{n-m}(\sqrt{1-r^2}) \to S^{n+1}(1)$。计算如下:

$$S^m(r) = \{rx_1 : |x_1| = 1\} \hookrightarrow R^{m+1},$$
$$S^{n-m}(\sqrt{1-r^2}) = \{\sqrt{1-r^2}x_2 : |x_2| = 1\} \hookrightarrow R^{n-m+1},$$
$$M := \{x = (rx_1, \sqrt{1-r^2}x_2)\} \hookrightarrow S^{n+1}(1) \hookrightarrow R^{n+2},$$
$$\mathrm{d}s^2 = (r\mathrm{d}x_1)^2 + (\sqrt{1-r^2}\mathrm{d}x_2)^2, e_{n+1} = (-\sqrt{1-r^2}x_1, rx_2),$$
$$h^{n+1}_{ij}\theta^i \otimes \theta^j \overset{\mathrm{def}}{=} h_{ij}\theta^i \otimes \theta^j = -\langle \mathrm{d}x, \mathrm{d}e_{n+1}\rangle$$
$$= \frac{\sqrt{1-r^2}}{r}(r\mathrm{d}x_1)^2 - \frac{r}{\sqrt{1-r^2}}(\sqrt{1-r^2}\mathrm{d}x_2)^2,$$

$$k_1 = \cdots = k_m = \frac{\sqrt{1-r^2}}{r},\ k_{m+1} = \cdots = k_n = -\frac{r}{\sqrt{1-r^2}}.$$

例 3.4 [20] 设 $0 < a_1, \cdots, a_{p+1} < 1$ 满足 $\sum_1^{p+1}(a_i)^2 = 1$，设正整数 $n_1, \cdots, n_{p+1}$ 满足 $\sum_1^{p+1} n_i = n$. $M \overset{\text{def}}{=} S^{n_1}(a_1) \times \cdots S^{n_{p+1}}(a_{p+1}) \to S^{n+p}(1)$，计算如下：

$$S^{n_1}(a_1) = \{a_1 x_1 : |x_1| = 1\} \hookrightarrow R^{n_1+1}, \cdots,$$

$$S^{n_{p+1}(a_{p+1})} = \{a_{p+1} x_{p+1} : |x_{p+1}| = 1\} \hookrightarrow R^{n_{p+1}+1},$$

$$M = \{x : x = (a_1 x_1, \cdots, a_{p+1} x_{p+1})\} \to S^{n+p}(1) \hookrightarrow R^{n+p+1},$$

$$\mathrm{d}s^2 = \sum_1^{p+1} (a_i \mathrm{d}x_i)^2,$$

$$e_\alpha = (a_{\alpha 1} x_1, \cdots, a_{\alpha(p+1)} x_{p+1}),\ (n+1) \leqslant \alpha \leqslant (n+p),$$

$$h_{ij}^\alpha \theta^i \otimes \theta^j = -\langle \mathrm{d}x, \mathrm{d}e_\alpha \rangle = -\sum_1^{p+1} \frac{a_{\alpha i}}{a_i} (a_i \mathrm{d}x_i)^2,$$

$$(h_{ij}^\alpha) = \begin{pmatrix} -\frac{a_{\alpha 1}}{a_1} E_{n_1} & 0 & 0 \\ 0 & \ddots & 0 \\ 0 & 0 & -\frac{a_{\alpha(p+1)}}{a_{p+1}} E_{n_{p+1}} \end{pmatrix};$$

$$A = \begin{pmatrix} a_1 & \cdots & a_{p+1} \\ a_{(n+1)1} & \cdots & a_{(n+1)(p+1)} \\ \cdots & \cdots & \cdots \\ a_{(n+p)1} & \cdots & a_{(n+p)(p+1)} \end{pmatrix},$$

$$A^{\mathrm{T}} A = I, \quad \sum_\alpha a_{\alpha i} a_{\alpha j} = \delta_{ij} - a_i a_j,$$

$$\sum_i a_{\alpha i} a_i = 0, \quad \sum_i a_{\alpha i} a_{\beta i} = \delta_{\alpha\beta}.$$

例 3.5 [1,9,10,32,33,38,40] 设M是$S^{n+1}(1)$中闭的等参超曲面，设$k_1 > \cdots > k_g$是常主曲率，重数分别为$m_1, \cdots, m_g, n = m_1 + \cdots + m_g$. 有：

（1）g只能取$1, 2, 3, 4, 6$；

（2）当$g = 1$时，M是全脐；

（3）当$g = 2$时，$M = S^m(r) \times S^{n-m}(\sqrt{1-r^2})$；

（4）当$g = 3$时，$m_1 = m_2 = m_3 = 2^k, k = 0, 1, 2, 3$；

（5）当$g = 4$时，$m_1 = m_3$，$m_2 = m_4$. $(m_1, m_2) = (2, 2)$或$(4, 5)$，或$m_1 + m_2 + 1 \equiv 0(\mathrm{mod}\ 2^{\phi(m_1-1)})$，函数$\phi(m) = \#\{s : 1 \leqslant s \leqslant m, s \equiv 0, 1, 2, 4(\mathrm{mod}\ 8)\}$；

（6）当$g = 6$时，$m_1 = m_2 = \cdots = m_6 = 1$或者$= 2$；

（7）存在一个角度 θ, $0<\theta<\dfrac{\pi}{g}$，使得

$$k_\alpha=\cot(\theta+\frac{\alpha-1}{g}\pi),\alpha=1,\cdots,g.$$

关于等参超曲面，最近唐梓洲教授等得到一系列的研究结果[16–19,35,40,41]。

例 3.6 [33] Nomizu等参超曲面。令

$$S^{n+1}(1)=\{(x_1,\cdots,x_{2r+1},x_{2r+2})\in R^{n+2}=R^{2r+2}:|x|=1\},$$

其中$n=2r\geqslant 4$。定义函数：

$$F(x)=(\sum_{i=1}^{r+1}(x_{2i-1}^2-x_{2i}^2))^2+4(\sum_{i=1}^{r+1}x_{2i-1}x_{2i})^2.$$

考虑由函数$F(x)$定义的超曲面：

$$M_t^n=\{x\in S^{n+1}:F(x)=\cos^2(2t)\},\quad 0<t<\frac{\pi}{4}.$$

M_t^n对固定参数t的主曲率为

$$k_1=\cdots=k_{r-1}=\cot(-t),\quad k_r=\cot(\frac{\pi}{4}-t),$$
$$k_{r+1}=\cdots=k_{n-1}=\cot(\frac{\pi}{2}-t),\quad k_n=\cot(\frac{3\pi}{4}-t).$$

例 3.7 [13] Veronese曲面。设R^3和R^5的自然标架分别为

$$(x,y,z),\ (u_1,u_2,u_3,u_4,u_5).$$

定义映射如下：

$$\begin{aligned}&u_1=\frac{1}{\sqrt{3}}yz,\quad u_2=\frac{1}{\sqrt{3}}xz,\quad u_3=\frac{1}{\sqrt{3}}xy,\\&u_4=\frac{1}{2\sqrt{3}}(x^2-y^2),\quad u_5=\frac{1}{6}(x^2+y^2-2z^2),\\&x^2+y^2+z^2=3.\end{aligned}$$

该映射给出了一个嵌入 $i:RP^2=S^2(\sqrt{3})/Z_2\to S^4(1)$，称之为Veronese曲面，它是极小的。

3.4 子流形变分公式

本节主要讨论子流形的变分公式。沿用前面的符号，主要思想来自于文章[24]。

设$x:(M,\mathrm{d}s^2)\to(N,\mathrm{d}\bar{s}^2)$是子流形，$X:(M,\mathrm{d}s^2)\times(-\epsilon,\epsilon)\to(N,\mathrm{d}\bar{s}^2)$是其变分。 定义：

$$x_t:=X(.,t):M\times\{t\}\to N,\ t\in(-\epsilon,\epsilon).$$

那么每个 x_t 都是等距浸入，而且 $x_0=x$.

设d, d_M, $\mathrm{d}_{M\times(-\epsilon,\epsilon)}=\mathrm{d}_M+\mathrm{d}t\wedge\dfrac{\partial}{\partial t}$是 $N,M,M\times(-\epsilon,\epsilon)$上的微分算子。

设变分向量场为$V=\sum_A V^Ae_A$，即$\dfrac{\partial X}{\partial t}=V$。通过拉回映射，有

$$\begin{aligned}
&X^*\sigma=\theta+\mathrm{d}tV,\quad X^*\sigma^A=\theta^A+\mathrm{d}tV^A,\\
&X^*\sigma^i=\theta^i+\mathrm{d}tV^i,\quad X^*\sigma^\alpha=\mathrm{d}tV^\alpha,\\
&X^*\omega=\phi+\mathrm{d}tL,\quad X^*\omega_A^B=\phi_A^B+\mathrm{d}tL_A^B,\\
&X^*\omega_i^j=\phi_i^j+\mathrm{d}tL_i^j,\quad X^*\omega_i^\alpha=\phi_i^\alpha+\mathrm{d}tL_i^\alpha,\\
&X^*\omega_\alpha^\beta=\phi_\alpha^\beta+\mathrm{d}tL_\alpha^\beta,\\
&X^*\Omega=\Phi+\mathrm{d}t\wedge P,\quad X^*\Omega_A^B=\Phi_A^B+\mathrm{d}t\wedge P_A^B,\\
&X^*\Omega_i^j=\Phi_i^j+\mathrm{d}t\wedge P_i^j,\quad X^*\Omega_i^\alpha=\Phi_i^\alpha+\mathrm{d}t\wedge P_i^\alpha,\\
&X^*\Omega_\alpha^\beta=\Phi_\alpha^\beta+\mathrm{d}t\wedge P_\alpha^\beta.
\end{aligned}$$

其中

$$\begin{aligned}
X^*\omega_A^B=&\phi_A^B+\mathrm{d}tL_A^B=\bar{\Gamma}_{Ai}^B\theta^i+\mathrm{d}t\sum_C\bar{\Gamma}_{AC}^BV^C,\\
\phi_A^B=&\bar{\Gamma}_{Ai}^B\theta^i,\quad L_A^B=\sum_C\bar{\Gamma}_{AC}^BV^C,\\
X^*\Omega_A^B=&\frac{1}{2}\bar{R}_{ABCD}(\theta^C+\mathrm{d}tV^C)\wedge(\theta^D+\mathrm{d}tV^D),\\
=&\frac{1}{2}\bar{R}_{ABCD}(\theta^C\wedge\theta^D+\mathrm{d}t\wedge(V^C\theta^D-\theta^CV^D)),\\
=&\frac{1}{2}\bar{R}_{ABij}\theta^i\wedge\theta^j+\mathrm{d}t\wedge(\bar{R}_{ABCi}V^C\theta^i),\\
\Phi_A^B=&\frac{1}{2}\bar{R}_{ABij}\theta^i\wedge\theta^j,\quad P_A^B=\bar{R}_{ABCi}V^C\theta^i.
\end{aligned}$$

定义 3.1 定义张量

$$\bar{Z}_{ABi}=\bar{R}_{ABCi}V^C,\quad P_{AB}=\bar{Z}_{ABi}\theta^i.$$

对于以下三个方程，通过拉回运算，可以得到变分公式：

$$\omega + \omega^{\mathrm{T}} = 0,\ \mathrm{d}\sigma - \sigma \wedge \omega = 0, \tag{3.25}$$

$$\Omega + \Omega^{\mathrm{T}} = 0,\ \mathrm{d}\omega - \omega \wedge \omega = \Omega, \tag{3.26}$$

$$\left.\begin{aligned} \sigma \wedge \Omega = 0,\ \sigma \wedge \Omega^{\mathrm{T}} = 0, \\ \mathrm{d}\Omega = \omega \wedge \Omega - \Omega \wedge \omega. \end{aligned}\right\} \tag{3.27}$$

对(3.25)式进行拉回运算：

$$\begin{aligned}
&\phi + \phi^{\mathrm{T}} + \mathrm{d}t(L + L^{\mathrm{T}}) = 0, \\
&(\mathrm{d}_M + \mathrm{d}t \wedge \frac{\partial}{\partial t})(\theta + \mathrm{d}tV) - (\theta + \mathrm{d}tV) \wedge (\phi + \mathrm{d}tL) = 0, \\
&\phi + \phi^{\mathrm{T}} = 0,\ \ L + L^{\mathrm{T}} = 0, \\
&\mathrm{d}_M\theta - \theta \wedge \phi + \mathrm{d}t \wedge (\frac{\partial \theta}{\partial t} - \mathrm{d}_M V - V\phi + \theta L) = 0, \\
&\mathrm{d}_M\theta - \theta \wedge \phi = 0,\ \ \frac{\partial \theta}{\partial t} = \mathrm{d}_M V + V\phi - \theta L, \\
&\frac{\partial \theta^{\mathcal{I}}}{\partial t} = \mathrm{d}_M V^{\mathcal{I}} + V^{\mathcal{I}}\phi^{\mathcal{I}}_{\mathcal{I}} + V^{\mathcal{A}}\phi^{\mathcal{I}}_{\mathcal{A}} - \theta^{\mathcal{I}}L^{\mathcal{I}}_{\mathcal{I}} - \theta^{A}L^{\mathcal{I}}_{\mathcal{A}} \\
&\qquad = DV^{\mathcal{I}} + V^{\mathcal{A}}\phi^{\mathcal{I}}_{\mathcal{A}} - \theta^{\mathcal{I}}L^{\mathcal{I}}_{\mathcal{I}}, \\
&\frac{\partial \theta^i}{\partial t} = \sum_j (V^i_{,j} - \sum_\alpha h^\alpha_{ij}V^\alpha - L^i_j)\theta^j, \\
&\frac{\partial \theta^{\mathcal{A}}}{\partial t} = \mathrm{d}_M V^{\mathcal{A}} + V^{\mathcal{A}}\phi^{\mathcal{A}}_{\mathcal{A}} + V^{\mathcal{I}}\phi^{\mathcal{A}}_{\mathcal{I}} - \theta^{\mathcal{I}}L^{\mathcal{A}}_{\mathcal{I}} - \theta^{A}L^{\mathcal{A}}_{\mathcal{A}} \\
&\qquad = DV^{\mathcal{A}} + V^{\mathcal{I}}\phi^{\mathcal{A}}_{\mathcal{I}} - \theta^{\mathcal{I}}L^{\mathcal{A}}_{\mathcal{I}}, \\
&L^\alpha_i = V^\alpha_{,i} + \sum_j h^\alpha_{ij}V^j, \\
&L^\alpha_{i,j} = V^\alpha_{,ij} + \sum_p h^\alpha_{ip}V^p_{,j} + \sum_p h^\alpha_{ij,p}V^p + \sum_p \bar{R}^\alpha_{ijp}V^p.
\end{aligned}$$

对(3.26)式进行拉回运算：

$$\begin{aligned}
&\Phi + \Phi^{\mathrm{T}} + \mathrm{d}t(P + P^{\mathrm{T}}) = 0, \\
&\Phi + \Phi^{\mathrm{T}} = 0,\ \ P + P^{\mathrm{T}} = 0, \\
&\Phi + \mathrm{d}t \wedge P = (\mathrm{d}_M + \mathrm{d}t \wedge \frac{\partial}{\partial t})(\phi + \mathrm{d}tL) \\
&\qquad\qquad - (\phi + \mathrm{d}tL) \wedge (\phi + \mathrm{d}tL),
\end{aligned}$$

$$\Phi = \mathrm{d}_M\phi - \phi \wedge \phi,$$

$$\frac{\partial \phi}{\partial t} = \mathrm{d}_M L + L\phi - \phi L + P.$$

对于矩阵的第一部分，L_i^j不是张量，但是可以形式地记为

$$\begin{aligned}\frac{\partial \theta_{\mathcal{I}}^{\mathcal{I}}}{\partial t} =&\mathrm{d}_M L_{\mathcal{I}}^{\mathcal{I}} + L_{\mathcal{I}}^{\mathcal{I}}\phi_{\mathcal{I}}^{\mathcal{I}} + L_{\mathcal{I}}^{\mathcal{A}}\phi_{\mathcal{A}}^{\mathcal{I}} - \phi_{\mathcal{I}}^{\mathcal{I}}L_{\mathcal{I}}^{\mathcal{I}} - \phi_{\mathcal{I}}^{\mathcal{A}}L_{\mathcal{A}}^{\mathcal{I}} + P_{\mathcal{I}}^{\mathcal{I}}\\ =&DL_{\mathcal{I}}^{\mathcal{I}} + L_{\mathcal{I}}^{\mathcal{A}}\phi_{\mathcal{A}}^{\mathcal{I}} - \phi_{\mathcal{I}}^{\mathcal{A}}L_{\mathcal{A}}^{\mathcal{I}} + P_{\mathcal{I}}^{\mathcal{I}},\\ \frac{\partial \Gamma_{ik}^j}{\partial t} =&L_{i,k}^j + \sum_\alpha h_{ik}^\alpha L_j^\alpha - \sum_\alpha L_i^\alpha h_{jk}^\alpha + \bar{Z}_{ijk}\\ &- \sum_p \Gamma_{ip}^j V_{,k}^p + \sum_{p\alpha} \Gamma_{ip}^j h_{pk}^\alpha V^\alpha + \sum_p \Gamma_{ip}^j L_k^p.\end{aligned}$$

对于矩阵的第二部分，L_i^α是张量，记为

$$\begin{aligned}\frac{\partial \theta_{\mathcal{I}}^{\mathcal{A}}}{\partial t} =&\mathrm{d}_M L_{\mathcal{I}}^{\mathcal{A}} + L_{\mathcal{I}}^{\mathcal{I}}\phi_{\mathcal{I}}^{\mathcal{A}} + L_{\mathcal{I}}^{\mathcal{A}}\phi_{\mathcal{A}}^{\mathcal{A}} - \phi_{\mathcal{I}}^{\mathcal{I}}L_{\mathcal{I}}^{\mathcal{A}} - \phi_{\mathcal{I}}^{\mathcal{A}}L_{\mathcal{A}}^{\mathcal{A}} + P_{\mathcal{I}}^{\mathcal{A}}\\ =&DL_{\mathcal{I}}^{\mathcal{A}} + L_{\mathcal{I}}^{\mathcal{I}}\phi_{\mathcal{I}}^{\mathcal{A}} - \phi_{\mathcal{I}}^{\mathcal{A}}L_{\mathcal{A}}^{\mathcal{A}} + P_{\mathcal{I}}^{\mathcal{A}},\\ \frac{\partial h_{ij}^\alpha}{\partial t} =&L_{i,j}^\alpha + \sum_p L_i^p h_{pj}^\alpha - \sum_\beta h_{ij}^\beta L_\beta^\alpha + \bar{Z}_{ij}^\alpha\\ &- \sum_p h_{ip}^\alpha V_{,j}^p + \sum_{p\beta} h_{ip}^\alpha h_{pj}^\beta V^\beta + \sum_p h_{ip}^\alpha L_j^p\\ =&V_{,ij}^\alpha + \sum_p h_{ij,p}^\alpha V^p + \sum_p h_{pj}^\alpha L_i^p + \sum_p h_{ip}^\alpha L_j^p\\ &- \sum_\beta h_{ij}^\beta L_\beta^\alpha + \sum_{p\beta} h_{ip}^\alpha h_{pj}^\beta V^\beta - \sum_\beta \bar{R}_{ij\beta}^\alpha V^\beta.\end{aligned}$$

对于矩阵的第四部分，L_α^β不是张量，但是可以形式地记为

$$\begin{aligned}\frac{\partial \theta_{\mathcal{A}}^{\mathcal{A}}}{\partial t} =&\mathrm{d}_M L_{\mathcal{A}}^{\mathcal{A}} + L_{\mathcal{A}}^{\mathcal{A}}\phi_{\mathcal{A}}^{\mathcal{A}} + L_{\mathcal{A}}^{\mathcal{I}}\phi_{\mathcal{I}}^{\mathcal{A}} - \phi_{\mathcal{A}}^{\mathcal{A}}L_{\mathcal{A}}^{\mathcal{A}} - \phi_{\mathcal{A}}^{\mathcal{I}}L_{\mathcal{I}}^{\mathcal{A}} + P_{\mathcal{A}}^{\mathcal{A}}\\ =&DL_{\mathcal{A}}^{\mathcal{A}} + L_{\mathcal{A}}^{\mathcal{I}}\phi_{\mathcal{I}}^{\mathcal{A}} - \phi_{\mathcal{A}}^{\mathcal{I}}L_{\mathcal{I}}^{\mathcal{A}} + P_{\mathcal{A}}^{\mathcal{A}},\\ \frac{\partial \Gamma_{\alpha i}^\beta}{\partial t} =&L_{\alpha,i}^\beta + \sum_p L_p^\beta h_{pi}^\alpha - \sum_p L_p^\alpha h_{pi}^\beta + \bar{Z}_{\alpha\beta i}\\ &- \sum_p \Gamma_{\alpha p}^\beta V_{,i}^p + \sum_p \Gamma_{\alpha p}^\beta h_{pi}^\gamma V^\gamma + \sum_p \Gamma_{\alpha p}^\beta L_i^p.\end{aligned}$$

对(3.27)式进行拉回运算：

$$(\theta + \mathrm{d}tV) \wedge (\Phi + \mathrm{d}t \wedge P) = 0,$$

$$\theta \wedge \Phi = 0,\ \ V\Phi - \theta \wedge P = 0.$$

上式是Bianchi恒等式，对于(3.27)式的后半部分，有

$$\begin{aligned}
LHS &= \left(\mathrm{d}_M + \mathrm{d}t \wedge \frac{\partial}{\partial t}\right)(\Phi + \mathrm{d}tP) \\
&= \mathrm{d}_M\Phi + \mathrm{d}t \wedge \left(\frac{\partial \Phi}{\partial t} - \mathrm{d}_M P\right), \\
RHS &= (\phi + \mathrm{d}tL) \wedge (\Phi + \mathrm{d}tP) - (\Phi + \mathrm{d}tP) \wedge (\phi + \mathrm{d}tL) \\
&= \phi \wedge \Phi - \Phi \wedge \phi + \mathrm{d}t(L\Phi - \phi P - P\phi - \Phi L), \\
\mathrm{d}_M\Phi &= \phi \wedge \Phi - \Phi \wedge \phi, \\
\frac{\partial \Phi}{\partial t} &= \mathrm{d}_M P + L\Phi - \phi P - P\phi - \Phi L.
\end{aligned}$$

对于矩阵的第一部分

$$\begin{aligned}
\frac{\partial \Phi_{\mathcal{I}}^{\mathcal{I}}}{\partial t} &= \mathrm{d}_M P_{\mathcal{I}}^{\mathcal{I}} - \phi_{\mathcal{I}}^{\mathcal{I}} P_{\mathcal{I}}^{\mathcal{I}} - P_{\mathcal{I}}^{\mathcal{I}} \phi_{\mathcal{I}}^{\mathcal{I}} - \phi_{\mathcal{I}}^{\mathcal{A}} P_{\mathcal{A}}^{\mathcal{I}} - P_{\mathcal{I}}^{\mathcal{A}} \phi_{\mathcal{A}}^{\mathcal{I}} \\
&\quad + L_{\mathcal{I}}^{\mathcal{I}} \Phi_{\mathcal{I}}^{\mathcal{I}} + L_{\mathcal{I}}^{\mathcal{A}} \Phi_{\mathcal{A}}^{\mathcal{I}} - \Phi_{\mathcal{I}}^{\mathcal{I}} L_{\mathcal{I}}^{\mathcal{I}} - \Phi_{\mathcal{I}}^{\mathcal{A}} L_{\mathcal{A}}^{\mathcal{I}}, \\
\frac{\partial \Phi_{ij}}{\partial t} &= \bar{Z}_{ijl,k}\theta^k \wedge \theta^l + \sum_\alpha h_{ik}^\alpha \bar{Z}_{jl}^\alpha \theta^k \wedge \theta^l \\
&\quad + \sum_\alpha \bar{Z}_{ik}^\alpha h_{jl}^\alpha \theta^k \wedge \theta^l + \sum_p L_{ip}\Phi_{pj} - \sum_p \Phi_{ip} L_{pj} \\
&\quad + \sum_\alpha \Phi_i^\alpha L_j^\alpha - \sum_\alpha L_i^\alpha \Phi_j^\alpha, \\
\frac{\partial \bar{R}_{ijkl}}{\partial t} &= (\bar{Z}_{ijl,k} - \bar{Z}_{ijk,l}) + \sum_\alpha (h_{ik}^\alpha \bar{Z}_{jl}^\alpha - h_{il}^\alpha \bar{Z}_{jk}^\alpha + \bar{Z}_{ik}^\alpha h_{jl}^\alpha - \bar{Z}_{il}^\alpha h_{jk}^\alpha) \\
&\quad + \sum_A (\bar{R}_{ikl}^A L_j^A - L_i^A \bar{R}_{jkl}^A) - \sum_p (\bar{R}_{ijpl} V_{,k}^p + \bar{R}_{ijkp} V_{,l}^p) \\
&\quad + \sum_{p\alpha} (\bar{R}_{ijpl} h_{pk}^\alpha V^\alpha + \bar{R}_{ijkp} h_{pl}^\alpha V^\alpha) + \sum_p (\bar{R}_{ijpl} L_k^p + \bar{R}_{ijkp} L_l^p).
\end{aligned}$$

对于矩阵的第二部分

$$\begin{aligned}
\frac{\partial \Phi_{\mathcal{I}}^{\mathcal{A}}}{\partial t} &= \mathrm{d}_M P_{\mathcal{I}}^{\mathcal{A}} - \phi_{\mathcal{I}}^{\mathcal{I}} P_{\mathcal{I}}^{\mathcal{A}} - P_{\mathcal{I}}^{\mathcal{A}} \phi_{\mathcal{A}}^{\mathcal{A}} - P_{\mathcal{I}}^{\mathcal{I}} \phi_{\mathcal{I}}^{\mathcal{A}} - \phi_{\mathcal{I}}^{\mathcal{A}} P_{\mathcal{A}}^{\mathcal{A}} \\
&\quad + L_{\mathcal{I}}^{\mathcal{I}} \Phi_{\mathcal{I}}^{\mathcal{A}} + L_{\mathcal{I}}^{\mathcal{A}} \Phi_{\mathcal{A}}^{\mathcal{A}} - \Phi_{\mathcal{I}}^{\mathcal{I}} L_{\mathcal{I}}^{\mathcal{A}} - \Phi_{\mathcal{I}}^{\mathcal{A}} L_{\mathcal{A}}^{\mathcal{A}}, \\
\frac{\partial \Phi_i^\alpha}{\partial t} &= DP_i^\alpha - \sum_p P_{ip}\phi_p^\alpha - \sum_\beta \phi_i^\beta P_\beta^\alpha + \sum_A (L_i^A \Phi_A^\alpha - \Phi_i^A L_A^\alpha),
\end{aligned}$$

$$\frac{\partial\bar{R}^{\alpha}_{ijk}}{\partial t}=(\bar{Z}^{\alpha}_{ik,j}-\bar{Z}^{\alpha}_{ij,k})+\sum_p(\bar{Z}_{ipk}h^{\alpha}_{pj}-\bar{Z}_{ipj}h^{\alpha}_{pk})$$
$$+\sum_\beta(h^{\beta}_{ik}\bar{Z}^{\alpha}_{\beta j}-h^{\beta}_{ij}\bar{Z}^{\alpha}_{\beta k})+\sum_A(L^A_i\bar{R}^{\alpha}_{Ajk}-\bar{R}^A_{ijk}L^{\alpha}_A)$$
$$-\sum_p(\bar{R}^{\alpha}_{ipk}V^p_{,j}+\bar{R}^{\alpha}_{ijp}V^p_{,k})+\sum_{p\beta}(\bar{R}^{\alpha}_{ipk}h^{\beta}_{pj}V^{\beta}+\bar{R}^{\alpha}_{ijp}h^{\beta}_{pk}V^{\beta})$$
$$+\sum_p(\bar{R}^{\alpha}_{ipk}L^p_j+\bar{R}^{\alpha}_{ijp}L^p_k).$$

对于矩阵的第四部分

$$\frac{\partial\Phi^{\mathcal{A}}_{\mathcal{A}}}{\partial t}=\mathrm{d}_M P^{\mathcal{A}}_{\mathcal{A}}-\phi^{\mathcal{A}}_{\mathcal{A}}P^{\mathcal{A}}_{\mathcal{A}}-P^{\mathcal{A}}_{\mathcal{A}}\phi^{\mathcal{A}}_{\mathcal{A}}-P^{\mathcal{I}}_{\mathcal{A}}\phi^{\mathcal{A}}_{\mathcal{I}}-\phi^{\mathcal{I}}_{\mathcal{A}}P^{\mathcal{A}}_{\mathcal{I}}$$
$$+L^{\mathcal{A}}_{\mathcal{A}}\Phi^{\mathcal{A}}_{\mathcal{A}}+L^{\mathcal{I}}_{\mathcal{A}}\Phi^{\mathcal{A}}_{\mathcal{I}}-\Phi^{\mathcal{I}}_{\mathcal{A}}L^{\mathcal{A}}_{\mathcal{I}}-\Phi^{\mathcal{A}}_{\mathcal{A}}L^{\mathcal{A}}_{\mathcal{A}},$$

$$\frac{\partial\Phi^{\beta}_{\alpha}}{\partial t}=DP^{\beta}_{\alpha}+\sum_p P^{\alpha}_p\phi^{\beta}_p+\sum_p\phi^{\alpha}_pP^{\beta}_p+\sum_A(L^A_{\alpha}\Phi^{\beta}_A-\Phi^A_{\alpha}L^{\beta}_A),$$

$$\frac{\partial\bar{R}_{\alpha\beta ij}}{\partial t}=(\bar{Z}_{\alpha\beta j,i}-\bar{Z}_{\alpha\beta i,j})+\sum_p(\bar{Z}^{\alpha}_{pi}h^{\beta}_{pj}-\bar{Z}^{\alpha}_{pj}h^{\beta}_{pi}+h^{\alpha}_{ip}\bar{Z}^{\beta}_{pj}-h^{\alpha}_{jp}\bar{Z}^{\beta}_{pi})$$
$$+\sum_A(\bar{R}^{\alpha}_{Aij}L^{\beta}_A-L^{\alpha}_A\bar{R}^{\beta}_{Aij})-\sum_p(\bar{R}_{\alpha\beta pj}V^p_{,i}+\bar{R}_{\alpha\beta ip}V^p_{,j})$$
$$+\sum_{p\gamma}(\bar{R}_{\alpha\beta pj}h^{\gamma}_{ip}V^{\gamma}+\bar{R}_{\alpha\beta ip}h^{\gamma}_{jp}V^{\gamma})+\sum_p(\bar{R}_{\alpha\beta pj}L^p_i+\bar{R}_{\alpha\beta ip}L^p_j).$$

综上所述，证明了以下变分基本公式：

定理 3.3 设$x:M\to N$是子流形，$V=V^ie_i+V^{\alpha}e_{\alpha}$是变分向量场，令$\bar{Z}_{ABi}\overset{\mathrm{def}}{=}\sum_C\bar{R}_{ABCi}V^C$，张量的变分公式为

$$\frac{\partial\theta^i}{\partial t}=\sum_j(V^i_{,j}-\sum_\alpha h^{\alpha}_{ij}V^{\alpha}-L^i_j)\theta^j,\tag{3.28}$$

$$\frac{\partial\mathrm{d}v}{\partial t}=(divV^{\top}-n\sum_\alpha H^{\alpha}V^{\alpha})\mathrm{d}v,\tag{3.29}$$

$$\begin{aligned}\frac{\partial\Gamma^j_{ik}}{\partial t}=&L^j_{i,k}+\sum_\alpha h^{\alpha}_{ik}L^{\alpha}_j-\sum_\alpha L^{\alpha}_ih^{\alpha}_{jk}+\bar{Z}_{ijk}\\&-\sum_p\Gamma^j_{ip}V^p_{,k}+\sum_{p\alpha}\Gamma^j_{ip}h^{\alpha}_{pk}V^{\alpha}+\sum_p\Gamma^j_{ip}L^p_k,\end{aligned}\tag{3.30}$$

$$\begin{aligned}\frac{\partial h^{\alpha}_{ij}}{\partial t}=&V^{\alpha}_{,ij}+\sum_p h^{\alpha}_{ij,p}V^p+\sum_p h^{\alpha}_{pj}L^p_i+\sum_p h^{\alpha}_{ip}L^p_j\\&-\sum_\beta h^{\beta}_{ij}L^{\alpha}_{\beta}+\sum_{p\beta}h^{\alpha}_{ip}h^{\beta}_{pj}V^{\beta}-\sum_\beta\bar{R}^{\alpha}_{ij\beta}V^{\beta},\end{aligned}\tag{3.31}$$

$$
\begin{aligned}
\frac{\partial \Gamma^{\beta}_{\alpha i}}{\partial t} =& L^{\beta}_{\alpha,i} + \sum_p L^{\beta}_p h^{\alpha}_{pi} - \sum_p L^{\alpha}_p h^{\beta}_{pi} + \bar{Z}_{\alpha\beta i}\\
&- \sum_p \Gamma^{\beta}_{\alpha p} V^p_{,i} + \sum_p \Gamma^{\beta}_{\alpha p} h^{\gamma}_{pi} V^{\gamma} + \sum_p \Gamma^{\beta}_{\alpha p} L^p_i,
\end{aligned} \tag{3.32}
$$

$$
\begin{aligned}
\frac{\partial \bar{R}_{ijkl}}{\partial t} =& (\bar{Z}_{ijl,k} - \bar{Z}_{ijk,l}) + \sum_\alpha (h^{\alpha}_{ik}\bar{Z}^{\alpha}_{jl} - h^{\alpha}_{il}\bar{Z}^{\alpha}_{jk} + \bar{Z}^{\alpha}_{ik}h^{\alpha}_{jl} - \bar{Z}^{\alpha}_{il}h^{\alpha}_{jk})\\
&+ \sum_A (\bar{R}^A_{ikl}L^A_j - L^A_i \bar{R}^A_{jkl}) - \sum_p (\bar{R}_{ijpl}V^p_{,k} + \bar{R}_{ijkp}V^p_{,l})\\
&+ \sum_{p\alpha} (\bar{R}_{ijpl}h^{\alpha}_{pk}V^{\alpha} + \bar{R}_{ijkp}h^{\alpha}_{pl}V^{\alpha}) + \sum_p (\bar{R}_{ijpl}L^p_k + \bar{R}_{ijkp}L^p_l),
\end{aligned} \tag{3.33}
$$

$$
\begin{aligned}
\frac{\partial \bar{R}^{\alpha}_{ijk}}{\partial t} =& (\bar{Z}^{\alpha}_{ik,j} - \bar{Z}^{\alpha}_{ij,k}) + \sum_p (\bar{Z}_{ipk}h^{\alpha}_{pj} - \bar{Z}_{ipj}h^{\alpha}_{pk}) + \sum_\beta (h^{\beta}_{ik}\bar{Z}^{\alpha}_{\beta j} - h^{\beta}_{ij}\bar{Z}^{\alpha}_{\beta k})\\
&+ \sum_A (L^A_i \bar{R}^{\alpha}_{Ajk} - \bar{R}^A_{ijk}L^{\alpha}_A) - \sum_p (\bar{R}^{\alpha}_{ipk}V^p_{,j} + \bar{R}^{\alpha}_{ijp}V^p_{,k})\\
&+ \sum_{p\beta} (\bar{R}^{\alpha}_{ipk}h^{\beta}_{pj}V^{\beta} + \bar{R}^{\alpha}_{ijp}h^{\beta}_{pk}V^{\beta}) + \sum_p (\bar{R}^{\alpha}_{ipk}L^p_j + \bar{R}^{\alpha}_{ijp}L^p_k),
\end{aligned} \tag{3.34}
$$

$$
\begin{aligned}
\frac{\partial \bar{R}_{\alpha\beta ij}}{\partial t} =& (\bar{Z}_{\alpha\beta j,i} - \bar{Z}_{\alpha\beta i,j}) + \sum_p (\bar{Z}^{\alpha}_{pi}h^{\beta}_{pj} - \bar{Z}^{\alpha}_{pj}h^{\beta}_{pi} + h^{\alpha}_{ip}\bar{Z}^{\beta}_{pj} - h^{\alpha}_{jp}\bar{Z}^{\beta}_{pi})\\
&+ \sum_A (\bar{R}^{\alpha}_{Aij}L^{\beta}_A - L^{\alpha}_A \bar{R}^{\beta}_{Aij}) - \sum_p (\bar{R}_{\alpha\beta pj}V^p_{,i} + \bar{R}_{\alpha\beta ip}V^p_{,j})\\
&+ \sum_{p\gamma} (\bar{R}_{\alpha\beta pj}h^{\gamma}_{ip}V^{\gamma} + \bar{R}_{\alpha\beta ip}h^{\gamma}_{jp}V^{\gamma}) + \sum_p (\bar{R}_{\alpha\beta pj}L^p_i + \bar{R}_{\alpha\beta ip}L^p_j).
\end{aligned} \tag{3.35}
$$

◇

注释 3.3 关于余标架、体积与第二基本型的变分公式可参见文献[24]，其余的公式都是新推导的。

特别地，作如下记号，

$$
\bar{R}_{AB} = \sum_C \bar{R}_{ACCB}, \quad \bar{R}^{\top}_{AB} = \sum_i \bar{R}_{AiiB}, \quad \bar{R}^{\perp}_{AB} = \sum_\alpha \bar{R}_{A\alpha\alpha B}.
$$

分别称为流形N的Riici曲率、切Ricci曲率、法Ricci曲率。

设N是空间形式$R^{n+p}(c)$，则

$$
\bar{R}_{ABCD} = -c(\delta_{AC}\delta_{BD} - \delta_{AD}\delta_{BC}).
$$

推论 3.2 设$x : M \to R^{n+p}(c)$是子流形，$V = V^i e_i + V^{\alpha} e_{\alpha}$是变分向量场，则

$$
\frac{\partial \theta^i}{\partial t} = \sum_j (V^i_{,j} - \sum_\alpha h^{\alpha}_{ij}V^{\alpha} - L^i_j)\theta^j, \tag{3.36}
$$

$$\frac{\partial \mathrm{d}v}{\partial t} =(divV^{\top} - n\sum_{\alpha} H^{\alpha}V^{\alpha})\mathrm{d}v, \tag{3.37}$$

$$\begin{aligned}\frac{\partial h_{ij}^{\alpha}}{\partial t} =& V_{,ij}^{\alpha} + \sum_{p} h_{ij,p}^{\alpha}V^{p} + \sum_{p} h_{pj}^{\alpha}L_{i}^{p} + \sum_{p} h_{ip}^{\alpha}L_{j}^{p}\\ &- \sum_{\beta} h_{ij}^{\beta}L_{\beta}^{\alpha} + \sum_{p\beta} h_{ip}^{\alpha}h_{pj}^{\beta}V^{\beta} + c\delta_{ij}V^{\alpha},\end{aligned} \tag{3.38}$$

$$\begin{aligned}\frac{d}{\mathrm{d}t}\hat{h}_{ij}^{\alpha} =& V_{,ij}^{\alpha} - \frac{1}{n}\delta_{ij}\Delta V^{\alpha} + \hat{h}_{ij,p}^{\alpha}V^{p} + \hat{h}_{ip}^{\alpha}L_{j}^{p} + \hat{h}_{pj}^{\alpha}L_{i}^{p} - \hat{h}_{ij}^{\beta}L_{\beta}^{\alpha}\\ &+ (\hat{h}_{ip}^{\alpha}\hat{h}_{pj}^{\beta} + \hat{h}_{ij}^{\alpha}H^{\beta} + H^{\alpha}\hat{h}_{ij}^{\beta} - \frac{1}{n}\delta_{ij}\hat{\sigma}_{\alpha\beta})V^{\beta}.\end{aligned} \tag{3.39}$$

推论 3.3 设$x: M \to R^{n+p}(c)$是紧致无边子流形，$V = V^{i}e_{i} + V^{\alpha}e_{\alpha}$是变分向量场，则

$$\frac{\partial}{\partial t}\int_{M} \mathrm{d}v_{t} = \int_{M} -\langle\vec{S}_{1}, V\rangle\mathrm{d}v.$$

推论 3.4 设$x: M \to R^{n+1}(c)$是超曲面，$V = V^{i}e_{i} + fN$是变分向量场，则

$$\frac{\partial\theta^{i}}{\partial t} = \sum_{j}(V_{,j}^{i} - h_{ij}f - L_{j}^{i})\theta^{j}, \tag{3.40}$$

$$\frac{\partial \mathrm{d}v}{\partial t} =(divV^{\top} - nHf)\mathrm{d}v, \tag{3.41}$$

$$\begin{aligned}\frac{\partial h_{ij}}{\partial t} =& f_{,ij} + \sum_{p} h_{ij,p}V^{p} + \sum_{p} h_{pj}L_{i}^{p}\\ &+ \sum_{p} h_{ip}L_{j}^{p} + \sum_{p} h_{ip}h_{pj}f + c\delta_{ij}f.\end{aligned} \tag{3.42}$$

推论 3.5 设$x: M \to R^{n+1}(c)$是紧致无边超曲面，$V = V^{i}e_{i} + fN$是变分向量场，则

$$\frac{\partial}{\partial t}\int_{M} \mathrm{d}v_{t} = \int_{M} -S_{1}f\mathrm{d}v.$$

特别地，下面计算一些简单的不变量或者函数的变分公式。

推论 3.6 设$x: M \to N^{n+p}$是子流形，$V = V^{i}e_{i} + V^{\alpha}e_{\alpha}$是变分向量场，则

$$\frac{\mathrm{d}\sigma}{\mathrm{d}t} = \sum 2h_{ij}^{\alpha}V_{,ij}^{\alpha} + \sum \sigma_{,p}V^{p} + \sum 2h_{ij}^{\alpha}h_{ip}^{\alpha}h_{pj}^{\beta}V^{\beta} - \sum 2h_{ij}^{\alpha}\bar{R}_{ij\beta}^{\alpha}V^{\beta}, \tag{3.43}$$

$$\frac{\mathrm{d}}{\mathrm{d}t}H^{\alpha} =\frac{1}{n}\Delta V^{\alpha} + H_{,p}^{\alpha}V^{p} - H^{\beta}L_{\beta}^{\alpha} + \frac{1}{n}\sigma_{\alpha\beta}V^{\beta} + \frac{1}{n}\bar{R}_{\alpha\beta}^{\top}V^{\beta}, \tag{3.44}$$

$$\begin{aligned}\frac{\mathrm{d}}{\mathrm{d}t}\hat{h}_{ij}^{\alpha} =& V_{,ij}^{\alpha} - \frac{1}{n}\delta_{ij}\Delta V^{\alpha} + \hat{h}_{ij,p}^{\alpha}V^{p} + \hat{h}_{ip}^{\alpha}L_{j}^{p} + \hat{h}_{pj}^{\alpha}L_{i}^{p} - \hat{h}_{ij}^{\beta}L_{\beta}^{\alpha}\\ &+ (\hat{h}_{ip}^{\alpha}\hat{h}_{pj}^{\beta} + \hat{h}_{ij}^{\alpha}H^{\beta} + H^{\alpha}\hat{h}_{ij}^{\beta} - \frac{1}{n}\delta_{ij}\hat{\sigma}_{\alpha\beta})V^{\beta}\end{aligned}$$

$$-(\bar{R}^{\alpha}_{ij\beta}+\frac{1}{n}\delta_{ij}\bar{R}^{\top}_{\alpha\beta})V^{\beta}. \tag{3.45}$$

推论 3.7 设$x: M\to N^{n+1}$是超曲面，$V=V^ie_i+fN$是变分向量场，则

$$\frac{\partial\sigma}{\partial t}=\sum 2h_{ij}f_{,ij}+\sum\sigma_{,p}V^p$$
$$+\sum 2h_{ij}h_{ip}h_{pj}f+\sum 2h_{ij}\bar{R}_{i(n+1)(n+1)j}f, \tag{3.46}$$
$$\frac{\partial H}{\partial t}=\frac{1}{n}(\Delta f+\sum_p nH_{,p}V^p+\sigma f+\bar{R}_{(n+1)(n+1)}f). \tag{3.47}$$

推论 3.8 设$x: M\to R^{n+p}(c)$是子流形，$V=V^ie_i+V^\alpha e_\alpha$是变分向量场，则

$$\frac{\partial\sigma}{\partial t}=\sum 2h^{\alpha}_{ij}V^{\alpha}_{,ij}+\sum\sigma_{,p}V^p$$
$$+\sum 2h^{\alpha}_{ij}h^{\alpha}_{ip}h^{\beta}_{pj}V^{\beta}+\sum 2ncH^{\alpha}V^{\alpha}, \tag{3.48}$$
$$\frac{\partial H^{\alpha}}{\partial t}=\frac{1}{n}(\Delta V^{\alpha}+\sum_p nH^{\alpha}_{,p}V^p-H^{\beta}L^{\alpha}_{\beta}$$
$$+\sum_{\beta}\sigma_{\alpha\beta}V^{\beta}+ncV^{\alpha}). \tag{3.49}$$

推论 3.9 设$x: M\to R^{n+1}(c)$是超曲面，$V=V^ie_i+fN$是变分向量场，则

$$\frac{\partial\sigma}{\partial t}=\sum 2h_{ij}f_{,ij}+\sum\sigma_{,p}V^p$$
$$+\sum 2h_{ij}h_{ip}h_{pj}f+2ncHf, \tag{3.50}$$
$$\frac{\partial H}{\partial t}=\frac{1}{n}(\Delta f+\sum_p nH_{,p}V^p+\sigma f+cnf). \tag{3.51}$$

我们知道，空间形式$R^{n+p}(c)$中的结构方程是

$$\mathrm{d}X=\sum_A\sigma^A s_A,$$
$$\mathrm{d}s_i=\omega^A_i s_A-c\sigma^i X,$$
$$\mathrm{d}s_\alpha=\omega^j_\alpha s_j+\omega^\beta_\alpha s_\beta.$$

通过拉回运算，有

$$(\mathrm{d}_M+\mathrm{d}t\wedge\frac{\partial}{\partial t})x=(\theta^A+\mathrm{d}tV^A)e_A=\theta^ie_i+\mathrm{d}tV^Ae_A,$$
$$\mathrm{d}_Mx=\theta^ie_i,\quad \frac{\mathrm{d}}{\mathrm{d}t}x=V^Ae_A,$$
$$(\mathrm{d}_M+\mathrm{d}t\wedge\frac{\partial}{\partial t})e_i=(\phi^A_i+\mathrm{d}tL^A_i)e_A-c(\theta^i+\mathrm{d}tV^i)x,$$

$$d_M e_i = \phi_i^A e_A - c\theta^i x, \quad \frac{d}{dt}e_i = L_i^A e_A - cV^i x,$$

$$(d_M + dt \wedge \frac{\partial}{\partial t})e_\alpha = (\phi_\alpha^A + dtL_\alpha^A)e_A,$$

$$d_M e_\alpha = \phi_\alpha^A e_A, \quad \frac{d}{dt}e_\alpha = L_\alpha^A e_A.$$

定理 3.4 设$x : M \to R^{n+p}(c)$是空间形式中的子流形，$V = V^i e_i + V^\alpha e_\alpha$是变分向量场，则

$$\frac{d}{dt}x = V^A e_A, \quad \frac{d}{dt}e_i = L_i^A e_A - cV^i x, \quad \frac{d}{dt}e_\alpha = L_\alpha^A e_A. \tag{3.52}$$

◇

推论 3.10 设$x : M \to R^{n+1}(c)$是空间形式中的超曲面，设$V = V^i e_i + fN$是变分向量场，则

$$\frac{d}{dt}x = V^i e_i + fN, \quad \frac{d}{dt}e_i = L_i^j e_j + L_i^{n+1}N - cV^i x, \quad \frac{d}{dt}N = L_{n+1}^i e_i.$$

第 4 章 Newton变换

本章主要研究广义Newton变换的定义和性质。

4.1 Newton变换的定义

设$x: M^n \to N^{n+p}$是子流形，B是其第二基本型。记

$$B = B_{ij}\theta^i\theta^j = (h_{ij}^{\alpha}e_{\alpha})\theta^i\theta^j,$$
$$\hat{h}_{ij}^{\alpha} = h_{ij}^{\alpha} - H^{\alpha}\delta_{ij},$$
$$\hat{B} = \hat{h}_{ij}^{\alpha}\theta^i \otimes \theta^j \otimes e_{\alpha} = B - \vec{H} \otimes (\mathrm{d}s^2),$$
$$\hat{B}_{ij} = (h_{ij}^{\alpha} - H^{\alpha}\delta_{ij}) \otimes e_{\alpha} = B_{ij} - \delta_{ij}\vec{H}.$$

针对不同的余维数p，我们分别讨论。

- 当$p = 1$时，即x是超曲面时，固定法向量e_{n+1}，有

$$B = h_{ij}\theta^i\theta^j, \quad \hat{h}_{ij} = h_{ij} - H\delta_{ij}.$$

- 当$p = 1, 0 \leqslant r \leqslant n$时，第$r$个曲率函数为

$$S_0 =1, \ S_r = \frac{1}{r!}\delta_{j_1\cdots j_r}^{i_1\cdots i_r}h_{i_1j_1}\cdots h_{i_rj_r},$$
$$H_0 =1, \ H_r = S_r(\mathrm{C}_n^r)^{-1}, \quad H_1 = H,$$
$$\hat{S}_0 =1, \ \hat{S}_r = \frac{1}{r!}\delta_{j_1\cdots j_r}^{i_1\cdots i_r}\hat{h}_{i_1j_1}\cdots \hat{h}_{i_rj_r} = \sum_{a=0}^{r}(-1)^a\mathrm{C}_{n+a-r}^a(H)^aS_{r-a},$$
$$\hat{H}_0 =1, \ \hat{H}_r = \sum_{a=0}^{r}(-1)^a\mathrm{C}_r^a(H)^aH_{r-a}, \quad \hat{H}_1 = \hat{H} = 0.$$

- 当$p = 1, 0 \leqslant r \leqslant n$时，第 r 个经典Newton变换为

$$T_{(0)}{}_j^i =\delta_j^i, \quad T_{(r)}{}_j^i = \frac{1}{r!}\delta_{j_1\cdots j_rj}^{i_1\cdots i_ri}h_{i_1j_1}\cdots h_{i_rj_r},$$
$$\widehat{T_{(0)}}{}_j^i =\delta_j^i, \quad \widehat{T_{(r)}}{}_j^i = \frac{1}{r!}\delta_{j_1\cdots j_rj}^{i_1\cdots i_ri}\hat{h}_{i_1j_1}\cdots \hat{h}_{i_rj_r},$$
$$\widehat{T_{(0)}}{}_j^i =\delta_j^i, \quad \widehat{T_{(r)}}{}_j^i = \sum_{a=0}^{r}(-1)^a(H)^a\mathrm{C}_{n+a-r-1}^aT_{(r-a)}{}_j^i.$$

- 当$p=1, 0\leqslant r,s\leqslant n$时，第 r 个广义Newton变换为

$$T_{(r)}{}^{k_1\cdots k_s}_{l_1\cdots l_s}=\frac{1}{r!}\delta^{i_1\cdots i_r k_1\cdots k_s}_{j_1\cdots j_r l_1\cdots l_s}h_{i_1j_1}\cdots h_{i_rj_r},$$
$$\widehat{T_{(r)}}{}^{k_1\cdots k_s}_{l_1\cdots l_s}=\frac{1}{r!}\delta^{i_1\cdots i_r k_1\cdots k_s}_{j_1\cdots j_r l_1\cdots l_s}\hat{h}_{i_1j_1}\cdots \hat{h}_{i_rj_r},$$
$$\widehat{T_{(r)}}{}^{k_1\cdots k_s}_{l_1\cdots l_s}=\sum_{a=0}^{r}(-1)^a(H)^a\mathrm{C}^a_{n+a-r-s}T_{(r-a)}{}^{k_1\cdots k_s}_{l_1\cdots l_s}.$$

对于超曲面的广义Newton变换有：

当$s=0$，第r个广义Newton变换$T_{(r)}$为曲率函数 S_r；当 $s=1$，第r个广义Newton变换$T_{(r)}$为经典Newton 变换$T_{(r)}{}^i_j$.

- 当$p\geqslant 2$时，即 x 是高余维子流形时，有

$$B=B_{ij}\theta^i\theta^j=(h^\alpha_{ij}e_\alpha)\theta^i\theta^j,\ \hat{h}^\alpha_{ij}=h^\alpha_{ij}-H^\alpha\delta_{ij},$$
$$\hat{B}=\hat{h}^\alpha_{ij}\theta^i\otimes\theta^j\otimes e_\alpha=B-\vec{H}\otimes \mathrm{d}s^2,$$
$$\hat{B}_{ij}=\hat{h}^\alpha_{ij}\otimes e_\alpha=\sum_\alpha(h^\alpha_{ij}-H^\alpha\delta_{ij})e_\alpha=B_{ij}-\vec{H}\delta_{ij},$$
$$\langle\hat{B}_{ij},\hat{B}_{kl}\rangle=\langle B_{ij},B_{kl}\rangle-\delta_{ij}\langle\vec{H},B_{kl}\rangle-\delta_{kl}\langle\vec{H},B_{ij}\rangle+\delta_{ij}\delta_{kl}H^2.$$

- 当$p\geqslant 2$，r 为偶数时，第 r 个经典Newton变换为

$$T_{(0)}{}^i_j=\delta_{ij},$$
$$T_{(r)}{}^i_j=\frac{1}{r!}\delta^{i_1\cdots i_r i}_{j_1\cdots j_r j}\langle B_{i_1j_1},B_{i_2j_2}\rangle\cdots\langle B_{i_{r-1}j_{r-1}},B_{i_rj_r}\rangle,$$
$$\hat{T_{(0)}}{}^i_j=\delta^i_j,$$
$$\widehat{T_{(r)}}{}^i_j=\frac{1}{r!}\delta^{i_1\cdots i_r i}_{j_1\cdots j_r j}\langle\hat{B}_{i_1j_1},\hat{B}_{i_2j_2}\rangle\cdots\langle\hat{B}_{i_{r-1}j_{r-1}},\hat{B}_{i_rj_r}\rangle.$$

- 当$p\geqslant 2$，r 为奇数时，第 r 个经典Newton变换为

$$T_{(r)}{}^\alpha_{ij}=\frac{1}{(r)!}\delta^{i_1\cdots i_r i}_{j_1\cdots j_r j}\langle B_{i_1j_1},B_{i_2j_2}\rangle\cdots\langle B_{i_{r-2}j_{r-2}},B_{i_{r-1}j_{r-1}}\rangle h^\alpha_{i_rj_r},$$
$$\widehat{T_{(r)}}{}^\alpha_{ij}=\frac{1}{(r)!}\delta^{i_1\cdots i_r i}_{j_1\cdots j_r j}\langle\hat{B}_{i_1j_1},\hat{B}_{i_2j_2}\rangle\cdots\langle\hat{B}_{i_{r-2}j_{r-2}},\hat{B}_{i_{r-1}j_{r-1}}\rangle \hat{h}^\alpha_{i_rj_r}.$$

- 当$p\geqslant 2$，r 为偶数时，第 r 个曲率函数为

$$\begin{aligned}S_r=&\frac{1}{r!}\delta^{i_1\cdots i_r}_{j_1\cdots j_r}\langle B_{i_1j_1},B_{i_2j_2}\rangle\cdots\langle B_{i_{r-1}j_{r-1}},B_{i_rj_r}\rangle\\=&\sum_{ij\alpha}\frac{1}{r}T_{(r-1)}{}^\alpha_{ij}h^\alpha_{ij},\end{aligned}$$
$$S_0=1,\quad H_r=S_r(\mathrm{C}^r_n)^{-1},$$

$$\hat{S}_r = \frac{1}{r!}\delta^{i_1\cdots i_r}_{j_1\cdots j_r}\langle \hat{B}_{i_1j_1}, \hat{B}_{i_2j_2}\rangle\cdots\langle \hat{B}_{i_{r-1}j_{r-1}}, \hat{B}_{i_rj_r}\rangle$$
$$= \sum_{ij\alpha}\frac{1}{r}\widehat{T_{(r-1)}}{}_{ij}^{\alpha}\hat{h}^{\alpha}_{ij},$$
$$\hat{S}_0 = 1,\quad \hat{H}_r = \hat{S}_r(\mathrm{C}_n^r)^{-1}.$$

- 当$p \geqslant 2$，r为奇数时，第 r个曲率向量为

$$\vec{S}_r = \frac{1}{r!}\delta^{i_1\cdots i_r}_{j_1\cdots j_r}\langle B_{i_1j_1}, B_{i_2j_2}\rangle\cdots\langle B_{i_{r-2}j_{r-2}}, B_{i_{r-1}j_{r-1}}\rangle B_{i_rj_r}$$
$$= \sum_{ij\alpha}\frac{1}{r}T_{(r-1)}{}_j^i h^{\alpha}_{ij}e_\alpha \overset{\text{def}}{=} S^{\alpha}_r e_\alpha,$$
$$\vec{H}_r = \vec{S}_r(\mathrm{C}_n^r)^{-1} \overset{\text{def}}{=} H^{\alpha}_r e_\alpha,$$
$$\hat{\vec{S}}_r = \frac{1}{r!}\delta^{i_1\cdots i_r}_{j_1\cdots j_r}\langle \hat{B}_{i_1j_1}, \hat{B}_{i_2j_2}\rangle\cdots\langle \hat{B}_{i_{r-2}j_{r-2}}, \hat{B}_{i_{r-1}j_{r-1}}\rangle \hat{B}_{i_rj_r}$$
$$= \sum_{ij\alpha}\frac{1}{r}\widehat{T_{(r-1)}}{}_j^i \hat{h}^{\alpha}_{ij}e_\alpha \overset{\text{def}}{=} \hat{S}^{\alpha}_r e_\alpha,$$
$$\hat{\vec{H}}_r = \hat{\vec{S}}_r(\mathrm{C}_n^r)^{-1} \overset{\text{def}}{=} \hat{H}^{\alpha}_r e_\alpha.$$

- 当$p \geqslant 2$，r为偶数时，$t, s \in N$，广义Newton变换为

$$T_{(r,t)}{}^{\alpha_1\cdots\alpha_t}_{k_1\cdots k_s;l_1\cdots l_s} = \frac{1}{(r+t)!}\delta^{i_1\cdots i_r p_1\cdots p_t k_1\cdots k_s}_{j_1\cdots j_r q_1\cdots q_t l_1\cdots l_s}\langle B_{i_1j_1}, B_{i_2j_2}\rangle\cdots$$
$$\times\langle B_{i_{r-1}j_{r-1}}, B_{i_rj_r}\rangle h^{\alpha_1}_{p_1q_1}\cdots h^{\alpha_t}_{p_tq_t},$$
$$\widehat{T_{(r,t)}}{}^{\alpha_1\cdots\alpha_t}_{k_1\cdots k_s;l_1\cdots l_s} = \frac{1}{(r+t)!}\delta^{i_1\cdots i_r p_1\cdots p_t k_1\cdots k_s}_{j_1\cdots j_r q_1\cdots q_t l_1\cdots l_s}\langle \hat{B}_{i_1j_1}, \hat{B}_{i_2j_2}\rangle\cdots$$
$$\times\langle \hat{B}_{i_{r-1}j_{r-1}}, \hat{B}_{i_rj_r}\rangle \hat{h}^{\alpha_1}_{p_1q_1}\cdots \hat{h}^{\alpha_t}_{p_tq_t}.$$

对于余维数大于等于2的子流形的广义Newton变换，有

- 当$p \geqslant 2$，$s = 0$时，有

$$T_{(r,t)}{}^{\alpha_1\cdots\alpha_t}_{k_1\cdots k_s;l_1\cdots l_s} \overset{\text{def}}{=} T_{(r)}{}^{\alpha_1\cdots\alpha_t}_{\emptyset},$$
$$\widehat{T_{(r,t)}}{}^{\alpha_1\cdots\alpha_t}_{k_1\cdots k_s;l_1\cdots l_s} \overset{\text{def}}{=} \widehat{T_{(r)}}{}^{\alpha_1\cdots\alpha_t}_{\emptyset}.$$

- 当$p \geqslant 2$，$t = 0$时，有

$$T_{(r,0)}{}_{k_1\cdots k_s;l_1\cdots l_s} \overset{\text{def}}{=} T_{(r)}{}^{k_1\cdots k_s}_{l_1\cdots l_s},$$
$$\widehat{T_{(r,0)}}{}_{k_1\cdots k_s;l_1\cdots l_s} \overset{\text{def}}{=} \widehat{T_{(r)}}{}^{k_1\cdots k_s}_{l_1\cdots l_s}.$$

- 当$p \geqslant 2$，$r=0,\ t=0$时，有

$$T_{(0,0)k_1\cdots k_s;l_1\cdots l_s} = \delta^{k_1\cdots k_s}_{l_1\cdots l_s},$$
$$\widehat{T_{(0,0)}}_{k_1\cdots k_s;l_1\cdots l_s} = \delta^{k_1\cdots k_s}_{l_1\cdots l_s}.$$

- 当$p \geqslant 2$，$t=1,\ s=1$时，有

$$\begin{aligned} T_{(r,1)}{}^{\alpha}_{k;l} &= \frac{1}{(r+1)!}\delta^{i_1\cdots i_r i_{r+1} k}_{j_1\cdots j_r j_{r+1} l}\langle B_{i_1 j_1}, B_{i_2 j_2}\rangle\cdots \\ &\quad \times\langle B_{i_{r-1} j_{r-1}}, B_{i_r j_r}\rangle h^{\alpha}_{i_{r+1} j_{r+1}} = T_{(r+1)}{}^{\alpha}_{kl}, \\ \widehat{T_{(r,1)}}{}^{\alpha}_{k;l} &= \frac{1}{(r+1)!}\delta^{i_1\cdots i_r i_{r+1} k}_{j_1\cdots j_r j_{r+1} l}\langle \hat{B}_{i_1 j_1}, \hat{B}_{i_2 j_2}\rangle\cdots \\ &\quad \times\langle \hat{B}_{i_{r-1} j_{r-1}}, \hat{B}_{i_r j_r}\rangle \hat{h}^{\alpha}_{i_{r+1} j_{r+1}} = \widehat{T_{(r+1)}}{}^{\alpha}_{kl}. \end{aligned}$$

- 当$p \geqslant 2$，$t=0,\ s=0$时，有

$$T_{(r,0)} = \frac{1}{r!}\delta^{i_1\cdots i_r}_{j_1\cdots j_r}\langle B_{i_1 j_1}, B_{i_2 j_2}\rangle\cdots\langle B_{i_{r-1} j_{r-1}}, B_{i_r j_r}\rangle = S_r,$$
$$\widehat{T_{(r,0)}} = \frac{1}{r!}\delta^{i_1\cdots i_r}_{j_1\cdots j_r}\langle \hat{B}_{i_1 j_1}, \hat{B}_{i_2 j_2}\rangle\cdots\langle \hat{B}_{i_{r-1} j_{r-1}}, \hat{B}_{i_r j_r}\rangle = \hat{S}_r.$$

- 当$p \geqslant 2$，$t=0,\ s=1$时，有

$$T_{(r,0)k;l} = \frac{1}{r!}\delta^{i_1\cdots i_r k}_{j_1\cdots j_r l}\langle B_{i_1 j_1}, B_{i_2 j_2}\rangle\cdots\langle B_{i_{r-1} j_{r-1}}, B_{i_r j_r}\rangle = T_{(r)}{}^{k}_{l},$$
$$\widehat{T_{(r,0)}}_{k;l} = \frac{1}{r!}\delta^{i_1\cdots i_r k}_{j_1\cdots j_r l}\langle \hat{B}_{i_1 j_1}, \hat{B}_{i_2 j_2}\rangle\cdots\langle \hat{B}_{i_{r-1} j_{r-1}}, \hat{B}_{i_r j_r}\rangle = \widehat{T_{(r)}}{}^{k}_{l} = \widehat{T_{(r)}}_{kl}.$$

- 当$p \geqslant 2$，$r+t+s>n$时，有

$$T_{(r,t)}{}^{\alpha_1\cdots\alpha_t}_{k_1\cdots k_s;l_1\cdots l_s} = \frac{1}{(r+t)!}\delta^{i_1\cdots i_r p_1\cdots p_t k_1\cdots k_s}_{j_1\cdots j_r q_1\cdots q_t l_1\cdots l_s}\cdots. = 0,$$
$$\widehat{T_{(r,t)}}{}^{\alpha_1\cdots\alpha_t}_{k_1\cdots k_s;l_1\cdots l_s} = \frac{1}{(r+t)!}\delta^{i_1\cdots i_r p_1\cdots p_t k_1\cdots k_s}_{j_1\cdots j_r q_1\cdots q_t l_1\cdots l_s}\cdots = 0.$$

4.2 Newton变换的性质

本节主要研究Newton变换的性质。

对于广义的Kronecker符号，有下面的重要性质——行列式刻画：

$$\delta^{i_1\cdots i_r}_{j_1\cdots j_r} = \begin{pmatrix} \delta^{i_1}_{j_1} & \cdots & \delta^{i_r}_{j_1} \\ \vdots & \vdots & \vdots \\ \delta^{i_1}_{j_r} & \cdots & \delta^{i_r}_{j_r} \end{pmatrix}$$

引理 4.1 (δ性质) 如下等式成立：

$$\delta^{\cdots\cdots\cdot\cdot}_{\cdots ij\cdots} = -\delta^{\cdots\cdots\cdot\cdot}_{\cdots ji\cdots}, \tag{4.1}$$

$$\delta^{\cdots ij\cdots}_{\cdots\cdots\cdot\cdot} = -\delta^{\cdots ji\cdots}_{\cdots\cdots\cdot\cdot}, \tag{4.2}$$

$$\delta^{i_1\cdots i_r}_{j_1\cdots j_r} = \delta^{j_1\cdots j_r}_{i_1\cdots i_r}, \tag{4.3}$$

$$\sum_p \delta^{i_1\cdots i_r p}_{j_1\cdots j_r p} = (n-r)\delta^{i_1\cdots i_r}_{j_1\cdots j_r}, \tag{4.4}$$

$$\delta^{\cdots i_a\cdots i_b\cdots}_{\cdots j_a\cdots j_b\cdots} = \delta^{\cdots i_b\cdots i_a\cdots}_{\cdots j_b\cdots j_a\cdots}, \tag{4.5}$$

$$\delta^{i_1\cdots i_r i}_{j_1\cdots j_r j} = \delta^{i_1\cdots i_r}_{j_1\cdots j_r}\delta^i_j - \sum_{a=1}^r \delta^{i_1\cdots i_{a-1}i_{a+1}\cdots i_r i}_{j_1\cdots j_{a-1}j_{a+1}\cdots j_r j_a}\delta^{i_a}_j, \tag{4.6}$$

$$= \delta^{i_1\cdots i_r}_{j_1\cdots j_r}\delta^i_j - \sum_{a=1}^r \delta^{i_1\cdots i_{a-1}i_{a+1}\cdots i_r i_a}_{j_1\cdots j_{a-1}j_{a+1}\cdots j_r j}\delta^i_{j_a}. \tag{4.7}$$

证明 由广义Kronecker符号的行列式刻画，有

$$\delta^{i_1\cdots i_r i}_{j_1\cdots j_r j} = \delta^{i i_1\cdots i_r}_{j j_1\cdots j_r} = \det\begin{pmatrix} \delta^i_j & \delta^i_{j_1} & \cdots & \delta^i_{j_r} \\ \delta^{i_1}_j & \delta^{i_1}_{j_1} & \cdots & \delta^{i_1}_{j_r} \\ \cdots & \cdots & \cdots & \cdots \\ \delta^{i_r}_j & \delta^{i_r}_{j_1} & \cdots & \delta^{i_r}_{j_r} \end{pmatrix}$$

$$= \delta^i_j\delta^{i_1\cdots i_r}_{j_1\cdots j_r} - \delta^{i_1}_j\delta^{i i_1\cdots i_r}_{j_1 j_2\cdots j_r} + \cdots + (-1)^r\delta^{i_r}_j\delta^{i i_1\cdots i_{r-1}}_{j_1 j_2\cdots j_r}$$

$$= \delta^{i_1\cdots i_r}_{j_1\cdots j_r}\delta^i_j - \sum_{a=1}^r \delta^{i_1\cdots i_{a-1}i_{a+1}\cdots i_r i}_{j_1\cdots j_{a-1}j_{a+1}\cdots j_r j_a}\delta^{i_a}_j$$

$$= \delta^{i_1\cdots i_r}_{j_1\cdots j_r}\delta^i_j - \sum_{a=1}^r \delta^{i_1\cdots i_{a-1}i_{a+1}\cdots i_r i_a}_{j_1\cdots j_{a-1}j_{a+1}\cdots j_r j}\delta^i_{j_a}.$$

□

命题 4.1 (对称性) 设$x: M^n \to N^{n+p}$是子流形，则有

$$T_{(r,t)}{}^{\alpha_1\cdots\alpha_t}_{k_1\cdots k_s;l_1\cdots l_s} = T_{(r,t)}{}^{\alpha_1\cdots\alpha_t}_{l_1\cdots l_s;k_1\cdots k_s}, \tag{4.8}$$

$$T_{(r,t)}{}^{\cdots\alpha_i\cdots\alpha_j\cdots}_{k_1\cdots k_s;l_1\cdots l_s} = T_{(r,t)}{}^{\cdots\alpha_j\cdots\alpha_i\cdots}_{k_1\cdots k_s;l_1\cdots l_s}, \tag{4.9}$$

$$\widehat{T_{(r,t)}}{}^{\alpha_1\cdots\alpha_t}_{k_1\cdots k_s;l_1\cdots l_s} = \widehat{T_{(r,t)}}{}^{\alpha_1\cdots\alpha_t}_{l_1\cdots l_s;k_1\cdots k_s}, \tag{4.10}$$

$$\widehat{T_{(r,t)}}{}^{\cdots\alpha_i\cdots\alpha_j\cdots}_{k_1\cdots k_s;l_1\cdots l_s} = \widehat{T_{(r,t)}}{}^{\cdots\alpha_j\cdots\alpha_i\cdots}_{k_1\cdots k_s;l_1\cdots l_s}. \tag{4.11}$$

证明 对于第一式，由引理4.1和第二基本型的对称性，有

$$T_{(r,t)}{}^{\alpha_1\cdots\alpha_t}_{k_1\cdots k_s;l_1\cdots l_s}$$

$$= \frac{1}{(r+t)!}\delta^{i_1\cdots i_r p_1\cdots p_t k_1\cdots k_s}_{j_1\cdots j_r q_1\cdots q_t l_1\cdots l_s}\langle B_{i_1j_1}, B_{i_2j_2}\rangle\cdots\langle B_{i_{r-1}j_{r-1}}, B_{i_rj_r}\rangle$$

$$\times (h^{\alpha_1}_{p_1q_1}\cdots h^{\alpha_t}_{p_tq_t})$$
$$=\frac{1}{(r+t)!}\delta^{j_1\cdots j_rq_1\cdots q_tl_1\cdots l_s}_{i_1\cdots i_rp_1\cdots p_tk_1\cdots k_s}\langle B_{i_1j_1},B_{i_2j_2}\rangle\cdots\langle B_{i_{r-1}j_{r-1}},B_{i_rj_r}\rangle$$
$$\times (h^{\alpha_1}_{p_1q_1}\cdots h^{\alpha_t}_{p_tq_t})$$
$$=\frac{1}{(r+t)!}\delta^{j_1\cdots j_rq_1\cdots q_tl_1\cdots l_s}_{i_1\cdots i_rp_1\cdots p_tk_1\cdots k_s}\langle B_{j_1i_1},B_{j_2i_2}\rangle\cdots\langle B_{j_{r-1}i_{r-1}},B_{j_ri_r}\rangle$$
$$\times (h^{\alpha_1}_{q_1p_1}\cdots h^{\alpha_t}_{q_tp_t})$$
$$=\frac{1}{(r+t)!}\delta^{i_1\cdots i_rp_1\cdots p_tl_1\cdots l_s}_{j_1\cdots j_rq_1\cdots q_tk_1\cdots k_s}\langle B_{i_1j_1},B_{i_2j_2}\rangle\cdots\langle B_{i_{r-1}j_{r-1}},B_{i_rj_r}\rangle$$
$$\times (h^{\alpha_1}_{p_1q_1}\cdots h^{\alpha_t}_{p_tq_t})$$
$$=T_{(r,t)}{}^{\alpha_1\cdots\alpha_t}_{l_1\cdots l_s;k_1\cdots k_s}.$$

对于第二式，同样地

$$T_{(r,t)}{}^{\cdots\alpha_i\cdots\alpha_j\cdots}_{k_1\cdots k_s;l_1\cdots l_s}$$
$$=\frac{1}{(r+t)!}\delta^{i_1\cdots i_r\cdots p_i\cdots p_j\cdots k_1\cdots k_s}_{j_1\cdots j_r\cdots q_i\cdots q_j\cdots l_1\cdots l_s}\langle B_{i_1j_1},B_{i_2j_2}\rangle\cdots\langle B_{i_{r-1}j_{r-1}},B_{i_rj_r}\rangle$$
$$\cdots h^{\alpha_i}_{p_iq_i}\cdots h^{\alpha_j}_{p_jq_j}\cdots$$
$$=\frac{1}{(r+t)!}\delta^{i_1\cdots i_r\cdots p_j\cdots p_i\cdots k_1\cdots k_s}_{j_1\cdots j_r\cdots q_j\cdots q_i\cdots l_1\cdots l_s}\langle B_{i_1j_1},B_{i_2j_2}\rangle\cdots\langle B_{i_{r-1}j_{r-1}},B_{i_rj_r}\rangle$$
$$\cdots h^{\alpha_i}_{p_iq_i}\cdots h^{\alpha_j}_{p_jq_j}\cdots$$
$$=\frac{1}{(r+t)!}\delta^{i_1\cdots i_r\cdots p_i\cdots p_j\cdots k_1\cdots k_s}_{j_1\cdots j_r\cdots q_i\cdots q_j\cdots l_1\cdots l_s}\langle B_{i_1j_1},B_{i_2j_2}\rangle\cdots\langle B_{i_{r-1}j_{r-1}},B_{i_rj_r}\rangle$$
$$\cdots h^{\alpha_i}_{p_jq_j}\cdots h^{\alpha_j}_{p_iq_i}\cdots$$
$$=\frac{1}{(r+t)!}\delta^{i_1\cdots i_r\cdots p_i\cdots p_j\cdots k_1\cdots k_s}_{j_1\cdots j_r\cdots q_i\cdots q_j\cdots l_1\cdots l_s}\langle B_{i_1j_1},B_{i_2j_2}\rangle\cdots\langle B_{i_{r-1}j_{r-1}},B_{i_rj_r}\rangle$$
$$\cdots h^{\alpha_j}_{p_iq_i}\cdots h^{\alpha_i}_{p_jq_j}\cdots$$
$$=T_{(r,t)}{}^{\cdots\alpha_j\cdots\alpha_i\cdots}_{k_1\cdots k_s;l_1\cdots l_s}.$$

□

命题 4.2 (反对称性) 设$x: M^n\to N^{n+p}$是子流形，则有

$$T_{(r,t)}{}^{\alpha_1\cdots\alpha_t}_{k_1\cdots k_i\cdots k_j\cdots k_s;l_1\cdots l_s}=-T_{(r,t)}{}^{\alpha_1\cdots\alpha_t}_{k_1\cdots k_j\cdots k_i\cdots k_s;l_1\cdots l_s},\tag{4.12}$$
$$T_{(r,t)}{}^{\alpha_1\cdots\alpha_t}_{k_1\cdots k_s;l_1\cdots l_i\cdots l_j\cdots l_s}=-T_{(r,t)}{}^{\alpha_1\cdots\alpha_t}_{k_1\cdots k_s;l_1\cdots l_j\cdots l_i\cdots l_s},\tag{4.13}$$

$$\widehat{T_{(r,t)}}{}^{\alpha_1\cdots\alpha_t}_{k_1\cdots k_i\cdots k_j\cdots k_s;l_1\cdots l_s} = -\widehat{T_{(r,t)}}{}^{\alpha_1\cdots\alpha_t}_{k_1\cdots k_j\cdots k_i\cdots k_s;l_1\cdots l_s}, \tag{4.14}$$

$$\widehat{T_{(r,t)}}{}^{\alpha_1\cdots\alpha_t}_{k_1\cdots k_s;l_1\cdots l_i\cdots l_j\cdots l_s} = -\widehat{T_{(r,t)}}{}^{\alpha_1\cdots\alpha_t}_{k_1\cdots k_s;l_1\cdots l_j\cdots l_i\cdots l_s}. \tag{4.15}$$

证明 由引理4.1，有

$$\begin{aligned}
&T_{(r,t)}{}^{\alpha_1\cdots\alpha_t}_{k_1\cdots k_s;\cdots l_i\cdots l_j\cdots}\\
&=\frac{1}{(r+t)!}\delta^{i_1\cdots i_r p_1\cdots p_t k_1\cdots k_s}_{j_1\cdots j_r q_1\cdots q_t\cdots l_i\cdots l_j\cdots}\langle B_{i_1j_1},B_{i_2j_2}\rangle\cdots\langle B_{i_{r-1}j_{r-1}},B_{i_rj_r}\rangle\\
&\quad\cdots h^{\alpha_i}_{p_iq_i}\cdots h^{\alpha_j}_{p_jq_j}\cdots\\
&=-\frac{1}{(r+t)!}\delta^{i_1\cdots i_r p_1\cdots p_t k_1\cdots k_s}_{j_1\cdots j_r q_1\cdots q_t\cdots l_j\cdots l_i\cdots}\langle B_{i_1j_1},B_{i_2j_2}\rangle\cdots\langle B_{i_{r-1}j_{r-1}},B_{i_rj_r}\rangle\\
&\quad\cdots h^{\alpha_i}_{p_iq_i}\cdots h^{\alpha_j}_{p_jq_j}\cdots\\
&=-T_{(r,t)}{}^{\alpha_1\cdots\alpha_t}_{k_1\cdots k_s;\cdots l_j\cdots l_i\cdots}.
\end{aligned}$$

□

命题 4.3 (迹性质) 设$x: M^n\to N^{n+p}$是子流形，则有

$$\sum_{k_s} T_{(r,t)}{}^{\alpha_1\cdots\alpha_t}_{k_1\cdots k_{s-1}k_s;l_1\cdots l_{s-1}k_s} =(n+1-r-t-s)T_{(r,t)}{}^{\alpha_1\cdots\alpha_t}_{k_1\cdots k_{s-1};l_1\cdots l_{s-1}}, \tag{4.16}$$

$$\sum_{\beta} T_{(r,t)}{}^{\alpha_1\cdots\alpha_{t-2}\beta\beta}_{k_1\cdots k_s;l_1\cdots l_s} =T_{(r+2,t-2)}{}^{\alpha_1\cdots\alpha_{t-2}}_{k_1\cdots k_s;l_1\cdots l_s}, \tag{4.17}$$

$$\sum_{k_s} \widehat{T_{(r,t)}}{}^{\alpha_1\cdots\alpha_t}_{k_1\cdots k_{s-1}k_s;l_1\cdots l_{s-1}k_s} =(n+1-r-t-s)\widehat{T_{(r,t)}}{}^{\alpha_1\cdots\alpha_t}_{k_1\cdots k_{s-1};l_1\cdots l_{s-1}}, \tag{4.18}$$

$$\sum_{\beta} \widehat{T_{(r,t)}}{}^{\alpha_1\cdots\alpha_{t-2}\beta\beta}_{k_1\cdots k_s;l_1\cdots l_s} =\widehat{T_{(r+2,t-2)}}{}^{\alpha_1\cdots\alpha_{t-2}}_{k_1\cdots k_s;l_1\cdots l_s}. \tag{4.19}$$

证明 对于第一式，由引理4.1，有

$$\begin{aligned}
&\sum_{k_s}T_{(r,t)}{}^{\alpha_1\cdots\alpha_t}_{k_1\cdots k_{s-1}k_s;l_1\cdots l_{s-1}k_s}\\
&=\sum_{k_s}\frac{1}{(r+t)!}\delta^{i_1\cdots i_r p_1\cdots p_t k_1\cdots k_{s-1}k_s}_{j_1\cdots j_r q_1\cdots q_t l_1\cdots l_{s_1}k_s}\langle B_{i_1j_1},B_{i_2j_2}\rangle\cdots\langle B_{i_{r-1}j_{r-1}},B_{i_rj_r}\rangle\\
&\quad\times h^{\alpha_1}_{p_1q_1}\cdots h^{\alpha_t}_{p_tq_t}\\
&=\sum_{p}\frac{1}{(r+t)!}\delta^{i_1\cdots i_r p_1\cdots p_t k_1\cdots k_{s-1}p}_{j_1\cdots j_r q_1\cdots q_t l_1\cdots l_{s_1}p}\langle B_{i_1j_1},B_{i_2j_2}\rangle\cdots\langle B_{i_{r-1}j_{r-1}},B_{i_rj_r}\rangle\\
&\quad\times h^{\alpha_1}_{p_1q_1}\cdots h^{\alpha_t}_{p_tq_t}\\
&=(n+1-r-t-s)T_{(r,t)}{}^{\alpha_1\cdots\alpha_t}_{k_1\cdots k_{s-1};l_1\cdots l_{s-1}}.
\end{aligned}$$

对于第二式，由定义

$$
\begin{aligned}
&\sum_{\beta} T_{(r,t)}{}_{k_1\cdots k_{s-1}k_s;l_1\cdots l_{s-1}k_s}^{\alpha_1\cdots\alpha_{t-2}\beta\beta}\\
&=\sum_{\beta}\frac{1}{(r+t)!}\delta^{i_1\cdots i_r p_1\cdots p_t k_1\cdots k_{s-1}k_s}_{j_1\cdots j_r q_1\cdots q_t l_1\cdots l_{s_1}k_s}\langle B_{i_1j_1},B_{i_2j_2}\rangle\cdots\langle B_{i_{r-1}j_{r-1}},B_{i_rj_r}\rangle\\
&\quad\times h^{\alpha_1}_{p_1q_1}\cdots h^{\alpha_{t-2}}_{p_{t-2}q_{t-2}}h^{\beta}_{p_{t-1}q_{t-1}}h^{\beta}_{p_tq_t}\\
&=\sum_{\beta}\frac{1}{(r+t)!}\delta^{i_1\cdots i_r p_{t-1}p_t p_1\cdots p_{t-2}k_1\cdots k_{s-1}k_s}_{j_1\cdots j_r q_{t-1}q_t q_1\cdots q_{t-2}l_1\cdots l_{s_1}k_s}\langle B_{i_1j_1},B_{i_2j_2}\rangle\cdots\langle B_{i_{r-1}j_{r-1}},B_{i_rj_r}\rangle\\
&\quad\times h^{\alpha_1}_{p_1q_1}\cdots h^{\alpha_{t-2}}_{p_{t-2}q_{t-2}}\langle B_{p_{t-1}q_{t-1}},B_{p_tq_t}\rangle\\
&=T_{(r+2,t-2)}{}_{k_1\cdots k_s;l_1\cdots l_s}^{\alpha_1\cdots\alpha_{t-2}}.
\end{aligned}
$$

□

命题 4.4 (协变导数) 设$x: M^n\to N^{n+p}$是子流形，对于Newton变换的协变导数有

$$
\begin{aligned}
T_{(r,t)}{}_{k_1\cdots k_s;l_1\cdots l_s,p}^{\alpha_1\cdots\alpha_t}&=\sum_{ij}\sum_{\beta}\frac{r}{r+t}T_{(r-2,t+1)}{}_{k_1\cdots k_s i;l_1\cdots ..l_s j}^{\alpha_1\cdots\alpha_t\beta}h^{\beta}_{ij,p}\\
&\quad+\sum_{b=1}^{t}\sum_{ij}\frac{1}{r+t}T_{(r,t-1)}{}_{k_1\cdots k_s i;l_1\cdots l_s j}^{\alpha_1\cdots\hat{\alpha}_b\cdots\alpha_t}h^{\alpha_b}_{ij,p},
\end{aligned}\tag{4.20}
$$

$$
\begin{aligned}
\widehat{T_{(r,t)}}{}_{k_1\cdots k_s;l_1\cdots l_s,p}^{\alpha_1\cdots\alpha_t}&=\sum_{ij}\sum_{\beta}\frac{r}{r+t}\widehat{T_{(r-2,t+1)}}{}_{k_1\cdots k_s i;l_1\cdots ..l_s j}^{\alpha_1\cdots\alpha_t\beta}\hat{h}^{\beta}_{ij,p}\\
&\quad+\sum_{b=1}^{t}\sum_{ij}\frac{1}{r+t}\widehat{T_{(r,t-1)}}{}_{k_1\cdots k_s i;l_1\cdots l_s j}^{\alpha_1\cdots\hat{\alpha}_b\cdots\alpha_t}\hat{h}^{\alpha_b}_{ij,p}.
\end{aligned}\tag{4.21}
$$

证明 由引理4.1和定义，有

$$
\begin{aligned}
&T_{(r,t)}{}_{k_1\cdots k_s;l_1\cdots l_s,p}^{\alpha_1\cdots\alpha_t}\\
&=\frac{1}{(r+t)!}\delta^{i_1\cdots i_r p_1\cdots p_t k_1\cdots k_s}_{j_1\cdots j_r q_1\cdots q_t l_1\cdots l_s}[\langle B_{i_1j_1,p},B_{i_2j_2}\rangle\cdots\langle B_{i_{r-1}j_{r-1}},B_{i_rj_r}\rangle\\
&\quad+\langle B_{i_1j_1},B_{i_2j_2,p}\rangle\cdots\langle B_{i_{r-1}j_{r-1}},B_{i_rj_r}\rangle\\
&\quad+\cdots+\langle B_{i_1j_1},B_{i_2j_2}\rangle\cdots\langle B_{i_{r-1}j_{r-1},p},B_{i_rj_r}\rangle\\
&\quad+\langle B_{i_1j_1},B_{i_2j_2}\rangle\cdots\langle B_{i_{r-1}j_{r-1}},B_{i_rj_r,p}\rangle]h^{\alpha_1}_{p_1q_1}\cdots h^{\alpha_t}_{p_tq_t}\\
&\quad+\frac{1}{(r+t)!}\delta^{i_1\cdots i_r p_1\cdots p_t k_1\cdots k_s}_{j_1\cdots j_r q_1\cdots q_t l_1\cdots l_s}\langle B_{i_1j_1},B_{i_2j_2}\rangle\cdots\\
&\quad\times\langle B_{i_{r-1}j_{r-1}},B_{i_rj_r}\rangle\sum_{b=1}^{t}h^{\alpha_1}_{p_1q_1}\cdots h^{\alpha_b}_{p_bq_b,p}\cdots h^{\alpha_t}_{p_tq_t}
\end{aligned}
$$

$$
\begin{aligned}
&=\frac{r}{(r+t)!}\delta^{i_1\cdots i_{r-2}p_1\cdots p_t i_{r-1}k_1\cdots k_s i_r}_{j_1\cdots j_{r-2}q_1\cdots q_t j_{r-1}l_1\cdots l_s j_r}\langle B_{i_1j_1},B_{i_2j_2}\rangle\cdots\\
&\quad\times\langle B_{i_{r-3}j_{r-3}},B_{i_{r-2}j_{r-2}}\rangle\Big(\sum_{\alpha_{t+1}}h^{\alpha_{t+1}}_{i_{r-1}j_{r-1}}h^{\alpha_{t+1}}_{i_rj_r,p}\Big)(h^{\alpha_1}_{p_1q_1}\cdots h^{\alpha_t}_{p_tq_t})\\
&\quad+\frac{1}{(r+t)!}\delta^{i_1\cdots i_r p_1\cdots\hat{p}_b\cdots p_t k_1\cdots k_s p_b}_{j_1\cdots j_r q_1\cdots\hat{q}_b\cdots q_t l_1\cdots l_s q_b}\langle B_{i_1j_1},B_{i_2j_2}\rangle\cdots\\
&\quad\times\langle B_{i_{r-1}j_{r-1}},B_{i_rj_r}\rangle\sum_{b=1}^{t}h^{\alpha_1}_{p_1q_1}\cdots h^{\alpha_b}_{p_bq_b,p}\cdots h^{\alpha_t}_{p_tq_t}\\
&=\sum_{ij}\sum_{\alpha_{t+1}}\frac{r}{r+t}T_{(r-2,t+1)}{}^{\alpha_1\cdots\alpha_t\alpha_{t+1}}_{k_1\cdots k_s i;l_1\cdots\,..l_s j}h^{\alpha_{t+1}}_{ij,p}\\
&\quad+\sum_{b=1}^{t}\sum_{ij}\frac{1}{r+t}T_{(r,t-1)}{}^{\alpha_1\cdots\hat{\alpha}_b\cdots\alpha_t}_{k_1\cdots k_s i;l_1\cdots l_s j}h^{\alpha_b}_{ij,p}.
\end{aligned}
$$

□

特别地，在命题4.4中令 r 是偶数和$t=s=0$，则有

推论 4.1 设$x:M^n\to N^{n+p}$是子流形，那么有

- 当r为偶数时，有

$$S_{r,p}=\sum_{ij\alpha}T_{(r-2,1)}{}^{\alpha}_{i;j}h^{\alpha}_{ij,p}=\sum_{ij\alpha}T_{(r-1)}{}^{\alpha}_{ij}h^{\alpha}_{ij,p},\tag{4.22}$$

$$\hat{S}_{r,p}=\sum_{ij\alpha}\widehat{T_{(r-2,1)}}{}^{\alpha}_{i;j}\hat{h}^{\alpha}_{ij,p}=\sum_{ij\alpha}\widehat{T_{(r-1)}}{}^{\alpha}_{ij}\hat{h}^{\alpha}_{ij,p},\tag{4.23}$$

$$T_{(r)}{}^{k_1\cdots k_s}_{l_1\cdots l_s,p}=\sum_{ij}\sum_{\alpha}T_{(r-2,1)}{}^{\alpha}_{k_1\cdots k_s i;l_1\cdots\,..l_s j}h^{\alpha}_{ij,p},\tag{4.24}$$

$$\widehat{T_{(r)}}{}^{k_1\cdots k_s}_{l_1\cdots l_s,p}=\sum_{ij}\sum_{\alpha}\widehat{T_{(r-2,1)}}{}^{\alpha}_{k_1\cdots k_s i;l_1\cdots\,..l_s j}h^{\alpha}_{ij,p}.\tag{4.25}$$

- 当r为奇数时，有

$$S^{\alpha}_{r,p}=\sum_{ij}\sum_{\beta}\frac{r-1}{r}T_{(r-3,2)}{}^{\alpha\beta}_{i;j}h^{\beta}_{ij,p}+\sum_{ij}\frac{1}{r}T_{(r-1)}{}_{ij}h^{\alpha}_{ij,p},\tag{4.26}$$

$$\hat{S}^{\alpha}_{r,p}=\sum_{ij}\sum_{\beta}\frac{r-1}{r}\widehat{T_{(r-3,2)}}{}^{\alpha\beta}_{i;j}\hat{h}^{\beta}_{ij,p}+\sum_{ij}\frac{1}{r}\widehat{T_{(r-1)}}{}_{ij}\hat{h}^{\alpha}_{ij,p}.\tag{4.27}$$

推论 4.2 设$x:M^n\to N^{n+1}$是超曲面，则有

$$S_{r,p}=\sum_{ij}T_{(r-2,1)}{}^{n+1}_{i;j}h^{n+1}_{ij,p}=\sum_{ij}T_{(r-1)}{}^{i}_{j}h_{ij,p},\tag{4.28}$$

$$T_{(r)}{}^{k_1\cdots k_s}_{l_1\cdots l_s,p}=\sum_{ij}\sum_{\alpha}T_{(r-1)}{}^{k_1\cdots k_s i}_{l_1\cdots\,..l_s j}h_{ij,p}\tag{4.29}$$

$$\hat{S}_{r,p}=\sum_{ij}\widehat{T_{(r-2,1)}}{}^{n+1}_{i;j}\hat{h}^{n+1}_{ij,p}=\sum_{ij}\widehat{T_{(r-1)}}{}^{i}_{j}\hat{h}_{ij,p}\tag{4.30}$$

$$\widehat{T_{(r)}}^{k_1\cdots k_s}_{l_1\cdots l_s,p} = \sum_{ij} \widehat{T_{(r-1)}}^{k_1\cdots k_s i}_{l_1\cdots\cdots l_s j} \hat{h}_{ij,p}. \tag{4.31}$$

命题 4.5 (散度性质) 设$x : M^n \to N^{n+p}$是子流形，则有

$$\begin{aligned}
&\sum_{k_s} T_{(r,t)}{}^{\alpha_1\cdots\alpha_t}_{k_1\cdots k_s;l_1\cdots l_s,k_s} \\
&= \frac{1}{2}\Big(\sum_{k_s}\sum_{ij}\sum_{\alpha_{t+1}} \frac{r}{r+t} T_{(r-2,t+1)}{}^{\alpha_1\cdots\alpha_t\alpha_{t+1}}_{k_1\cdots k_s i;l_1\cdots l_s j} \bar{R}^{\alpha_{t+1}}_{jk_s i} \\
&\quad + \sum_{k_s}\sum_{b=1}^{t}\sum_{ij} \frac{1}{r+t} T_{(r,t-1)}{}^{\alpha_1\cdots\hat{\alpha}_b\cdots\alpha_t}_{k_1\cdots k_s i;l_1\cdots l_s j} \bar{R}^{\alpha_b}_{jk_s i}\Big),
\end{aligned} \tag{4.32}$$

$$\begin{aligned}
&\sum_{l_s} T_{(r,t)}{}^{\alpha_1\cdots\alpha_t}_{k_1\cdots k_s;l_1\cdots l_s,l_s} \\
&= \frac{1}{2}\Big(\sum_{l_s}\sum_{ij}\sum_{\alpha_{t+1}} \frac{r}{r+t} T_{(r-2,t+1)}{}^{\alpha_1\cdots\alpha_t\alpha_{t+1}}_{k_1\cdots k_s i;l_1\cdots l_s j} \bar{R}^{\alpha_{t+1}}_{il_s j} \\
&\quad + \sum_{l_s}\sum_{b=1}^{t}\sum_{ij} \frac{1}{r+t} T_{(r,t-1)}{}^{\alpha_1\cdots\hat{\alpha}_b\cdots\alpha_t}_{k_1\cdots k_s i;l_1\cdots l_s j} \bar{R}^{\alpha_b}_{il_s j}\Big),
\end{aligned} \tag{4.33}$$

$$\begin{aligned}
&\sum_{k_s} \widehat{T_{(r,t)}}{}^{\alpha_1\cdots\alpha_t}_{k_1\cdots k_s;l_1\cdots l_s,k_s} \\
&= \frac{1}{2}\Big(\sum_{k_s}\sum_{ij}\sum_{\alpha_{t+1}} \frac{r}{r+t} \widehat{T_{(r-2,t+1)}}{}^{\alpha_1\cdots\alpha_t\alpha_{t+1}}_{k_1\cdots k_s i;l_1\cdots\cdots l_s j} \bar{R}^{\alpha_{t+1}}_{jk_s i} \\
&\quad + \sum_{k_s}\sum_{b=1}^{t}\sum_{ij} \frac{1}{r+t} \widehat{T_{(r,t-1)}}{}^{\alpha_1\cdots\hat{\alpha}_b\cdots\alpha_t}_{k_1\cdots k_s i;l_1\cdots l_s j} \bar{R}^{\alpha_b}_{jk_s i}\Big) \\
&\quad - \sum_{k_s\alpha_{t+1}} \frac{r(n+1-r-t-s)}{r+t} \widehat{T_{(r-2,t+1)}}{}^{\alpha_1\cdots\alpha_t\alpha_{t+1}}_{k_1\cdots k_s;l_1\cdots l_s} H^{\alpha_{t+1}}_{,k_s} \\
&\quad - \sum_{k_s}\sum_{b=1}^{t} \frac{(n+1-r-t-s)}{r+t} \widehat{T_{(r,t-1)}}{}^{\alpha_1\cdots\hat{\alpha}_b\cdots\alpha_t}_{k_1\cdots k_s;l_1\cdots l_s} H^{\alpha_b}_{,k_s},
\end{aligned} \tag{4.34}$$

$$\begin{aligned}
&\sum_{l_s} \widehat{T_{(r,t)}}{}^{\alpha_1\cdots\alpha_t}_{k_1\cdots k_s;l_1\cdots l_s,l_s} \\
&= \frac{1}{2}\Big(\sum_{l_s}\sum_{ij}\sum_{\alpha_{t+1}} \frac{r}{r+t} \widehat{T_{(r-2,t+1)}}{}^{\alpha_1\cdots\alpha_t\alpha_{t+1}}_{k_1\cdots k_s i;l_1\cdots\cdots l_s j} \bar{R}^{\alpha_{t+1}}_{il_s j} \\
&\quad + \sum_{l_s}\sum_{b=1}^{t}\sum_{ij} \frac{1}{r+t} \widehat{T_{(r,t-1)}}{}^{\alpha_1\cdots\hat{\alpha}_b\cdots\alpha_t}_{k_1\cdots k_s i;l_1\cdots l_s j} \bar{R}^{\alpha_b}_{il_s j}\Big) \\
&\quad - \sum_{l_s\alpha_{t+1}} \frac{r(n+1-r-t-s)}{r+t} \widehat{T_{(r-2,t+1)}}{}^{\alpha_1\cdots\alpha_t\alpha_{t+1}}_{k_1\cdots k_s;l_1\cdots l_s} H^{\alpha_{t+1}}_{,l_s} \\
&\quad - \sum_{l_s}\sum_{b=1}^{t} \frac{(n+1-r-t-s)}{r+t} \widehat{T_{(r,t-1)}}{}^{\alpha_1\cdots\hat{\alpha}_b\cdots\alpha_t}_{k_1\cdots k_s;l_1\cdots l_s} H^{\alpha_b}_{,l_s}.
\end{aligned} \tag{4.35}$$

证明 对于一般Newton变换，由定理3.1和命题4.4，有

$$\begin{aligned}
&\sum_{k_s} T_{(r,t)}{}_{k_1\cdots k_s;l_1\cdots l_s,k_s}^{\alpha_1\cdots\alpha_t}\\
&=\sum_{k_s}\sum_{ij}\sum_{\alpha_{t+1}}\frac{r}{r+t}T_{(r-2,t+1)}{}_{k_1\cdots k_si;l_1\cdots l_sj}^{\alpha_1\cdots\alpha_t\alpha_{t+1}}h_{ij,k_s}^{\alpha_{t+1}}\\
&\quad+\sum_{k_s}\sum_{b=1}^{t}\sum_{ij}\frac{1}{r+t}T_{(r,t-1)}{}_{k_1\cdots k_si;l_1\cdots l_sj}^{\alpha_1\cdots\hat{\alpha}_b\cdots\alpha_t}h_{ij,k_s}^{\alpha_b}\\
&=-\sum_{k_s}\sum_{ij}\sum_{\alpha_{t+1}}\frac{r}{r+t}T_{(r-2,t+1)}{}_{k_1\cdots ik_s;l_1\cdots l_sj}^{\alpha_1\cdots\alpha_t\alpha_{t+1}}h_{ij,k_s}^{\alpha_{t+1}}\\
&\quad-\sum_{k_s}\sum_{b=1}^{t}\sum_{ij}\frac{1}{r+t}T_{(r,t-1)}{}_{k_1\cdots ik_s;l_1\cdots l_sj}^{\alpha_1\cdots\hat{\alpha}_b\cdots\alpha_t}h_{ij,k_s}^{\alpha_b}\\
&=-\sum_{k_s}\sum_{ij}\sum_{\alpha_{t+1}}\frac{r}{r+t}T_{(r-2,t+1)}{}_{k_1\cdots ik_s;l_1\cdots l_sj}^{\alpha_1\cdots\alpha_t\alpha_{t+1}}(h_{k_sj,i}^{\alpha_{t+1}}+h_{ij,k_s}^{\alpha_{t+1}}-h_{k_sj,i}^{\alpha_{t+1}})\\
&\quad-\sum_{k_s}\sum_{b=1}^{t}\sum_{ij}\frac{1}{r+t}T_{(r,t-1)}{}_{k_1\cdots ik_s;l_1\cdots l_sj}^{\alpha_1\cdots\hat{\alpha}_b\cdots\alpha_t}(h_{k_sj,i}^{\alpha_b}+h_{ij,k_s}^{\alpha_b}-h_{k_sj,i}^{\alpha_b})\\
&=-\sum_{k_s}\sum_{ij}\sum_{\alpha_{t+1}}\frac{r}{r+t}T_{(r-2,t+1)}{}_{k_1\cdots ik_s;l_1\cdots l_sj}^{\alpha_1\cdots\alpha_t\alpha_{t+1}}(h_{k_sj,i}^{\alpha_{t+1}}+\bar{R}_{jk_si}^{\alpha_{t+1}})\\
&\quad-\sum_{k_s}\sum_{b=1}^{t}\sum_{ij}\frac{1}{r+t}T_{(r,t-1)}{}_{k_1\cdots ik_s;l_1\cdots l_sj}^{\alpha_1\cdots\hat{\alpha}_b\cdots\alpha_t}(h_{k_sj,i}^{\alpha_b}+\bar{R}_{jk_si}^{\alpha_b})\\
&=-\sum_{k_s}\sum_{ij}\sum_{\alpha_{t+1}}\frac{r}{r+t}T_{(r-2,t+1)}{}_{k_1\cdots k_si;l_1\cdots l_sj}^{\alpha_1\cdots\alpha_t\alpha_{t+1}}h_{ij,k_s}^{\alpha_{t+1}}\\
&\quad-\sum_{k_s}\sum_{b=1}^{t}\sum_{ij}\frac{1}{r+t}T_{(r,t-1)}{}_{k_1\cdots k_si;l_1\cdots l_sj}^{\alpha_1\cdots\hat{\alpha}_b\cdots\alpha_t}h_{ij,k_s}^{\alpha_b}\\
&\quad+\sum_{k_s}\sum_{ij}\sum_{\alpha_{t+1}}\frac{r}{r+t}T_{(r-2,t+1)}{}_{k_1\cdots k_si;l_1\cdots l_sj}^{\alpha_1\cdots\alpha_t\alpha_{t+1}}\bar{R}_{jk_si}^{\alpha_{t+1}}\\
&\quad+\sum_{k_s}\sum_{b=1}^{t}\sum_{ij}\frac{1}{r+t}T_{(r,t-1)}{}_{k_1\cdots k_si;l_1\cdots l_sj}^{\alpha_1\cdots\hat{\alpha}_b\cdots\alpha_t}\bar{R}_{jk_si}^{\alpha_b}\\
&=-\sum_{k_s}T_{(r,t)}{}_{k_1\cdots k_s;l_1\cdots l_s,k_s}^{\alpha_1\cdots\alpha_t}\\
&\quad+\sum_{k_s}\sum_{ij}\sum_{\alpha_{t+1}}\frac{r}{r+t}T_{(r-2,t+1)}{}_{k_1\cdots k_si;l_1\cdots l_sj}^{\alpha_1\cdots\alpha_t\alpha_{t+1}}\bar{R}_{jk_si}^{\alpha_{t+1}}\\
&\quad+\sum_{k_s}\sum_{b=1}^{t}\sum_{ij}\frac{1}{r+t}T_{(r,t-1)}{}_{k_1\cdots k_si;l_1\cdots l_sj}^{\alpha_1\cdots\hat{\alpha}_b\cdots\alpha_t}\bar{R}_{jk_si}^{\alpha_b}
\end{aligned}$$

$$\begin{aligned}
&\sum_{k_s} T_{(r,t)}{}_{k_1\cdots k_s;l_1\cdots l_s,k_s}^{\alpha_1\cdots\alpha_t}\\
&=\frac{1}{2}\Big(\sum_{k_s}\sum_{ij}\sum_{\alpha_{t+1}}\frac{r}{r+t}T_{(r-2,t+1)}{}_{k_1\cdots k_si;l_1\cdots l_sj}^{\alpha_1\cdots\alpha_t\alpha_{t+1}}\bar{R}_{jk_si}^{\alpha_{t+1}}
\end{aligned}$$

$$+\sum_{k_s}\sum_{b=1}^{t}\sum_{ij}\frac{1}{r+t}T_{(r,t-1)k_1\cdots k_s i;l_1\cdots l_s j}^{\alpha_1\cdots\hat{\alpha}_b\cdots\alpha_t}\bar{R}_{jk_s i}^{\alpha_b}\Big).$$

对于迹零的Newton变换，由定理3.1和命题4.4，有

$$\begin{aligned}
&\sum_{k_s}\widehat{T_{(r,t)}}{}_{k_1\cdots k_s;l_1\cdots l_s,k_s}^{\alpha_1\cdots\alpha_t}\\
&=\sum_{k_s}\sum_{ij}\sum_{\alpha_{t+1}}\frac{r}{r+t}\widehat{T_{(r-2,t+1)}}{}_{k_1\cdots k_s i;l_1\cdots l_s j}^{\alpha_1\cdots\alpha_t\alpha_{t+1}}\hat{h}_{ij,k_s}^{\alpha_{t+1}}\\
&\quad+\sum_{k_s}\sum_{b=1}^{t}\sum_{ij}\frac{1}{r+t}\widehat{T_{(r,t-1)}}{}_{k_1\cdots k_s i;l_1\cdots l_s j}^{\alpha_1\cdots\hat{\alpha}_b\cdots\alpha_t}\hat{h}_{ij,k_s}^{\alpha_b}\\
&=-\sum_{k_s}\sum_{ij}\sum_{\alpha_{t+1}}\frac{r}{r+t}\widehat{T_{(r-2,t+1)}}{}_{k_1\cdots ik_s;l_1\cdots l_s j}^{\alpha_1\cdots\alpha_t\alpha_{t+1}}\hat{h}_{ij,k_s}^{\alpha_{t+1}}\\
&\quad-\sum_{k_s}\sum_{b=1}^{t}\sum_{ij}\frac{1}{r+t}\widehat{T_{(r,t-1)}}{}_{k_1\cdots ik_s;l_1\cdots l_s j}^{\alpha_1\cdots\hat{\alpha}_b\cdots\alpha_t}\hat{h}_{ij,k_s}^{\alpha_b}\\
&=-\sum_{k_s}\sum_{ij}\sum_{\alpha_{t+1}}\frac{r}{r+t}\widehat{T_{(r-2,t+1)}}{}_{k_1\cdots ik_s;l_1\cdots l_s j}^{\alpha_1\cdots\alpha_t\alpha_{t+1}}(\hat{h}_{k_s j,i}^{\alpha_{t+1}}+\hat{h}_{ij,k_s}^{\alpha_{t+1}}-\hat{h}_{k_s j,i}^{\alpha_{t+1}})\\
&\quad-\sum_{k_s}\sum_{b=1}^{t}\sum_{ij}\frac{1}{r+t}\widehat{T_{(r,t-1)}}{}_{k_1\cdots ik_s;l_1\cdots l_s j}^{\alpha_1\cdots\hat{\alpha}_b\cdots\alpha_t}(\hat{h}_{k_s j,i}^{\alpha_b}+\hat{h}_{ij,k_s}^{\alpha_b}-\hat{h}_{k_s j,i}^{\alpha_b})\\
&=-\sum_{k_s}\sum_{ij}\sum_{\alpha_{t+1}}\frac{r}{r+t}\widehat{T_{(r-2,t+1)}}{}_{k_1\cdots ik_s;l_1\cdots l_s j}^{\alpha_1\cdots\alpha_t\alpha_{t+1}}\\
&\quad\times(\hat{h}_{k_s j,i}^{\alpha_{t+1}}+\bar{R}_{jk_s i}^{\alpha_{t+1}}-\delta_{ij}H_{,k_s}^{\alpha_{t+1}}+\delta_{jk_s}H_{,i}^{\alpha_{t+1}})\\
&\quad-\sum_{k_s}\sum_{b=1}^{t}\sum_{ij}\frac{1}{r+t}\widehat{T_{(r,t-1)}}{}_{k_1\cdots ik_s;l_1\cdots l_s j}^{\alpha_1\cdots\hat{\alpha}_b\cdots\alpha_t}(\hat{h}_{k_s j,i}^{\alpha_b}\\
&\quad+\bar{R}_{jk_s i}^{\alpha_b}-\delta_{ij}H_{,k_s}^{\alpha_b}+\delta_{jk_s}H_{,i}^{\alpha_b})\\
&=-\sum_{k_s}\sum_{ij}\sum_{\alpha_{t+1}}\frac{r}{r+t}\widehat{T_{(r-2,t+1)}}{}_{k_1\cdots k_s i;l_1\cdots l_s j}^{\alpha_1\cdots\alpha_t\alpha_{t+1}}\hat{h}_{ij,k_s}^{\alpha_{t+1}}\\
&\quad-\sum_{k_s}\sum_{b=1}^{t}\sum_{ij}\frac{1}{r+t}\widehat{T_{(r,t-1)}}{}_{k_1\cdots k_s i;l_1\cdots l_s j}^{\alpha_1\cdots\hat{\alpha}_b\cdots\alpha_t}\hat{h}_{ij,k_s}^{\alpha_b}\\
&\quad+\sum_{k_s}\sum_{ij}\sum_{\alpha_{t+1}}\frac{r}{r+t}\widehat{T_{(r-2,t+1)}}{}_{k_1\cdots k_s i;l_1\cdots l_s j}^{\alpha_1\cdots\alpha_t\alpha_{t+1}}\bar{R}_{jk_s i}^{\alpha_{t+1}}\\
&\quad+\sum_{k_s}\sum_{b=1}^{t}\sum_{ij}\frac{1}{r+t}\widehat{T_{(r,t-1)}}{}_{k_1\cdots k_s i;l_1\cdots l_s j}^{\alpha_1\cdots\hat{\alpha}_b\cdots\alpha_t}\bar{R}_{jk_s i}^{\alpha_b}\\
&\quad-\sum_{k_s\alpha_{t+1}}\frac{2r(n+1-r-t-s)}{r+t}\widehat{T_{(r-2,t+1)}}{}_{k_1\cdots k_s;l_1\cdots l_s}^{\alpha_1\cdots\alpha_t\alpha_{t+1}}H_{,k_s}^{\alpha_{t+1}}\\
&\quad-\sum_{k_s}\sum_{b=1}^{t}\frac{2(n+1-r-t-s)}{r+t}\widehat{T_{(r,t-1)}}{}_{k_1\cdots k_s;l_1\cdots l_s}^{\alpha_1\cdots\hat{\alpha}_b\cdots\alpha_t}H_{,k_s}^{\alpha_b}
\end{aligned}$$

$$
\begin{aligned}
&= -\sum_{k_s} T_{(r,t)}{}^{\alpha_1\cdots\alpha_t}_{k_1\cdots k_s;l_1\cdots l_s,k_s} \\
&\quad + \sum_{k_s}\sum_{ij}\sum_{\alpha_{t+1}} \frac{r}{r+t}\widehat{T_{(r-2,t+1)}}{}^{\alpha_1\cdots\alpha_t\alpha_{t+1}}_{k_1\cdots k_s i;l_1\cdots l_s j}\bar{R}^{\alpha_{t+1}}_{jk_si} \\
&\quad + \sum_{k_s}\sum_{b=1}^{t}\sum_{ij} \frac{1}{r+t}\widehat{T_{(r,t-1)}}{}^{\alpha_1\cdots\hat{\alpha}_b\cdots\alpha_t}_{k_1\cdots k_s i;l_1\cdots l_s j}\bar{R}^{\alpha_b}_{jk_si} \\
&\quad - \sum_{k_s\alpha_{t+1}} \frac{2r(n+1-r-t-s)}{r+t}\widehat{T_{(r-2,t+1)}}{}^{\alpha_1\cdots\alpha_t\alpha_{t+1}}_{k_1\cdots k_s;l_1\cdots l_s}H^{\alpha_{t+1}}_{,k_s} \\
&\quad - \sum_{k_s}\sum_{b=1}^{t} \frac{2(n+1-r-t-s)}{r+t}\widehat{T_{(r,t-1)}}{}^{\alpha_1\cdots\hat{\alpha}_b\cdots\alpha_t}_{k_1\cdots k_s;l_1\cdots l_s}H^{\alpha_b}_{,k_s}.
\end{aligned}
$$

$$
\begin{aligned}
&\sum_{k_s}\widehat{T_{(r,t)}}{}^{\alpha_1\cdots\alpha_t}_{k_1\cdots k_s;l_1\cdots l_s,k_s} \\
&= \frac{1}{2}\Big(\sum_{k_s}\sum_{ij}\sum_{\alpha_{t+1}} \frac{r}{r+t}\widehat{T_{(r-2,t+1)}}{}^{\alpha_1\cdots\alpha_t\alpha_{t+1}}_{k_1\cdots k_s i;l_1\cdots\,..l_s j}\bar{R}^{\alpha_{t+1}}_{jk_si} \\
&\quad + \sum_{k_s}\sum_{b=1}^{t}\sum_{ij} \frac{1}{r+t}\widehat{T_{(r,t-1)}}{}^{\alpha_1\cdots\hat{\alpha}_b\cdots\alpha_t}_{k_1\cdots k_s i;l_1\cdots l_s j}\bar{R}^{\alpha_b}_{jk_si}\Big) \\
&\quad - \sum_{k_s\alpha_{t+1}} \frac{r(n+1-r-t-s)}{r+t}\widehat{T_{(r-2,t+1)}}{}^{\alpha_1\cdots\alpha_t\alpha_{t+1}}_{k_1\cdots k_s;l_1\cdots l_s}H^{\alpha_{t+1}}_{,k_s} \\
&\quad - \sum_{k_s}\sum_{b=1}^{t} \frac{(n+1-r-t-s)}{r+t}\widehat{T_{(r,t-1)}}{}^{\alpha_1\cdots\hat{\alpha}_b\cdots\alpha_t}_{k_1\cdots k_s;l_1\cdots l_s}H^{\alpha_b}_{,k_s}.
\end{aligned}
$$

□

特别地，对于$N = R^{n+p}(c)$，有

$$\bar{R}_{ABCD} = -c(\delta_{AC}\delta_{BD} - \delta_{AD}\delta_{BC}),\quad \bar{R}^{\alpha}_{ijk} = 0.$$

推论 4.3 (散度为零性质) 设$x: M^n \to R^{n+p}(c)$是空间形式中的子流形，有

$$\sum_{k_s} T_{(r,t)}{}^{\alpha_1\cdots\alpha_t}_{k_1\cdots k_s;l_1\cdots l_s,k_s} = 0, \tag{4.36}$$

$$
\begin{aligned}
&\sum_{k_s}\widehat{T_{(r,t)}}{}^{\alpha_1\cdots\alpha_t}_{k_1\cdots k_s;l_1\cdots l_s,k_s} \\
&\quad = -\sum_{k_s\alpha_{t+1}} \frac{r(n+1-r-t-s)}{r+t}\widehat{T_{(r-2,t+1)}}{}^{\alpha_1\cdots\alpha_t\alpha_{t+1}}_{k_1\cdots k_s;l_1\cdots l_s}H^{\alpha_{t+1}}_{,k_s} \\
&\qquad - \sum_{k_s}\sum_{b=1}^{t} \frac{(n+1-r-t-s)}{r+t}\widehat{T_{(r,t-1)}}{}^{\alpha_1\cdots\hat{\alpha}_b\cdots\alpha_t}_{k_1\cdots k_s;l_1\cdots l_s}H^{\alpha_b}_{,k_s}.
\end{aligned} \tag{4.37}
$$

推论 4.4 (散度为零性质) 设$x: M^n \to R^{n+p}(c)$是空间形式中的具有平行

平均曲率的子流形 ($D\vec{H}=0$)，有

$$\sum_{k_s} T_{(r,t)}{}^{\alpha_1\cdots\alpha_t}_{k_1\cdots k_s;l_1\cdots l_s,k_s}=0,\quad \sum_{k_s}\widehat{T_{(r,t)}}{}^{\alpha_1\cdots\alpha_t}_{k_1\cdots k_s;l_1\cdots l_s,k_s}=0.$$

命题 4.6 (展开性质) 设$x: M^n\to N^{n+p}$是子流形，有

$$\begin{aligned}
T_{(r,t)}{}^{\alpha_1\cdots\alpha_t}_{k_1\cdots k_s i;l_1\cdots l_s j}=&\delta^i_j T_{(r,t)}{}^{\alpha_1\cdots\alpha_t}_{k_1\cdots k_s;l_1\cdots l_s}\\
&-\sum_{p,\alpha_{t+1}}\frac{r}{(r+t)}T_{(r-2,t+1)}{}^{\alpha_1\cdots\alpha_t\alpha_{t+1}}_{k_1\cdots k_s i;l_1\cdots l_s p}h^{\alpha_{t+1}}_{pj}\\
&-\sum_{b=1}^{t}\sum_{p}\frac{1}{r+t}T_{(r,t-1)}{}^{\alpha_1\cdots\hat{\alpha}_b\cdots\alpha_t}_{k_1\cdots k_s i;l_1\cdots l_s p}h^{\alpha_b}_{pj}\\
&-\sum_{c=1}^{s}T_{(r,t)}{}^{\alpha_1\cdots\alpha_t}_{k_1\cdots\hat{k}_c\cdots k_s i;l_1\cdots\hat{l}_c\cdots l_s l_c}\delta^{k_c}_j\\
=&\delta^i_j T_{(r,t)}{}^{\alpha_1\cdots\alpha_t}_{k_1\cdots k_s;l_1\cdots l_s}\\
&-\sum_{p,\alpha_{t+1}}\frac{r}{(r+t)}T_{(r-2,t+1)}{}^{\alpha_1\cdots\alpha_t\alpha_{t+1}}_{k_1\cdots k_s p;l_1\cdots l_s j}h^{\alpha_{t+1}}_{pi}\\
&-\sum_{b=1}^{t}\sum_{p}\frac{1}{r+t}T_{(r,t-1)}{}^{\alpha_1\cdots\hat{\alpha}_b\cdots\alpha_t}_{k_1\cdots k_s p;l_1\cdots l_s j}h^{\alpha_b}_{pi}\\
&-\sum_{c=1}^{s}T_{(r,t)}{}^{\alpha_1\cdots\alpha_t}_{k_1\cdots\hat{k}_c\cdots k_s k_c;l_1\cdots\hat{l}_c\cdots l_s j}\delta^{i}_{l_c},
\end{aligned}\tag{4.38}$$

$$\begin{aligned}
\widehat{T_{(r,t)}}{}^{\alpha_1\cdots\alpha_t}_{k_1\cdots k_s i;l_1\cdots l_s j}=&\delta^i_j \widehat{T_{(r,t)}}{}^{\alpha_1\cdots\alpha_t}_{k_1\cdots k_s;l_1\cdots l_s}\\
&-\sum_{p,\alpha_{t+1}}\frac{r}{(r+t)}\widehat{T_{(r-2,t+1)}}{}^{\alpha_1\cdots\alpha_t\alpha_{t+1}}_{k_1\cdots k_s i;l_1\cdots l_s p}\hat{h}^{\alpha_{t+1}}_{pj}\\
&-\sum_{b=1}^{t}\sum_{p}\frac{1}{r+t}\widehat{T_{(r,t-1)}}{}^{\alpha_1\cdots\hat{\alpha}_b\cdots\alpha_t}_{k_1\cdots k_s i;l_1\cdots l_s p}\hat{h}^{\alpha_b}_{pj}\\
&-\sum_{c=1}^{s}\widehat{T_{(r,t)}}{}^{\alpha_1\cdots\alpha_t}_{k_1\cdots\hat{k}_c\cdots k_s i;l_1\cdots\hat{l}_c\cdots l_s l_c}\delta^{k_c}_j\\
=&\delta^i_j \widehat{T_{(r,t)}}{}^{\alpha_1\cdots\alpha_t}_{k_1\cdots k_s;l_1\cdots l_s}\\
&-\sum_{p,\alpha_{t+1}}\frac{r}{(r+t)}\widehat{T_{(r-2,t+1)}}{}^{\alpha_1\cdots\alpha_t\alpha_{t+1}}_{k_1\cdots k_s p;l_1\cdots l_s j}\hat{h}^{\alpha_{t+1}}_{pi}\\
&-\sum_{b=1}^{t}\sum_{p}\frac{1}{r+t}\widehat{T_{(r,t-1)}}{}^{\alpha_1\cdots\hat{\alpha}_b\cdots\alpha_t}_{k_1\cdots k_s p;l_1\cdots l_s j}\hat{h}^{\alpha_b}_{pi}\\
&-\sum_{c=1}^{s}\widehat{T_{(r,t)}}{}^{\alpha_1\cdots\alpha_t}_{k_1\cdots\hat{k}_c\cdots k_s k_c;l_1\cdots\hat{l}_c\cdots l_s j}\delta^{i}_{l_c}.
\end{aligned}\tag{4.39}$$

证明 我们只需要广义Kronecker符号的展开性质。由引理4.1有

$$\delta^{i_1\cdots i_r p_1\cdots p_t k_1\cdots k_s i}_{j_1\cdots j_r q_1\cdots q_t l_1\cdots l_s j} = \delta^i_j \delta^{i_1\cdots i_r p_1\cdots p_t k_1\cdots k_s}_{j_1\cdots j_r q_1\cdots q_t l_1\cdots l_s} - \sum_{a=1}^{r} \delta^{\cdots \hat{i}_a \cdots p_1\cdots p_t k_1\cdots k_s i}_{\cdots \hat{j}_a\cdots q_1\cdots q_t l_1\cdots l_s j_a} \delta^{i_a}_j$$
$$- \sum_{b=1}^{t} \delta^{i_1\cdots i_r \cdots \hat{p}_b \cdots k_1\cdots k_s i}_{j_1\cdots j_r\cdots \hat{q}_b\cdots l_1\cdots l_s q_b} \delta^{p_b}_j - \sum_{c=1}^{s} \delta^{i_1\cdots i_r p_1\cdots p_t \cdots \hat{k}_c\cdots i}_{j_1\cdots j_r q_1\cdots q_t\cdots \hat{l}_c\cdots l_c} \delta^{k_c}_j,$$

$$\begin{aligned}
&T_{(r,t)}{}^{\alpha_1\cdots\alpha_t}_{k_1\cdots k_s i; l_1\cdots l_s j} \\
=&\frac{1}{(r+t)!}\delta^{i_1\cdots i_r p_1\cdots p_t k_1\cdots k_s}_{j_1\cdots j_r q_1\cdots q_t l_1\cdots l_s}\langle B_{i_1j_1}, B_{i_2j_2}\rangle\cdots \\
&\times\langle B_{i_{r-1}j_{r-1}}, B_{i_rj_r}\rangle(h^{\alpha_1}_{p_1q_1}\cdots h^{\alpha_t}_{p_tq_t}) \\
=&\frac{1}{(r+t)!}\Big[\delta^i_j\delta^{i_1\cdots i_r p_1\cdots p_t k_1\cdots k_s}_{j_1\cdots j_r q_1\cdots q_t l_1\cdots l_s} - \sum_{a=1}^{r}\delta^{\cdots\hat{i}_a\cdots p_1\cdots p_t k_1\cdots k_s i}_{\cdots\hat{j}_a\cdots q_1\cdots q_t l_1\cdots l_s j_a}\delta^{i_a}_j \\
&-\sum_{b=1}^{t}\delta^{i_1\cdots i_r\cdots\hat{p}_b\cdots k_1\cdots k_s i}_{j_1\cdots j_r\cdots\hat{q}_b\cdots l_1\cdots l_s q_b}\delta^{p_b}_j - \sum_{c=1}^{s}\delta^{i_1\cdots i_r p_1\cdots p_t\cdots\hat{k}_c\cdots i}_{j_1\cdots j_r q_1\cdots q_t\cdots\hat{l}_c\cdots l_c}\delta^{k_c}_j\Big] \\
&\times\langle B_{i_1j_1}, B_{i_2j_2}\rangle\cdots\langle B_{i_{r-1}j_{r-1}}, B_{i_rj_r}\rangle(h^{\alpha_1}_{p_1q_1}\cdots h^{\alpha_t}_{p_tq_t}) \\
=&\delta^i_j T_{(r,t)}{}^{\alpha_1\cdots\alpha_t}_{k_1\cdots k_s; l_1\cdots l_s} \\
&-\frac{r}{(r+t)}\frac{1}{(r-t-1)!}\delta^{i_1\cdots i_{r-2}i_{r-1}p_1\cdots p_t k_1\cdots k_s i}_{j_1\cdots j_{r-2}j_{r-1}q_1\cdots q_t l_1\cdots l_s j_r}\delta^{i_r}_j\langle B_{i_1j_1}, B_{i_2j_2}\rangle \\
&\times\cdots\langle B_{i_{r-3}j_{r-3}}, B_{i_{r-2}j_{r-2}}\rangle\sum_{\alpha_{t+1}} h^{\alpha_{t+1}}_{i_{r-1}j_{r-1}} h^{\alpha_{t+1}}_{i_rj_r}(h^{\alpha_1}_{p_1q_1}\cdots h^{\alpha_t}_{p_tq_t}) \\
&-\frac{1}{r+t}\frac{1}{(r-t-1)!}\sum_{b=1}^{t}\delta^{i_1\cdots i_r\cdots\hat{p}_b\cdots k_1\cdots k_s i}_{j_1\cdots j_r\cdots\hat{q}_b\cdots l_1\cdots l_s q_b}\delta^{p_b}_j \\
&\times\langle B_{i_1j_1}, B_{i_2j_2}\rangle\cdots\langle B_{i_{r-1}j_{r-1}}, B_{i_rj_r}\rangle(h^{\alpha_1}_{p_1q_1}\cdots h^{\alpha_t}_{p_tq_t}) \\
&-\sum_{c=1}^{s} T_{(r,t)}{}^{\alpha_1\cdots\alpha_t}_{k_1\cdots\hat{k}_c\cdots k_s i; l_1\cdots\hat{l}_c\cdots l_s l_c}\delta^{k_c}_j \\
=&\delta^i_j T_{(r,t)}{}^{\alpha_1\cdots\alpha_t}_{k_1\cdots k_s; l_1\cdots l_s} - \sum_{p,\alpha_{t+1}}\frac{r}{(r+t)}T_{(r-2,t+1)}{}^{\alpha_1\cdots\alpha_t\alpha_{t+1}}_{k_1\cdots k_s i; l_1\cdots l_s p}h^{\alpha_{t+1}}_{pj} \\
&-\sum_{b=1}^{t}\sum_{p}\frac{1}{r+t}T_{(r,t-1)}{}^{\alpha_1\cdots\hat{\alpha}_b\cdots\alpha_t}_{k_1\cdots k_s i; l_1\cdots l_s p}h^{\alpha_b}_{pj} \\
&-\sum_{c=1}^{s} T_{(r,t)}{}^{\alpha_1\cdots\alpha_t}_{k_1\cdots\hat{k}_c\cdots k_s i; l_1\cdots\hat{l}_c\cdots l_s l_c}\delta^{k_c}_j.
\end{aligned}$$

□

特别地，当 r 是偶数和 $t=0$, $s=1$ 时，有

推论 4.5 [8] 设$x: M^n \to N^{n+p}$是子流形，当 r 是偶数时，则有

$$T_{(r)}{}^{i}_{j} = \delta^i_j S_r - \sum_{p,\alpha} T_{(r-1)}{}^{\alpha}_{ip} h^{\alpha}_{pj},$$

$$\widehat{T_{(r)}}_{ij} = \delta_{ij} \hat{S}_r - \sum_{p,\alpha} \widehat{T_{(r-1)}}{}^{\alpha}_{ip} \hat{h}^{\alpha}_{pj}.$$

特别地，当 r 是偶数和$t = 1$, $s = 1$时，有

推论 4.6 设$x: M^n \to N^{n+p}$是子流形，当 r 是偶数时，则有

$$T_{(r,1)}{}^{\alpha}_{ij} = \delta_{ij} S^{\alpha}_{r+1} - \frac{r}{r+1} \sum_{p,\beta} T_{(r-2,2)}{}^{\alpha\beta}_{i;p} h^{\beta}_{pj} - \frac{1}{r+1} \sum_{p} T_{(r)ip} h^{\alpha}_{pj}, \tag{4.40}$$

$$\widehat{T_{(r,1)}}{}^{\alpha}_{ij} = \delta_{ij} \hat{S}^{\alpha}_{r+1} - \frac{r}{r+1} \sum_{p,\beta} \widehat{T_{(r-2,2)}}{}^{\alpha\beta}_{i;p} \hat{h}^{\beta}_{pj} - \frac{1}{r+1} \sum_{p} \widehat{T_{(r)}}_{ip} \hat{h}^{\alpha}_{pj}. \tag{4.41}$$

命题 4.7 (变分性质) 设$x: M^n \to N^{n+p}$是子流形，$V = V^i e_i + V^\alpha e_\alpha$ 是变分向量场，则有

- 一般Newton变换

$$\begin{aligned}
\frac{\mathrm{d}}{\mathrm{d}t} T_{(r,t)}{}^{\alpha_1\cdots\alpha_t}_{k_1\cdots k_s;l_1\cdots l_s} = & \sum_{ij} \Big[\sum_{\beta} \frac{r}{(r+t)} T_{(r-2,t+1)}{}^{\alpha_1\cdots\alpha_t\beta}_{k_1\cdots k_s i;l_1\cdots l_s j} V^{\beta} \\
& + \sum_{b=1}^{t} \frac{1}{(r+t)} T_{(r,t-1)}{}^{\alpha_1\cdots\hat{\alpha}_b\cdots\alpha_t}_{k_1\cdots k_s i;l_1\cdots l_s j} V^{\alpha_b} \Big]_{,ij} \\
& - \sum_{ij} \Big[\frac{r}{(r+t)} T_{(r-2,t+1)}{}^{\alpha_1\cdots\alpha_t\beta}_{k_1\cdots k_s i;l_1\cdots l_s j,i} V^{\beta} \\
& + \sum_{b=1}^{t} \frac{1}{(r+t)} T_{(r,t-1)}{}^{\alpha_1\cdots\hat{\alpha}_b\cdots\alpha_t}_{k_1\cdots k_s i;l_1\cdots l_s j,i} V^{\alpha_b} \Big]_{,j} \\
& - \sum_{ij} \Big[\frac{r}{(r+t)} T_{(r-2,t+1)}{}^{\alpha_1\cdots\alpha_t\beta}_{k_1\cdots k_s i;l_1\cdots l_s j,j} V^{\beta} \\
& + \sum_{b=1}^{t} \frac{1}{(r+t)} T_{(r,t-1)}{}^{\alpha_1\cdots\hat{\alpha}_b\cdots\alpha_t}_{k_1\cdots k_s i;l_1\cdots l_s j,j} V^{\alpha_b} \Big]_{,i} \\
& + \sum_{ij} \Big[\frac{r}{(r+t)} T_{(r-2,t+1)}{}^{\alpha_1\cdots\alpha_t\beta}_{k_1\cdots k_s i;l_1\cdots l_s j,ji} V^{\beta} \\
& + \sum_{b=1}^{t} \frac{1}{(r+t)} T_{(r,t-1)}{}^{\alpha_1\cdots\hat{\alpha}_b\cdots\alpha_t}_{k_1\cdots k_s i;l_1\cdots l_s j,ji} V^{\alpha_b} \Big] \\
& + \sum_{p} T_{(r,t)}{}^{\alpha_1\cdots\alpha_t}_{k_1\cdots k_s;l_1\cdots l_s,p} V^{p} \\
& - \sum_{c=1}^{s} \sum_{i} T_{(r,t)}{}^{\alpha_1\cdots\alpha_t}_{k_1\cdots\hat{k}_c\cdots k_s i;l_1\cdots\hat{l}_c\cdots l_s l_c} L^{k_c}_{i} \\
& - \sum_{c=1}^{s} \sum_{j} T_{(r,t)}{}^{\alpha_1\cdots\alpha_t}_{k_1\cdots\hat{k}_c\cdots k_s k_c;l_1\cdots\hat{l}_c\cdots l_s j} L^{l_c}_{j}
\end{aligned}$$

$$
\begin{aligned}
&-\sum_{b=1}^{t}\sum_{\beta}T_{(r,t)}{}_{k_1\cdots k_s;l_1\cdots l_s}^{\alpha_1\cdots\hat{\alpha}_b\cdots\alpha_t\beta}L_{\beta}^{\alpha_b}\\
&+T_{(r,t)}{}_{k_1\cdots k_s;l_1\cdots l_s}^{\alpha_1\cdots\alpha_t}\langle\vec{S}_1,V\rangle\\
&-(r+t+1)\sum_{\beta}T_{(r,t+1)}{}_{k_1\cdots k_s;l_1\cdots l_s}^{\alpha_1\cdots\alpha_t\beta}V^{\beta}\\
&-\sum_{c=1}^{s}\sum_{j\beta}T_{(r,t)}{}_{k_1\cdots\hat{k}_c\cdots k_sk_c;l_1\cdots\hat{l}_c\cdots l_sj}^{\alpha_1\cdots\alpha_t}h_{jl_c}^{\beta}V^{\beta}\\
&-\sum_{ij\beta\gamma}\Big[\frac{r}{(r+t)}T_{(r-2,t+1)}{}_{k_1\cdots k_si;l_1\cdots l_sj}^{\alpha_1\cdots\alpha_t\beta}\bar{R}_{ij\gamma}^{\beta}V^{\gamma}\\
&+\sum_{b=1}^{t}\frac{1}{(r+t)}T_{(r,t-1)}{}_{k_1\cdots k_si;l_1\cdots l_sj}^{\alpha_1\cdots\hat{\alpha}_b\cdots\alpha_t}\bar{R}_{ij\gamma}^{\alpha_b}V^{\gamma}\Big].
\end{aligned}
\tag{4.42}
$$

- 迹零Newton变换

$$
\begin{aligned}
\frac{\mathrm{d}}{\mathrm{d}t}\widehat{T_{(r,t)}}{}_{k_1\cdots k_s;l_1\cdots l_s}^{\alpha_1\cdots\alpha_t}=&\sum_{ij}\Big[\sum_{\beta}\frac{r}{(r+t)}\widehat{T_{(r-2,t+1)}}{}_{k_1\cdots k_si;l_1\cdots l_sj}^{\alpha_1\cdots\alpha_t\beta}V^{\beta}\\
&+\sum_{b=1}^{t}\frac{1}{(r+t)}\widehat{T_{(r,t-1)}}{}_{k_1\cdots k_si;l_1\cdots l_sj}^{\alpha_1\cdots\hat{\alpha}_b\cdots\alpha_t}V^{\alpha_b}\Big]_{,ij}\\
&-\sum_{ij}\Big[\frac{r}{(r+t)}\widehat{T_{(r-2,t+1)}}{}_{k_1\cdots k_si;l_1\cdots l_sj,i}^{\alpha_1\cdots\alpha_t\beta}V^{\beta}\\
&+\sum_{b=1}^{t}\frac{1}{(r+t)}\widehat{T_{(r,t-1)}}{}_{k_1\cdots k_si;l_1\cdots l_sj,i}^{\alpha_1\cdots\hat{\alpha}_b\cdots\alpha_t}V^{\alpha_b}\Big]_{,j}\\
&-\sum_{ij}\Big[\frac{r}{(r+t)}\widehat{T_{(r-2,t+1)}}{}_{k_1\cdots k_si;l_1\cdots l_sj,j}^{\alpha_1\cdots\alpha_t\beta}V^{\beta}\\
&+\sum_{b=1}^{t}\frac{1}{(r+t)}\widehat{T_{(r,t-1)}}{}_{k_1\cdots k_si;l_1\cdots l_sj,j}^{\alpha_1\cdots\hat{\alpha}_b\cdots\alpha_t}V^{\alpha_b}\Big]_{,i}\\
&+\sum_{ij}\Big[\frac{r}{(r+t)}\widehat{T_{(r-2,t+1)}}{}_{k_1\cdots k_si;l_1\cdots l_sj,ji}^{\alpha_1\cdots\alpha_t\beta}V^{\beta}\\
&+\sum_{b=1}^{t}\frac{1}{(r+t)}\widehat{T_{(r,t-1)}}{}_{k_1\cdots k_si;l_1\cdots l_sj,ji}^{\alpha_1\cdots\hat{\alpha}_b\cdots\alpha_t}V^{\alpha_b}\Big]\\
&-\sum_{i}\Big[\frac{r(n+1-r-t-s)}{n(r+t)}\widehat{T_{(r-2,t+1)}}{}_{k_1\cdots k_s;l_1\cdots l_s}^{\alpha_1\cdots\alpha_t\beta}V^{\beta}\\
&+\sum_{b=1}^{t}\frac{(n+1-r-t-s)}{n(r+t)}\widehat{T_{(r,t-1)}}{}_{k_1\cdots k_s;l_1\cdots l_s}^{\alpha_1\cdots\hat{\alpha}_b\cdots\alpha_t}V^{\alpha_b}\Big]_{,ii}\\
&+\sum_{i}\Big[\frac{2r(n+1-r-t-s)}{n(r+t)}\widehat{T_{(r-2,t+1)}}{}_{k_1\cdots k_s;l_1\cdots l_s,i}^{\alpha_1\cdots\alpha_t\beta}V^{\beta}\\
&+\frac{2(n+1-r-t-s)}{n(r+t)}\widehat{T_{(r,t-1)}}{}_{k_1\cdots k_s;l_1\cdots l_s,i}^{\alpha_1\cdots\hat{\alpha}_b\cdots\alpha_t}V^{\alpha_b}\Big]_{,i}
\end{aligned}
$$

$$
\begin{aligned}
&-\sum_i\Big[\frac{r(n+1-r-t-s)}{n(r+t)}\widehat{T_{(r-2,t+1)}}{}^{\alpha_1\cdots\alpha_t\beta}_{k_1\cdots k_s;l_1\cdots l_s,ii}V^{\beta}\\
&+\frac{(n+1-r-t-s)}{n(r+t)}\widehat{T_{(r,t-1)}}{}^{\alpha_1\cdots\hat{\alpha}_b\cdots\alpha_t}_{k_1\cdots k_s;l_1\cdots l_s,ii}V^{\alpha_b}\Big]\\
&+\sum_p\widehat{T_{(r,t)}}{}^{\alpha_1\cdots\alpha_t}_{k_1\cdots k_s;l_1\cdots l_s,p}V^p\\
&-\sum_{c=1}^{s}\sum_i\widehat{T_{(r,t)}}{}^{\alpha_1\cdots\alpha_t}_{k_1\cdots\hat{k}_c\cdots k_s i;l_1\cdots\hat{l}_c\cdots l_s l_c}L^{k_c}_i\\
&-\sum_{c=1}^{s}\sum_j\widehat{T_{(r,t)}}{}^{\alpha_1\cdots\alpha_t}_{k_1\cdots\hat{k}_c\cdots k_s k_c;l_1\cdots\hat{l}_c\cdots l_s j}L^{l_c}_j\\
&-\sum_{b=1}^{t}\sum_\beta\widehat{T_{(r,t)}}{}^{\alpha_1\cdots\hat{\alpha}_b\cdots\alpha_t\beta}_{k_1\cdots k_s;l_1\cdots l_s}L^{\alpha_b}_{\beta}\\
&-\Big[(r+t+1)\sum_\beta\widehat{T_{(r,t+1)}}{}^{\alpha_1\cdots\alpha_t\beta}_{k_1\cdots k_s;l_1\cdots l_s}V^{\beta}\\
&+\sum_{c=1}^{s}\sum_{j\beta}\widehat{T_{(r,t)}}{}^{\alpha_1\cdots\alpha_t}_{k_1\cdots\hat{k}_c\cdots k_s k_c;l_1\cdots\hat{l}_c\cdots l_s j}\hat{h}^{\beta}_{jl_c}V^{\beta}\Big]\\
&+(r+t)\widehat{T_{(r,t)}}{}^{\alpha_1\cdots\alpha_t}_{k_1\cdots k_s;l_1\cdots l_s}\langle\vec{H},V\rangle\\
&+\Big[\frac{r}{(r+t)}\widehat{T_{(r-2,t+1)}}{}^{\alpha_1\cdots\alpha_t\beta}_{k_1\cdots k_s p;l_1\cdots l_s j}H^{\beta}\hat{h}^{\gamma}_{pj}V^{\gamma}\\
&+\sum_{b=1}^{t}\sum_{b=1}^{t}\frac{1}{(r+t)}\widehat{T_{(r,t-1)}}{}^{\alpha_1\cdots\hat{\alpha}_b\cdots\alpha_t}_{k_1\cdots k_s p;l_1\cdots l_s j}H^{\alpha_b}\hat{h}^{\gamma}_{pj}V^{\gamma}\Big]\\
&-\Big[\frac{r(n+1-r-t-s)}{n(r+t)}\widehat{T_{(r-2,t+1)}}{}^{\alpha_1\cdots\alpha_t\beta}_{k_1\cdots k_s;l_1\cdots l_s}\hat{\sigma}_{\beta\gamma}V^{\gamma}\\
&+\sum_{b=1}^{t}\frac{(n+1-r-t-s)}{n(r+t)}\widehat{T_{(r,t-1)}}{}^{\alpha_1\cdots\hat{\alpha}_b\cdots\alpha_t}_{k_1\cdots k_s;l_1\cdots l_s}\hat{\sigma}_{\alpha_b\gamma}V^{\gamma}\Big]\\
&-\Big[\frac{r}{(r+t)}\widehat{T_{(r-2,t+1)}}{}^{\alpha_1\cdots\alpha_t\beta}_{k_1\cdots k_s i;l_1\cdots l_s j}\bar{R}^{\beta}_{ij\gamma}\\
&+\sum_{b=1}^{t}\frac{1}{(r+t)}\widehat{T_{(r,t-1)}}{}^{\alpha_1\cdots\hat{\alpha}_b\cdots\alpha_t}_{k_1\cdots k_s i;l_1\cdots l_s j}\bar{R}^{\alpha_b}_{ij\gamma}\Big]V^{\gamma}\\
&-\Big[\frac{r(n+1-r-t-s)}{n(r+t)}\widehat{T_{(r-2,t+1)}}{}^{\alpha_1\cdots\alpha_t\beta}_{k_1\cdots k_s;l_1\cdots l_s}\bar{R}^{\top}_{\beta\gamma}\\
&+\sum_{b=1}^{t}\frac{(n+1-r-t-s)}{n(r+t)}\widehat{T_{(r,t-1)}}{}^{\alpha_1\cdots\hat{\alpha}_b\cdots\alpha_t}_{k_1\cdots k_s;l_1\cdots l_s}\bar{R}^{\top}_{\alpha_b\gamma}\Big]V^{\gamma}. \qquad (4.43)
\end{aligned}
$$

证明 对于一般的Newton变换，由定义和定理3.3以及引理4.1，有

$$
\frac{\partial}{\partial t}T_{(r,t)}{}^{\alpha_1\cdots\alpha_t}_{k_1\cdots k_s;l_1\cdots l_s}
$$

$$
\begin{aligned}
&=\frac{r}{(r+t)}\frac{1}{(r-t-1)!}\delta^{i_1\cdots i_{r-2}i_{r-1}p_1\cdots p_t k_1\cdots k_s i_r}_{j_1\cdots j_{r-2}j_{r-1}q_1\cdots q_t l_1\cdots l_s j_r}\langle B_{i_1j_1},B_{i_2j_2}\rangle \\
&\quad\times\cdots\langle B_{i_{r-3}j_{r-3}},B_{i_{r-2}j_{r-2}}\rangle\sum_{\alpha_{t+1}}h^{\alpha_{t+1}}_{i_{r-1}j_{r-1}}\frac{\partial}{\partial t}(h^{\alpha_{t+1}}_{i_rj_r})(h^{\alpha_1}_{p_1q_1}\cdots h^{\alpha_t}_{p_tq_t}) \\
&\quad+\frac{1}{r+t}\frac{1}{(r-t-1)!}\sum_{b=1}^{t}\delta^{i_1\cdots i_r\cdots\hat{p}_b\cdots k_1\cdots k_s p_b}_{j_1\cdots j_r\cdots\hat{q}_b\cdots l_1\cdots l_s q_b}\langle B_{i_1j_1},B_{i_2j_2}\rangle \\
&\quad\times\cdots\langle B_{i_{r-1}j_{r-1}},B_{i_rj_r}\rangle(h^{\alpha_1}_{p_1q_1}\cdots\frac{\partial}{\partial t}(h^{\alpha_b}_{p_bq_b})\cdots h^{\alpha_t}_{p_tq_t}) \\
&=\frac{r}{(r+t)}T_{(r-2,t+1)}{}^{\alpha_1\cdots\alpha_t\beta}_{k_1\cdots k_s i;l_1\cdots l_s j}\frac{\partial}{\partial t}h^{\beta}_{ij} \\
&\quad+\sum_{b=1}^{t}\frac{1}{(r+t)}T_{(r,t-1)}{}^{\alpha_1\cdots\hat{\alpha}_b\cdots\alpha_t}_{k_1\cdots k_s i;l_1\cdots l_s j}\frac{\partial}{\partial t}h^{\alpha_b}_{ij} \\
&=(K1)\Big[\frac{r}{(r+t)}T_{(r-2,t+1)}{}^{\alpha_1\cdots\alpha_t\beta}_{k_1\cdots k_s i;l_1\cdots l_s j}V^{\beta}_{,ij} \\
&\quad+\sum_{b=1}^{t}\frac{1}{(r+t)}T_{(r,t-1)}{}^{\alpha_1\cdots\hat{\alpha}_b\cdots\alpha_t}_{k_1\cdots k_s i;l_1\cdots l_s j}V^{\alpha_b}_{,ij}\Big] \\
&\quad+(K2)\Big[\frac{r}{(r+t)}T_{(r-2,t+1)}{}^{\alpha_1\cdots\alpha_t\beta}_{k_1\cdots k_s i;l_1\cdots l_s j}h^{\beta}_{ij,p}V^{p} \\
&\quad+\sum_{b=1}^{t}\frac{1}{(r+t)}T_{(r,t-1)}{}^{\alpha_1\cdots\hat{\alpha}_b\cdots\alpha_t}_{k_1\cdots k_s i;l_1\cdots l_s j}h^{\alpha_b}_{ij,p}V^{p}\Big] \\
&\quad+(K3)\Big[\frac{r}{(r+t)}T_{(r-2,t+1)}{}^{\alpha_1\cdots\alpha_t\beta}_{k_1\cdots k_s i;l_1\cdots l_s p}h^{\beta}_{pj}L^{j}_{i} \\
&\quad+\sum_{b=1}^{t}\frac{1}{(r+t)}T_{(r,t-1)}{}^{\alpha_1\cdots\hat{\alpha}_b\cdots\alpha_t}_{k_1\cdots k_s i;l_1\cdots l_s p}h^{\alpha_b}_{pj}L^{j}_{i}\Big] \\
&\quad+(K4)\Big[\frac{r}{(r+t)}T_{(r-2,t+1)}{}^{\alpha_1\cdots\alpha_t\beta}_{k_1\cdots k_s p;l_1\cdots l_s j}h^{\beta}_{pi}L^{i}_{j} \\
&\quad+\sum_{b=1}^{t}\frac{1}{(r+t)}T_{(r,t-1)}{}^{\alpha_1\cdots\hat{\alpha}_b\cdots\alpha_t}_{k_1\cdots k_s p;l_1\cdots l_s j}h^{\alpha_b}_{pi}L^{i}_{j}\Big] \\
&\quad-(K5)\Big[\frac{r}{(r+t)}T_{(r-2,t+1)}{}^{\alpha_1\cdots\alpha_t\beta}_{k_1\cdots k_s i;l_1\cdots l_s j}h^{\gamma}_{ij}L^{\beta}_{\gamma} \\
&\quad+\sum_{b=1}^{t}\frac{1}{(r+t)}T_{(r,t-1)}{}^{\alpha_1\cdots\hat{\alpha}_b\cdots\alpha_t}_{k_1\cdots k_s i;l_1\cdots l_s j}h^{\gamma}_{ij}L^{\alpha_b}_{\gamma}\Big] \\
&\quad+(K6)\Big[\frac{r}{(r+t)}T_{(r-2,t+1)}{}^{\alpha_1\cdots\alpha_t\beta}_{k_1\cdots k_s p;l_1\cdots l_s j}h^{\beta}_{ip}h^{\gamma}_{ij}V^{\gamma} \\
&\quad+\sum_{b=1}^{t}\frac{1}{(r+t)}T_{(r,t-1)}{}^{\alpha_1\cdots\hat{\alpha}_b\cdots\alpha_t}_{k_1\cdots k_s p;l_1\cdots l_s j}h^{\alpha_b}_{ip}h^{\gamma}_{ij}V^{\gamma}\Big] \\
&\quad-(K7)\Big[\frac{r}{(r+t)}T_{(r-2,t+1)}{}^{\alpha_1\cdots\alpha_t\beta}_{k_1\cdots k_s i;l_1\cdots l_s j}\bar{R}^{\beta}_{ij\gamma}V^{\gamma}
\end{aligned}
$$

$$+\sum_{b=1}^{t}\frac{1}{(r+t)}T_{(r,t-1)}{}^{\alpha_1\cdots\hat{\alpha}_b\cdots\alpha_t}_{k_1\cdots k_s i;l_1\cdots l_s j}\bar{R}^{\alpha_b}_{ij\gamma}V^{\gamma}\Big].$$

下面逐项计算符号替代的部分公式:

对于$(K1)$，由命题4.5(散度性质)，有

$$\begin{aligned}(K1)=&\Big[\frac{r}{(r+t)}T_{(r-2,t+1)}{}^{\alpha_1\cdots\alpha_t\beta}_{k_1\cdots k_s i;l_1\cdots l_s j}V^{\beta}_{,ij}\\&+\sum_{b=1}^{t}\frac{1}{(r+t)}T_{(r,t-1)}{}^{\alpha_1\cdots\hat{\alpha}_b\cdots\alpha_t}_{k_1\cdots k_s i;l_1\cdots l_s j}V^{\alpha_b}_{,ij}\Big]\\=&\sum_{ij}\Big[\sum_{\beta}\frac{r}{(r+t)}T_{(r-2,t+1)}{}^{\alpha_1\cdots\alpha_t\beta}_{k_1\cdots k_s i;l_1\cdots l_s j}V^{\beta}\\&+\sum_{b=1}^{t}\frac{1}{(r+t)}T_{(r,t-1)}{}^{\alpha_1\cdots\hat{\alpha}_b\cdots\alpha_t}_{k_1\cdots k_s i;l_1\cdots l_s j}V^{\alpha_b}\Big]_{,ij}\\&-\sum_{ij}\Big[\frac{r}{(r+t)}T_{(r-2,t+1)}{}^{\alpha_1\cdots\alpha_t\beta}_{k_1\cdots k_s i;l_1\cdots l_s j,i}V^{\beta}\\&+\sum_{b=1}^{t}\frac{1}{(r+t)}T_{(r,t-1)}{}^{\alpha_1\cdots\hat{\alpha}_b\cdots\alpha_t}_{k_1\cdots k_s i;l_1\cdots l_s j,i}V^{\alpha_b}\Big]_{,j}\\&-\sum_{ij}\Big[\frac{r}{(r+t)}T_{(r-2,t+1)}{}^{\alpha_1\cdots\alpha_t\beta}_{k_1\cdots k_s i;l_1\cdots l_s j,j}V^{\beta}\\&+\sum_{b=1}^{t}\frac{1}{(r+t)}T_{(r,t-1)}{}^{\alpha_1\cdots\hat{\alpha}_b\cdots\alpha_t}_{k_1\cdots k_s i;l_1\cdots l_s j,j}V^{\alpha_b}\Big]_{,i}\\&+\sum_{ij}\Big[\frac{r}{(r+t)}T_{(r-2,t+1)}{}^{\alpha_1\cdots\alpha_t\beta}_{k_1\cdots k_s i;l_1\cdots l_s j,ji}V^{\beta}\\&+\sum_{b=1}^{t}\frac{1}{(r+t)}T_{(r,t-1)}{}^{\alpha_1\cdots\hat{\alpha}_b\cdots\alpha_t}_{k_1\cdots k_s i;l_1\cdots l_s j,ji}V^{\alpha_b}\Big].\end{aligned}$$

对于$(K2)$，由命题4.4(协变导数性质)有

$$\begin{aligned}(K2)=&\Big[\frac{r}{(r+t)}T_{(r-2,t+1)}{}^{\alpha_1\cdots\alpha_t\beta}_{k_1\cdots k_s i;l_1\cdots l_s j}h^{\beta}_{ij,p}V^{p}\\&+\sum_{b=1}^{t}\frac{1}{(r+t)}T_{(r,t-1)}{}^{\alpha_1\cdots\hat{\alpha}_b\cdots\alpha_t}_{k_1\cdots k_s i;l_1\cdots l_s j}h^{\alpha_b}_{ij,p}V^{p}\Big]\\=&\sum_{p}T_{(r,t)}{}^{\alpha_1\cdots\alpha_t}_{k_1\cdots k_s;l_1\cdots l_s,p}V^{p}.\end{aligned}$$

对于$(K3)$，由命题4.6(展开性质)有

$$\begin{aligned}(K3)=&\Big[\frac{r}{(r+t)}T_{(r-2,t+1)}{}^{\alpha_1\cdots\alpha_t\beta}_{k_1\cdots k_s i;l_1\cdots l_s p}h^{\beta}_{pj}\\&+\sum_{b=1}^{t}\frac{1}{(r+t)}T_{(r,t-1)}{}^{\alpha_1\cdots\hat{\alpha}_b\cdots\alpha_t}_{k_1\cdots k_s i;l_1\cdots l_s p}h^{\alpha_b}_{pj}\Big]L^{j}_{i}\end{aligned}$$

$$
\begin{aligned}
&=\Big[\delta^i_j T_{(r,t)}{}^{\alpha_1\cdots\alpha_t}_{k_1\cdots k_s;l_1\cdots l_s} - T_{(r,t)}{}^{\alpha_1\cdots\alpha_t}_{k_1\cdots k_s i;l_1\cdots l_s j}\\
&\quad -\sum_{c=1}^{s} T_{(r,t)}{}^{\alpha_1\cdots\alpha_t}_{k_1\cdots\hat{k}_c\cdots k_s i;l_1\cdots\hat{l}_c\cdots l_s l_c}\delta^{k_c}_j\Big]L^j_i\\
&=-\sum_{ij} T_{(r,t)}{}^{\alpha_1\cdots\alpha_t}_{k_1\cdots k_s i;l_1\cdots l_s j}L^j_i\\
&\quad -\sum_{c=1}^{s}\sum_{i} T_{(r,t)}{}^{\alpha_1\cdots\alpha_t}_{k_1\cdots\hat{k}_c\cdots k_s i;l_1\cdots\hat{l}_c\cdots l_s l_c}L^{k_c}_i.
\end{aligned}
$$

对于$(K4)$， 由命题4.6(展开性质) 有

$$
\begin{aligned}
(K4) &=\Big[\frac{r}{(r+t)}T_{(r-2,t+1)}{}^{\alpha_1\cdots\alpha_t\beta}_{k_1\cdots k_s p;l_1\cdots l_s j}h^{\beta}_{pi}\\
&\quad +\sum_{b=1}^{t}\frac{1}{(r+t)}T_{(r,t-1)}{}^{\alpha_1\cdots\hat{\alpha}_b\cdots\alpha_t}_{k_1\cdots k_s p;l_1\cdots l_s j}h^{\alpha_b}_{pi}\Big]L^i_j\\
&=\Big[\delta^i_j T_{(r,t)}{}^{\alpha_1\cdots\alpha_t}_{k_1\cdots k_s;l_1\cdots l_s} - T_{(r,t)}{}^{\alpha_1\cdots\alpha_t}_{k_1\cdots k_s i;l_1\cdots l_s j}\\
&\quad -\sum_{c=1}^{s} T_{(r,t)}{}^{\alpha_1\cdots\alpha_t}_{k_1\cdots\hat{k}_c\cdots k_s k_c;l_1\cdots\hat{l}_c\cdots l_s j}\Big]L^i_j\\
&=-\sum_{ij} T_{(r,t)}{}^{\alpha_1\cdots\alpha_t}_{k_1\cdots k_s i;l_1\cdots l_s j}L^i_j\\
&\quad -\sum_{c=1}^{s}\sum_{j} T_{(r,t)}{}^{\alpha_1\cdots\alpha_t}_{k_1\cdots\hat{k}_c\cdots k_s k_c;l_1\cdots\hat{l}_c\cdots l_s j}L^{l_c}_j.
\end{aligned}
$$

对于$(K3)+(K4)$， 由L^i_j的反对称性有

$$
\begin{aligned}
(K3)+(K4) &= -\sum_{ij} T_{(r,t)}{}^{\alpha_1\cdots\alpha_t}_{k_1\cdots k_s i;l_1\cdots l_s j}L^j_i\\
&\quad -\sum_{c=1}^{s}\sum_{i} T_{(r,t)}{}^{\alpha_1\cdots\alpha_t}_{k_1\cdots\hat{k}_c\cdots k_s i;l_1\cdots\hat{l}_c\cdots l_s l_c}L^{k_c}_i\\
&\quad -\sum_{ij} T_{(r,t)}{}^{\alpha_1\cdots\alpha_t}_{k_1\cdots k_s i;l_1\cdots l_s j}L^i_j\\
&\quad -\sum_{c=1}^{s}\sum_{j} T_{(r,t)}{}^{\alpha_1\cdots\alpha_t}_{k_1\cdots\hat{k}_c\cdots k_s k_c;l_1\cdots\hat{l}_c\cdots l_s j}L^{l_c}_j\\
&= -\sum_{c=1}^{s}\sum_{i} T_{(r,t)}{}^{\alpha_1\cdots\alpha_t}_{k_1\cdots\hat{k}_c\cdots k_s i;l_1\cdots\hat{l}_c\cdots l_s l_c}L^{k_c}_i\\
&\quad -\sum_{c=1}^{s}\sum_{j} T_{(r,t)}{}^{\alpha_1\cdots\alpha_t}_{k_1\cdots\hat{k}_c\cdots k_s k_c;l_1\cdots\hat{l}_c\cdots l_s j}L^{l_c}_j.
\end{aligned}
$$

对于$(K5)$，由定义和对称性及反对称性有

$$
(K5) =\Big[\frac{r}{(r+t)}T_{(r-2,t+1)}{}^{\alpha_1\cdots\alpha_t\beta}_{k_1\cdots k_s i;l_1\cdots l_s j}h^{\gamma}_{ij}L^{\beta}_{\gamma}
$$

$$+\sum_{b=1}^{t}\frac{1}{(r+t)}T_{(r,t-1)}{}^{\alpha_1\cdots\hat{\alpha}_b\cdots\alpha_t}_{k_1\cdots k_s i;l_1\cdots l_s j}h^{\gamma}_{ij}L^{\alpha_b}_{\gamma}\Big]$$

$$=rT_{(r-2,t+2)}{}^{\alpha_1\cdots\alpha_t\beta\gamma}_{k_1\cdots k_s;l_1\cdots l_s}L^{\beta}_{\gamma}$$

$$+\sum_{b=1}^{t}T_{(r,t)}{}^{\alpha_1\cdots\hat{\alpha}_b\cdots\alpha_t\beta}_{k_1\cdots k_s;l_1\cdots l_s}L^{\alpha_b}_{\beta}$$

$$=\sum_{b=1}^{t}\sum_{\beta}T_{(r,t)}{}^{\alpha_1\cdots\hat{\alpha}_b\cdots\alpha_t\beta}_{k_1\cdots k_s;l_1\cdots l_s}L^{\alpha_b}_{\beta}.$$

对于$(K6)$，由命题4.6(展开性质)有

$$(K6)=\Big[\frac{r}{(r+t)}T_{(r-2,t+1)}{}^{\alpha_1\cdots\alpha_t\beta}_{k_1\cdots k_s p;l_1\cdots l_s j}h^{\beta}_{pi}$$

$$+\sum_{b=1}^{t}\frac{1}{(r+t)}T_{(r,t-1)}{}^{\alpha_1\cdots\hat{\alpha}_b\cdots\alpha_t}_{k_1\cdots k_s p;l_1\cdots l_s j}h^{\alpha_b}_{pi}\Big]h^{\gamma}_{ij}V^{\gamma}$$

$$=\Big[\delta^i_j T_{(r,t)}{}^{\alpha_1\cdots\alpha_t}_{k_1\cdots k_s;l_1\cdots l_s}-T_{(r,t)}{}^{\alpha_1\cdots\alpha_t}_{k_1\cdots k_s i;l_1\cdots l_s j}$$

$$-\sum_{c=1}^{s}T_{(r,t)}{}^{\alpha_1\cdots\alpha_t}_{k_1\cdots\hat{k}_c\cdots k_s k_c;l_1\cdots\hat{l}_c\cdots l_s j}\delta^{l_c}_i\Big]h^{\gamma}_{ij}V^{\gamma}$$

$$=T_{(r,t)}{}^{\alpha_1\cdots\alpha_t}_{k_1\cdots k_s;l_1\cdots l_s}\langle\vec{S}_1,V\rangle$$

$$-T_{(r,t)}{}^{\alpha_1\cdots\alpha_t}_{k_1\cdots k_s i;l_1\cdots l_s j}h^{\beta}_{ij}V^{\beta}$$

$$-\sum_{c=1}^{s}\sum_{j}T_{(r,t)}{}^{\alpha_1\cdots\alpha_t}_{k_1\cdots\hat{k}_c\cdots k_s k_c;l_1\cdots\hat{l}_c\cdots l_s j}h^{\gamma}_{jl_c}V^{\gamma}$$

$$=T_{(r,t)}{}^{\alpha_1\cdots\alpha_t}_{k_1\cdots k_s;l_1\cdots l_s}\langle\vec{S}_1,V\rangle$$

$$-(r+t+1)\sum_{\beta}T_{(r,t+1)}{}^{\alpha_1\cdots\alpha_t\beta}_{k_1\cdots k_s;l_1\cdots l_s}V^{\beta}$$

$$-\sum_{c=1}^{s}\sum_{j\beta}T_{(r,t)}{}^{\alpha_1\cdots\alpha_t}_{k_1\cdots\hat{k}_c\cdots k_s k_c;l_1\cdots\hat{l}_c\cdots l_s j}h^{\beta}_{jl_c}V^{\beta}.$$

对于$(K7)$，保持不变。综上所述，得到

$$\frac{\mathrm{d}}{\mathrm{d}t}T_{(r,t)}{}^{\alpha_1\cdots\alpha_t}_{k_1\cdots k_s;l_1\cdots l_s}=\sum_{ij}\Big[\sum_{\beta}\frac{r}{(r+t)}T_{(r-2,t+1)}{}^{\alpha_1\cdots\alpha_t\beta}_{k_1\cdots k_s i;l_1\cdots l_s j}V^{\beta}$$

$$+\sum_{b=1}^{t}\frac{1}{(r+t)}T_{(r,t-1)}{}^{\alpha_1\cdots\hat{\alpha}_b\cdots\alpha_t}_{k_1\cdots k_s i;l_1\cdots l_s j}V^{\alpha_b}\Big]_{,ij}$$

$$-\sum_{ij}\Big[\frac{r}{(r+t)}T_{(r-2,t+1)}{}^{\alpha_1\cdots\alpha_t\beta}_{k_1\cdots k_s i;l_1\cdots l_s j,i}V^{\beta}$$

$$+\sum_{b=1}^{t}\frac{1}{(r+t)}T_{(r,t-1)}{}^{\alpha_1\cdots\hat{\alpha}_b\cdots\alpha_t}_{k_1\cdots k_s i;l_1\cdots l_s j,i}V^{\alpha_b}\Big]_{,j}$$

$$
\begin{aligned}
&-\sum_{ij}\Big[\frac{r}{(r+t)}T_{(r-2,t+1)}{}^{\alpha_1\cdots\alpha_t\beta}_{k_1\cdots k_s i;l_1\cdots l_s j,j}V^{\beta}\\
&+\sum_{b=1}^{t}\frac{1}{(r+t)}T_{(r,t-1)}{}^{\alpha_1\cdots\hat{\alpha}_b\cdots\alpha_t}_{k_1\cdots k_s i;l_1\cdots l_s j,j}V^{\alpha_b}\Big]_{,i}\\
&+\sum_{ij}\Big[\frac{r}{(r+t)}T_{(r-2,t+1)}{}^{\alpha_1\cdots\alpha_t\beta}_{k_1\cdots k_s i;l_1\cdots l_s j,ji}V^{\beta}\\
&+\sum_{b=1}^{t}\frac{1}{(r+t)}T_{(r,t-1)}{}^{\alpha_1\cdots\hat{\alpha}_b\cdots\alpha_t}_{k_1\cdots k_s i;l_1\cdots l_s j,ji}V^{\alpha_b}\Big]\\
&+\sum_{p}T_{(r,t)}{}^{\alpha_1\cdots\alpha_t}_{k_1\cdots k_s;l_1\cdots l_s,p}V^{p}\\
&-\sum_{c=1}^{s}\sum_{i}T_{(r,t)}{}^{\alpha_1\cdots\alpha_t}_{k_1\cdots\hat{k}_c\cdots k_s i;l_1\cdots\hat{l}_c\cdots l_s l_c}L_i^{k_c}\\
&-\sum_{c=1}^{s}\sum_{j}T_{(r,t)}{}^{\alpha_1\cdots\alpha_t}_{k_1\cdots\hat{k}_c\cdots k_s k_c;l_1\cdots\hat{l}_c\cdots l_s j}L_j^{l_c}\\
&-\sum_{b=1}^{t}\sum_{\beta}T_{(r,t)}{}^{\alpha_1\cdots\hat{\alpha}_b\cdots\alpha_t\beta}_{k_1\cdots k_s;l_1\cdots l_s}L_{\beta}^{\alpha_b}\\
&+T_{(r,t)}{}^{\alpha_1\cdots\alpha_t}_{k_1\cdots k_s;l_1\cdots l_s}\langle\vec{S}_1,V\rangle\\
&-(r+t+1)\sum_{\beta}T_{(r,t+1)}{}^{\alpha_1\cdots\alpha_t\beta}_{k_1\cdots k_s;l_1\cdots l_s}V^{\beta}\\
&-\sum_{c=1}^{s}\sum_{j\beta}T_{(r,t)}{}^{\alpha_1\cdots\alpha_t}_{k_1\cdots\hat{k}_c\cdots k_s k_c;l_1\cdots\hat{l}_c\cdots l_s j}h^{\beta}_{jl_c}V^{\beta}\\
&-\sum_{ij\beta\gamma}\Big[\frac{r}{(r+t)}T_{(r-2,t+1)}{}^{\alpha_1\cdots\alpha_t\beta}_{k_1\cdots k_s i;l_1\cdots l_s j}\bar{R}^{\beta}_{ij\gamma}V^{\gamma}\\
&+\sum_{b=1}^{t}\frac{1}{(r+t)}T_{(r,t-1)}{}^{\alpha_1\cdots\hat{\alpha}_b\cdots\alpha_t}_{k_1\cdots k_s i;l_1\cdots l_s j}\bar{R}^{\alpha_b}_{ij\gamma}V^{\gamma}\Big].
\end{aligned}
$$

对于迹零的Newton变换，由定义和定理3.3以及引理4.1，有

$$
\begin{aligned}
&\frac{\partial}{\partial t}\widehat{T_{(r,t)}}{}^{\alpha_1\cdots\alpha_t}_{k_1\cdots k_s;l_1\cdots l_s}\\
=&\frac{r}{(r+t)}\frac{1}{(r-t-1)!}\delta^{i_1\cdots i_{r-2}i_{r-1}p_1\cdots p_t k_1\cdots k_s i_r}_{j_1\cdots j_{r-2}j_{r-1}q_1\cdots q_t l_1\cdots l_s j_r}\langle\hat{B}_{i_1j_1},\hat{B}_{i_2j_2}\rangle\\
&\times\cdots\langle\hat{B}_{i_{r-3}j_{r-3}},\hat{B}_{i_{r-2}j_{r-2}}\rangle\sum_{\alpha_{t+1}}\hat{h}^{\alpha_{t+1}}_{i_{r-1}j_{r-1}}\frac{\partial}{\partial t}(\hat{h}^{\alpha_{t+1}}_{i_rj_r})(h^{\alpha_1}_{p_1q_1}\cdots h^{\alpha_t}_{p_tq_t})\\
&+\frac{1}{r+t}\frac{1}{(r-t-1)!}\sum_{b=1}^{t}\delta^{i_1\cdots i_r\cdots\hat{p}_b\cdots k_1\cdots k_s p_b}_{j_1\cdots j_r\cdots\hat{q}_b\cdots l_1\cdots l_s q_b}\langle\hat{B}_{i_1j_1},\hat{B}_{i_2j_2}\rangle\\
&\times\cdots\langle\hat{B}_{i_{r-1}j_{r-1}},\hat{B}_{i_rj_r}\rangle(\hat{h}^{\alpha_1}_{p_1q_1}\cdots\frac{\partial}{\partial t}(\hat{h}^{\alpha_b}_{p_bq_b})\cdots\hat{h}^{\alpha_t}_{p_tq_t})
\end{aligned}
$$

$$=\frac{r}{(r+t)}\widehat{T_{(r-2,t+1)}}{}^{\alpha_1\cdots\alpha_t\beta}_{k_1\cdots k_s i;l_1\cdots l_s j}\frac{\partial}{\partial t}\hat{h}^{\beta}_{ij}$$

$$+\sum_{b=1}^{t}\frac{1}{(r+t)}\widehat{T_{(r,t-1)}}{}^{\alpha_1\cdots\hat{\alpha}_b\cdots\alpha_t}_{k_1\cdots k_s i;l_1\cdots l_s j}\frac{\partial}{\partial t}\hat{h}^{\alpha_b}_{ij}$$

$$=(K8)\Big[\frac{r}{(r+t)}\widehat{T_{(r-2,t+1)}}{}^{\alpha_1\cdots\alpha_t\beta}_{k_1\cdots k_s i;l_1\cdots l_s j}(V^{\beta}_{,ij}-\frac{1}{n}\delta_{ij}\Delta V^{\beta})$$

$$+\sum_{b=1}^{t}\frac{1}{(r+t)}\widehat{T_{(r,t-1)}}{}^{\alpha_1\cdots\hat{\alpha}_b\cdots\alpha_t}_{k_1\cdots k_s i;l_1\cdots l_s j}(V^{\alpha_b}_{,ij}-\frac{1}{n}\delta_{ij}\Delta V^{\alpha_b})\Big]$$

$$+(K9)\Big[\frac{r}{(r+t)}\widehat{T_{(r-2,t+1)}}{}^{\alpha_1\cdots\alpha_t\beta}_{k_1\cdots k_s i;l_1\cdots l_s j}\hat{h}^{\beta}_{ij,p}V^{p}$$

$$+\sum_{b=1}^{t}\frac{1}{(r+t)}\widehat{T_{(r,t-1)}}{}^{\alpha_1\cdots\hat{\alpha}_b\cdots\alpha_t}_{k_1\cdots k_s i;l_1\cdots l_s j}\hat{h}^{\alpha_b}_{ij,p}V^{p}\Big]$$

$$+(K10)\Big[\frac{r}{(r+t)}\widehat{T_{(r-2,t+1)}}{}^{\alpha_1\cdots\alpha_t\beta}_{k_1\cdots k_s i;l_1\cdots l_s p}\hat{h}^{\beta}_{pj}L^{j}_{i}$$

$$+\sum_{b=1}^{t}\frac{1}{(r+t)}\widehat{T_{(r,t-1)}}{}^{\alpha_1\cdots\hat{\alpha}_b\cdots\alpha_t}_{k_1\cdots k_s i;l_1\cdots l_s p}\hat{h}^{\alpha_b}_{pj}L^{j}_{i}\Big]$$

$$+(K11)\Big[\frac{r}{(r+t)}\widehat{T_{(r-2,t+1)}}{}^{\alpha_1\cdots\alpha_t\beta}_{k_1\cdots k_s p;l_1\cdots l_s j}\hat{h}^{\beta}_{pi}L^{i}_{j}$$

$$+\sum_{b=1}^{t}\frac{1}{(r+t)}\widehat{T_{(r,t-1)}}{}^{\alpha_1\cdots\hat{\alpha}_b\cdots\alpha_t}_{k_1\cdots k_s p;l_1\cdots l_s j}\hat{h}^{\alpha_b}_{pi}L^{i}_{j}\Big]$$

$$-(K12)\Big[\frac{r}{(r+t)}\widehat{T_{(r-2,t+1)}}{}^{\alpha_1\cdots\alpha_t\beta}_{k_1\cdots k_s i;l_1\cdots l_s j}\hat{h}^{\gamma}_{ij}L^{\beta}_{\gamma}$$

$$+\sum_{b=1}^{t}\frac{1}{(r+t)}\widehat{T_{(r,t-1)}}{}^{\alpha_1\cdots\hat{\alpha}_b\cdots\alpha_t}_{k_1\cdots k_s i;l_1\cdots l_s j}\hat{h}^{\gamma}_{ij}L^{\alpha_b}_{\gamma}\Big]$$

$$+(K13)\Big[\frac{r}{(r+t)}\widehat{T_{(r-2,t+1)}}{}^{\alpha_1\cdots\alpha_t\beta}_{k_1\cdots k_s p;l_1\cdots l_s j}$$

$$\times(\hat{h}^{\beta}_{ip}\hat{h}^{\gamma}_{ij}+\hat{h}^{\beta}_{pj}H^{\gamma}+H^{\beta}\hat{h}^{\gamma}_{pj}-\frac{1}{n}\delta_{pj}\hat{\sigma}_{\beta\gamma})V^{\gamma}$$

$$+\sum_{b=1}^{t}\frac{1}{(r+t)}\widehat{T_{(r,t-1)}}{}^{\alpha_1\cdots\hat{\alpha}_b\cdots\alpha_t}_{k_1\cdots k_s p;l_1\cdots l_s j}$$

$$\times(\hat{h}^{\alpha_b}_{ip}\hat{h}^{\gamma}_{ij}+\hat{h}^{\alpha_b}_{pj}H^{\gamma}+H^{\alpha_b}\hat{h}^{\gamma}_{pj}-\frac{1}{n}\delta_{pj}\hat{\sigma}_{\alpha_b\gamma})V^{\gamma}\Big]$$

$$-(K14)\Big[\frac{r}{(r+t)}\widehat{T_{(r-2,t+1)}}{}^{\alpha_1\cdots\alpha_t\beta}_{k_1\cdots k_s i;l_1\cdots l_s j}(\bar{R}^{\beta}_{ij\gamma}+\frac{1}{n}\delta_{ij}\bar{R}^{\top}_{\beta\gamma})V^{\gamma}$$

$$+\sum_{b=1}^{t}\frac{1}{(r+t)}\widehat{T_{(r,t-1)}}{}^{\alpha_1\cdots\hat{\alpha}_b\cdots\alpha_t}_{k_1\cdots k_s i;l_1\cdots l_s j}(\bar{R}^{\alpha_b}_{ij\gamma}+\frac{1}{n}\delta_{ij}\bar{R}^{\top}_{\alpha_b\gamma})V^{\gamma}\Big].$$

我们逐项计算上式中的符号替代部分:

对于$(K8)$，有

$$
\begin{aligned}
(K8) =& \Big[\frac{r}{(r+t)} T\widehat{_{(r-2,t+1)}}{}^{\alpha_1\cdots\alpha_t\beta}_{k_1\cdots k_s i;l_1\cdots l_s j}(V^{\beta}_{,ij} - \frac{1}{n}\delta_{ij}\Delta V^{\beta}) \\
&+ \sum_{b=1}^{t} \frac{1}{(r+t)} T\widehat{_{(r,t-1)}}{}^{\alpha_1\cdots\hat{\alpha}_b\cdots\alpha_t}_{k_1\cdots k_s i;l_1\cdots l_s j}(V^{\alpha_b}_{,ij} - \frac{1}{n}\delta_{ij}\Delta V^{\alpha_b})\Big] \\
=& \sum_{ij} \Big[\sum_{\beta} \frac{r}{(r+t)} T\widehat{_{(r-2,t+1)}}{}^{\alpha_1\cdots\alpha_t\beta}_{k_1\cdots k_s i;l_1\cdots l_s j} V^{\beta} \\
&+ \sum_{b=1}^{t} \frac{1}{(r+t)} T\widehat{_{(r,t-1)}}{}^{\alpha_1\cdots\hat{\alpha}_b\cdots\alpha_t}_{k_1\cdots k_s i;l_1\cdots l_s j} V^{\alpha_b}\Big]_{,ij} \\
&- \sum_{ij} \Big[\frac{r}{(r+t)} T\widehat{_{(r-2,t+1)}}{}^{\alpha_1\cdots\alpha_t\beta}_{k_1\cdots k_s i;l_1\cdots l_s j,i} V^{\beta} \\
&+ \sum_{b=1}^{t} \frac{1}{(r+t)} T\widehat{_{(r,t-1)}}{}^{\alpha_1\cdots\hat{\alpha}_b\cdots\alpha_t}_{k_1\cdots k_s i;l_1\cdots l_s j,i} V^{\alpha_b}\Big]_{,j} \\
&- \sum_{ij} \Big[\frac{r}{(r+t)} T\widehat{_{(r-2,t+1)}}{}^{\alpha_1\cdots\alpha_t\beta}_{k_1\cdots k_s i;l_1\cdots l_s j,j} V^{\beta} \\
&+ \sum_{b=1}^{t} \frac{1}{(r+t)} T\widehat{_{(r,t-1)}}{}^{\alpha_1\cdots\hat{\alpha}_b\cdots\alpha_t}_{k_1\cdots k_s i;l_1\cdots l_s j,j} V^{\alpha_b}\Big]_{,i} \\
&+ \sum_{ij} \Big[\frac{r}{(r+t)} T\widehat{_{(r-2,t+1)}}{}^{\alpha_1\cdots\alpha_t\beta}_{k_1\cdots k_s i;l_1\cdots l_s j,ji} V^{\beta} \\
&+ \sum_{b=1}^{t} \frac{1}{(r+t)} T\widehat{_{(r,t-1)}}{}^{\alpha_1\cdots\hat{\alpha}_b\cdots\alpha_t}_{k_1\cdots k_s i;l_1\cdots l_s j,ji} V^{\alpha_b}\Big] \\
&- \sum_{i} \Big[\frac{r(n+1-r-t-s)}{n(r+t)} T\widehat{_{(r-2,t+1)}}{}^{\alpha_1\cdots\alpha_t\beta}_{k_1\cdots k_s;l_1\cdots l_s} V^{\beta} \\
&+ \sum_{b=1}^{t} \frac{(n+1-r-t-s)}{n(r+t)} T\widehat{_{(r,t-1)}}{}^{\alpha_1\cdots\hat{\alpha}_b\cdots\alpha_t}_{k_1\cdots k_s;l_1\cdots l_s} V^{\alpha_b}\Big]_{,ii} \\
&+ \sum_{i} \Big[\frac{2r(n+1-r-t-s)}{n(r+t)} T\widehat{_{(r-2,t+1)}}{}^{\alpha_1\cdots\alpha_t\beta}_{k_1\cdots k_s;l_1\cdots l_s,i} V^{\beta} \\
&+ \frac{2(n+1-r-t-s)}{n(r+t)} T\widehat{_{(r,t-1)}}{}^{\alpha_1\cdots\hat{\alpha}_b\cdots\alpha_t}_{k_1\cdots k_s;l_1\cdots l_s,i} V^{\alpha_b}\Big]_{,i} \\
&- \sum_{i} \Big[\frac{r(n+1-r-t-s)}{n(r+t)} T\widehat{_{(r-2,t+1)}}{}^{\alpha_1\cdots\alpha_t\beta}_{k_1\cdots k_s;l_1\cdots l_s,ii} V^{\beta} \\
&+ \frac{(n+1-r-t-s)}{n(r+t)} T\widehat{_{(r,t-1)}}{}^{\alpha_1\cdots\hat{\alpha}_b\cdots\alpha_t}_{k_1\cdots k_s;l_1\cdots l_s,ii} V^{\alpha_b}\Big].
\end{aligned}
$$

对于$(K9)$，由命题4.4(协变导数性质)，有

$$
(K9) = \Big[\frac{r}{(r+t)} T\widehat{_{(r-2,t+1)}}{}^{\alpha_1\cdots\alpha_t\beta}_{k_1\cdots k_s i;l_1\cdots l_s j} \hat{h}^{\beta}_{ij,p} V^{p}
$$

$$+\sum_{b=1}^{t}\frac{1}{(r+t)}\widehat{T_{(r,t-1)}}{}^{\alpha_1\cdots\hat{\alpha}_b\cdots\alpha_t}_{k_1\cdots k_s i;l_1\cdots l_s j}\hat{h}^{\alpha_b}_{ij,p}V^p\Big]$$

$$=\sum_p\widehat{T_{(r,t)}}{}^{\alpha_1\cdots\alpha_t}_{k_1\cdots k_s;l_1\cdots l_s,p}V^p.$$

对于$(K10)$，由命题4.6(展开性质)，有

$$\begin{aligned}(K10)=&\Big[\frac{r}{(r+t)}\widehat{T_{(r-2,t+1)}}{}^{\alpha_1\cdots\alpha_t\beta}_{k_1\cdots k_s i;l_1\cdots l_s p}\hat{h}^{\beta}_{pj}\\&+\sum_{b=1}^{t}\frac{1}{(r+t)}\widehat{T_{(r,t-1)}}{}^{\alpha_1\cdots\hat{\alpha}_b\cdots\alpha_t}_{k_1\cdots k_s i;l_1\cdots l_s p}\hat{h}^{\alpha_b}_{pj}\Big]L^j_i\\=&\Big[\delta^i_j\widehat{T_{(r,t)}}{}^{\alpha_1\cdots\alpha_t}_{k_1\cdots k_s;l_1\cdots l_s}-\widehat{T_{(r,t)}}{}^{\alpha_1\cdots\alpha_t}_{k_1\cdots k_s i;l_1\cdots l_s j}\\&-\sum_{c=1}^{s}\widehat{T_{(r,t)}}{}^{\alpha_1\cdots\alpha_t}_{k_1\cdots\hat{k}_c\cdots k_s i;l_1\cdots\hat{l}_c\cdots l_s l_c}\delta^{k_c}_j\Big]L^j_i\\=&-\sum_{ij}\widehat{T_{(r,t)}}{}^{\alpha_1\cdots\alpha_t}_{k_1\cdots k_s i;l_1\cdots l_s j}L^j_i\\&-\sum_{c=1}^{s}\sum_i\widehat{T_{(r,t)}}{}^{\alpha_1\cdots\alpha_t}_{k_1\cdots\hat{k}_c\cdots k_s i;l_1\cdots\hat{l}_c\cdots l_s l_c}L^{k_c}_i.\end{aligned}$$

对于$(K11)$，由命题4.6(展开性质)，有

$$\begin{aligned}(K11)=&\Big[\frac{r}{(r+t)}\widehat{T_{(r-2,t+1)}}{}^{\alpha_1\cdots\alpha_t\beta}_{k_1\cdots k_s p;l_1\cdots l_s j}\hat{h}^{\beta}_{pi}\\&+\sum_{b=1}^{t}\frac{1}{(r+t)}\widehat{T_{(r,t-1)}}{}^{\alpha_1\cdots\hat{\alpha}_b\cdots\alpha_t}_{k_1\cdots k_s p;l_1\cdots l_s j}\hat{h}^{\alpha_b}_{pi}\Big]L^i_j\\=&\Big[\delta^i_j\widehat{T_{(r,t)}}{}^{\alpha_1\cdots\alpha_t}_{k_1\cdots k_s;l_1\cdots l_s}-\widehat{T_{(r,t)}}{}^{\alpha_1\cdots\alpha_t}_{k_1\cdots k_s i;l_1\cdots l_s j}\\&-\sum_{c=1}^{s}\widehat{T_{(r,t)}}{}^{\alpha_1\cdots\alpha_t}_{k_1\cdots\hat{k}_c\cdots k_s k_c;l_1\cdots\hat{l}_c\cdots l_s j}\Big]L^i_j\\=&-\sum_{ij}\widehat{T_{(r,t)}}{}^{\alpha_1\cdots\alpha_t}_{k_1\cdots k_s i;l_1\cdots l_s j}L^i_j\\&-\sum_{c=1}^{s}\sum_j\widehat{T_{(r,t)}}{}^{\alpha_1\cdots\alpha_t}_{k_1\cdots\hat{k}_c\cdots k_s k_c;l_1\cdots\hat{l}_c\cdots l_s j}L^{l_c}_j.\end{aligned}$$

对于$(K10)+(K11)$，由L^i_j的反对称性，有

$$\begin{aligned}(K10)+(K11)=&-\sum_{ij}\widehat{T_{(r,t)}}{}^{\alpha_1\cdots\alpha_t}_{k_1\cdots k_s i;l_1\cdots l_s j}L^j_i\\&-\sum_{c=1}^{s}\sum_i\widehat{T_{(r,t)}}{}^{\alpha_1\cdots\alpha_t}_{k_1\cdots\hat{k}_c\cdots k_s i;l_1\cdots\hat{l}_c\cdots l_s l_c}L^{k_c}_i\\&-\sum_{ij}\widehat{T_{(r,t)}}{}^{\alpha_1\cdots\alpha_t}_{k_1\cdots k_s i;l_1\cdots l_s j}L^i_j\end{aligned}$$

$$
\begin{aligned}
&-\sum_{c=1}^{s}\sum_{j}\widehat{T_{(r,t)}}{}^{\alpha_1\cdots\alpha_t}_{k_1\cdots\hat{k}_c\cdots k_s k_c;l_1\cdots\hat{l}_c\cdots l_s j}L^{l_c}_{j}\\
=&-\sum_{c=1}^{s}\sum_{i}\widehat{T_{(r,t)}}{}^{\alpha_1\cdots\alpha_t}_{k_1\cdots\hat{k}_c\cdots k_s i;l_1\cdots\hat{l}_c\cdots l_s l_c}L^{k_c}_{i}\\
&-\sum_{c=1}^{s}\sum_{j}\widehat{T_{(r,t)}}{}^{\alpha_1\cdots\alpha_t}_{k_1\cdots\hat{k}_c\cdots k_s k_c;l_1\cdots\hat{l}_c\cdots l_s j}L^{l_c}_{j}.
\end{aligned}
$$

对于$(K12)$，由定义和对称性及反对称性，有

$$
\begin{aligned}
(K12)=&\Big[\frac{r}{(r+t)}T\widehat{{}_{(r-2,t+1)}}{}^{\alpha_1\cdots\alpha_t\beta}_{k_1\cdots k_s i;l_1\cdots l_s j}\hat{h}^{\gamma}_{ij}L^{\beta}_{\gamma}\\
&+\sum_{b=1}^{t}\frac{1}{(r+t)}\widehat{T_{(r,t-1)}}{}^{\alpha_1\cdots\hat{\alpha}_b\cdots\alpha_t}_{k_1\cdots k_s i;l_1\cdots l_s j}\hat{h}^{\gamma}_{ij}L^{\alpha_b}_{\gamma}\Big]\\
=&rT\widehat{{}_{(r-2,t+2)}}{}^{\alpha_1\cdots\alpha_t\beta\gamma}_{k_1\cdots k_s;l_1\cdots l_s}L^{\beta}_{\gamma}\\
&+\sum_{b=1}^{t}\widehat{T_{(r,t)}}{}^{\alpha_1\cdots\hat{\alpha}_b\cdots\alpha_t\beta}_{k_1\cdots k_s;l_1\cdots l_s}L^{\alpha_b}_{\beta}\\
=&\sum_{b=1}^{t}\sum_{\beta}\widehat{T_{(r,t)}}{}^{\alpha_1\cdots\hat{\alpha}_b\cdots\alpha_t\beta}_{k_1\cdots k_s;l_1\cdots l_s}L^{\alpha_b}_{\beta}.
\end{aligned}
$$

对于$(K13)$， 由命题4.6(展开性质) 有

$$
\begin{aligned}
(K13)=&\frac{r}{(r+t)}T\widehat{{}_{(r-2,t+1)}}{}^{\alpha_1\cdots\alpha_t\beta}_{k_1\cdots k_s p;l_1\cdots l_s j}\\
&\times(\hat{h}^{\beta}_{ip}\hat{h}^{\gamma}_{ij}+\hat{h}^{\beta}_{pj}H^{\gamma}+H^{\beta}\hat{h}^{\gamma}_{pj}-\frac{1}{n}\delta_{pj}\hat{\sigma}_{\beta\gamma})V^{\gamma}\\
&+\sum_{b=1}^{t}\frac{1}{(r+t)}\widehat{T_{(r,t-1)}}{}^{\alpha_1\cdots\hat{\alpha}_b\cdots\alpha_t}_{k_1\cdots k_s p;l_1\cdots l_s j}\\
&\times(\hat{h}^{\alpha_b}_{ip}\hat{h}^{\gamma}_{ij}+\hat{h}^{\alpha_b}_{pj}H^{\gamma}+H^{\alpha_b}\hat{h}^{\gamma}_{pj}-\frac{1}{n}\delta_{pj}\hat{\sigma}_{\alpha_b\gamma})V^{\gamma}\\
=&\Big[\frac{r}{(r+t)}T\widehat{{}_{(r-2,t+1)}}{}^{\alpha_1\cdots\alpha_t\beta}_{k_1\cdots k_s p;l_1\cdots l_s j}\hat{h}^{\beta}_{ip}\\
&+\sum_{b=1}^{t}\sum_{b=1}^{t}\frac{1}{(r+t)}\widehat{T_{(r,t-1)}}{}^{\alpha_1\cdots\hat{\alpha}_b\cdots\alpha_t}_{k_1\cdots k_s p;l_1\cdots l_s j}\hat{h}^{\alpha_b}_{pi}\Big]\hat{h}^{\gamma}_{ij}V^{\gamma}\\
&+\Big[\frac{r}{(r+t)}T\widehat{{}_{(r-2,t+1)}}{}^{\alpha_1\cdots\alpha_t\beta}_{k_1\cdots k_s p;l_1\cdots l_s j}\hat{h}^{\beta}_{pj}\\
&+\sum_{b=1}^{t}\sum_{b=1}^{t}\frac{1}{(r+t)}\widehat{T_{(r,t-1)}}{}^{\alpha_1\cdots\hat{\alpha}_b\cdots\alpha_t}_{k_1\cdots k_s p;l_1\cdots l_s j}\hat{h}^{\alpha_b}_{pj}\Big]H^{\gamma}V^{\gamma}\\
&+\Big[\frac{r}{(r+t)}T\widehat{{}_{(r-2,t+1)}}{}^{\alpha_1\cdots\alpha_t\beta}_{k_1\cdots k_s p;l_1\cdots l_s j}H^{\beta}\hat{h}^{\gamma}_{pj}V^{\gamma}
\end{aligned}
$$

$$+\sum_{b=1}^{t}\sum_{b=1}^{t}\frac{1}{(r+t)}\widehat{T_{(r,t-1)}}{}_{k_1\cdots k_sp;l_1\cdots l_sj}^{\alpha_1\cdots\hat{\alpha}_b\cdots\alpha_t}H^{\alpha_b}\hat{h}_{pj}^{\gamma}V^{\gamma}\Big]$$

$$-\Big[\frac{r}{(r+t)}\widehat{T_{(r-2,t+1)}}{}_{k_1\cdots k_sp;l_1\cdots l_sj}^{\alpha_1\cdots\alpha_t\beta}\frac{1}{n}\delta_{pj}\hat{\sigma}_{\beta\gamma}V^{\gamma}$$

$$+\sum_{b=1}^{t}\frac{1}{(r+t)}\widehat{T_{(r,t-1)}}{}_{k_1\cdots k_sp;l_1\cdots l_sj}^{\alpha_1\cdots\hat{\alpha}_b\cdots\alpha_t}\frac{1}{n}\delta_{pj}\hat{\sigma}_{\alpha_b\gamma}V^{\gamma}\Big]$$

$$=-\Big[(r+t+1)\sum_{\beta}\widehat{T_{(r,t+1)}}{}_{k_1\cdots k_s;l_1\cdots l_s}^{\alpha_1\cdots\alpha_t\beta}V^{\beta}$$

$$+\sum_{c=1}^{s}\sum_{j\beta}\widehat{T_{(r,t)}}{}_{k_1\cdots\hat{k}_c\cdots k_sk_c;l_1\cdots\hat{l}_c\cdots l_sj}^{\alpha_1\cdots\alpha_t}\hat{h}_{jl_c}^{\beta}V^{\beta}\Big]$$

$$+(r+t)\widehat{T_{(r,t)}}{}_{k_1\cdots k_s;l_1\cdots l_s}^{\alpha_1\cdots\alpha_t}\langle\vec{H},V\rangle$$

$$+\Big[\frac{r}{(r+t)}\widehat{T_{(r-2,t+1)}}{}_{k_1\cdots k_sp;l_1\cdots l_sj}^{\alpha_1\cdots\alpha_t\beta}H^{\beta}\hat{h}_{pj}^{\gamma}V^{\gamma}$$

$$+\sum_{b=1}^{t}\sum_{b=1}^{t}\frac{1}{(r+t)}\widehat{T_{(r,t-1)}}{}_{k_1\cdots k_sp;l_1\cdots l_sj}^{\alpha_1\cdots\hat{\alpha}_b\cdots\alpha_t}H^{\alpha_b}\hat{h}_{pj}^{\gamma}V^{\gamma}\Big]$$

$$-\Big[\frac{r(n+1-r-t-s)}{n(r+t)}\widehat{T_{(r-2,t+1)}}{}_{k_1\cdots k_s;l_1\cdots l_s}^{\alpha_1\cdots\alpha_t\beta}\hat{\sigma}_{\beta\gamma}V^{\gamma}$$

$$+\sum_{b=1}^{t}\frac{(n+1-r-t-s)}{n(r+t)}\widehat{T_{(r,t-1)}}{}_{k_1\cdots k_sp;l_1\cdots l_sj}^{\alpha_1\cdots\hat{\alpha}_b\cdots\alpha_t}\hat{\sigma}_{\alpha_b\gamma}V^{\gamma}\Big].$$

对于$(K14)$，有

$$(K14)=\Big[\frac{r}{(r+t)}\widehat{T_{(r-2,t+1)}}{}_{k_1\cdots k_si;l_1\cdots l_sj}^{\alpha_1\cdots\alpha_t\beta}(\bar{R}_{ij\gamma}^{\beta}+\frac{1}{n}\delta_{ij}\bar{R}_{\beta\gamma}^{\top})V^{\gamma}$$

$$+\sum_{b=1}^{t}\frac{1}{(r+t)}\widehat{T_{(r,t-1)}}{}_{k_1\cdots k_si;l_1\cdots l_sj}^{\alpha_1\cdots\hat{\alpha}_b\cdots\alpha_t}(\bar{R}_{ij\gamma}^{\alpha_b}+\frac{1}{n}\delta_{ij}\bar{R}_{\alpha_b\gamma}^{\top})V^{\gamma}\Big]$$

$$=\Big[\frac{r}{(r+t)}\widehat{T_{(r-2,t+1)}}{}_{k_1\cdots k_si;l_1\cdots l_sj}^{\alpha_1\cdots\alpha_t\beta}\bar{R}_{ij\gamma}^{\beta}$$

$$+\sum_{b=1}^{t}\frac{1}{(r+t)}\widehat{T_{(r,t-1)}}{}_{k_1\cdots k_si;l_1\cdots l_sj}^{\alpha_1\cdots\hat{\alpha}_b\cdots\alpha_t}\bar{R}_{ij\gamma}^{\alpha_b}\Big]V^{\gamma}$$

$$+\Big[\frac{r(n+1-r-t-s)}{n(r+t)}\widehat{T_{(r-2,t+1)}}{}_{k_1\cdots k_s;l_1\cdots l_s}^{\alpha_1\cdots\alpha_t\beta}\bar{R}_{\beta\gamma}^{\top})$$

$$+\sum_{b=1}^{t}\frac{(n+1-r-t-s)}{n(r+t)}\widehat{T_{(r,t-1)}}{}_{k_1\cdots k_s;l_1\cdots l_s}^{\alpha_1\cdots\hat{\alpha}_b\cdots\alpha_t}\bar{R}_{\alpha_b\gamma}^{\top}\Big]V^{\gamma}.$$

综上所述，得到

$$\frac{\mathrm{d}}{\mathrm{d}t}\widehat{T_{(r,t)}}{}_{k_1\cdots k_s;l_1\cdots l_s}^{\alpha_1\cdots\alpha_t}$$

$$
\begin{aligned}
&= \sum_{ij}\Big[\sum_{\beta}\frac{r}{(r+t)}\widehat{T_{(r-2,t+1)}}{}^{\alpha_1\cdots\alpha_t\beta}_{k_1\cdots k_s i;l_1\cdots l_s j}V^{\beta} \\
&\quad+\sum_{b=1}^{t}\frac{1}{(r+t)}\widehat{T_{(r,t-1)}}{}^{\alpha_1\cdots\hat{\alpha}_b\cdots\alpha_t}_{k_1\cdots k_s i;l_1\cdots l_s j}V^{\alpha_b}\Big]_{,ij} \\
&\quad-\sum_{ij}\Big[\frac{r}{(r+t)}\widehat{T_{(r-2,t+1)}}{}^{\alpha_1\cdots\alpha_t\beta}_{k_1\cdots k_s i;l_1\cdots l_s j,i}V^{\beta} \\
&\quad+\sum_{b=1}^{t}\frac{1}{(r+t)}\widehat{T_{(r,t-1)}}{}^{\alpha_1\cdots\hat{\alpha}_b\cdots\alpha_t}_{k_1\cdots k_s i;l_1\cdots l_s j,i}V^{\alpha_b}\Big]_{,j} \\
&\quad-\sum_{ij}\Big[\frac{r}{(r+t)}\widehat{T_{(r-2,t+1)}}{}^{\alpha_1\cdots\alpha_t\beta}_{k_1\cdots k_s i;l_1\cdots l_s j,j}V^{\beta} \\
&\quad+\sum_{b=1}^{t}\frac{1}{(r+t)}\widehat{T_{(r,t-1)}}{}^{\alpha_1\cdots\hat{\alpha}_b\cdots\alpha_t}_{k_1\cdots k_s i;l_1\cdots l_s j,j}V^{\alpha_b}\Big]_{,i} \\
&\quad+\sum_{ij}\Big[\frac{r}{(r+t)}\widehat{T_{(r-2,t+1)}}{}^{\alpha_1\cdots\alpha_t\beta}_{k_1\cdots k_s i;l_1\cdots l_s j,ji}V^{\beta} \\
&\quad+\sum_{b=1}^{t}\frac{1}{(r+t)}\widehat{T_{(r,t-1)}}{}^{\alpha_1\cdots\hat{\alpha}_b\cdots\alpha_t}_{k_1\cdots k_s i;l_1\cdots l_s j,ji}V^{\alpha_b}\Big] \\
&\quad-\sum_{i}\Big[\frac{r(n+1-r-t-s)}{n(r+t)}\widehat{T_{(r-2,t+1)}}{}^{\alpha_1\cdots\alpha_t\beta}_{k_1\cdots k_s;l_1\cdots l_s}V^{\beta} \\
&\quad+\sum_{b=1}^{t}\frac{(n+1-r-t-s)}{n(r+t)}\widehat{T_{(r,t-1)}}{}^{\alpha_1\cdots\hat{\alpha}_b\cdots\alpha_t}_{k_1\cdots k_s;l_1\cdots l_s}V^{\alpha_b}\Big]_{,ii} \\
&\quad+\sum_{i}\Big[\frac{2r(n+1-r-t-s)}{n(r+t)}\widehat{T_{(r-2,t+1)}}{}^{\alpha_1\cdots\alpha_t\beta}_{k_1\cdots k_s;l_1\cdots l_s,i}V^{\beta} \\
&\quad+\frac{2(n+1-r-t-s)}{n(r+t)}\widehat{T_{(r,t-1)}}{}^{\alpha_1\cdots\hat{\alpha}_b\cdots\alpha_t}_{k_1\cdots k_s;l_1\cdots l_s,i}V^{\alpha_b}\Big]_{,i} \\
&\quad-\sum_{i}\Big[\frac{r(n+1-r-t-s)}{n(r+t)}\widehat{T_{(r-2,t+1)}}{}^{\alpha_1\cdots\alpha_t\beta}_{k_1\cdots k_s;l_1\cdots l_s,ii}V^{\beta} \\
&\quad+\frac{(n+1-r-t-s)}{n(r+t)}\widehat{T_{(r,t-1)}}{}^{\alpha_1\cdots\hat{\alpha}_b\cdots\alpha_t}_{k_1\cdots k_s;l_1\cdots l_s,ii}V^{\alpha_b}\Big] \\
&\quad+\sum_{p}\widehat{T_{(r,t)}}{}^{\alpha_1\cdots\alpha_t}_{k_1\cdots k_s;l_1\cdots l_s,p}V^{p} \\
&\quad-\sum_{c=1}^{s}\sum_{i}\widehat{T_{(r,t)}}{}^{\alpha_1\cdots\alpha_t}_{k_1\cdots\hat{k}_c\cdots k_s i;l_1\cdots\hat{l}_c\cdots l_s l_c}L_{i}^{k_c} \\
&\quad-\sum_{c=1}^{s}\sum_{j}\widehat{T_{(r,t)}}{}^{\alpha_1\cdots\alpha_t}_{k_1\cdots\hat{k}_c\cdots k_s k_c;l_1\cdots\hat{l}_c\cdots l_s j}L_{j}^{l_c} \\
&\quad-\sum_{b=1}^{t}\sum_{\beta}\widehat{T_{(r,t)}}{}^{\alpha_1\cdots\hat{\alpha}_b\cdots\alpha_t\beta}_{k_1\cdots k_s;l_1\cdots l_s}L_{\beta}^{\alpha_b}
\end{aligned}
$$

$$
\begin{aligned}
&-\Big[(r+t+1)\sum_{\beta}\widehat{T_{(r,t+1)}}{}_{k_1\cdots k_s;l_1\cdots l_s}^{\alpha_1\cdots\alpha_t\beta}V^{\beta}\\
&+\sum_{c=1}^{s}\sum_{j\beta}\widehat{T_{(r,t)}}{}_{k_1\cdots\hat{k}_c\cdots k_s k_c;l_1\cdots\hat{l}_c\cdots l_s j}^{\alpha_1\cdots\alpha_t}\hat{h}_{jl_c}^{\beta}V^{\beta}\Big]\\
&+(r+t)\widehat{T_{(r,t)}}{}_{k_1\cdots k_s;l_1\cdots l_s}^{\alpha_1\cdots\alpha_t}\langle\vec{H},V\rangle\\
&+\Big[\frac{r}{(r+t)}\widehat{T_{(r-2,t+1)}}{}_{k_1\cdots k_s p;l_1\cdots l_s j}^{\alpha_1\cdots\alpha_t\beta}H^{\beta}\hat{h}_{pj}^{\gamma}V^{\gamma}\\
&+\sum_{b=1}^{t}\sum_{b=1}^{t}\frac{1}{(r+t)}\widehat{T_{(r,t-1)}}{}_{k_1\cdots k_s p;l_1\cdots l_s j}^{\alpha_1\cdots\hat{\alpha}_b\cdots\alpha_t}H^{\alpha_b}\hat{h}_{pj}^{\gamma}V^{\gamma}\Big]\\
&-\Big[\frac{r(n+1-r-t-s)}{n(r+t)}\widehat{T_{(r-2,t+1)}}{}_{k_1\cdots k_s;l_1\cdots l_s}^{\alpha_1\cdots\alpha_t\beta}\hat{\sigma}_{\beta\gamma}V^{\gamma}\\
&+\sum_{b=1}^{t}\frac{(n+1-r-t-s)}{n(r+t)}\widehat{T_{(r,t-1)}}{}_{k_1\cdots k_s;l_1\cdots l_s}^{\alpha_1\cdots\hat{\alpha}_b\cdots\alpha_t}\hat{\sigma}_{\alpha_b\gamma}V^{\gamma}\Big]\\
&-\Big[\frac{r}{(r+t)}\widehat{T_{(r-2,t+1)}}{}_{k_1\cdots k_s i;l_1\cdots l_s j}^{\alpha_1\cdots\alpha_t\beta}\bar{R}_{ij\gamma}^{\beta}\\
&+\sum_{b=1}^{t}\frac{1}{(r+t)}\widehat{T_{(r,t-1)}}{}_{k_1\cdots k_s i;l_1\cdots l_s j}^{\alpha_1\cdots\hat{\alpha}_b\cdots\alpha_t}\bar{R}_{ij\gamma}^{\alpha_b}\Big]V^{\gamma}\\
&-\Big[\frac{r(n+1-r-t-s)}{n(r+t)}\widehat{T_{(r-2,t+1)}}{}_{k_1\cdots k_s;l_1\cdots l_s}^{\alpha_1\cdots\alpha_t\beta}\bar{R}_{\beta\gamma}^{\top})\\
&+\sum_{b=1}^{t}\frac{(n+1-r-t-s)}{n(r+t)}\widehat{T_{(r,t-1)}}{}_{k_1\cdots k_s;l_1\cdots l_s}^{\alpha_1\cdots\hat{\alpha}_b\cdots\alpha_t}\bar{R}_{\alpha_b\gamma}^{\top}\Big]V^{\gamma}.
\end{aligned}
$$

□

如果N^{n+p}是$R^{n+p}(c)$，那么对于$(K7),(K14)$，有

$$
\begin{aligned}
(K7)=&\Big[\frac{r}{(r+t)}T_{(r-2,t+1)}{}_{k_1\cdots k_s i;l_1\cdots l_s j}^{\alpha_1\cdots\alpha_t\beta}c\delta_{ij}V^{\beta}\\
&+\sum_{b=1}^{t}\frac{1}{(r+t)}T_{(r,t-1)}{}_{k_1\cdots k_s i;l_1\cdots l_s j}^{\alpha_1\cdots\hat{\alpha}_b\cdots\alpha_t}c\delta_{ij}V^{\alpha_b}\Big]\\
=&c\Big[\sum_{i}\frac{r}{(r+t)}T_{(r-2,t+1)}{}_{k_1\cdots k_s i;l_1\cdots l_s i}^{\alpha_1\cdots\alpha_t\beta}V^{\beta}\\
&+\sum_{b=1}^{t}\frac{1}{(r+t)}T_{(r,t-1)}{}_{k_1\cdots k_s i;l_1\cdots l_s i}^{\alpha_1\cdots\hat{\alpha}_b\cdots\alpha_t}V^{\alpha_b}\Big]\\
=&\frac{r(n+1-r-t)c}{r+t}T_{(r-2,t+1)}{}_{k_1\cdots k_s;l_1\cdots l_s}^{\alpha_1\cdots\alpha_t\beta}V^{\beta}\\
&+\sum_{b=1}^{t}\frac{(n+1-r-t)c}{(r+t)}T_{(r,t-1)}{}_{k_1\cdots k_s;l_1\cdots l_s}^{\alpha_1\cdots\hat{\alpha}_b\cdots\alpha_t}V^{\alpha_b} \qquad (4.44)\\
(K14)=&\Big[\frac{r}{(r+t)}\widehat{T_{(r-2,t+1)}}{}_{k_1\cdots k_s i;l_1\cdots l_s j}^{\alpha_1\cdots\alpha_t\beta}(-c\delta_{ij}\delta_{\beta\gamma}+c\delta_{ij}\delta_{\beta\gamma})V^{\gamma}
\end{aligned}
$$

$$+\sum_{b=1}^{t}\frac{1}{(r+t)}\widehat{T_{(r,t-1)}}{}_{k_1\cdots k_s i;l_1\cdots l_s j}^{\alpha_1\cdots\hat{\alpha}_b\cdots\alpha_t}(-c\delta_{ij}\delta_{\gamma\alpha_b}+c\delta_{ij}\delta_{\alpha_b\gamma})V^{\gamma}\Big]=0. \quad (4.45)$$

推论 4.7 (变分性质) 设$x: M^n \to R^{n+p}(c)$是子流形， $V = V^i e_i + V^{\alpha} e_{\alpha}$ 是变分向量场，则有

$$\begin{aligned}
&\frac{\mathrm{d}}{\mathrm{d}t}T_{(r,t)}{}_{k_1\cdots k_s;l_1\cdots l_s}^{\alpha_1\cdots\alpha_t}\\
=&\Big\{\sum_{ij}\Big[\sum_{\beta}\frac{r}{(r+t)}T_{(r-2,t+1)}{}_{k_1\cdots k_s i;l_1\cdots l_s j}^{\alpha_1\cdots\alpha_t\beta}V^{\beta}\\
&+\sum_{b=1}^{t}\frac{1}{(r+t)}T_{(r,t-1)}{}_{k_1\cdots k_s i;l_1\cdots l_s j}^{\alpha_1\cdots\hat{\alpha}_b\cdots\alpha_t}V^{\alpha_b}\Big]_{,ij}\\
&+\sum_{p}T_{(r,t)}{}_{k_1\cdots k_s;l_1\cdots l_s,p}^{\alpha_1\cdots\alpha_t}V^{p}\Big\}\\
&+\Big\{(n+1-r-t)c\Big[\sum_{\beta}\frac{r}{r+t}T_{(r-2,t+1)}{}_{k_1\cdots k_s;l_1\cdots l_s}^{\alpha_1\cdots\alpha_t\beta}V^{\beta}\\
&+\sum_{b=1}^{t}\frac{1}{(r+t)}T_{(r,t-1)}{}_{k_1\cdots k_s;l_1\cdots l_s}^{\alpha_1\cdots\hat{\alpha}_b\cdots\alpha_t}V^{\alpha_b}\Big]\\
&-(r+t+1)\sum_{\beta}T_{(r,t+1)}{}_{k_1\cdots k_s;l_1\cdots l_s}^{\alpha_1\cdots\alpha_t\beta}V^{\beta}\Big\}\\
&+\Big[T_{(r,t)}{}_{k_1\cdots k_s;l_1\cdots l_s}^{\alpha_1\cdots\alpha_t}\langle\vec{S}_1,V\rangle-\sum_{c=1}^{s}\sum_{j\beta}T_{(r,t)}{}_{k_1\cdots\hat{k}_c\cdots k_s k_c;l_1\cdots\hat{l}_c\cdots l_s j}^{\alpha_1\cdots\alpha_t}h_{jl_c}^{\beta}V^{\beta}\Big]\\
&-\Big[\sum_{c=1}^{s}\sum_{i}T_{(r,t)}{}_{k_1\cdots\hat{k}_c\cdots k_s i;l_1\cdots\hat{l}_c\cdots l_s l_c}^{\alpha_1\cdots\alpha_t}L_i^{k_c}\\
&+\sum_{c=1}^{s}\sum_{j}T_{(r,t)}{}_{k_1\cdots\hat{k}_c\cdots k_s k_c;l_1\cdots\hat{l}_c\cdots l_s j}^{\alpha_1\cdots\alpha_t}L_j^{l_c}\\
&+\sum_{b=1}^{t}\sum_{\beta}T_{(r,t)}{}_{k_1\cdots k_s;l_1\cdots l_s}^{\alpha_1\cdots\hat{\alpha}_b\cdots\alpha_t\beta}L_{\beta}^{\alpha_b}\Big]
\end{aligned}$$

$$\begin{aligned}
&\frac{\mathrm{d}}{\mathrm{d}t}\widehat{T_{(r,t)}}{}_{k_1\cdots k_s;l_1\cdots l_s}^{\alpha_1\cdots\alpha_t}\\
=&\sum_{ij}\Big[\sum_{\beta}\frac{r}{(r+t)}\widehat{T_{(r-2,t+1)}}{}_{k_1\cdots k_s i;l_1\cdots l_s j}^{\alpha_1\cdots\alpha_t\beta}V^{\beta}\\
&+\sum_{b=1}^{t}\frac{1}{(r+t)}\widehat{T_{(r,t-1)}}{}_{k_1\cdots k_s i;l_1\cdots l_s j}^{\alpha_1\cdots\hat{\alpha}_b\cdots\alpha_t}V^{\alpha_b}\Big]_{,ij}\\
&-\sum_{ij}\Big[\frac{r}{(r+t)}\widehat{T_{(r-2,t+1)}}{}_{k_1\cdots k_s i;l_1\cdots l_s j,i}^{\alpha_1\cdots\alpha_t\beta}V^{\beta}\\
&+\sum_{b=1}^{t}\frac{1}{(r+t)}\widehat{T_{(r,t-1)}}{}_{k_1\cdots k_s i;l_1\cdots l_s j,i}^{\alpha_1\cdots\hat{\alpha}_b\cdots\alpha_t}V^{\alpha_b}\Big]_{,j}
\end{aligned}$$

$$
\begin{aligned}
&-\sum_{ij}\Big[\frac{r}{(r+t)}\widehat{T_{(r-2,t+1)}}{}^{\alpha_1\cdots\alpha_t\beta}_{k_1\cdots k_s i;l_1\cdots l_s j,j}V^{\beta}\\
&+\sum_{b=1}^{t}\frac{1}{(r+t)}\widehat{T_{(r,t-1)}}{}^{\alpha_1\cdots\hat{\alpha}_b\cdots\alpha_t}_{k_1\cdots k_s i;l_1\cdots l_s j,j}V^{\alpha_b}\Big]_{,i}\\
&+\sum_{ij}\Big[\frac{r}{(r+t)}\widehat{T_{(r-2,t+1)}}{}^{\alpha_1\cdots\alpha_t\beta}_{k_1\cdots k_s i;l_1\cdots l_s j,ji}V^{\beta}\\
&+\sum_{b=1}^{t}\frac{1}{(r+t)}\widehat{T_{(r,t-1)}}{}^{\alpha_1\cdots\hat{\alpha}_b\cdots\alpha_t}_{k_1\cdots k_s i;l_1\cdots l_s j,ji}V^{\alpha_b}\Big]\\
&-\sum_{i}\Big[\frac{r(n+1-r-t-s)}{n(r+t)}\widehat{T_{(r-2,t+1)}}{}^{\alpha_1\cdots\alpha_t\beta}_{k_1\cdots k_s;l_1\cdots l_s}V^{\beta}\\
&+\sum_{b=1}^{t}\frac{(n+1-r-t-s)}{n(r+t)}\widehat{T_{(r,t-1)}}{}^{\alpha_1\cdots\hat{\alpha}_b\cdots\alpha_t}_{k_1\cdots k_s;l_1\cdots l_s}V^{\alpha_b}\Big]_{,ii}\\
&+\sum_{i}\Big[\frac{2r(n+1-r-t-s)}{n(r+t)}\widehat{T_{(r-2,t+1)}}{}^{\alpha_1\cdots\alpha_t\beta}_{k_1\cdots k_s;l_1\cdots l_s,i}V^{\beta}\\
&+\frac{2(n+1-r-t-s)}{n(r+t)}\widehat{T_{(r,t-1)}}{}^{\alpha_1\cdots\hat{\alpha}_b\cdots\alpha_t}_{k_1\cdots k_s;l_1\cdots l_s,i}V^{\alpha_b}\Big]_{,i}\\
&-\sum_{i}\Big[\frac{r(n+1-r-t-s)}{n(r+t)}\widehat{T_{(r-2,t+1)}}{}^{\alpha_1\cdots\alpha_t\beta}_{k_1\cdots k_s;l_1\cdots l_s,ii}V^{\beta}\\
&+\frac{(n+1-r-t-s)}{n(r+t)}\widehat{T_{(r,t-1)}}{}^{\alpha_1\cdots\hat{\alpha}_b\cdots\alpha_t}_{k_1\cdots k_s;l_1\cdots l_s,ii}V^{\alpha_b}\Big]\\
&+\sum_{p}\widehat{T_{(r,t)}}{}^{\alpha_1\cdots\alpha_t}_{k_1\cdots k_s;l_1\cdots l_s,p}V^{p}-\sum_{c=1}^{s}\sum_{i}\widehat{T_{(r,t)}}{}^{\alpha_1\cdots\alpha_t}_{k_1\cdots\hat{k}_c\cdots k_s i;l_1\cdots\hat{l}_c\cdots l_s l_c}L_i^{k_c}\\
&-\sum_{c=1}^{s}\sum_{j}\widehat{T_{(r,t)}}{}^{\alpha_1\cdots\alpha_t}_{k_1\cdots\hat{k}_c\cdots k_s k_c;l_1\cdots\hat{l}_c\cdots l_s j}L_j^{l_c}-\sum_{b=1}^{t}\sum_{\beta}\widehat{T_{(r,t)}}{}^{\alpha_1\cdots\hat{\alpha}_b\cdots\alpha_t\beta}_{k_1\cdots k_s;l_1\cdots l_s}L_{\beta}^{\alpha_b}\\
&-\Big[(r+t+1)\sum_{\beta}\widehat{T_{(r,t+1)}}{}^{\alpha_1\cdots\alpha_t\beta}_{k_1\cdots k_s;l_1\cdots l_s}V^{\beta}\\
&+\sum_{c=1}^{s}\sum_{j\beta}\widehat{T_{(r,t)}}{}^{\alpha_1\cdots\alpha_t}_{k_1\cdots\hat{k}_c\cdots k_s k_c;l_1\cdots\hat{l}_c\cdots l_s j}\hat{h}^{\beta}_{jl_c}V^{\beta}\Big]\\
&+(r+t)\widehat{T_{(r,t)}}{}^{\alpha_1\cdots\alpha_t}_{k_1\cdots k_s;l_1\cdots l_s}\langle\vec{H},V\rangle\\
&+\Big[\frac{r}{(r+t)}\widehat{T_{(r-2,t+1)}}{}^{\alpha_1\cdots\alpha_t\beta}_{k_1\cdots k_s p;l_1\cdots l_s j}H^{\beta}\hat{h}^{\gamma}_{pj}V^{\gamma}\\
&+\sum_{b=1}^{t}\sum_{b=1}^{t}\frac{1}{(r+t)}\widehat{T_{(r,t-1)}}{}^{\alpha_1\cdots\hat{\alpha}_b\cdots\alpha_t}_{k_1\cdots k_s p;l_1\cdots l_s j}H^{\alpha_b}\hat{h}^{\gamma}_{pj}V^{\gamma}\Big]\\
&-\Big[\frac{r(n+1-r-t-s)}{n(r+t)}\widehat{T_{(r-2,t+1)}}{}^{\alpha_1\cdots\alpha_t\beta}_{k_1\cdots k_s;l_1\cdots l_s}\hat{\sigma}_{\beta\gamma}V^{\gamma}
\end{aligned}
$$

$$+\sum_{b=1}^{t}\frac{(n+1-r-t-s)}{n(r+t)}\widehat{T_{(r,t-1)}}{}^{\alpha_1\cdots\hat{\alpha}_b\cdots\alpha_t}_{k_1\cdots k_s;l_1\cdots l_s}\hat{\sigma}_{\alpha_b\gamma}V^{\gamma}\Big].$$

推论 4.8 设$x:M^n\to N^{n+p}$是子流形， $V=V^ie_i+V^{\alpha}e_{\alpha}$ 是变分向量场，则有

- 当r是偶数时，有

$$\begin{aligned}\frac{\mathrm{d}}{\mathrm{d}t}S_r=&\sum_{ij}[T_{(r)}{}^{\alpha}_{ij}V^{\alpha}]_{,ij}-\sum_{ij}2[T_{(r)}{}^{\alpha}_{ij,j}V^{\alpha}]_{,i}\\&+\sum_{ij}[T_{(r)}{}^{\alpha}_{ij,ji}V^{\alpha}]+\sum_{p}S_{r,p}V^p+S_r\langle\vec{S}_1,V\rangle\\&-(r+1)\langle\vec{S}_{r+1},V\rangle-\sum_{ij\alpha\beta}T_{(r-1)}{}^{\alpha}_{ij}\bar{R}^{\alpha}_{ij\beta}V^{\beta},\end{aligned}\tag{4.46}$$

$$\begin{aligned}\frac{\mathrm{d}}{\mathrm{d}t}\hat{S}_r=&[\widehat{T_{(r-1)}}{}^{\alpha}_{ij}V^{\alpha}]_{,ij}-2[\widehat{T_{(r-1)}}{}^{\alpha}_{ij,i}V^{\alpha}]_{,j}+[\widehat{T_{(r-1)}}{}^{\alpha}_{ij,ji}V^{\alpha}]\\&-\frac{(n+1-r)}{n}[\hat{S}^{\alpha}_{r-1}V^{\alpha}]_{,ii}+\frac{2(n+1-r)}{n}[\hat{S}^{\alpha}_{r-1,i}V^{\alpha}]_{,i}\\&-\frac{(n+1-r)}{n}[\hat{S}^{\alpha}_{r-1,ii}V^{\alpha}]+\hat{S}_{r,p}V^p-(r+1)\hat{S}^{\alpha}_{r+1}V^{\alpha}\\&+r\hat{S}_r\langle\vec{H},V\rangle+\widehat{T_{(r-1)}}{}^{\alpha}_{ij}H^{\alpha}\hat{h}^{\beta}_{ij}V^{\beta}\\&-\frac{(n+1-r)}{n}\hat{S}^{\alpha}_{r-1}\hat{\sigma}_{\alpha\beta}V^{\beta}-\widehat{T_{(r-1)}}{}^{\alpha}_{ij}\bar{R}^{\alpha}_{ij\beta}V^{\beta}\\&-\frac{(n+1-r)}{n}\hat{S}^{\alpha}_{r-1}\bar{R}^{\top}_{\alpha\beta}V^{\beta}.\end{aligned}\tag{4.47}$$

- 当r是奇数时，有

$$\begin{aligned}\frac{\mathrm{d}}{\mathrm{d}t}S^{\alpha}_r=&\frac{\mathrm{d}}{\mathrm{d}t}T_{(r-1,1)}{}^{\alpha}_{\emptyset}=\sum_{ij}\Big[\sum_{\beta}\frac{r-1}{r}T_{(r-3,2)}{}^{\alpha\beta}_{i;j}V^{\beta}+\frac{1}{r}T_{(r-1)ij}V^{\alpha}\Big]_{,ij}\\&-\sum_{ij}2\Big[\frac{r-1}{r}T_{(r-3,2)}{}^{\alpha\beta}_{i;j,i}V^{\beta}+\frac{1}{r}T_{(r-1)ij,i}V^{\alpha}\Big]_{,j}\\&+\sum_{ij}\Big[\frac{r-1}{r}T_{(r-3,2)}{}^{\alpha\beta}_{i;j,ji}V^{\beta}+\frac{1}{r}T_{(r-1)ij,ji}V^{\alpha}\Big]\\&+\sum_{p}S^{\alpha}_{r,p}V^p-\sum_{\beta}S^{\beta}_rL^{\alpha}_{\beta}+S^{\alpha}_r\langle\vec{S}_1,V\rangle-(r+1)\sum_{\beta}T_{(r-1,2)}{}^{\alpha\beta}_{\emptyset}V^{\beta}\\&-\sum_{ij\beta\gamma}\Big[\frac{r-1}{r}T_{(r-3,2)}{}^{\alpha\beta}_{i;j}\bar{R}^{\beta}_{ij\gamma}V^{\gamma}+\frac{1}{r}T_{(r-1)ij}\bar{R}^{\alpha}_{ij\gamma}V^{\gamma}\Big],\end{aligned}\tag{4.48}$$

$$\begin{aligned}\frac{\mathrm{d}\hat{S}^{\alpha}_r}{\mathrm{d}t}=&\Big[\frac{r-1}{r}\widehat{T_{r-3,2}}{}^{\alpha\beta}_{ij}V^{\beta}+\frac{1}{r}\widehat{T_{r-1}}{}_{ij}V^{\alpha}\Big]_{,ij}\\&-2\Big[\frac{r-1}{r}\widehat{T_{r-3,2}}{}^{\alpha\beta}_{ij,i}V^{\beta}+\frac{1}{r}\widehat{T_{r-1}}{}_{ij,i}V^{\alpha}\Big]_{,j}\end{aligned}$$

$$
\begin{aligned}
&+\frac{r-1}{r}\widehat{T_{r-3,2}}{}_{ij,ji}^{\alpha\beta}V^{\beta}+\frac{1}{r}\widehat{T_{r-1}}{}_{ij,ji}V^{\alpha}\\
&-\Big[\frac{(r-1)(n+1-r)}{(nr)}\widehat{T_{(r-3,2)}}{}_{\emptyset}^{\alpha\beta}V^{\beta}+\frac{(n+1-r)}{nr}\hat{S}_{r-1}V^{\alpha}\Big]_{,ii}\\
&+2\Big[\frac{(r-1)(n+1-r)}{(nr)}\widehat{T_{(r-3,2)}}{}_{\emptyset,i}^{\alpha\beta}V^{\beta}+\frac{(n+1-r)}{nr}\hat{S}_{r-1,i}V^{\alpha}\Big]_{,i}\\
&-\Big[\frac{(r-1)(n+1-r)}{(nr)}\widehat{T_{(r-3,2)}}{}_{\emptyset,ii}^{\alpha\beta}V^{\beta}+\frac{(n+1-r)}{nr}\hat{S}_{r-1,ii}V^{\alpha}\Big]\\
&+\hat{S}_{r,p}^{\alpha}V^{p}-\hat{S}_{r}^{\beta}L_{\beta}^{\alpha}-(r+1)\widehat{T_{(r-1,2)}}{}_{\emptyset}^{\alpha\beta}V^{\beta}+r\hat{S}_{r}^{\alpha}\langle\vec{H},V\rangle\\
&+\frac{r-1}{r}\widehat{T_{(r-3,2)}}{}_{i;j}^{\alpha\beta}H^{\beta}\hat{h}_{ij}^{\gamma}V^{\gamma}+\frac{1}{r}\widehat{T_{(r-1)}}{}_{ij}H^{\alpha}\hat{h}_{ij}^{\gamma}V^{\gamma}\\
&-\Big[\frac{(r-1)(n+1-r)}{nr}\widehat{T_{(r-3,2)}}{}_{\emptyset}^{\alpha\beta}\hat{\sigma}_{\beta\gamma}V^{\gamma}+\frac{(n+1-r)}{nr}\hat{S}_{r-1}\hat{\sigma}_{\alpha\gamma}V^{\gamma}\Big]\\
&-\Big[\frac{r-1}{r}\widehat{T_{(r-3,2)}}{}_{i;j}^{\alpha\beta}\bar{R}_{ij\gamma}^{\beta}V^{\gamma}+\frac{1}{r}\widehat{T_{(r-1)}}{}_{ij}\bar{R}_{ij\gamma}^{\alpha}V^{\gamma}\Big]\\
&-\Big[\frac{(r-1)(n+1-r)}{nr}\widehat{T_{(r-3,2)}}{}_{\emptyset}^{\alpha\beta}\bar{R}_{\beta\gamma}^{\top}V^{\gamma}\\
&+\frac{(n+1-r)}{nr}\hat{S}_{(r-1)}\bar{R}_{\alpha\gamma}^{\top}V^{\gamma}\Big].
\end{aligned}\tag{4.49}
$$

推论 4.9 设$x:M^n\to N^{n+p}$是子流形， $V=V^ie_i+V^{\alpha}e_{\alpha}$ 是变分向量场，则有

- 当r为偶数时，有

$$
\begin{aligned}
\frac{\mathrm{d}}{\mathrm{d}t}\int_M S_r\mathrm{d}v=&\int_M\sum_{ij}[T_{(r)}{}_{ij,ji}^{\alpha}V^{\alpha}]-(r+1)\langle\vec{S}_{r+1},V\rangle\\
&-\sum_{ij\alpha\beta}T_{(r-1)}{}_{ij}^{\alpha}\bar{R}_{ij\beta}^{\alpha}V^{\beta}\mathrm{d}v,
\end{aligned}\tag{4.50}
$$

$$
\begin{aligned}
\frac{\mathrm{d}}{\mathrm{d}t}\int_M\hat{S}_r\mathrm{d}v=&\int_M[\widehat{T_{(r-1)}}{}_{ij,ji}^{\alpha}V^{\alpha}]-\frac{(n+1-r)}{n}[\hat{S}_{r-1,ii}^{\alpha}V^{\alpha}]\\
&-(r+1)\hat{S}_{r+1}^{\alpha}V^{\alpha}-(n-r)\hat{S}_r\langle\vec{H},V\rangle\\
&+\widehat{T_{(r-1)}}{}_{ij}^{\alpha}H^{\alpha}\hat{h}_{ij}^{\beta}V^{\beta}-\frac{(n+1-r)}{n}\hat{S}_{r-1}^{\alpha}\hat{\sigma}_{\alpha\beta}V^{\beta}\\
&-\widehat{T_{(r-1)}}{}_{ij}^{\alpha}\bar{R}_{ij\beta}^{\alpha}V^{\beta}-\frac{(n+1-r)}{n}\hat{S}_{r-1}^{\alpha}\bar{R}_{\alpha\beta}^{\top}V^{\beta}\mathrm{d}v.
\end{aligned}\tag{4.51}
$$

- 当r为奇数时，有

$$
\frac{\mathrm{d}}{\mathrm{d}t}\int_M|\vec{S}_r|^2\mathrm{d}v
$$

$$
\begin{aligned}
&=\int_M 2S^{\alpha}_{r,ji}\Big[\sum_{\beta}\frac{r-1}{r}T_{(r-3,2)}{}^{\alpha\beta}_{i;j}V^{\beta}+\frac{1}{r}T_{(r-1)ij}V^{\alpha}\Big]\\
&\quad+4S^{\alpha}_{r,j}\Big[\frac{r-1}{r}T_{(r-3,2)}{}^{\alpha\beta}_{i;j,i}V^{\beta}+\frac{1}{r}T_{(r-1)ij,i}V^{\alpha}\Big]+|\vec{S}_r|^2\langle\vec{S}_1,V\rangle\\
&\quad+\sum_{ij}2S^{\alpha}_{r}\Big[\frac{r-1}{r}T_{(r-3,2)}{}^{\alpha\beta}_{i;j,ji}V^{\beta}+\frac{1}{r}T_{(r-1)ij,ji}V^{\alpha}\Big]\\
&\quad-2(r+1)\sum_{\beta}S^{\alpha}_{r}T_{(r-1,2)}{}^{\alpha\beta}_{\emptyset}V^{\beta}\\
&\quad-\sum_{ij\beta\gamma}2S^{\alpha}_{r}\Big[\frac{r-1}{r}T_{(r-3,2)}{}^{\alpha\beta}_{i;j}\bar{R}^{\beta}_{ij\gamma}V^{\gamma}+\frac{1}{r}T_{(r-1)ij}\bar{R}^{\alpha}_{ij\gamma}V^{\gamma}\Big]\mathrm{d}v,
\end{aligned}
\tag{4.52}
$$

$$
\begin{aligned}
&\frac{\mathrm{d}}{\mathrm{d}t}\int_M|\hat{\vec{S}}_r|^2\mathrm{d}v\\
&=\int_M 2\hat{S}^{\alpha}_{r,ji}\Big[\frac{r-1}{r}\widehat{T_{r-3,2}}{}^{\alpha\beta}_{ij}V^{\beta}+\frac{1}{r}\widehat{T_{r-1}}{}_{ij}V^{\alpha}\Big]\\
&\quad+4\hat{S}^{\alpha}_{r,j}\Big[\frac{r-1}{r}\widehat{T_{r-3,2}}{}^{\alpha\beta}_{ij,i}V^{\beta}+\frac{1}{r}\widehat{T_{r-1}}{}_{ij,i}V^{\alpha}\Big]\\
&\quad+2\hat{S}^{\alpha}_{r}\Big[\frac{r-1}{r}\widehat{T_{r-3,2}}{}^{\alpha\beta}_{ij,ji}V^{\beta}+\frac{1}{r}\widehat{T_{r-1}}{}_{ij,ji}V^{\alpha}\Big]\\
&\quad-2\hat{S}^{\alpha}_{r,ii}\Big[\frac{(r-1)(n+1-r)}{(nr)}\widehat{T_{(r-3,2)}}{}^{\alpha\beta}_{\emptyset}V^{\beta}+\frac{(n+1-r)}{nr}\hat{S}_{r-1}V^{\alpha}\Big]\\
&\quad-4\hat{S}^{\alpha}_{r,i}\Big[\frac{(r-1)(n+1-r)}{(nr)}\widehat{T_{(r-3,2)}}{}^{\alpha\beta}_{\emptyset,i}V^{\beta}+\frac{(n+1-r)}{nr}\hat{S}_{r-1,i}V^{\alpha}\Big]\\
&\quad-2\hat{S}^{\alpha}_{r}\Big[\frac{(r-1)(n+1-r)}{(nr)}\widehat{T_{(r-3,2)}}{}^{\alpha\beta}_{\emptyset,ii}V^{\beta}+\frac{(n+1-r)}{nr}\hat{S}_{r-1,ii}V^{\alpha}\Big]\\
&\quad-2(r+1)\hat{S}^{\alpha}_{r}\widehat{T_{(r-1,2)}}{}^{\alpha\beta}_{\emptyset}V^{\beta}-(n-2r)|\hat{\vec{S}}_r|^2\langle\vec{H},V\rangle\\
&\quad+\frac{r-1}{r}2\hat{S}^{\alpha}_{r}\widehat{T_{(r-3,2)}}{}^{\alpha\beta}_{i;j}H^{\beta}\hat{h}^{\gamma}_{ij}V^{\gamma}+\frac{1}{r}2\hat{S}^{\alpha}_{r}\widehat{T_{(r-1)}}{}_{ij}H^{\alpha}\hat{h}^{\gamma}_{ij}V^{\gamma}\\
&\quad-2\hat{S}^{\alpha}_{r}\Big[\frac{(r-1)(n+1-r)}{nr}\widehat{T_{(r-3,2)}}{}^{\alpha\beta}_{\emptyset}\hat{\sigma}_{\beta\gamma}V^{\gamma}+\frac{(n+1-r)}{nr}\hat{S}_{r-1}\hat{\sigma}_{\alpha\gamma}V^{\gamma}\Big]\\
&\quad-2\hat{S}^{\alpha}_{r}\Big[\frac{r-1}{r}\widehat{T_{(r-3,2)}}{}^{\alpha\beta}_{i;j}\bar{R}^{\beta}_{ij\gamma}V^{\gamma}+\frac{1}{r}\widehat{T_{(r-1)}}{}_{ij}\bar{R}^{\alpha}_{ij\gamma}V^{\gamma}\Big]\\
&\quad-2\hat{S}^{\alpha}_{r}\Big[\frac{(r-1)(n+1-r)}{nr}\widehat{T_{(r-3,2)}}{}^{\alpha\beta}_{\emptyset}\bar{R}^{\top}_{\beta\gamma}V^{\gamma}\\
&\quad+\frac{(n+1-r)}{nr}\hat{S}_{(r-1)}\bar{R}^{\top}_{\alpha\gamma}V^{\gamma}\Big]\mathrm{d}v.
\end{aligned}
\tag{4.53}
$$

如果$N^{n+p}=R^{n+p}(c)$，那么$\sum_{\beta}\bar{R}^{\alpha}_{ij\beta}V^{\beta}=-c\delta_{ij}V^{\alpha}$.

推论 4.10 设$x:M^n\to R^{n+p}(c)$是子流形，$V=V^ie_i+V^{\alpha}e_{\alpha}$ 是变分向量

场，则有

- 当r是偶数时，有[7]

$$
\begin{aligned}
\frac{\mathrm{d}}{\mathrm{d}t}S_r =& \sum_{ij}[T_{(r)}{}^{\alpha}_{ij}V^{\alpha}]_{,ij} + \sum_{p} S_{r,p}V^{p} + S_r\langle \vec{S}_1, V\rangle \\
& - (r+1)\langle \vec{S}_{r+1}, V\rangle + c(n-r+1)\langle \vec{S}_{r-1}, V\rangle,
\end{aligned} \tag{4.54}
$$

$$
\begin{aligned}
\frac{\mathrm{d}}{\mathrm{d}t}\hat{S}_r =& [\widehat{T_{(r-1)}}{}^{\alpha}_{ij}V^{\alpha}]_{,ij} - 2[\widehat{T_{(r-1)}}{}^{\alpha}_{ij,i}V^{\alpha}]_{,j} + [\widehat{T_{(r-1)}}{}^{\alpha}_{ij,ji}V^{\alpha}] \\
& - \frac{(n+1-r)}{n}[\hat{S}^{\alpha}_{r-1}V^{\alpha}]_{,ii} + \frac{2(n+1-r)}{n}[\hat{S}^{\alpha}_{r-1,i}V^{\alpha}]_{,i} \\
& - \frac{(n+1-r)}{n}[\hat{S}^{\alpha}_{r-1,ii}V^{\alpha}] + \hat{S}_{r,p}V^{p} \\
& - (r+1)\hat{S}^{\alpha}_{r+1}V^{\alpha} + r\hat{S}_r\langle \vec{H}, V\rangle \\
& + \widehat{T_{(r-1)}}{}^{\alpha}_{ij}H^{\alpha}\hat{h}^{\beta}_{ij}V^{\beta} - \frac{(n+1-r)}{n}\hat{S}^{\alpha}_{r-1}\hat{\sigma}_{\alpha\beta}V^{\beta}.
\end{aligned} \tag{4.55}
$$

- 当r是奇数时，有

$$
\begin{aligned}
\frac{\mathrm{d}}{\mathrm{d}t}S^{\alpha}_r =& \frac{\mathrm{d}}{\mathrm{d}t}T_{(r-1,1)}{}^{\alpha}_{\emptyset} \\
=& \sum_{ij}[\sum_{\beta}\frac{r-1}{r}T_{(r-3,2)}{}^{\alpha\beta}_{i;j}V^{\beta} + \frac{1}{r}T_{(r-1)}{}_{ij}V^{\alpha}]_{,ij} \\
& + \sum_{p} S^{\alpha}_{r,p}V^{p} - \sum_{\beta} S^{\beta}_{r}L^{\alpha}_{\beta} + S^{\alpha}_{r}\langle \vec{S}_1, V\rangle - (r+1)\sum_{\beta} T_{(r-1,2)}{}^{\alpha\beta}_{\emptyset}V^{\beta} \\
& + \frac{c(r-1)(n-r+1)}{r}T_{(r-3,2)}{}^{\alpha\beta}_{\emptyset}V^{\beta} + \frac{c(n-r+1)}{r}S_{r-1}V^{\alpha},
\end{aligned} \tag{4.56}
$$

$$
\begin{aligned}
\frac{\mathrm{d}}{\mathrm{d}t}\hat{S}^{\alpha}_r =& \Big[\frac{r-1}{r}\widehat{T_{r-3,2}}{}^{\alpha\beta}_{ij}V^{\beta} + \frac{1}{r}\widehat{T_{r-1}}{}_{ij}V^{\alpha}\Big]_{,ij} \\
& - 2\Big[\frac{r-1}{r}\widehat{T_{r-3,2}}{}^{\alpha\beta}_{ij,i}V^{\beta} + \frac{1}{r}\widehat{T_{r-1}}{}_{ij,i}V^{\alpha}\Big]_{,j} \\
& + \frac{r-1}{r}\widehat{T_{r-3,2}}{}^{\alpha\beta}_{ij,ji}V^{\beta} + \frac{1}{r}\widehat{T_{r-1}}{}_{ij,ji}V^{\alpha} \\
& - \Big[\frac{(r-1)(n+1-r)}{(nr)}\widehat{T_{(r-3,2)}}{}^{\alpha\beta}_{\emptyset}V^{\beta} + \frac{(n+1-r)}{nr}\hat{S}_{r-1}V^{\alpha}\Big]_{,ii} \\
& + 2\Big[\frac{(r-1)(n+1-r)}{(nr)}\widehat{T_{(r-3,2)}}{}^{\alpha\beta}_{\emptyset,i}V^{\beta} + \frac{(n+1-r)}{nr}\hat{S}_{r-1,i}V^{\alpha}\Big]_{,i} \\
& - \Big[\frac{(r-1)(n+1-r)}{(nr)}\widehat{T_{(r-3,2)}}{}^{\alpha\beta}_{\emptyset,ii}V^{\beta} + \frac{(n+1-r)}{nr}\hat{S}_{r-1,ii}V^{\alpha}\Big] \\
& + \hat{S}^{\alpha}_{r,p}V^{p} - \hat{S}^{\beta}_{r}L^{\alpha}_{\beta} - (r+1)\widehat{T_{(r-1,2)}}{}^{\alpha\beta}_{\emptyset}V^{\beta} + r\hat{S}^{\alpha}_{r}\langle \vec{H}, V\rangle
\end{aligned}
$$

$$
\begin{aligned}
&+\frac{r-1}{r}\widehat{T_{(r-3,2)}}{}_{i;j}^{\alpha\beta}H^{\beta}\hat{h}_{ij}^{\gamma}V^{\gamma}+\frac{1}{r}\widehat{T_{(r-1)}}{}_{ij}H^{\alpha}\hat{h}_{ij}^{\gamma}V^{\gamma}\\
&-\Big[\frac{(r-1)(n+1-r)}{nr}\widehat{T_{(r-3,2)}}{}_{\emptyset}^{\alpha\beta}\hat{\sigma}_{\beta\gamma}V^{\gamma}\\
&+\frac{(n+1-r)}{nr}\hat{S}_{r-1}\hat{\sigma}_{\alpha\gamma}V^{\gamma}\Big].
\end{aligned}
\tag{4.57}
$$

推论 4.11 设$x:M^n\rightarrow R^{n+p}(c)$具有平行平均曲率的子流形($D\vec{H}=0$)，$V=V^ie_i+V^{\alpha}e_{\alpha}$ 是变分向量场，则有

- 当r是偶数时

$$
\begin{aligned}
\frac{\mathrm{d}}{\mathrm{d}t}S_r=&\sum_{ij}[T_{(r)}{}_{ij}^{\alpha}V^{\alpha}]_{,ij}+\sum_{p}S_{r,p}V^{p}+S_r\langle\vec{S}_1,V\rangle\\
&-(r+1)\langle\vec{S}_{r+1},V\rangle+c(n-r+1)\langle\vec{S}_{r-1},V\rangle,
\end{aligned}
\tag{4.58}
$$

$$
\begin{aligned}
\frac{\mathrm{d}}{\mathrm{d}t}\hat{S}_r=&[\widehat{T_{(r-1)}}{}_{ij}^{\alpha}V^{\alpha}]_{,ij}-\frac{(n+1-r)}{n}[\hat{S}_{r-1}^{\alpha}V^{\alpha}]_{,ii}\\
&+\frac{2(n+1-r)}{n}[\hat{S}_{r-1,i}^{\alpha}V^{\alpha}]_{,i}-\frac{(n+1-r)}{n}[\hat{S}_{r-1,ii}^{\alpha}V^{\alpha}]\\
&+\hat{S}_{r,p}V^{p}-(r+1)\hat{S}_{r+1}^{\alpha}V^{\alpha}+r\hat{S}_r\langle\vec{H},V\rangle\\
&+\widehat{T_{(r-1)}}{}_{ij}^{\alpha}H^{\alpha}\hat{h}_{ij}^{\beta}V^{\beta}-\frac{(n+1-r)}{n}\hat{S}_{r-1}^{\alpha}\hat{\sigma}_{\alpha\beta}V^{\beta}.
\end{aligned}
\tag{4.59}
$$

- 当r是奇数时

$$
\begin{aligned}
\frac{\mathrm{d}}{\mathrm{d}t}S_r^{\alpha}=&\frac{\mathrm{d}}{\mathrm{d}t}T_{(r-1,1)}{}_{\emptyset}^{\alpha}\\
=&\sum_{ij}\Big[\sum_{\beta}\frac{r-1}{r}T_{(r-3,2)}{}_{i;j}^{\alpha\beta}V^{\beta}+\frac{1}{r}T_{(r-1)}{}_{ij}V^{\alpha}\Big]_{,ij}+\sum_{p}S_{r,p}^{\alpha}V^{p}\\
&-\sum_{\beta}S_r^{\beta}L_{\beta}^{\alpha}+S_r^{\alpha}\langle\vec{S}_1,V\rangle-(r+1)\sum_{\beta}T_{(r-1,2)}{}_{\emptyset}^{\alpha\beta}V^{\beta}\\
&+\frac{c(r-1)(n-r+1)}{r}T_{(r-3,2)}{}_{\emptyset}^{\alpha\beta}V^{\beta}+\frac{c(n-r+1)}{r}S_{r-1}V^{\alpha},
\end{aligned}
\tag{4.60}
$$

$$
\begin{aligned}
\frac{\mathrm{d}\hat{S}_r^{\alpha}}{\mathrm{d}t}=&\Big[\frac{r-1}{r}\widehat{T_{r-3,2}}{}_{ij}^{\alpha\beta}V^{\beta}+\frac{1}{r}\widehat{T_{r-1}}{}_{ij}V^{\alpha}\Big]_{,ij}\\
&-\Big[\frac{(r-1)(n+1-r)}{(nr)}\widehat{T_{(r-3,2)}}{}_{\emptyset}^{\alpha\beta}V^{\beta}+\frac{(n+1-r)}{nr}\hat{S}_{r-1}V^{\alpha}\Big]_{,ii}\\
&+2\Big[\frac{(r-1)(n+1-r)}{(nr)}\widehat{T_{(r-3,2)}}{}_{\emptyset,i}^{\alpha\beta}V^{\beta}+\frac{(n+1-r)}{nr}\hat{S}_{r-1,i}V^{\alpha}\Big]_{,i}\\
&-\Big[\frac{(r-1)(n+1-r)}{(nr)}\widehat{T_{(r-3,2)}}{}_{\emptyset,ii}^{\alpha\beta}V^{\beta}+\frac{(n+1-r)}{nr}\hat{S}_{r-1,ii}V^{\alpha}\Big]
\end{aligned}
$$

$$
\begin{aligned}
&+\hat{S}_{r,p}^{\alpha}V^{p}-\hat{S}_{r}^{\beta}L_{\beta}^{\alpha}-(r+1)\widehat{T_{(r-1,2)}}_{\emptyset}^{\alpha\beta}V^{\beta}+r\hat{S}_{r}^{\alpha}\langle\vec{H},V\rangle\\
&+\frac{r-1}{r}\widehat{T_{(r-3,2)}}_{i;j}^{\alpha\beta}H^{\beta}\hat{h}_{ij}^{\gamma}V^{\gamma}+\frac{1}{r}\widehat{T_{(r-1)}}_{ij}H^{\alpha}\hat{h}_{ij}^{\gamma}V^{\gamma}\\
&-\Big[\frac{(r-1)(n+1-r)}{nr}\widehat{T_{(r-3,2)}}_{\emptyset}^{\alpha\beta}\hat{\sigma}_{\beta\gamma}V^{\gamma}\\
&+\frac{(n+1-r)}{nr}\hat{S}_{r-1}\hat{\sigma}_{\alpha\gamma}V^{\gamma}\Big].
\end{aligned}\tag{4.61}
$$

推论 4.12 设$x:M^{n}\to R^{n+p}(c)$是紧致无边子流形， $V=V^{i}e_{i}+V^{\alpha}e_{\alpha}$ 是变分向量场，则有

- 当r是偶数时，有[7]

$$
\begin{aligned}
\frac{\mathrm{d}}{\mathrm{d}t}\int_{M}S_{r}\mathrm{d}v_{t}=\int_{M}&-(r+1)\langle\vec{S}_{r+1},V\rangle\\
&+c(n-r+1)\langle\vec{S}_{r-1},V\rangle\mathrm{d}v_{t},
\end{aligned}\tag{4.62}
$$

$$
\begin{aligned}
\frac{\mathrm{d}}{\mathrm{d}t}\int_{M}\hat{S}_{r}\mathrm{d}v_{t}=\int_{M}&[\widehat{T_{(r-1)}}_{ij,ji}^{\alpha}V^{\alpha}]-\frac{(n+1-r)}{n}[\hat{S}_{r-1,ii}^{\alpha}V^{\alpha}]\\
&-(r+1)\hat{S}_{r+1}^{\alpha}V^{\alpha}-(n-r)\hat{S}_{r}\langle\vec{H},V\rangle\\
&+\widehat{T_{(r-1)}}_{ij}^{\alpha}H^{\alpha}\hat{h}_{ij}^{\beta}V^{\beta}-\frac{(n+1-r)}{n}\hat{S}_{r-1}^{\alpha}\hat{\sigma}_{\alpha\beta}V^{\beta}.
\end{aligned}\tag{4.63}
$$

- 当r是奇数时，有

$$
\begin{aligned}
&\frac{\mathrm{d}}{\mathrm{d}t}\int_{M}|\vec{S}_{r}|^{2}\mathrm{d}v\\
&=\int_{M}2S_{r,ji}^{\alpha}\Big[\sum_{\beta}\frac{r-1}{r}T_{(r-3,2)}{}_{i;j}^{\alpha\beta}V^{\beta}+\frac{1}{r}T_{(r-1)}{}_{ij}V^{\alpha}\Big]\\
&\quad+|\vec{S}_{r}|^{2}\langle\vec{S}_{1},V\rangle-2(r+1)\sum_{\beta}S_{r}^{\alpha}T_{(r-1,2)}{}_{\emptyset}^{\alpha\beta}V^{\beta}\\
&\quad+2cS_{r}^{\alpha}\Big[\frac{(r-1)(n-r+1)}{r}T_{(r-3,2)}{}_{\emptyset}^{\alpha\beta}V^{\beta}\\
&\quad+\frac{(n+1-r)}{r}S_{(r-1)}V^{\alpha}\Big],
\end{aligned}\tag{4.64}
$$

$$
\begin{aligned}
&\frac{\mathrm{d}}{\mathrm{d}t}\int_{M}|\hat{\vec{S}}_{r}|^{2}\mathrm{d}v\\
&=\int_{M}2\hat{S}_{r,ji}^{\alpha}\Big[\frac{r-1}{r}\widehat{T_{r-3,2}}_{ij}^{\alpha\beta}V^{\beta}+\frac{1}{r}\widehat{T_{r-1}}_{ij}V^{\alpha}\Big]\\
&\quad+4\hat{S}_{r,j}^{\alpha}\Big[\frac{r-1}{r}\widehat{T_{r-3,2}}_{ij,i}^{\alpha\beta}V^{\beta}+\frac{1}{r}\widehat{T_{r-1}}_{ij,i}V^{\alpha}\Big]
\end{aligned}
$$

$$
\begin{aligned}
&+2\hat{S}^{\alpha}_{r}\Big[\frac{r-1}{r}\widehat{T_{r-3,2}}{}^{\alpha\beta}_{ij,ji}V^{\beta}+\frac{1}{r}\widehat{T_{r-1}}{}_{ij,ji}V^{\alpha}\Big]\\
&-2\hat{S}^{\alpha}_{r,ii}\Big[\frac{(r-1)(n+1-r)}{(nr)}\widehat{T_{(r-3,2)}}{}^{\alpha\beta}_{\emptyset}V^{\beta}+\frac{(n+1-r)}{nr}\hat{S}_{r-1}V^{\alpha}\Big]\\
&-4\hat{S}^{\alpha}_{r,i}\Big[\frac{(r-1)(n+1-r)}{(nr)}\widehat{T_{(r-3,2)}}{}^{\alpha\beta}_{\emptyset,i}V^{\beta}+\frac{(n+1-r)}{nr}\hat{S}_{r-1,i}V^{\alpha}\Big]\\
&-2\hat{S}^{\alpha}_{r}\Big[\frac{(r-1)(n+1-r)}{(nr)}\widehat{T_{(r-3,2)}}{}^{\alpha\beta}_{\emptyset,ii}V^{\beta}+\frac{(n+1-r)}{nr}\hat{S}_{r-1,ii}V^{\alpha}\Big]\\
&+-2(r+1)\hat{S}^{\alpha}_{r}\widehat{T_{(r-1,2)}}{}^{\alpha\beta}_{\emptyset}V^{\beta}-(n-2r)|\vec{S}_{r}|^{2}\langle\vec{H},V\rangle\\
&+\frac{r-1}{r}2\hat{S}^{\alpha}_{r}\widehat{T_{(r-3,2)}}{}^{\alpha\beta}_{i;j}H^{\beta}\hat{h}^{\gamma}_{ij}V^{\gamma}+\frac{1}{r}2\hat{S}^{\alpha}_{r}\widehat{T_{(r-1)}}{}_{ij}H^{\alpha}\hat{h}^{\gamma}_{ij}V^{\gamma}\\
&-2\hat{S}^{\alpha}_{r}\Big[\frac{(r-1)(n+1-r)}{nr}\widehat{T_{(r-3,2)}}{}^{\alpha\beta}_{\emptyset}\hat{\sigma}_{\beta\gamma}V^{\gamma}\\
&+\frac{(n+1-r)}{nr}\hat{S}_{r-1}\hat{\sigma}_{\alpha\gamma}V^{\gamma}\Big].
\end{aligned}\tag{4.65}
$$

对于超曲面的情形，有

推论 4.13 (变分性质) 设$x:M^{n}\to N^{n+1}$是超曲面，设 $V=V^{i}e_{i}+fN$ 是变分向量场，那么有

$$
\begin{aligned}
&\frac{\mathrm{d}}{\mathrm{d}t}T_{(r)}{}^{k_1\cdots k_s}_{l_1\cdots l_s}\\
=&\sum_{ij}[T_{(r-1)}{}^{k_1\cdots k_s i}_{l_1\cdots l_s j}f]_{,ij}-\sum_{ij}[T_{(r-1)}{}^{k_1\cdots k_s i}_{l_1\cdots l_s j,i}f]_{,j}-\sum_{ij}[T_{(r-1)}{}^{k_1\cdots k_s i}_{l_1\cdots l_s j,j}f]_{,i}\\
&+\sum_{ij}[T_{(r-1)}{}^{k_1\cdots k_s i}_{l_1\cdots l_s j,ji}f]+\sum_{p}T_{(r)}{}^{k_1\cdots k_s}_{l_1\cdots l_s,p}V^{p}\\
&-\sum_{c=1}^{s}\sum_{i}T_{(r)}{}^{k_1\cdots\hat{k}_c\cdots k_s i}_{l_1\cdots\hat{l}_c\cdots l_s l_c}L^{k_c}_{i}+\sum_{c=1}^{s}\sum_{i}T_{(r)}{}^{k_1\cdots\hat{k}_c\cdots k_s k_c}_{l_1\cdots\hat{l}_c\cdots l_s i}L^{i}_{l_c}\\
&+T_{(r)}{}^{k_1\cdots k_s}_{l_1\cdots l_s}S_{1}f+(s-r-1)T_{(r+1)}{}^{k_1\cdots k_s}_{l_1\cdots l_s}f-\Big(\sum_{b=1}^{s}\delta^{k_b}_{l_b}T_{(r+1)}{}^{k_1\cdots\hat{k}_b\cdots k_s}_{l_1\cdots\hat{l}_b\cdots l_s}\Big)f\\
&+\Big(\sum_{b\neq c}T_{(r+1)}{}^{k_1\cdots\hat{k}_c\cdots\hat{k}_b\cdots k_s k_b}_{l_1\cdots\hat{l}_c\cdots\hat{l}_b\cdots l_s l_c}\delta^{k_c}_{l_b}\Big)f+\sum_{ij}T_{(r-1)}{}^{k_1\cdots k_s i}_{l_1\cdots l_s j}\bar{R}_{(n+1)ij(n+1)}f,
\end{aligned}\tag{4.66}
$$

$$
\begin{aligned}
&\frac{\mathrm{d}}{\mathrm{d}t}\widehat{T}_{r}{}^{k_1\cdots k_s}_{l_1\cdots l_s}\\
=&\sum_{ij}[\widehat{T_{(r-1)}}{}^{k_1\cdots k_s i}_{l_1\cdots l_s j}f]_{,ij}-\sum_{ij}[\widehat{T_{(r-1)}}{}^{k_1\cdots k_s i}_{l_1\cdots l_s j,i}f]_{,j}\\
&-\sum_{ij}[\widehat{T_{(r-1)}}{}^{k_1\cdots k_s i}_{l_1\cdots l_s j,j}f]_{,i}+\sum_{ij}[\widehat{T_{(r-1)}}{}^{k_1\cdots k_s i}_{l_1\cdots l_s j,ji}f]\\
&-\sum_{i}[\frac{(n+1-r)}{n}\widehat{T_{(r-1)}}{}^{k_1\cdots k_s}_{l_1\cdots l_s}f]_{,ii}+\sum_{i}[\frac{2(n+1-r)}{n}\widehat{T_{(r-1)}}{}^{k_1\cdots k_s}_{l_1\cdots l_s,i}f]_{,i}
\end{aligned}
$$

$$
\begin{aligned}
&-\sum_i[\frac{(n+1-r)}{n}\widehat{T_{(r-1)}}{}^{k_1\cdots k_s}_{l_1\cdots l_s,ii}f]+\sum_p\widehat{T_{(r)}}{}^{k_1\cdots k_s}_{l_1\cdots l_s,p}V^p\\
&-\sum_{c=1}^{s}\sum_i\widehat{T_{(r)}}{}^{k_1\cdots\hat{k}_c\cdots k_si}_{l_1\cdots\hat{l}_c\cdots l_sl_c}L_i^{k_c}-\sum_{c=1}^{s}\sum_j\widehat{T_{(r)}}{}^{k_1\cdots\hat{k}_c\cdots k_sk_c}_{l_1\cdots\hat{l}_c\cdots l_sj}L_j^{l_c}\\
&-[(r+1)\widehat{T_{(r+1)}}{}^{k_1\cdots k_s}_{l_1\cdots l_s}f]-\sum_{c=1}^{s}\sum_j[\widehat{T_{(r)}}{}^{k_1\cdots\hat{k}_c\cdots k_sk_c}_{l_1\cdots\hat{l}_c\cdots l_sj}\hat{h}_{jl_c}f]\\
&+r\widehat{T_{(r)}}{}^{k_1\cdots k_s}_{l_1\cdots l_s}Hf+[\widehat{T_{(r-1)}}{}^{k_1\cdots k_si}_{l_1\cdots l_sj}H\hat{h}_{ij}f]-[\frac{(n+1-r)}{n}\widehat{T_{(r-1)}}{}^{k_1\cdots k_s}_{l_1\cdots l_s}\hat{\sigma}f]\\
&+[\widehat{T_{(r-1)}}{}^{k_1\cdots k_si}_{l_1\cdots l_sj}\bar{R}_{(n+1)ij(n+1)}f]-[\frac{(n+1-r)}{n}\widehat{T_{(r-1)}}{}^{k_1\cdots k_s}_{l_1\cdots l_s}\bar{R}_{(n+1)(n+1)}f].
\end{aligned}
\tag{4.67}
$$

推论 4.14 (变分性质) 设$x: M^n\to R^{n+1}(c)$是超曲面，设 $V=V^ie_i+fN$ 是变分向量场，那么有

$$
\begin{aligned}
\frac{\mathrm{d}}{\mathrm{d}t}T_{(r)}{}^{k_1\cdots k_s}_{l_1\cdots l_s}=&\sum_{ij}[T_{(r-1)}{}^{k_1\cdots k_si}_{l_1\cdots l_sj}f]_{,ij}+\sum_p T_{(r)}{}^{k_1\cdots k_s}_{l_1\cdots l_s,p}V^p\\
&-\sum_{c=1}^{s}\sum_i T_{(r)}{}^{k_1\cdots\hat{k}_c\cdots k_si}_{l_1\cdots\hat{l}_c\cdots l_sl_c}L_i^{k_c}+\sum_{c=1}^{s}\sum_i T_{(r)}{}^{k_1\cdots\hat{k}_c\cdots k_sk_c}_{l_1\cdots\hat{l}_c\cdots l_si}L_{l_c}^{i}\\
&+T_{(r)}{}^{k_1\cdots k_s}_{l_1\cdots l_s}S_1f+(s-r-1)T_{(r+1)}{}^{k_1\cdots k_s}_{l_1\cdots l_s}f\\
&-\Big(\sum_{b=1}^{s}\delta_{l_b}^{k_b}T_{(r+1)}{}^{k_1\cdots\hat{k}_b\cdots k_s}_{l_1\cdots\hat{l}_b\cdots l_s}\Big)f+\Big(\sum_{b\neq c}T_{(r+1)}{}^{k_1\cdots\hat{k}_c\cdots\hat{k}_b\cdots k_sk_b}_{l_1\cdots\hat{l}_c\cdots\hat{l}_b\cdots l_sl_c}\delta_{l_b}^{k_c}\Big)f\\
&+c(n+1-r-s)T_{(r-1)}{}^{k_1\cdots k_s}_{l_1\cdots l_s}f,
\end{aligned}
\tag{4.68}
$$

$$
\begin{aligned}
\frac{\mathrm{d}}{\mathrm{d}t}\widehat{T}_{r}{}^{k_1\cdots k_s}_{l_1\cdots l_s}=&\sum_{ij}[\widehat{T_{(r-1)}}{}^{k_1\cdots k_si}_{l_1\cdots l_sj}f]_{,ij}-\sum_{ij}[\widehat{T_{(r-1)}}{}^{k_1\cdots k_si}_{l_1\cdots l_sj,i}f]_{,j}\\
&-\sum_{ij}[\widehat{T_{(r-1)}}{}^{k_1\cdots k_si}_{l_1\cdots l_sj,j}f]_{,i}+\sum_{ij}[\widehat{T_{(r-1)}}{}^{k_1\cdots k_si}_{l_1\cdots l_sj,ji}f]\\
&-\sum_i\Big[\frac{(n+1-r)}{n}\widehat{T_{(r-1)}}{}^{k_1\cdots k_s}_{l_1\cdots l_s}f\Big]_{,ii}\\
&+\sum_i\Big[\frac{2(n+1-r)}{n}\widehat{T_{(r-1)}}{}^{k_1\cdots k_s}_{l_1\cdots l_s,i}f\Big]_{,i}\\
&-\sum_i\Big[\frac{(n+1-r)}{n}\widehat{T_{(r-1)}}{}^{k_1\cdots k_s}_{l_1\cdots l_s,ii}f\Big]+\sum_p\widehat{T_{(r)}}{}^{k_1\cdots k_s}_{l_1\cdots l_s,p}V^p\\
&-\sum_{c=1}^{s}\sum_i\widehat{T_{(r)}}{}^{k_1\cdots\hat{k}_c\cdots k_si}_{l_1\cdots\hat{l}_c\cdots l_sl_c}L_i^{k_c}-\sum_{c=1}^{s}\sum_j\widehat{T_{(r)}}{}^{k_1\cdots\hat{k}_c\cdots k_sk_c}_{l_1\cdots\hat{l}_c\cdots l_sj}L_j^{l_c}\\
&-[(r+1)\widehat{T_{(r+1)}}{}^{k_1\cdots k_s}_{l_1\cdots l_s}f]-\sum_{c=1}^{s}\sum_j[\widehat{T_{(r)}}{}^{k_1\cdots\hat{k}_c\cdots k_sk_c}_{l_1\cdots\hat{l}_c\cdots l_sj}\hat{h}_{jl_c}f]\\
&+r\widehat{T_{(r)}}{}^{k_1\cdots k_s}_{l_1\cdots l_s}Hf+[\widehat{T_{(r-1)}}{}^{k_1\cdots k_si}_{l_1\cdots l_sj}H\hat{h}_{ij}f]
\end{aligned}
$$

$$-\Big[\frac{(n+1-r)}{n}\widehat{T_{(r-1)}}{}^{k_1\cdots k_s}_{l_1\cdots l_s}\hat{\sigma}f\Big]. \tag{4.69}$$

推论 4.15 设$x: M^n \to N^{n+1}$是超曲面，$V = V^i e_i + fN$ 是变分向量场，r为任意数，那么有

$$\begin{aligned}\frac{\mathrm{d}}{\mathrm{d}t}S_r =& \sum_{ij}[T_{(r)ij}f]_{,ij} - \sum_{ij}2[T_{(r)ij,j}f]_{,i}\\ &+ \sum_{ij}[T_{(r)ij,ji}f] + \sum_p S_{r,p}V^p + S_r S_1 f\\ &- (r+1)S_{r+1}f + \sum_{ij}T_{(r-1)ij}\bar{R}_{(n+1)ij(n+1)}f,\end{aligned} \tag{4.70}$$

$$\begin{aligned}\frac{\mathrm{d}}{\mathrm{d}t}\hat{S}_r =& [\widehat{T_{(r-1)}}_{ij}f]_{,ij} - 2[\widehat{T_{(r-1)}}_{ij,i}f]_{,j} + [\widehat{T_{(r-1)}}_{ij,ji}f]\\ &- \frac{(n+1-r)}{n}[\hat{S}_{r-1}f]_{,ii} + \frac{2(n+1-r)}{n}[\hat{S}_{r-1,i}f]_{,i}\\ &- \frac{(n+1-r)}{n}[\hat{S}_{r-1,ii}f] + \hat{S}_{r,p}V^p - (r+1)\hat{S}_{r+1}f\\ &+ r\hat{S}_r Hf + \widehat{T_{(r-1)}}_{ij}H\hat{h}_{ij}f - \frac{(n+1-r)}{n}\hat{S}_{r-1}\hat{\sigma}f\\ &+ \widehat{T_{(r-1)}}_{ij}\bar{R}_{(n+1)ij(n+1)}f - \frac{(n+1-r)}{n}\hat{S}_{r-1}\bar{R}_{(n+1)(n+1)}f.\end{aligned} \tag{4.71}$$

推论 4.16 设$x: M^n \to N^{n+1}$是超曲面，$V = V^i e_i + fN$ 是变分向量场，r为任意数，那么有

$$\begin{aligned}\frac{\mathrm{d}}{\mathrm{d}t}\int_M S_r\mathrm{d}v =& \int_M \sum_{ij}[T_{(r)ij,ji}f] - (r+1)S_{r+1}f\\ &+ \sum_{ij}T_{(r-1)ij}\bar{R}_{(n+1)ij(n+1)}f\mathrm{d}v,\end{aligned} \tag{4.72}$$

$$\begin{aligned}\frac{\mathrm{d}}{\mathrm{d}t}\int_M \hat{S}_r\mathrm{d}v =& \int_M [\widehat{T_{(r-1)}}_{ij,ji}f] - \frac{(n+1-r)}{n}[\hat{S}_{r-1,ii}f]\\ &- (r+1)\hat{S}_{r+1}f - (n-r)\hat{S}_r Hf + \widehat{T_{(r-1)}}_{ij}H\hat{h}_{ij}f\\ &- \frac{(n+1-r)}{n}\hat{S}_{r-1}\hat{\sigma}f + \widehat{T_{(r-1)}}_{ij}\bar{R}_{(n+1)ij(n+1)}f\\ &- \frac{(n+1-r)}{n}\hat{S}_{r-1}\bar{R}_{(n+1)(n+1)}f\mathrm{d}v.\end{aligned} \tag{4.73}$$

推论 4.17 设$x: M^n \to R^{n+1}(c)$是超曲面，$V = V^i e_i + fN$ 是变分向量场，r为任意数，那么有

$$\frac{\mathrm{d}}{\mathrm{d}t}S_r = \sum_{ij}[T_{(r)ij}f]_{,ij} + \sum_p S_{r,p}V^p + S_r S_1 f$$

$$-(r+1)S_{r+1}f+c(n-r+1)S_{r-1}f, \tag{4.74}$$

$$\begin{aligned}\frac{\mathrm{d}}{\mathrm{d}t}\hat{S}_r =&[\widehat{T_{(r-1)}}_{ij}f]_{,ij}-2[\widehat{T_{(r-1)}}_{ij,i}f]_{,j}+[\widehat{T_{(r-1)}}_{ij,ji}f]\\&-\frac{(n+1-r)}{n}[\hat{S}_{r-1}f]_{,ii}+\frac{2(n+1-r)}{n}[\hat{S}_{r-1,i}f]_{,i}\\&-\frac{(n+1-r)}{n}[\hat{S}_{r-1,ii}f]+\hat{S}_{r,p}V^p-(r+1)\hat{S}_{r+1}f\\&+r\hat{S}_rHf+\widehat{T_{(r-1)}}_{ij}H\hat{h}_{ij}f-\frac{(n+1-r)}{n}\hat{S}_{r-1}\hat{\sigma}f.\end{aligned} \tag{4.75}$$

推论 4.18 设$x:M^n\to R^{n+1}(c)$是紧致无边子流形， $V=V^ie_i+fN$ 是变分向量场，r为任意数，那么有

$$\frac{\mathrm{d}}{\mathrm{d}t}\int_M S_r\mathrm{d}v_t=\int_M -(r+1)S_{r+1}f+c(n-r+1)S_{r-1}f\mathrm{d}v_t, \tag{4.76}$$

$$\begin{aligned}\frac{\mathrm{d}}{\mathrm{d}t}\int_M \hat{S}_r\mathrm{d}v=\int_M &[\widehat{T_{(r-1)}}_{ij,ji}f]-\frac{(n+1-r)}{n}[\hat{S}_{r-1,ii}f]\\&-(r+1)\hat{S}_{r+1}f-(n-r)\hat{S}_rHf\\&+\widehat{T_{(r-1)}}_{ij}H\hat{h}_{ij}f-\frac{(n+1-r)}{n}\hat{S}_{r-1}\hat{\sigma}f.\end{aligned} \tag{4.77}$$

第 5 章　Cheng-Yau算子

本章主要介绍Cheng-Yau算子，包括其定义和它对函数的作用。

5.1　算子的定义

设$\varphi = \sum_{ij} \varphi_{ij}\theta^i \otimes \theta^j$是流形$(M, ds^2)$上的对称张量。定义Cheng-Yau微分算子：

$$\Box f = \sum_{ij} \varphi_{ij} f_{,ij}.$$

对于这个算子，容易得如下的定理:

定理 5.1 [12]　设(M, ds^2)是紧致无边的，算子$\Box$是自伴随的(在L^2中)，当且仅当对任意的 i，有

$$\sum_j \varphi_{ij,j} = 0.$$

◇

证明　假设函数f, g是光滑的，利用Stokes定理和分部积分公式，通过直接计算，有

$$\begin{aligned}
\int_M \Box f\, g dv &= \int_M \varphi_{ij} f_{,ij} g dv \\
&= \int_M (\varphi_{ij} f_{,i})_{,j} g - \varphi_{ij,j} f_{,i} g dv \\
&= \int_M -\varphi_{ij} f_{,i} g_{,j} - \varphi_{ij,j} f_{,i} g dv \\
&= \int_M -(\varphi_{ij} f)_{,i} g_{,j} + \varphi_{ij,i} f g_{,j} - \varphi_{ij,j} f_{,i} g dv \\
&= \int_M (\varphi_{ij} f g_{,ji} + \varphi_{ij,i} f g_{,j} - \varphi_{ij,j} f_{,i} g dv \\
&= \int_M \Box g\, f + \varphi_{ji,i} f g_{,j} - \varphi_{ij,j} f_{,i} g dv.
\end{aligned}$$

因此，根据函数和张量 f, $f_{,i}$, g, $g_{,j}$ 的任意性，算子$\Box$为自伴算子当且仅当

$$\sum_j \varphi_{ij,j} = 0, \ \ \forall i.$$

□

我们列出一些自伴随算子的例子。

例 5.1 最著名的例子自然是Δ算子，即 $\varphi_{ij}=\delta_{ij}$.

例 5.2 由第二Bianchi恒等式，有$\sum_j R_{ij,j}=\frac{1}{2}R_{,i}$，因此可以定义$\varphi_{ij}=\frac{1}{2}R\delta_{ij}-R_{ij}$. 实际上，我们可以给出一个简洁的证明。

证明 我们知道Bianchi等式和对称等式

$$R_{ijkl,h}+R_{ijlh,k}+R_{ijhk,l}=0,\quad R_{ijkl}=R_{klij}.$$

所以根据定义和上面的等式有

$$\begin{aligned}I&=\sum_j R_{ij,j}=\sum_{jk}R_{ikkj,j}=\sum_{jk}R_{kjik,j}\\&=\sum_{jk}-(R_{kjkj,i}+R_{kjji,k})=-R_{,i}-\sum_k R_{ik,k}=R_{,i}-I,\\I&=\sum_j R_{ij,j}=\frac{1}{2}R_{,i}.\end{aligned}$$

□

例 5.3 设对称张量 $a=\sum_{ij}a_{ij}\theta^i\otimes\theta^j$ 满足Codazzi方程 $a_{ij,k}=a_{ik,j}$，则算子 $\varphi_{ij}=(\sum_k a_{kk})\delta_{ij}-a_{ij}$ 是自伴随的。并且有如下的推导：

$$\begin{aligned}\sum_j\varphi_{ij,j}&=\sum_j\Big(\sum_k a_{kk}\Big)_{,j}\delta_{ij}-\sum_j a_{ij,j}\\&=[\mathrm{tr}(a)]_{,i}-\sum_j a_{ji,j}\\&=[\mathrm{tr}(a)]_{,i}-\sum_j a_{jj,i}\\&=[\mathrm{tr}(a)]_{,i}-[\mathrm{tr}(a)]_{,i}=0.\end{aligned}$$

例 5.4 设$x:M\to R^{n+1}(c)$是子流形，h_{ij}显然满足Codazzi方程，算子$\varphi_{ij}=nH\delta_{ij}-h_{ij}$是自伴随的。定义如下：

$$\begin{aligned}\square:\quad &C^\infty(M)\to C^\infty(M),\\&f\to(nH\delta_{ij}-h_{ij})f_{ij}=nH\Delta f-\sum_{ij}h_{ij}f_{ij}.\end{aligned}$$

例 5.5 设$x:M\to R^{n+p}(c)$是子流形，h^α_{ij} 显然满足Codazzi方程，算子 $\varphi^\alpha_{ij}=nH^\alpha\delta_{ij}-$

h_{ij}^{α} 对于固定的 α 是自伴随的。定义如下：

$$\begin{aligned}
\square^{\alpha}:\quad & C^{\infty}(M)\to C^{\infty}(TM),\\
& f\to (nH^{\alpha}\delta_{ij}-h_{ij}^{\alpha})f_{ij}=nH^{\alpha}\Delta f-\sum_{ij}h_{ij}^{\alpha}f_{ij},\\
\square:\quad & C^{\infty}(M)\to C^{\infty}(T^{\perp}M),\\
& f\to (nH^{\alpha}\delta_{ij}-h_{ij}^{\alpha})f_{ij}e_{\alpha}=n\Delta f\vec{H}-\sum_{ij}f_{ij}B_{ij},\\
\square^{*}:\quad & C^{\infty}(T^{\perp}M)\to C^{\infty}(TM),\\
& \xi^{\alpha}e_{\alpha}\to \Delta(nH^{\alpha}\xi^{\alpha})-(h_{ij}^{\alpha}\xi^{\alpha})_{,ij}=nH^{\alpha}\Delta\xi^{\alpha}-h_{ij}^{\alpha}\xi_{,ij}^{\alpha}.
\end{aligned}$$

例 5.6 设$x: M\to R^{n+1}(c)$是子流形，Newton变换$T_{(r)}{}_j^i$显然散度为零，算子$\varphi_{ij}=T_{(r)}{}_j^i$是自伴随的。当$p=1$时，定义如下：

$$\begin{aligned}
L_r:\quad & C^{\infty}(M)\to C^{\infty}(M),\\
& f\to T_{(r)}{}_j^i f_{ij}.\\
L_r^{*}&=L_r,\\
\int_M L_r^{*}(f)&=\int_M L_r(f)=0,\\
\int_M fL_r(g)&=-\int_M\langle T_{(r)}Df,Dg\rangle,\\
Q_r:\quad & C^{\infty}(M)\to C^{\infty}(M),\\
& f\to T_{(r)}{}_j^i f_{ij}+c(n-r)S_r f,\\
Q_r&=L_r+c(n-r)S_r\circ id.
\end{aligned}$$

例 5.7 设$x: M\to R^{n+p}(c)$是子流形，r是偶数，Newton变换$T_{(r)}{}_j^i$显然散度为零，算子 $\varphi_{ij}=T_{(r)}{}_j^i$ 是自伴随的。当$p\geqslant 2$时，定义如下：

$$\begin{aligned}
L_r:\quad & C^{\infty}(M)\to C^{\infty}(M),\\
& f\to T_{(r)}{}_j^i f_{ij}.\\
L_r^{*}&=L_r,\\
\int_M L_r^{*}(f)&=\int_M L_r(f)=0,\\
\int_M fL_r(g)&=-\int_M\langle T_{(r)}Df,Dg\rangle,\\
Q_r:\quad & C^{\infty}(M)\to C^{\infty}(M),\\
& f\to T_{(r)}{}_j^i f_{ij}+c(n-r)S_r f,
\end{aligned}$$

$$Q_r = L_r + c(n-r)S_r id.$$

例 5.8 设$x: M \to R^{n+p}(c)$是子流形，设r是奇数，Newton变换 $T_{(r)}{}^{\alpha}_{ij}$ 显然散度为零，算子$\varphi^{\alpha}_{ij} = T_{(r)}{}^{\alpha}_{ij}$对于固定的 α 是自伴随的。当$p \geqslant 2$时，定义如下：

$$\begin{aligned}
L_r^{\alpha}:\quad & C^{\infty}(M) \to C^{\infty}(M),\\
& f \to T_{(r)}{}^{\alpha}_{ij} f_{ij},\\
L_r:\quad & C^{\infty}(M) \to C^{\infty}(T^{\perp}M),\\
& f \to T_{(r)}{}^{\alpha}_{ij} f_{ij} e_{\alpha},\\
& \int_M L_r^{\alpha} f = \int_M \langle L_r f, e_{\alpha}\rangle = 0.\\
L_r^{*}:\quad & C^{\infty}(T^{\perp}M) \to C^{\infty}(M),\\
& \xi^{\alpha} e_{\alpha} \to T_{(r)}{}^{\alpha}_{ij} \xi^{\alpha}_{,ij},\\
& \int_M L_r^{*}(\xi^{\alpha} e_{\alpha}) = 0.\\
Q_r^{\alpha}:\quad & C^{\infty}(M) \to C^{\infty}(M),\\
& f \to T_{(r)}{}^{\alpha}_{ij} f_{ij} + c(n-r)\langle \vec{S}_r, e_{\alpha}\rangle f,\\
& Q_r^{\alpha} = L_r^{\alpha} + c(n-r)\langle \vec{S}_r, e_{\alpha}\rangle id,\\
Q_r:\quad & C^{\infty}(M) \to C^{\infty}(T^{\perp}M),\\
& f \to T_{(r)}{}^{\alpha}_{ij} f_{ij} e_{\alpha} + c(n-r) f \cdot \vec{S}_r,\\
& Q_r = L_r + c(n-r)\vec{S}_r id.
\end{aligned}$$

5.2 抽象计算

为了使本书是自封的，本节引用文献[12]中的计算。设$(M, \mathrm{d}s^2)$是一个黎曼流形，$a = \sum_{ij} a_{ij}\theta^i \otimes \theta^j$ 是对称Codazzi张量，我们做一些抽象计算：

$$S_1(a) = \sum_i a_{ii},$$

$$|a|^2 = \sum_{ij}(a_{ij})^2,$$

$$S_2 = \frac{1}{2}(S_1^2(a) - |a|^2),$$

$$S_r(a) = \frac{1}{r!}\delta^{j_1 \dots j_r}_{i_1 \dots i_r} a_{i_1 j_1} \dots a_{i_r j_r},$$

$$
\begin{aligned}
\Delta a_{ij} &= \sum_k a_{ij,kk} \\
&= (a_{ij,k} - a_{ik,j})_{,k} + (a_{ik,jk} - a_{ik,kj}) + a_{ik,kj} \\
&= (a_{ik,jk} - a_{ik,kj}) + S_{1,ij} \\
&= -a_{pk}R_{ipkj} + a_{ip}R_{pj} + S_{1,ij} \\
&= -a_{pk}R_{ipkj} + a_{ip}R_{pj} + S_{1,ij}, \\
\frac{1}{2}\Delta|a|^2 &= |Da|^2 + a_{ij}\Delta a_{ij} \\
&= |Da|^2 + a_{ij}(-a_{pk}R_{ipkj} + a_{ip}R_{pj} + S_{1,ij}) \\
&= |Da|^2 + -R_{ipkj}a_{ij}a_{pk} + R_{pj}a_{ip}a_{ij} + a_{ij}S_{1,ij}.
\end{aligned}
$$

对角化 $a_{ij} = k_i\delta_{ij}$，有

$$
\begin{aligned}
&a_{ij} = \sum_i k_i(\theta^i)^2, \\
&(-R_{ipkj})a_{ij}a_{pk} = \frac{1}{2}(-2R_{ijji}k_ik_j), \\
&R_{pj}a_{ip}a_{ij} = \frac{1}{2}R_{ijji}(k_i^2 + k_j^2), \\
&\frac{1}{2}\Delta|a|^2 = |Da|^2 + \frac{1}{2}(-R_{ijji}2k_ik_j) \\
&\qquad + \frac{1}{2}(R_{ijji}k_i^2 + k_j^2) + k_iS_{1,ii} \\
&\qquad = |Da|^2 + \frac{1}{2}R_{ijji}(k_i - k_j)^2 + k_iS_{1,ii}, \\
&\frac{1}{2}\Delta S_1^2 = |DS_1|^2 + S_1\Delta S_1, \\
&-\Delta S_2 = -|DS_1|^2 - S_1\Delta S_1 + |Da|^2 \\
&\qquad + \frac{1}{2}R_{ijji}(k_i - k_j)^2 + k_iS_{1,ii}, \\
&\square = (S_1\delta_{ij} - a_{ij})D_jD_i, \\
&\square S_1 = S_1\Delta S_1 - a_{ij}S_{1,ij} \\
&\qquad = S_1\Delta S_1 - k_iS_{1,ii} \\
&\qquad = \frac{1}{2}\Delta S_1^2 - |DS_1|^2 - \Delta\frac{1}{2}|a|^2
\end{aligned}
$$

$$
\begin{aligned}
&+|Da|^2+\frac{1}{2}R_{ijji}(k_i-k_j)^2\\
&=\Delta S_2+|Da|^2-|DS_1|^2\\
&\quad+\frac{1}{2}R_{ijji}(k_i-k_j)^2,
\end{aligned}
$$

$$
\int_M \Box S_1=\int_M |Da|^2-|DS_1|^2+\frac{1}{2}R_{ijji}(k_i-k_j)^2=0.
$$

如果满足以下条件：

$$
|Da|^2\geqslant|DS_1|^2,\quad K_M\geqslant 0,
$$

可以推出：

$$
|Da|^2=|DS_1|^2,\ R_{ijji}(k_i-k_j)^2=0,\ \forall i,\ j.
$$

定理 5.2 [11] 设$a=\sum_{ij}a_{ij}\theta^i\otimes\theta^j=\sum_i k_i(\theta^i)^2$是黎曼流形上的Coddazi 张量，如果满足下列条件：

$$
|Da|^2\geqslant|D\mathrm{tr}(a)|^2,\ K_M\geqslant 0,
$$

则有

$$
|Da|^2=|D\mathrm{tr}(a)|^2,\quad R_{ijji}(k_i-k_j)^2=0,\ \forall i,\ j.
$$

◇

注释 5.1 从这个定理出发，结合一些精巧的不等式，可以建立超曲面的一些刚性定理，参见文献[26]。

5.3 特殊函数的微分和积分

本节主要计算一些特殊函数的微分。

1. 计算$\sigma=\sum_{ij\alpha}(h^\alpha_{ij})^2$

在一般流形中且$p\geqslant 2$时，有

$$
\begin{aligned}
\sigma_{,kl}&=\sum_{ijkl\alpha}2(h^\alpha_{ij}h^\alpha_{ij,k})_{,l}\\
&=\sum_{ij\alpha}2h^\alpha_{ij}h^\alpha_{ij,kl}+\sum_{ij\alpha}2h^\alpha_{ij,k}h^\alpha_{ij,l}\\
&=\sum_{ij\alpha}2h^\alpha_{ij}[(h^\alpha_{ij,k}-h^\alpha_{ik,j})_{,l}+(h^\alpha_{ik,jl}-h^\alpha_{ik,lj})\\
&\quad+(h^\alpha_{ki,l}-h^\alpha_{kl,i})_{,j}+h^\alpha_{kl,ij}]+2\sum_{ij\alpha}h^\alpha_{ij,k}h^\alpha_{ij,l}
\end{aligned}
$$

$$
\begin{aligned}
&= \sum_{ij\alpha} -2h_{ij}^{\alpha}\bar{R}_{ijk,l}^{\alpha} + \sum_{ij\alpha} 2h_{ij}^{\alpha}\bar{R}_{kli,j}^{\alpha} + \sum_{ij\alpha} 2h_{ij}^{\alpha}h_{kl,ij}^{\alpha} \\
&\quad + \sum_{ij\alpha} 2h_{ij,k}^{\alpha}h_{ij,l}^{\alpha} + 2[\sum_{ijp\alpha} h_{ij}^{\alpha}h_{pk}^{\alpha}\bar{R}_{ipjl} + \sum_{ijp\alpha} h_{ij}^{\alpha}h_{ip}^{\alpha}\bar{R}_{kpjl} \\
&\quad + \sum_{ij\alpha\beta} h_{ij}^{\alpha}h_{ik}^{\beta}\bar{R}_{\alpha\beta jl} + \sum_{ijp\alpha\beta} (h_{ij}^{\alpha}h_{il}^{\beta}h_{kp}^{\alpha}h_{pj}^{\beta} - h_{ij}^{\alpha}h_{ij}^{\beta}h_{kp}^{\alpha}h_{pl}^{\beta}) \\
&\quad + \sum_{ijp\alpha\beta} (h_{ij}^{\alpha}h_{ip}^{\alpha}h_{pj}^{\beta}h_{kl}^{\beta} - h_{ij}^{\alpha}h_{ip}^{\alpha}h_{pl}^{\beta}h_{jk}^{\beta}) \\
&\quad + \sum_{ijp\alpha\beta} (h_{ij}^{\alpha}h_{ik}^{\beta}h_{jp}^{\beta}h_{pl}^{\alpha} - h_{ij}^{\alpha}h_{ik}^{\beta}h_{jp}^{\alpha}h_{pl}^{\beta})].
\end{aligned} \tag{5.1}
$$

因此，我们用拉普拉斯算子作用，有

$$
\begin{aligned}
\Delta\sigma &= \sum_{k} \sigma_{,kk} \\
&= \sum_{ijk\alpha} -2h_{ij}^{\alpha}\bar{R}_{ijk,k}^{\alpha} + \sum_{ijk\alpha} 2h_{ij}^{\alpha}\bar{R}_{kki,j}^{\alpha} + \sum_{ij\alpha} 2nh_{ij}^{\alpha}H_{,ij}^{\alpha} + 2|Dh|^2 \\
&\quad + 2[\sum_{ijpk\alpha} h_{ij}^{\alpha}h_{pk}^{\alpha}\bar{R}_{ipjk} + \sum_{ijpk\alpha} h_{ij}^{\alpha}h_{ip}^{\alpha}\bar{R}_{kpjk} + \sum_{ijk\alpha\beta} h_{ij}^{\alpha}h_{ik}^{\beta}\bar{R}_{\alpha\beta jk}] \\
&\quad + \sum_{\alpha\beta} 4[\mathrm{tr}(A_{\alpha}A_{\beta}A_{\alpha}A_{\beta}) - \mathrm{tr}(A_{\alpha}A_{\alpha}A_{\beta}A_{\beta})] \\
&\quad + \sum_{\alpha\beta} 2n\mathrm{tr}(A_{\alpha}A_{\alpha}A_{\beta})H^{\beta} - 2[\mathrm{tr}(A_{\alpha}A_{\beta})]^2.
\end{aligned} \tag{5.2}
$$

在一般流形中且$p = 1$时，有

$$
\begin{aligned}
\sigma_{,kl} &= \sum_{ij} 2h_{ij}\bar{R}_{(n+1)ijk,l} - \sum_{ij} 2h_{ij}\bar{R}_{(n+1)kli,j} \\
&\quad + \sum_{ij} 2h_{ij}h_{kl,ij} + \sum_{ij} 2h_{ij,k}h_{ij,l} \\
&\quad + 2[\sum_{ijp} h_{ij}h_{pk}\bar{R}_{ipjl} + \sum_{ijp} h_{ij}h_{ip}\bar{R}_{kpjl} - \sigma\sum_{p} h_{kp}h_{pl} \\
&\quad + \sum_{ijp}(h_{ij}h_{il}h_{kp}h_{pj} + h_{ij}h_{ip}h_{pj}h_{kl} - h_{ij}h_{ip}h_{pl}h_{jk})].
\end{aligned} \tag{5.3}
$$

因此，用拉普拉斯算子作用后，有

$$
\begin{aligned}
\Delta\sigma &= \sum_{k} \sigma_{,kk} \\
&= \sum_{ijk} 2h_{ij}\bar{R}_{(n+1)ijk,k} - \sum_{ijk} 2h_{ij}\bar{R}_{(n+1)kki,j} \\
&\quad + \sum_{ij} 2nh_{ij}H_{,ij} + 2|Dh|^2 + \sum_{ijkl} 2h_{ij}h_{kl}\bar{R}_{iljk}
\end{aligned}
$$

$$+\sum_{ijkl}2h_{ij}h_{il}\bar{R}_{jkkl}-2\sigma^2+2n\mathrm{tr}(A^3)H. \tag{5.4}$$

在空间形式之中且$p\geqslant 2$时，有

$$\begin{aligned}\sigma_{,kl}=&\sum_{ij\alpha}2h^\alpha_{ij}h^\alpha_{kl,ij}+\sum_{ij\alpha}2h^\alpha_{ij,k}h^\alpha_{ij,l}\\&+2[\sum_\alpha -cnH^\alpha h^\alpha_{kl}+c\delta_{kl}\sigma+\sum_{ijp\alpha\beta}(h^\alpha_{ij}h^\beta_{il}h^\alpha_{kp}h^\beta_{pj}-h^\alpha_{ij}h^\beta_{ij}h^\alpha_{kp}h^\beta_{pl})\\&+\sum_{ijp\alpha\beta}(h^\alpha_{ij}h^\alpha_{ip}h^\beta_{pj}h^\beta_{kl}-h^\alpha_{ij}h^\alpha_{ip}h^\beta_{pl}h^\beta_{jk})\\&+\sum_{ijp\alpha\beta}(h^\alpha_{ij}h^\beta_{ik}h^\beta_{jp}h^\alpha_{pl}-h^\alpha_{ij}h^\beta_{ik}h^\alpha_{jp}h^\beta_{pl})].\end{aligned} \tag{5.5}$$

因此，有

$$\begin{aligned}\Delta\sigma&=\sum_k\sigma_{,kk}\\&=\sum_{ij\alpha}2nh^\alpha_{ij}H^\alpha_{,ij}+2|Dh|^2+2nc\sigma-2n^2cH^2\\&\quad+\sum_{\alpha\beta}4\mathrm{tr}(A_\alpha A_\beta A_\alpha A_\beta)-4\mathrm{tr}(A_\alpha A_\alpha A_\beta A_\beta)\\&\quad+\sum_{\alpha\beta}2n\mathrm{tr}(A_\alpha A_\alpha A_\beta)H^\beta-2(\mathrm{tr}(A_\alpha A_\beta))^2.\end{aligned} \tag{5.6}$$

可得积分等式

$$\begin{aligned}&\int_M\sum_{ij\alpha}[2nh^\alpha_{ij}H^\alpha_{,ij}+2|Dh|^2+2nc\sigma-2n^2cH^2\\&+\sum_{\alpha\beta}4\mathrm{tr}(A_\alpha A_\beta A_\alpha A_\beta)-4\mathrm{tr}(A_\alpha A_\alpha A_\beta A_\beta)\\&+\sum_{\alpha\beta}2n\mathrm{tr}(A_\alpha A_\alpha A_\beta)H^\beta-2(\mathrm{tr}(A_\alpha A_\beta))^2]\mathrm{d}v=0.\end{aligned} \tag{5.7}$$

若M是极小的，则

$$\int_M 2|Dh|^2+2nc\sigma-\sum_{\alpha\beta}2N(A_\alpha A_\beta-A_\beta A_\alpha)-2(\sigma_{\alpha\beta})^2\mathrm{d}v=0.$$

其中记号$N(A)=\sum_{ij}(a_{ij})^2$表示矩阵的模长的平方。在单位球面中，可对极小子流形建立Simons积分不等式

$$\int_M\sigma\Big(\frac{n}{2-p^{-1}}-\sigma\Big)\mathrm{d}v\leqslant 0.$$

在空间形式中且 $p=1$ 时，有

$$\sigma_{,kl}=\sum_{ij}2h_{ij}h_{kl,ij}+\sum_{ij}2h_{ij,k}h_{ij,l}$$

$$-2cnHh_{kl}+2c\delta_{kl}\sigma-2\sigma\sum_p h_{kp}h_{pl}$$

$$+\sum_{ijp}2(h_{ij}h_{il}h_{kp}h_{pj}+h_{ij}h_{ip}h_{pj}h_{kl}-h_{ij}h_{ip}h_{pl}h_{jk}).\tag{5.8}$$

用拉普拉斯算子作用，得

$$\Delta\sigma=\sum_k\sigma_{,kk}=\sum_{ij}2nh_{ij}H_{,ij}+2|Dh|^2$$

$$-2n^2cH^2+2nc\sigma-2\sigma^2+2nH\mathrm{tr}(A^3).\tag{5.9}$$

可得积分等式

$$\int_M\sum_{ij}2nh_{ij}H_{,ij}+2|Dh|^2-2n^2cH^2$$

$$+2nc\sigma-2\sigma^2+2nH\mathrm{tr}(A^3)\mathrm{d}v=0.\tag{5.10}$$

若M是极小的，则

$$\int_M 2|Dh|^2+2nc\sigma-2\sigma^2\mathrm{d}v=0.$$

在单位球面中，可以对极小超曲面建立Simons积分不等式

$$\int_M\sigma(n-\sigma)\mathrm{d}v\leqslant 0.$$

2. 计算超曲面的S_r

在一般流形中且$p=1$时，有

$$S_{r,k}=\sum_{ij}T_{(r-1)}{}^i_j h_{ij,k}\tag{5.11}$$

$$S_{r,kl}=\sum_{ij}T_{(r-1)}{}^i_{j,l}h_{ij,k}+\sum_{ij}T_{(r-1)}{}^i_j h_{ij,kl}$$

$$=\sum_{ijpq}T_{(r-2)}{}^{ip}_{jq}h_{ij,k}h_{pq,l}+\sum_{ij}T_{(r-1)}{}^i_j[(h_{ij,k}-h_{ik,j})_{,l}$$

$$+h_{ki,jl}-h_{ki,lj}+(h_{ki,l}-h_{kl,i})_{,j}+h_{kl,ij}]$$

$$=\sum_{ijpq}T_{(r-2)}{}^{ip}_{jq}h_{ij,k}h_{pq,l}$$

$$+\sum_{ij}T_{(r-1)}{}^i_j(\bar{R}_{(n+1)ijk,l}-\bar{R}_{(n+1)kli,j}+h_{kl,ij}+h_{ki,jl}-h_{ki,lj})$$

$$=\sum_{ijpq}T_{(r-2)}{}^{ip}_{jq}h_{ij,k}h_{pq,l}$$

$$+\sum_{ij}T_{(r-1)}{}^i_j(\bar{R}_{(n+1)ijk,l}-\bar{R}_{(n+1)kli,j}+h_{kl,ij}+h_{ik,jl}-h_{ik,lj})$$

$$= \sum_{ijpq} T_{(r-2)}{}_{jq}^{ip} h_{ij,k} h_{pq,l} + \sum_{ij} T_{(r-1)}{}_{j}^{i} (\bar{R}_{(n+1)ijk,l} - \bar{R}_{(n+1)kli,j}$$

$$+ h_{kl,ij}) + \sum_{ij} T_{(r-1)}{}_{j}^{i} [\sum_{p} h_{pk} \bar{R}_{ipjl} + \sum_{p} h_{ip} \bar{R}_{kpjl}$$

$$+ \sum_{p} (h_{il} h_{kp} h_{pj} - h_{ij} h_{kp} h_{pl}) + \sum_{p} (h_{ip} h_{pj} h_{kl} - h_{ip} h_{pl} h_{jk})].$$

$$= \sum_{ijpq} T_{(r-2)}{}_{jq}^{ip} h_{ij,k} h_{pq,l} + \sum_{ij} T_{(r-1)}{}_{j}^{i} (\bar{R}_{(n+1)ijk,l} - \bar{R}_{(n+1)kli,j}$$

$$+ h_{kl,ij}) + \sum_{ij} T_{(r-1)}{}_{j}^{i} (\sum_{p} h_{pk} \bar{R}_{ipjl} + \sum_{p} h_{ip} \bar{R}_{kpjl})$$

$$- rS_r \sum_{p} h_{kp} h_{pl} - (r+1) S_{r+1} h_{kl} + S_1 S_r h_{kl}. \tag{5.12}$$

用拉普拉斯算子作用，有

$$\Delta S_r = \sum_{ijpqk} T_{(r-2)}{}_{jq}^{ip} h_{ij,k} h_{pq,k} + \sum_{ijk} T_{(r-1)}{}_{j}^{i} (\bar{R}_{(n+1)ijk,k} - \bar{R}_{(n+1)kki,j})$$

$$+ nL_{r-1} H + \sum_{ijp} T_{(r-1)}{}_{j}^{i} (-h_{pk} \bar{R}_{ipkj} + h_{ip} \bar{R}_{pkkj})$$

$$- rS_r \sigma - (r+1) S_{r+1} S_1 + S_1^2 S_r. \tag{5.13}$$

特别地，对于低阶的对称函数，有

$$\Delta S_2 = n^2 |DH|^2 - |Dh|^2 \sum_{ij} h_{ij} (\bar{R}_{(n+1)ijk,k} - \bar{R}_{(n+1)kki,j})$$

$$+ nL_1 H - \sum_{ij} h_{ij} (-h_{pk} \bar{R}_{ipkj} + h_{ip} \bar{R}_{pkkj})$$

$$- 2S_2 \sigma - 3S_3 S_1 + S_1^2 S_2. \tag{5.14}$$

在空间形式之中且$p = 1$时，有

$$S_{r,k} = \sum_{ij} T_{(r-1)}{}_{j}^{i} h_{ij,k} \tag{5.15}$$

$$S_{r,kl} = \sum_{ijpq} T_{(r-2)}{}_{jq}^{ip} h_{ij,k} h_{pq,l} + \sum_{ij} T_{(r-1)}{}_{j}^{i} h_{kl,ij}$$

$$+ \sum_{ij} T_{(r-1)}{}_{j}^{i} [- c\delta_{ij} h_{kl} + c\delta_{il} h_{kj} - c\delta_{jk} h_{il} + c\delta_{kl} h_{ij}$$

$$+ \sum_{p} (h_{il} h_{kp} h_{pj} - h_{ij} h_{kp} h_{pl} + h_{ip} h_{pj} h_{kl} - h_{ip} h_{pl} h_{jk})]$$

$$= \sum_{ijpq} T_{(r-2)}{}_{jq}^{ip} h_{ij,k} h_{pq,l} + \sum_{ij} T_{(r-1)}{}_{j}^{i} h_{kl,ij}$$

$$- c(n+1-r) S_{r-1} h_{kl} + rcS_r \delta_{kl}$$

$$
\begin{aligned}
&+\sum_{ijp} T_{(r-1)}{}^{i}_{j}(h_{il}h_{kp}h_{pj}-h_{ij}h_{kp}h_{pl}+h_{ip}h_{pj}h_{kl}-h_{ip}h_{pl}h_{jk})\\
&=\sum_{ijpq} T_{(r-2)}{}^{ip}_{jq}h_{ij,k}h_{pq,l}+\sum_{ij} T_{(r-1)}{}^{i}_{j}h_{kl,ij}\\
&-c(n+1-r)S_{r-1}h_{kl}+rcS_{r}\delta_{kl}\\
&-rS_{r}\sum_{p} h_{kp}h_{pl}-(r+1)S_{r+1}h_{kl}+S_{1}S_{r}h_{kl}. \qquad (5.16)
\end{aligned}
$$

用拉普拉斯算子作用，有

$$
\begin{aligned}
\Delta S_{r}=&\sum_{ijpqk} T_{(r-2)}{}^{ip}_{jq}h_{ij,k}h_{pq,k}+L_{r-1}S_{1}-c(n+1-r)S_{r-1}S_{1}\\
&+ncrS_{r}-rS_{r}\sigma-(r+1)S_{r+1}S_{1}+S_{1}^{2}S_{r}. \qquad (5.17)
\end{aligned}
$$

特别地，对于低阶的对称函数，有

$$
\begin{aligned}
\Delta S_{2}=&n^{2}|DH|^{2}-|Dh|^{2}+L_{1}S_{1}-nc\sigma-c(n-1)S_{1}S_{1}\\
&+2ncS_{2}-2S_{2}\sigma-3S_{3}S_{1}+S_{1}^{2}S_{2}. \qquad (5.18)
\end{aligned}
$$

为了后续第8章的应用，我们计算单位球面中的对称函数S_{r+1}：

$$
\begin{aligned}
\Delta S_{r+1}=&\sum_{ijpqk} T_{(r-1)}{}^{ip}_{jq}h_{ij,k}h_{pq,k}+L_{r}S_{1}\\
&-(n-r)S_{r}S_{1}+n(r+1)S_{r+1}-(r+1)S_{r+1}\sigma\\
&-(r+2)S_{r+2}S_{1}+S_{1}^{2}S_{r+1} \qquad (5.19)
\end{aligned}
$$

$$
\begin{aligned}
T_{(r-1)}{}^{ip}_{jq}h_{ij,k}h_{pq,k}=&\Delta S_{r+1}-L_{r}S_{1}+(n-r)S_{r}S_{1}\\
&-n(r+1)S_{r+1}+(r+1)S_{r+1}\sigma\\
&+(r+2)S_{r+2}S_{1}-S_{1}^{2}S_{r+1} \qquad (5.20)
\end{aligned}
$$

$$
\begin{aligned}
L_{r+1}S_{r+1}=&T_{(r-1)}{}^{ip}_{jq}T_{(r+1)kl}h_{ij,k}h_{pq,l}+T_{(r)}{}^{i}_{j}T_{(r+1)kl}h_{kl,ij}\\
&-(n-r)S_{r}T_{(r+1)kl}h_{kl}+(r+1)S_{r+1}T_{(r+1)kl}\delta_{kl}\\
&-(r+1)S_{r+1}T_{(r+1)kl}h_{kp}h_{pl}-(r+2)S_{r+2}T_{(r+1)kl}h_{kl}\\
&+S_{1}S_{r+1}T_{(r+1)kl}h_{kl}\\
=&T_{(r-1)}{}^{ip}_{jq}T_{(r+1)kl}h_{ij,k}h_{pq,l}+T_{(r)ij}T_{(r+1)kl}h_{kl,ij}\\
&-(n-r)(r+2)S_{r}S_{r+2}+(r+1)(n-r-1)S_{r+1}S_{r+1}\\
&-(r+1)S_{1}S_{r+1}S_{r+2}+(r+1)(r+3)S_{r+1}S_{r+3}
\end{aligned}
$$

$$
\begin{aligned}
&-(r+2)^2S_{r+2}^2+(r+2)S_1S_{r+1}S_{r+2}\\
=&T_{(r-1)}{}_{jq}^{ip}(\delta_{kl}S_{r+1}-T_{(r)km}h_{ml})h_{ij,k}h_{pq,l}\\
&-T_{(r)kl}(\delta_{ij}T_{(r)pq}-\delta_{jp}T_{(r)iq}-T_{(r-1)}{}_{qm}^{pi}h_{mj})\\
&\times T_{(r)}{}_{jq}^{ip}h_{pq,l}h_{ij,k}+L_rS_{r+2}-(n-r)(r+2)S_rS_{r+2}\\
&+(r+1)(n-r-1)S_{r+1}S_{r+1}+S_1S_{r+1}S_{r+2}\\
&+(r+1)(r+3)S_{r+1}S_{r+3}-(r+2)^2S_{r+2}^2\\
=&S_{r+1}T_{(r-1)}{}_{jq}^{ip}h_{ij,k}h_{pq,k}-T_{(r-1)}{}_{jq}^{ip}T_{(r)km}h_{ml}h_{ij,k}h_{pq,l}\\
&-T_{(r)kl}h_{kj,j}S_{r+1,l}+T_{(r)lk}h_{ki,j}T_{(r)iq}h_{ql,j}\\
&+T_{(r)kl}T_{(r-1)}{}_{qm}^{pi}h_{mj}h_{pq,l}h_{ij,k}+L_rS_{r+2}-(n-r)(r+2)S_rS_{r+2}\\
&+(r+1)(n-r-1)S_{r+1}S_{r+1}+S_1S_{r+1}S_{r+2}\\
&+(r+1)(r+3)S_{r+1}S_{r+3}-(r+2)^2S_{r+2}^2\\
=&L_rS_{r+2}+S_{r+1}(\Delta S_{r+1}-L_rS_1)+\sum_k|T_rD_kA|^2\\
&-|DS_{r+1}|^2+(n-r)S_{r+1}S_rS_1-n(r+1)S_{r+1}S_{r+1}\\
&+(r+1)S_{r+1}S_{r+1}\sigma+(r+2)S_{r+1}S_{r+2}S_1\\
&-S_1^2S_{r+1}S_{r+1}-(n-r)(r+2)S_rS_{r+2}\\
&+(r+1)(n-r-1)S_{r+1}S_{r+1}+S_1S_{r+1}S_{r+2}\\
&+(r+1)(r+3)S_{r+1}S_{r+3}-(r+2)^2S_{r+2}^2.
\end{aligned}
\tag{5.21}
$$

3. 计算余维数大于2的子流形的S_r，r为偶数

在一般子流形中，当$p\geqslant 2$且r为偶数时，有

$$
S_{r,k}=\sum_{ij\alpha}T_{(r-1)}{}_{ij}^{\alpha}h_{ij,k}^{\alpha},
\tag{5.22}
$$

$$
\begin{aligned}
S_{r,kl}=&\sum_{ij}T_{(r-2,1)}{}_{ij,l}^{\alpha}h_{ij,k}^{\alpha}+\sum_{ij\alpha}T_{(r-1)}{}_{ij}^{\alpha}h_{ij,kl}^{\alpha}\\
=&\sum_{ijpq\alpha\beta}\frac{r-2}{r-1}T_{(r-4,2)}{}_{ip;jq}^{\alpha\beta}h_{ij,k}^{\alpha}h_{pq,l}^{\beta}+\sum_{ijpq\alpha}\frac{1}{r-1}T_{(r-2)}{}_{jq}^{ip}h_{ij,k}^{\alpha}h_{pq,l}^{\alpha}\\
&+\sum_{ij\alpha}[T_{(r-1)}{}_{ij}^{\alpha}((h_{ij,k}^{\alpha}-h_{ik,j}^{\alpha})_{,l}+h_{ki,jl}^{\alpha}-h_{ki,lj}^{\alpha}+(h_{ki,l}^{\alpha}-h_{kl,i}^{\alpha})_{,j}+h_{kl,ij}^{\alpha})]\\
=&\sum_{ijpq\alpha\beta}\frac{r-2}{r-1}T_{(r-4,2)}{}_{ip;jq}^{\alpha\beta}h_{ij,k}h_{ij,k}^{\alpha}h_{pq,l}^{\beta}+\sum_{ijpq\alpha}\frac{1}{r-1}T_{(r-2)}{}_{jq}^{ip}h_{ij,k}^{\alpha}h_{pq,l}^{\alpha}
\end{aligned}
$$

$$
\begin{aligned}
&+\sum_{ij\alpha} T_{(r-1)}{}^{\alpha}_{ij}(-\bar{R}^{\alpha}_{ijk,l}+\bar{R}^{\alpha}_{kli,j}+h^{\alpha}_{kl,ij})\\
&+\sum_{ij\alpha} T_{(r-1)}{}^{\alpha}_{ij}(\sum_{p} h^{\alpha}_{pk}\bar{R}_{ipjl}+\sum_{p} h^{\alpha}_{ip}\bar{R}_{kpjl}+\sum_{\beta} h^{\beta}_{ik}\bar{R}_{\alpha\beta jl})\\
&+\sum_{ijp\alpha\beta} T_{(r-1)}{}^{\alpha}_{ij}(h^{\beta}_{il}h^{\alpha}_{kp}h^{\beta}_{pj}-h^{\beta}_{ij}h^{\alpha}_{kp}h^{\beta}_{pl}+h^{\alpha}_{ip}h^{\beta}_{pj}h^{\beta}_{kl}\\
&-h^{\alpha}_{ip}h^{\beta}_{pl}h^{\beta}_{jk}+h^{\beta}_{ik}h^{\beta}_{jp}h^{\alpha}_{pl}-h^{\beta}_{ik}h^{\alpha}_{jp}h^{\beta}_{pl})\\
=&\sum_{ijpq\alpha\beta}\frac{r-2}{r-1}T_{(r-4,2)}{}^{\alpha\beta}_{ip;jq}h^{\alpha}_{ij,k}h^{\beta}_{pq,l}+\sum_{ijpq\alpha}\frac{1}{r-1}T_{(r-2)}{}^{ip}_{jq}h^{\alpha}_{ij,k}h^{\alpha}_{pq,l}\\
&+\sum_{ij\alpha} T_{(r-1)}{}^{\alpha}_{ij}(-\bar{R}^{\alpha}_{ijk,l}+\bar{R}^{\alpha}_{kli,j}+h^{\alpha}_{kl,ij})\\
&+\sum_{ij\alpha} T_{(r-1)}{}^{\alpha}_{ij}(\sum_{p} h^{\alpha}_{pk}\bar{R}_{ipjl}+\sum_{p} h^{\alpha}_{ip}\bar{R}_{kpjl}+\sum_{\beta} h^{\beta}_{ik}\bar{R}_{\alpha\beta jl})\\
&+\sum_{ijp\alpha\beta} T_{(r-1)}{}^{\alpha}_{ij}(h^{\beta}_{il}h^{\alpha}_{kp}h^{\beta}_{pj}-h^{\beta}_{ij}h^{\alpha}_{kp}h^{\beta}_{pl}+h^{\beta}_{ik}h^{\beta}_{jp}h^{\alpha}_{pl})\\
&+\sum_{ijp\alpha\beta} T_{(r-1)}{}^{\alpha}_{ij}(h^{\alpha}_{ip}h^{\beta}_{pj}h^{\beta}_{kl}-h^{\alpha}_{ip}h^{\beta}_{pl}h^{\beta}_{jk}-h^{\beta}_{ik}h^{\alpha}_{jp}h^{\beta}_{pl}).
\end{aligned}\tag{5.23}
$$

用拉普拉斯算子作用，得

$$
\begin{aligned}
\Delta S_r=&\sum_{ijpq\alpha\beta}\frac{r-2}{r-1}T_{(r-4,2)}{}^{\alpha\beta}_{ip;jq}h^{\alpha}_{ij,k}h^{\beta}_{pq,k}+\sum_{ijpq\alpha}\frac{1}{r-1}T_{(r-2)}{}^{ip}_{jq}h^{\alpha}_{ij,k}h^{\alpha}_{pq,k}\\
&+\sum_{ij\alpha} T_{(r-1)}{}^{\alpha}_{ij}(-\bar{R}^{\alpha}_{ijk,k}+\bar{R}^{\alpha}_{kki,j}+nH^{\alpha}_{,ij})\\
&+\sum_{ij\alpha} T_{(r-1)}{}^{\alpha}_{ij}(-\sum_{p} h^{\alpha}_{pk}\bar{R}_{ipkj}+\sum_{p} h^{\alpha}_{ip}\bar{R}_{pkkj}+\sum_{\beta} h^{\beta}_{ik}\bar{R}_{\alpha\beta jk})\\
&+\sum_{ijp\alpha\beta} T_{(r-1)}{}^{\alpha}_{ij}(h^{\beta}_{ik}h^{\alpha}_{kp}h^{\beta}_{pj}-h^{\beta}_{ij}\sigma_{\alpha\beta}+h^{\beta}_{ik}h^{\beta}_{jp}h^{\alpha}_{pk})\\
&+\sum_{ijp\alpha\beta} T_{(r-1)}{}^{\alpha}_{ij}(nh^{\alpha}_{ip}h^{\beta}_{pj}H^{\beta}-h^{\alpha}_{ip}h^{\beta}_{pk}h^{\beta}_{jk}-h^{\beta}_{ik}h^{\alpha}_{jp}h^{\beta}_{pk}).
\end{aligned}\tag{5.24}
$$

特别地，对于低阶的对称函数，有

$$
\begin{aligned}
\Delta S_2=&\sum_{ijpq\alpha} T_{(0)}{}^{ip}_{jq}h^{\alpha}_{ij,k}h^{\alpha}_{pq,k}+\sum_{ij\alpha} T_{(0,1)}{}^{\alpha}_{ij}(-\bar{R}^{\alpha}_{ijk,k}+\bar{R}^{\alpha}_{kki,j}+nH^{\alpha}_{,ij})\\
&+\sum_{ij\alpha} T_{(0,1)}{}^{\alpha}_{ij}(-\sum_{p} h^{\alpha}_{pk}\bar{R}_{ipkj}+\sum_{p} h^{\alpha}_{ip}\bar{R}_{pkkj}+\sum_{\beta} h^{\beta}_{ik}\bar{R}_{\alpha\beta jk})\\
&+\sum_{ijp\alpha\beta} T_{(0,1)}{}^{\alpha}_{ij}(h^{\beta}_{ik}h^{\alpha}_{kp}h^{\beta}_{pj}-h^{\beta}_{ij}\sigma_{\alpha\beta}+h^{\beta}_{ik}h^{\beta}_{jp}h^{\alpha}_{pk})\\
&+\sum_{ijp\alpha\beta} T_{(0,1)}{}^{\alpha}_{ij}(nh^{\alpha}_{ip}h^{\beta}_{pj}H^{\beta}-h^{\alpha}_{ip}h^{\beta}_{pk}h^{\beta}_{jk}-h^{\beta}_{ik}h^{\alpha}_{jp}h^{\beta}_{pk})
\end{aligned}
$$

$$
\begin{aligned}
=&n^2|D\vec{H}|^2-|Dh|^2+\sum_{ij\alpha}T_{(0,1)}{}_{ij}^{\alpha}(-\bar{R}^{\alpha}_{ijk,k}+\bar{R}^{\alpha}_{kki,j})+L_1(\vec{S}_1)\\
&+\sum_{ij\alpha}T_{(0,1)}{}_{ij}^{\alpha}\Big(-\sum_p h^{\alpha}_{pk}\bar{R}_{ipkj}+\sum_p h^{\alpha}_{ip}\bar{R}_{pkkj}+\sum_\beta h^{\beta}_{ik}\bar{R}_{\alpha\beta jk}\Big)\\
&+\sum_{ijp\alpha\beta}T_{(0,1)}{}_{ij}^{\alpha}(h^{\beta}_{ik}h^{\alpha}_{kp}h^{\beta}_{pj}-h^{\beta}_{ij}\sigma_{\alpha\beta}+h^{\beta}_{ik}h^{\beta}_{jp}h^{\alpha}_{pk})\\
&+\sum_{ijp\alpha\beta}T_{(0,1)}{}_{ij}^{\alpha}(nh^{\alpha}_{ip}h^{\beta}_{pj}H^{\beta}-h^{\alpha}_{ip}h^{\beta}_{pk}h^{\beta}_{jk}-h^{\beta}_{ik}h^{\alpha}_{jp}h^{\beta}_{pk})\\
=&n^2|D\vec{H}|^2-|Dh|^2+\sum_{ij\alpha}T_{(0,1)}{}_{ij}^{\alpha}(-\bar{R}^{\alpha}_{ijk,k}+\bar{R}^{\alpha}_{kki,j})+L_1^*(\vec{S}_1)\\
&+\sum_{ij\alpha}T_{(0,1)}{}_{ij}^{\alpha}(-\sum_p h^{\alpha}_{pk}\bar{R}_{ipkj}+\sum_p h^{\alpha}_{ip}\bar{R}_{pkkj}+\sum_\beta h^{\beta}_{ik}\bar{R}_{\alpha\beta jk})\\
&+\sum_{\alpha\beta}2\mathrm{tr}(A_\alpha A_\alpha A_\beta A_\beta)-2\mathrm{tr}(A_\alpha A_\beta A_\alpha A_\beta)\\
&+\sum_{\alpha\beta}(\sigma_{\alpha\beta})^2-nH^{\alpha}\mathrm{tr}(A_\alpha A_\beta A_\beta).
\end{aligned}
\tag{5.25}
$$

在空间形式之中，当$p\geqslant 2$且r为偶数时，有

$$
S_{r,k}=\sum_{ij\alpha}T_{(r-1)}{}_{ij}^{\alpha}h^{\alpha}_{ij,k},\tag{5.26}
$$

$$
\begin{aligned}
S_{r,kl}=&\sum_{ijpq\alpha\beta}\frac{r-2}{r-1}T_{(r-4,2)}{}_{ip;jq}^{\alpha\beta}h^{\alpha}_{ij,k}h^{\beta}_{pq,l}\\
&+\sum_{ijpq\alpha}\frac{1}{r-1}T_{(r-2)}{}_{jq}^{ip}h^{\alpha}_{ij,k}h^{\alpha}_{pq,l}+\sum_{ij\alpha}T_{(r-1)}{}_{ij}^{\alpha}(h^{\alpha}_{kl,ij})\\
&+\sum_{ij\alpha}T_{(r-1)}{}_{ij}^{\alpha}(-c\delta_{ij}h^{\alpha}_{kl}+c\delta_{il}h^{\alpha}_{jk}-c\delta_{kj}h^{\alpha}_{il}+c\delta_{kl}h^{\alpha}_{ij})\\
&+\sum_{ijp\alpha\beta}T_{(r-1)}{}_{ij}^{\alpha}(h^{\beta}_{il}h^{\alpha}_{kp}h^{\beta}_{pj}-h^{\beta}_{ij}h^{\alpha}_{kp}h^{\beta}_{pl}+h^{\beta}_{ik}h^{\beta}_{jp}h^{\alpha}_{pl})\\
&+\sum_{ijp\alpha\beta}T_{(r-1)}{}_{ij}^{\alpha}(h^{\alpha}_{ip}h^{\beta}_{pj}h^{\beta}_{kl}-h^{\alpha}_{ip}h^{\beta}_{pl}h^{\beta}_{jk}-h^{\beta}_{ik}h^{\alpha}_{jp}h^{\beta}_{pl})\\
=&\sum_{ijpq\alpha\beta}\frac{r-2}{r-1}T_{(r-4,2)}{}_{ip;jq}^{\alpha\beta}h^{\alpha}_{ij,k}h^{\beta}_{pq,l}\\
&+\sum_{ijpq\alpha}\frac{1}{r-1}T_{(r-2)}{}_{jq}^{ip}h^{\alpha}_{ij,k}h^{\alpha}_{pq,l}+\sum_{ij\alpha}T_{(r-1)}{}_{ij}^{\alpha}(h^{\alpha}_{kl,ij})\\
&-c(n-r+1)\langle\vec{S}_{r-1},B_{kl}\rangle+crS_r\delta_{kl}\\
&+\sum_{ijp\alpha\beta}T_{(r-1)}{}_{ij}^{\alpha}(h^{\beta}_{il}h^{\alpha}_{kp}h^{\beta}_{pj}-h^{\beta}_{ij}h^{\alpha}_{kp}h^{\beta}_{pl}+h^{\beta}_{ik}h^{\beta}_{jp}h^{\alpha}_{pl})
\end{aligned}
$$

$$+\sum_{ijp\alpha\beta} T_{(r-1)}{}^{\alpha}_{ij}(h^{\alpha}_{ip}h^{\beta}_{pj}h^{\beta}_{kl}-h^{\alpha}_{ip}h^{\beta}_{pl}h^{\beta}_{jk}-h^{\beta}_{ik}h^{\alpha}_{jp}h^{\beta}_{pl}). \tag{5.27}$$

用拉普拉斯算子作用，有

$$\begin{aligned}\Delta S_r =& \sum_{ijpq\alpha\beta}\frac{r-2}{r-1}T_{(r-4,2)}{}^{\alpha\beta}_{ip;jq}h^{\alpha}_{ij,k}h^{\beta}_{pq,k}+\sum_{ijpq\alpha}\frac{1}{r-1}T_{(r-2)}{}^{ip}_{jq}h^{\alpha}_{ij,k}h^{\alpha}_{pq,k}\\ &+L^{*}_{r-1}(\vec{S}_1)-c(n-r+1)\langle\vec{S}_{r-1},\vec{S}_1\rangle+ncrS_r\\ &+\sum_{ijp\alpha\beta}T_{(r-1)}{}^{\alpha}_{ij}(h^{\beta}_{ik}h^{\alpha}_{kp}h^{\beta}_{pj}-h^{\beta}_{ij}h^{\alpha}_{kp}h^{\beta}_{pk}+h^{\beta}_{ik}h^{\beta}_{jp}h^{\alpha}_{pk})\\ &+\sum_{ijp\alpha\beta}T_{(r-1)}{}^{\alpha}_{ij}(h^{\alpha}_{ip}h^{\beta}_{pj}h^{\beta}_{kk}-h^{\alpha}_{ip}h^{\beta}_{pk}h^{\beta}_{jk}-h^{\beta}_{ik}h^{\alpha}_{jp}h^{\beta}_{pk}).\end{aligned} \tag{5.28}$$

特别地，对于低阶的对称函数，有

$$\begin{aligned}\Delta S_2 =& n^2|D\vec{H}|^2-|Dh|^2+L^{*}_{1}(\vec{S}_1)-c(n-1)\langle\vec{S}_1,\vec{S}_1\rangle\\ &+2ncS_2+2\mathrm{tr}(A_\alpha A_\alpha A_\beta A_\beta)-2\mathrm{tr}(A_\alpha A_\beta A_\alpha A_\beta)\\ &+(\sigma_{\alpha\beta})^2-nH^{\alpha}\mathrm{tr}(A_\alpha A_\beta A_\beta).\end{aligned} \tag{5.29}$$

4. 计算余维数大于2的子流形上的S^{α}_{r}，固定α，r为奇数

在一般子流形中，当$p\geqslant 2$且r为奇数时，有

$$S^{\alpha}_{r}=\sum_{ij}(\frac{1}{r}T_{(r-1)ij}h^{\alpha}_{ij}), \tag{5.30}$$

$$S^{\alpha}_{r,k}=\sum_{ij}\frac{1}{r}(T_{(r-1)ij,k}h^{\alpha}_{ij}+T_{(r-1)ij}h^{\alpha}_{ij,k}), \tag{5.31}$$

$$\begin{aligned}S^{\alpha}_{r,kl}=&\sum_{ij}\frac{1}{r}(T_{(r-1)ij,k}h^{\alpha}_{ij,l}+T_{(r-1)ij,l}h^{\alpha}_{ij,k}+T_{(r-1)ij,kl}h^{\alpha}_{ij}+T_{(r-1)ij}h^{\alpha}_{ij,kl})\\ =&\sum_{ijpq\beta}\frac{1}{r}T_{(r-3,1)}{}^{\beta}_{ip;jq}(h^{\alpha}_{ij,l}h^{\beta}_{pq,k}+h^{\alpha}_{ij,k}h^{\beta}_{pq,l})\\ &+\sum_{ijpq\beta\gamma}\frac{r-3}{r}T_{(r-5,3)}{}^{\alpha\beta\gamma}_{ip;jq}h^{\beta}_{ij,k}h^{\gamma}_{pq,l}\\ &+\sum_{ijpq\beta}\frac{1}{r}T_{(r-3,1)}{}^{\alpha}_{ip;jq}h^{\beta}_{ij,k}h^{\beta}_{pq,l}+\frac{r-1}{r}\sum_{ij\beta}T_{(r-3,2)}{}^{\alpha\beta}_{i;j}[(h^{\beta}_{ij,k}-h^{\beta}_{ik,j})_{,l}\\ &+h^{\beta}_{ki,jl}-h^{\beta}_{ki,lj}+(h^{\beta}_{ki,l}-h^{\beta}_{kl,i})_{,j}+h^{\beta}_{kl,ij}]\\ &+\sum_{ij}\frac{1}{r}T_{(r-1)ij}[(h^{\alpha}_{ij,k}-h^{\alpha}_{ik,j})_{,l}+h^{\alpha}_{ki,jl}\\ &-h^{\alpha}_{ki,lj}+(h^{\alpha}_{ki,l}-h^{\alpha}_{kl,i})_{,j}+h^{\alpha}_{kl,ij}]\end{aligned}$$

$$
\begin{aligned}
=&\sum_{ijpq\beta}\frac{1}{r}T_{(r-3,1)}{}_{ip;jq}^{\beta}(h_{ij,l}^{\alpha}h_{pq,k}^{\beta}+h_{ij,k}^{\alpha}h_{pq,l}^{\beta})\\
&+\sum_{ijpq\beta}\frac{1}{r}T_{(r-3,1)}{}_{ip;jq}^{\alpha}h_{ij,k}^{\beta}h_{pq,l}^{\beta}+\sum_{ijpq\beta\gamma}\frac{r-3}{r}T_{(r-5,3)}{}_{ip;jq}^{\alpha\beta\gamma}h_{ij,k}^{\beta}h_{pq,l}^{\gamma}\\
&+\sum_{ij\beta}\frac{r-1}{r}T_{(r-3,2)}{}_{i;j}^{\alpha\beta}(-\bar{R}_{ijk,l}^{\beta}+\bar{R}_{kli,j}^{\beta}+h_{kl,ij}^{\beta})\\
&+\sum_{ij}\frac{1}{r}T_{(r-1)ij}(-\bar{R}_{ijk,l}^{\alpha}+\bar{R}_{kli,j}^{\alpha}+h_{kl,ij}^{\alpha})\\
&+\sum_{ij\beta}\frac{r-1}{r}T_{(r-3,2)}{}_{i;j}^{\alpha\beta}[\sum_{p}h_{pk}^{\beta}\bar{R}_{ipjl}+\sum_{p}h_{ip}^{\beta}\bar{R}_{kpjl}\\
&+\sum_{\gamma}h_{ik}^{\gamma}\bar{R}_{\beta\gamma jl}+\sum_{p\gamma}(h_{il}^{\gamma}h_{kp}^{\beta}h_{pj}^{\gamma}-h_{ij}^{\gamma}h_{kp}^{\beta}h_{pl}^{\gamma})\\
&+\sum_{p\gamma}(h_{ip}^{\beta}h_{pj}^{\gamma}h_{kl}^{\gamma}-h_{ip}^{\beta}h_{pl}^{\gamma}h_{jk}^{\gamma})+\sum_{p\gamma}(h_{ik}^{\gamma}h_{jp}^{\gamma}h_{pl}^{\beta}-h_{ik}^{\gamma}h_{jp}^{\beta}h_{pl}^{\gamma})]\\
&+\sum_{ij}\frac{1}{r}T_{(r-1)ij}[\sum_{p}h_{pk}^{\alpha}\bar{R}_{ipjl}+\sum_{p}h_{ip}^{\alpha}\bar{R}_{kpjl}+\sum_{\beta}h_{ik}^{\beta}\bar{R}_{\alpha\beta jl}\\
&+\sum_{p\beta}(h_{il}^{\beta}h_{kp}^{\alpha}h_{pj}^{\beta}-h_{ij}^{\beta}h_{kp}^{\alpha}h_{pl}^{\beta})+\sum_{p\beta}(h_{ip}^{\alpha}h_{pj}^{\beta}h_{kl}^{\beta}-h_{ip}^{\alpha}h_{pl}^{\beta}h_{jk}^{\beta})\\
&+\sum_{p\beta}(h_{ik}^{\beta}h_{jp}^{\beta}h_{pl}^{\alpha}-h_{ik}^{\beta}h_{jp}^{\alpha}h_{pl}^{\beta})].\\
=&\sum_{ijpq\beta}\frac{1}{r}T_{(r-3,1)}{}_{ip;jq}^{\beta}(h_{ij,l}^{\alpha}h_{pq,k}^{\beta}+h_{ij,k}^{\alpha}h_{pq,l}^{\beta})\\
&+\sum_{ijpq\beta}\frac{1}{r}T_{(r-3,1)}{}_{ip;jq}^{\alpha}h_{ij,k}^{\beta}h_{pq,l}^{\beta}+\sum_{ijpq\beta\gamma}\frac{r-3}{r}T_{(r-5,3)}{}_{ip;jq}^{\alpha\beta\gamma}h_{ij,k}^{\beta}h_{pq,l}^{\gamma}\\
&+\sum_{ij\beta}\frac{r-1}{r}T_{(r-3,2)}{}_{i;j}^{\alpha\beta}(-\bar{R}_{ijk,l}^{\beta}+\bar{R}_{kli,j}^{\beta}+h_{kl,ij}^{\beta})\\
&+\sum_{ij\beta}\frac{r-1}{r}T_{(r-3,2)}{}_{i;j}^{\alpha\beta}(\sum_{p}h_{pk}^{\beta}\bar{R}_{ipjl}+\sum_{p}h_{ip}^{\beta}\bar{R}_{kpjl}+\sum_{\gamma}h_{ik}^{\gamma}\bar{R}_{\beta\gamma jl})\\
&+\sum_{ij}\frac{1}{r}T_{(r-1)ij}(-\bar{R}_{ijk,l}^{\alpha}+\bar{R}h_{kli,j}^{\alpha}+h_{kl,ij}^{\alpha})\\
&+\sum_{ij}\frac{1}{r}T_{(r-1)ij}(\sum_{p}h_{pk}^{\alpha}\bar{R}_{ipjl}+\sum_{p}h_{ip}^{\alpha}\bar{R}_{kpjl}+\sum_{\beta}h_{ik}^{\beta}\bar{R}_{\alpha\beta jl})\\
&+\sum_{ijp\beta\gamma}\frac{r-1}{r}T_{(r-3,2)}{}_{i;j}^{\alpha\beta}(h_{il}^{\gamma}h_{kp}^{\beta}h_{pj}^{\gamma}-h_{ij}^{\gamma}h_{kp}^{\beta}h_{pl}^{\gamma}+h_{ik}^{\gamma}h_{jp}^{\gamma}h_{pl}^{\beta})\\
&+\sum_{ijp\beta}\frac{1}{r}T_{(r-1)ij}(h_{il}^{\beta}h_{kp}^{\alpha}h_{pj}^{\beta}-h_{ij}^{\beta}h_{kp}^{\alpha}h_{pl}^{\beta}+h_{ik}^{\beta}h_{jp}^{\beta}h_{pl}^{\alpha})
\end{aligned}
$$

$$
\begin{aligned}
&+\sum_{ijp\beta\gamma}\frac{r-1}{r}T_{(r-3,2)}{}_{i;j}^{\alpha\gamma}(h_{ip}^{\gamma}h_{pj}^{\beta}h_{kl}^{\beta}-h_{ip}^{\gamma}h_{pl}^{\beta}h_{jk}^{\beta}-h_{ik}^{\beta}h_{jp}^{\gamma}h_{pl}^{\beta})\\
&+\sum_{ijp\beta}\frac{1}{r}T_{(r-1)ij}(h_{ip}^{\alpha}h_{pj}^{\beta}h_{kl}^{\beta}-h_{ip}^{\alpha}h_{pl}^{\beta}h_{jk}^{\beta}-h_{ik}^{\beta}h_{jp}^{\alpha}h_{pl}^{\beta})\\
=&\sum_{ijpq\beta}\frac{1}{r}T_{(r-3,1)}{}_{ip;jq}^{\beta}(h_{ij,l}^{\alpha}h_{pq,k}^{\beta}+h_{ij,k}^{\alpha}h_{pq,l}^{\beta})\\
&+\sum_{ijpq\beta}\frac{1}{r}T_{(r-3,1)}{}_{ip;jq}^{\alpha}h_{ij,k}^{\beta}h_{pq,l}^{\beta}+\sum_{ijpq\beta\gamma}\frac{r-3}{r}T_{(r-5,3)}{}_{ip;jq}^{\alpha\beta\gamma}h_{ij,k}^{\beta}h_{pq,l}^{\gamma}\\
&+\sum_{ij\beta}\frac{r-1}{r}T_{(r-3,2)}{}_{i;j}^{\alpha\beta}(-\bar{R}_{ijk,l}^{\beta}+\bar{R}_{kli,j}^{\beta}+h_{kl,ij}^{\beta})\\
&+\sum_{ij\beta}\frac{r-1}{r}T_{(r-3,2)}{}_{i;j}^{\alpha\beta}(\sum_{p}h_{pk}^{\beta}\bar{R}_{ipjl}+\sum_{p}h_{ip}^{\beta}\bar{R}_{kpjl}+\sum_{\gamma}h_{ik}^{\gamma}\bar{R}_{\beta\gamma jl})\\
&+\sum_{ij}\frac{1}{r}T_{(r-1)ij}(-\bar{R}_{ijk,l}^{\alpha}+\bar{R}h_{kli,j}^{\alpha}+h_{kl,ij}^{\alpha})\\
&+\sum_{ij}\frac{1}{r}T_{(r-1)ij}(\sum_{p}h_{pk}^{\alpha}\bar{R}_{ipjl}+\sum_{p}h_{ip}^{\alpha}\bar{R}_{kpjl}+\sum_{\beta}h_{ik}^{\beta}\bar{R}_{\alpha\beta jl})\\
&+\sum_{ijp\beta\gamma}\frac{r-1}{r}T_{(r-3,2)}{}_{i;j}^{\alpha\beta}(h_{il}^{\gamma}h_{kp}^{\beta}h_{pj}^{\gamma}-h_{ij}^{\gamma}h_{kp}^{\beta}h_{pl}^{\gamma}+h_{ik}^{\gamma}h_{jp}^{\gamma}h_{pl}^{\beta})\\
&+\sum_{ijp\beta}\frac{1}{r}T_{(r-1)ij}(h_{il}^{\beta}h_{kp}^{\alpha}h_{pj}^{\beta}-h_{ij}^{\beta}h_{kp}^{\alpha}h_{pl}^{\beta}+h_{ik}^{\beta}h_{jp}^{\beta}h_{pl}^{\alpha})\\
&+S_{r}^{\alpha}\langle\vec{S}_{1},B_{kl}\rangle-\sum_{\beta}(r+1)T_{(r-1,2)}{}_{\emptyset}^{\alpha\beta}h_{kl}^{\beta}\\
&-\sum_{p\beta}2S_{r}^{\alpha}h_{kp}^{\beta}h_{pl}^{\beta}+2\sum_{ij\beta}T_{(r-1,1)}{}_{ij}^{\alpha}h_{ki}^{\beta}h_{jl}^{\beta}.
\end{aligned}
\tag{5.32}
$$

在空间形式之中，当$p\geqslant 2$且r为奇数时，有

$$
S_{r}^{\alpha}=\sum_{ij}(\frac{1}{r}T_{(r-1)ij}h_{ij}^{\alpha}),\tag{5.33}
$$

$$
S_{r,k}^{\alpha}=\sum_{ij}\frac{1}{r}(T_{(r-1)ij,k}h_{ij}^{\alpha}+T_{(r-1)ij}h_{ij,k}^{\alpha}),\tag{5.34}
$$

$$
\begin{aligned}
S_{r,kl}^{\alpha}=&\sum_{ijpq\beta}\frac{1}{r}T_{(r-3,1)}{}_{ip;jq}^{\beta}(h_{ij,l}^{\alpha}h_{pq,k}^{\beta}+h_{ij,k}^{\alpha}h_{pq,l}^{\beta})\\
&+\sum_{ijpq\beta}\frac{1}{r}T_{(r-3,1)}{}_{ip;jq}^{\alpha}h_{ij,k}^{\beta}h_{pq,l}^{\beta}+\sum_{ijpq\beta\gamma}\frac{r-3}{r}T_{(r-5,3)}{}_{ip;jq}^{\alpha\beta\gamma}h_{ij,k}^{\beta}h_{pq,l}^{\gamma}\\
&+\sum_{ij\beta}\frac{r-1}{r}T_{(r-3,2)}{}_{i;j}^{\alpha\beta}h_{kl,ij}^{\beta}+\sum_{ij}\frac{1}{r}T_{(r-1)ij}h_{kl,ij}^{\alpha}
\end{aligned}
$$

$$
\begin{aligned}
&+\sum_{ijp\beta}\frac{r-1}{r}T_{(r-3,2)}{}^{\alpha\beta}_{i;j}(-c\delta_{ij}h^{\beta}_{kl}+c\delta_{il}h^{\beta}_{kj}-c\delta_{kj}h^{\beta}_{il}+c\delta_{kl}h^{\beta}_{ij})\\
&+\sum_{ijp}\frac{1}{r}T_{(r-1)ij}(-c\delta_{ij}h^{\alpha}_{kl}+c\delta_{il}h^{\alpha}_{kj}-c\delta_{kj}h^{\alpha}_{il}+c\delta_{kl}h^{\alpha}_{ij})\\
&+\sum_{ijp\beta\gamma}\frac{r-1}{r}T_{(r-3,2)}{}^{\alpha\beta}_{i;j}(h^{\gamma}_{il}h^{\beta}_{kp}h^{\gamma}_{pj}-h^{\gamma}_{ij}h^{\beta}_{kp}h^{\gamma}_{pl}+h^{\gamma}_{ik}h^{\gamma}_{jp}h^{\beta}_{pl})\\
&+\sum_{ijp\beta}\frac{1}{r}T_{(r-1)ij}(h^{\beta}_{il}h^{\alpha}_{kp}h^{\beta}_{pj}-h^{\beta}_{ij}h^{\alpha}_{kp}h^{\beta}_{pl}+h^{\beta}_{ik}h^{\beta}_{jp}h^{\alpha}_{pl})\\
&+S^{\alpha}_{r}\langle\vec{S}_1,B_{kl}\rangle-\sum_{\beta}(r+1)T_{(r-1,2)}{}^{\alpha\beta}_{\emptyset}h^{\beta}_{kl}\\
&-\sum_{p\beta}2S^{\alpha}_{r}h^{\beta}_{kp}h^{\beta}_{pl}+2\sum_{ij\beta}T_{(r-1,1)}{}^{\alpha}_{ij}h^{\beta}_{ki}h^{\beta}_{jl}\\
=&\sum_{ijpq\beta}\frac{1}{r}T_{(r-3,1)}{}^{\beta}_{ip;jq}(h^{\alpha}_{ij,l}h^{\beta}_{pq,k}+h^{\alpha}_{ij,k}h^{\beta}_{pq,l})\\
&+\sum_{ijpq\beta}\frac{1}{r}T_{(r-3,1)}{}^{\alpha}_{ip;jq}h^{\beta}_{ij,k}h^{\beta}_{pq,l}+\sum_{ijpq\beta\gamma}\frac{r-3}{r}T_{(r-5,3)}{}^{\alpha\beta\gamma}_{ip;jq}h^{\beta}_{ij,k}h^{\gamma}_{pq,l}\\
&+\sum_{ij\beta}\frac{r-1}{r}T_{(r-3,2)}{}^{\alpha\beta}_{i;j}h^{\beta}_{kl,ij}+\sum_{ij}\frac{1}{r}T_{(r-1)ij}h^{\alpha}_{kl,ij}\\
&-c\frac{(r-1)(n+1-r)}{r}\sum_{\beta}T_{(r-3,2)}{}^{\alpha\beta}_{\emptyset}h^{\beta}_{kl}\\
&-c\frac{(n+1-r)}{r}S_{r-1}h^{\alpha}_{kl}+crS^{\alpha}_{r}\delta_{kl}\\
&+\sum_{ijp\beta\gamma}\frac{r-1}{r}T_{(r-3,2)}{}^{\alpha\beta}_{i;j}(h^{\gamma}_{il}h^{\beta}_{kp}h^{\gamma}_{pj}-h^{\gamma}_{ij}h^{\beta}_{kp}h^{\gamma}_{pl}+h^{\gamma}_{ik}h^{\gamma}_{jp}h^{\beta}_{pl})\\
&+\sum_{ijp\beta}\frac{1}{r}T_{(r-1)ij}(h^{\beta}_{il}h^{\alpha}_{kp}h^{\beta}_{pj}-h^{\beta}_{ij}h^{\alpha}_{kp}h^{\beta}_{pl}+h^{\beta}_{ik}h^{\beta}_{jp}h^{\alpha}_{pl})\\
&+S^{\alpha}_{r}\langle\vec{S}_1,B_{kl}\rangle-\sum_{\beta}(r+1)T_{(r-1,2)}{}^{\alpha\beta}_{\emptyset}h^{\beta}_{kl}\\
&-\sum_{p\beta}2S^{\alpha}_{r}h^{\beta}_{kp}h^{\beta}_{pl}+2\sum_{ij\beta}T_{(r-1,1)}{}^{\alpha}_{ij}h^{\beta}_{ki}h^{\beta}_{jl}.
\end{aligned}
\tag{5.35}
$$

5. 空间形式中特殊函数的计算

固定一个向量a，定义函数$f=\langle x,a\rangle$，有

$$
\begin{aligned}
\mathrm{d}f=&f_i\theta^i=\langle \mathrm{d}x,a\rangle\\
=&\langle e_i,a\rangle\theta^i,\\
f_{ij}\theta^j=&\mathrm{d}f_i-f_p\phi^p_i=d\langle e_i,a\rangle-\langle e_p,a\rangle\phi^p_i,
\end{aligned}
$$

$$
\begin{aligned}
&=\langle \phi_i^p e_p + \phi_i^\alpha e_\alpha - c\theta^i x, a\rangle - \langle e_p, a\rangle \phi_i^p,\\
&=\langle h_{ij}^\alpha e_\alpha \theta^j - c\delta_{ij} x\theta^j, a\rangle,
\end{aligned}
$$

$$
\begin{aligned}
x_i &= e_i,\\
x_{ij} &= h_{ij}^\alpha e_\alpha - c\delta_{ij} x,\\
\Delta x &= n\vec{H} - ncx,\\
L_r x &= (r+1)\vec{S}_{r+1} - c(n-r)S_r x,\\
&\int_M \langle \vec{S}_1, a\rangle - nc\langle x, a\rangle \mathrm{d}v = 0,\\
&\int_M (r+1)\langle \vec{S}_{r+1}, a\rangle - c(n-r)S_r\langle x, a\rangle \mathrm{d}v = 0.
\end{aligned}
$$

固定一个向量a，定义向量场$\eta = \langle e_i, a\rangle e_i = \eta^i e_i$，有

$$
\begin{aligned}
\eta^i_{,j}\theta^j &= \mathrm{d}\eta^i + \eta^p \phi_p^i = d\langle e_i, a\rangle + \langle e_p, a\rangle \phi_p^i\\
&= \langle \phi_i^p e_p + \phi_i^\alpha e_\alpha - c\theta^i x, a\rangle + \langle e_p, a\rangle \phi_p^i\\
&= (h_{ij}^\alpha \langle e_\alpha, a\rangle - c\delta_{ij}\langle x, a\rangle)\theta^j,\\
e_{i,j} &= h_{ij}^\alpha e_\alpha - c\delta_{ij} x,\\
e_{i,jk} &= h_{ij,k}^\alpha e_\alpha - h_{ij}^\alpha h_{kp}^\alpha e_p - c\delta_{ij} e_k,\\
\Delta e_i &= \sum_\alpha nH_{,i}^\alpha e_\alpha - \sum_{jk\alpha} h_{ij}^\alpha h_{jk}^\alpha e_k - ce_i.
\end{aligned}
$$

固定一个向量a，定义向量场$\xi = \langle e_\alpha, a\rangle e_\alpha = \xi^\alpha e_\alpha$，有

$$
\begin{aligned}
\xi_{,i}^\alpha \theta^i &= \mathrm{d}\xi^\alpha + \xi^\beta \phi_\beta^\alpha\\
&= d\langle e_\alpha, a\rangle + \langle e_\beta, a\rangle \phi_\beta^\alpha\\
&= \langle \phi_\alpha^p e_p + \phi_\alpha^\beta e_\beta, a\rangle - \langle e_\beta, a\rangle \phi_\alpha^\beta\\
&= -h_{ij}^\alpha e_j,\\
e_{\alpha,i} &= -h_{ip}^\alpha e_p,\\
e_{\alpha,ij} &= -h_{ij,p}^\alpha e_p - h_{ip}^\alpha h_{pj}^\beta e_\beta + ch_{ij}^\alpha x,\\
\Delta e_\alpha &= -n\sum_i H_{,i}^\alpha e_i - \sum_\beta \sigma_{\alpha\beta} e_\beta + ncH^\alpha x,
\end{aligned}
$$

$$
\begin{aligned}
L_r^*(\langle a, e_\alpha\rangle e_\alpha) = &-\langle DS_{r+1}, a\rangle - S_{r+1}\langle \vec{S}_1, a\rangle\\
&+ (r+2)\langle \vec{S}_{r+2}, a\rangle + c(r+1)S_{r+1}\langle x, a\rangle,
\end{aligned}
$$

$$\int_M -\langle DS_{r+1}, a\rangle - S_{r+1}\langle \vec{S}_1, a\rangle$$

$$+ (r+2)\langle \vec{S}_{r+2}, a\rangle + c(r+1)S_{r+1}\langle x, a\rangle = 0.$$

6. 空间形式中超曲面的计算

$$x_i = e_i, \quad x_{,ij} = h_{ij}N - c\delta_{ij}x,$$

$$\Delta x = nHN - ncx,$$

$$\Box = (nH\delta_{ij} - h_{ij})D_jD_i,$$

$$\Box x = n^2H^2N - cn^2Hx - \sigma N + cnHx,$$

$$L_r x = (r+1)S_{r+1}N - c(n-r)S_r x,$$

$$\int_M S_1\langle N, a\rangle - nc\langle x, a\rangle = 0,$$

$$\int_M S_1^2\langle N, a\rangle - ncS_1\langle x, a\rangle - \sigma\langle N, a\rangle + cS_1\langle x, a\rangle = 0,$$

$$\int_M (r+1)S_{r+1}\langle N, a\rangle - c(n-r)S_r\langle x, a\rangle = 0,$$

$$N_{,i} = -h_{ij}e_j, \quad N_{,ij} = -h_{ij,p}e_p - h_{ip}h_{pj}N + ch_{ij}x,$$

$$\Delta N = -nH_{,i}e_i - \sigma N + ncHx,$$

$$\Box N = \frac{1}{2}\sigma_{,i}e_i - \frac{1}{2}n^2(H^2)_{,i}e_i + \mathrm{tr}(A^3)N - nH\sigma N + n^2cH^2x - c\sigma x$$

$$= -\frac{1}{2}R_{,i}e_i + \mathrm{tr}(A^3)N - nH\sigma N + n^2cH^2x - c\sigma x,$$

$$L_r N = -S_{r+1,i}e_i + (r+2)S_{r+2}N - nHS_{r+1}N + c(r+1)S_{r+1}x,$$

$$\int_M -\langle DS_1, a\rangle - \sigma\langle N, a\rangle + cS_1\langle x, a\rangle = 0,$$

$$\int_M \frac{1}{2}\langle D\sigma, a\rangle - \frac{1}{2}\langle DS_1^2, a\rangle + \mathrm{tr}(A^3)\langle N, a\rangle$$

$$- S_1\sigma\langle N, a\rangle + cS_1^2\langle x, a\rangle - c\sigma\langle x, a\rangle = 0,$$

$$\int_M -\langle DS_{r+1}, a\rangle + (r+2)S_{r+2}\langle N, a\rangle$$

$$- S_1S_{r+1}\langle N, a\rangle + c(r+1)S_{r+1}\langle x, a\rangle = 0,$$

$$\frac{1}{2}|x|^2_{,i} = \langle x, e_i\rangle,$$

$$\frac{1}{2}|x|^2_{,ij} = \delta_{ij} + h_{ij}\langle x, N\rangle - c\delta_{ij}|x|^2,$$

$$\Delta\frac{1}{2}|x|^2 = n + nH\langle x, N\rangle - nc|x|^2,$$

$$\Box\frac{1}{2}|x|^2 = (n^2-n)H + (n^2H^2-\sigma)\langle x, N\rangle - (n^2-n)cH|x|^2,$$

$$L_r\frac{1}{2}|x|^2 = (n-r)S_r + (r+1)S_{r+1}\langle x, N\rangle - c(n-r)S_r|x|^2,$$

$$\int_M n + S_1\langle x, N\rangle - nc|x|^2 = 0,$$

$$\int_M (n^2-n)H + (n^2H^2-\sigma)\langle x, N\rangle - (n^2-n)cH|x|^2 = 0,$$

$$\int_M (n-r)S_r + (r+1)S_{r+1}\langle x, N\rangle - c(n-r)S_r|x|^2 = 0,$$

$$\langle x, N\rangle_{,i} = -\frac{1}{2}h_{ij}|x|^2_{,j},$$

$$\langle x, N\rangle_{,ij} = -h_{ij,p}\langle x, e_p\rangle - h_{ij} - h_{ip}h_{pj}\langle x, N\rangle + ch_{ij}|x|^2,$$

$$\Delta\langle x, N\rangle = -nH_{,i}\langle x, e_i\rangle - nH - \sigma\langle x, N\rangle + ncH|x|^2,$$

$$\begin{aligned}\Box\langle x, N\rangle = &-\frac{1}{2}\langle x, \sum_i R_{,i}e_i\rangle + \sigma - n^2H^2\\ &+ (\operatorname{tr}(A^3) - nH\sigma)\langle x, N\rangle - c(\sigma - n^2H^2)|x|^2,\end{aligned}$$

$$\begin{aligned}L_r\langle x, N\rangle = &-\langle x, \sum_i S_{r+1,i}e_i\rangle - (r+1)S_{r+1}\\ &+ c(r+1)S_{r+1}|x|^2 - nHS_{r+1}\langle x, N\rangle + (r+2)S_{r+2}\langle x, N\rangle,\end{aligned}$$

$$\int_M -nH_{,i}\langle x, e_i\rangle - nH - \sigma\langle x, N\rangle + ncH|x|^2 = 0,$$

$$\begin{aligned}\int_M &-\frac{1}{2}\langle x, \sum_i R_{,i}e_i\rangle + \sigma - n^2H^2\\ &+ [\operatorname{tr}(A^3) - nH\sigma]\langle x, N\rangle - c(\sigma - n^2H^2)|x|^2 = 0,\end{aligned}$$

$$\int_M -\langle x, \sum_i S_{r+1,i}e_i\rangle - (r+1)S_{r+1} = 0.$$

第 6 章　共形不变积分及其推广

本章的目的在于构造一些共形不变积分，研究其泛函的变分方程和得出一些积分不等式，同时作进一步的推广。

6.1　积分之构造

1. 超曲面共形不变积分之构造

在共形变换下有如下的公式，这些公式是我们的出发点。

在$(M,\widetilde{\mathrm{d}s^2})$和$(M,\mathrm{d}s^2)$的标架$\widetilde{e}$, e下，有

$$\widetilde{h}_{ij}=\frac{1}{\mathrm{e}^u}(h_{ij}-u_{,n+1}\delta_{ij}).$$

因此，有

$$\begin{aligned}
\tilde{S}_r&=\frac{1}{r!}\delta^{i_1\cdots i_r}_{j_1\cdots j_r}\tilde{h}_{i_1j_1}\cdots\tilde{h}_{i_rj_r}\\
&=\frac{1}{r!}\delta^{i_1\cdots i_r}_{j_1\cdots j_r}\frac{h_{i_1j_1}-u_{,n+1}\delta_{i_1j_1}}{\mathrm{e}^u}\cdots\frac{h_{i_rj_r}-u_{,n+1}\delta_{i_rj_r}}{\mathrm{e}^u}\\
&=\frac{1}{\mathrm{e}^{ru}}\frac{1}{r!}\delta^{i_1\cdots i_r}_{j_1\cdots j_r}(h_{i_1j_1}-u_{,n+1}\delta_{i_1j_1})\cdots(h_{i_rj_r}-u_{,n+1}\delta_{i_rj_r})\\
&=\sum_{a=0}^{r}\frac{1}{\mathrm{e}^{ru}}(-1)^a(u_{n+1})^aC^a_{n-r+a}S_{r-a},\\
\tilde{H}&=\frac{H-u_{n+1}}{\mathrm{e}^u},\\
\tilde{H}_r&=\frac{1}{\mathrm{e}^{ru}}\sum_{a=0}^{r}(-1)^a(u_{n+1})^aC^a_rH_{r-a},\\
\tilde{\sigma}&=\sum_{ij}(\tilde{h}_{ij})^2=\frac{1}{\mathrm{e}^{2u}}(\sigma-2nu_{n+1}H+nu^2_{n+1}),\quad \tilde{\mathrm{d}v}=\mathrm{e}^{nu}\mathrm{d}v,\\
\widetilde{T_{(r)}}{}^{k_1\cdots k_s}_{l_1\cdots l_s}&=\frac{1}{r!}\delta^{i_1\cdots i_rk_1\cdots k_s}_{j_1\cdots j_rl_1\cdots l_s}\tilde{h}_{i_1j_1}\cdots\tilde{h}_{i_rj_r}\\
&=\frac{1}{r!}\delta^{i_1\cdots i_rk_1\cdots k_s}_{j_1\cdots j_rl_1\cdots l_s}\frac{h_{i_1j_1}-u_{,n+1}\delta_{i_1j_1}}{\mathrm{e}^u}\cdots\frac{h_{i_rj_r}-u_{,n+1}\delta_{i_rj_r}}{\mathrm{e}^u}\\
&=\frac{1}{\mathrm{e}^{ru}}\frac{1}{r!}\delta^{i_1\cdots i_rk_1\cdots k_s}_{j_1\cdots j_rl_1\cdots l_s}(h_{i_1j_1}-u_{,n+1}\delta_{i_1j_1})\cdots(h_{i_rj_r}-u_{,n+1}\delta_{i_rj_r})\\
&=\frac{1}{\mathrm{e}^{ru}}\sum_{a=0}^{r}(-1)^a(u_{n+1})^aC^a_{n-r-s+a}T_{(r-a)}{}^{k_1\cdots k_s}_{l_1\cdots l_s}.
\end{aligned}$$

用矩阵语言

$$\tilde{A} = \frac{A - u_{n+1}I}{e^u}, \quad \tilde{H}I = \frac{HI - u_{n+1}I}{e^u},$$

$$\tilde{A} - \tilde{H}I = \frac{A - HI}{e^u}, \quad \tilde{\hat{A}} = \frac{1}{e^u}\hat{A}, \quad \tilde{\hat{h}}^{\alpha}_{ij} = \frac{1}{e^u}\hat{h}^{\alpha}_{ij}.$$

矩阵$\hat{A}$在子流形的共形几何中有着很重要的基础作用。基于上面的变换公式，可得到

$$\widetilde{\widehat{T}}_{(r)l_1\cdots l_s}^{k_1\cdots k_s} = \frac{1}{r!}\delta^{i_1\cdots i_r k_1\cdots k_s}_{j_1\cdots j_r l_1\cdots l_s}\tilde{\hat{h}}_{i_1 j_1}\cdots\tilde{\hat{h}}_{i_r j_r} = \frac{1}{e^{ru}}\widehat{T}_{(r)l_1\cdots l_s}^{k_1\cdots k_s}.$$

特别地，有

$$\tilde{\hat{S}}_r = \frac{1}{e^{ru}}\hat{S}_r.$$

在运算许可的情况下，下列积分是共形不变的:

$$\int_M (\hat{S}_r)^{\frac{n}{r}}\mathrm{d}v, \quad \hat{S}_r = \sum_{a=0}^{r}(-1)^a C^a_{n+a-r}(H)^a S_{r-a}.$$

我们列出一些超曲面的共形不变积分。

例 6.1 在运算许可的情况下，下列积分：

$$\int_M (\pm\hat{S}_r)^{\frac{n}{r}}\mathrm{d}v,$$

特别当$r = 2$时，$\hat{S}_2 = \frac{1}{2}(nH^2 - \sigma)$，因为$\sigma \geqslant nH^2$，于是

$$\int_M (-\hat{S}_2)^{\frac{n}{2}}\mathrm{d}v$$

是共形不变积分，这就是著名的Willmore泛函。

例 6.2 在运算许可的情况下，下面的线性组合是共形不变积分：

$$\int_M \sum_{i=1}^{n} a_i(\pm\hat{S}_i)^{\frac{n}{i}}\mathrm{d}v.$$

例 6.3 在运算许可的情况下，下面的线性组合是共形不变积分：

$$\int_M \sum_{i,j=1}^{n} a_{ij}(\pm\hat{S}_i\hat{S}_j)^{\frac{n}{i+j}}\mathrm{d}v.$$

例 6.4 在运算许可的情况下，下面的线性组合是共形不变积分，其中α是多重指标:

$$\int_M \sum_{\alpha} a_{\alpha}(\pm\hat{S}_1^{\alpha_1}\cdots\hat{S}_n^{\alpha_n})^{\frac{n}{\alpha_1+\cdots i\alpha_i\cdots+n\alpha_n}}\mathrm{d}v.$$

例 6.5 为了避免运算中的一些规则，可以考虑如下的积分:

$$\int_M (S_r^2)^{\frac{n}{2r}} \mathrm{d}v.$$

它是共形不变积分。

例 6.6 我们称F为共形不变函数，如果它满足

$$F:\ R^n \to R,\ (x_1,\cdots,x_n) \to F(x_1,\cdots,x_n)$$
$$F(\frac{1}{t}x_1,\cdots,\frac{1}{t^i}x_i,\cdots,\frac{1}{t^n}x_n)t^n = F(x_1,\cdots,x_n),\ \forall t>0.$$

例 6.7 设F是一个共形不变函数，则有

$$F(\tilde{\hat{S}}_1,\cdots,\tilde{\hat{S}}_n)\mathrm{d}\tilde{v} = F(\frac{1}{\mathrm{e}^u}\hat{S}_1,\cdots,\frac{1}{\mathrm{e}^{nu}}\hat{S}_n)\mathrm{e}^{nu}\mathrm{d}v = F(\hat{S}_1,\cdots,\hat{S}_n)\mathrm{d}v.$$

那么积分

$$\int_M F(\hat{S}_1,\cdots,\hat{S}_n)\mathrm{d}v$$

是共形不变积分。

对于共形不变函数，其基本性质如下：

$$D^\alpha F(x_1,\cdots,x_n) = \frac{t^n}{t^{\sum_i i\alpha_i}} D^\alpha F(\frac{1}{t}x_1,\cdots,\frac{1}{t^i}x_i,\cdots,\frac{1}{t^n}x_n), \tag{6.1}$$

$$-ix_i\frac{t^n}{t^{i+1}}F_i(\frac{1}{t}x_1,\cdots,\frac{1}{t^i}x_i,\cdots,\frac{1}{t^n}x_n)$$
$$+nt^{n-1}F(\frac{1}{t}x_1,\cdots,\frac{1}{t^i}x_i,\cdots,\frac{1}{t^n}x_n) = 0, \tag{6.2}$$

$$-ix_iF_i(x_1,\cdots,x_n) + nF(x_1,\cdots,x_n) = 0, \tag{6.3}$$

$$-ix_i(n-i-1)t^{n-i-2}F_i + ijx_ix_jt^{n-i-j-2}F_{ij}$$
$$+n(n-1)t^{n-2}F - ix_int^{n-i-2}F_i = 0, \tag{6.4}$$

$$-ix_i(n-i-1)F_i + ijx_ix_jF_{ij} + n(n-1)F - ix_inF_i = 0. \tag{6.5}$$

以上的例子研究的都是基本的对称函数$\hat{S}_r$，对于定义的高阶Newton张量，我们同样可以构造共形不变积分。

例 6.8 下列积分是共形不变积分：

$$\int_M \Big(\sum_{\substack{k_1,\cdots,k_s\\ l_1,\cdots,l_s}} (\widehat{T}_{r l_1,\cdots,l_s}^{k_1,\cdots,k_s})^2 \Big)^{\frac{n}{2r}} \mathrm{d}v.$$

2. 高余维子流形积分之构造

在$(M,\widetilde{ds^2})$和(M,ds^2)分别的标架$\widetilde{e}$, e下，我们有

$$\widetilde{h}_{ij}^{\alpha}=\frac{h_{ij}^{\alpha}-u^{\alpha}\delta_{ij}}{e^{u}}.$$

通过简单计算，我们有

$$\begin{aligned}
&\tilde{H}^{\alpha}=\frac{1}{e^{u}}(H^{\alpha}-u^{\alpha}),\quad \tilde{\hat{A}}_{\alpha}=\frac{1}{e^{u}}\hat{A}_{\alpha},\\
&\tilde{\hat{h}}_{ij}^{\alpha}=\frac{1}{e^{u}}\hat{h}_{ij}^{\alpha},\quad \tilde{\hat{B}}_{ij}=\tilde{\hat{h}}_{ij}^{\alpha}\tilde{e}_{\alpha}=\frac{1}{e^{2u}}\hat{B}_{ij},\\
&\langle\tilde{\hat{B}}_{ij},\tilde{\hat{B}}_{kl}\rangle_{d\tilde{s}}=\frac{1}{e^{2u}}\langle\hat{B}_{ij},\hat{B}_{kl}\rangle,\\
&\widetilde{\widehat{T}}{}_{(r,t)k_1\cdots k_s;l_1\cdots l_s}^{\alpha_1\cdots\alpha_t}=\frac{1}{e^{(r+t)u}}\widehat{T}{}_{(r,t)k_1\cdots k_s;l_1\cdots l_s}^{\alpha_1\cdots\alpha_t},\\
&\tilde{\hat{S}}_{r}=\frac{1}{e^{ru}}\hat{S}_{r},\quad \tilde{\hat{S}}_{r}^{\alpha}=\frac{1}{e^{ru}}\hat{S}_{r}^{\alpha}.
\end{aligned}$$

例 6.9 在运算许可的情况下，设r为偶数，于是我们可以构造不变积分

$$\int_{M}(\hat{S}_{r})^{\frac{n}{r}}\,dv.$$

例 6.10 设r为偶数，于是我们可以构造不变积分

$$\int_{M}(\hat{S}_{r}^{2})^{\frac{n}{2r}}\,dv.$$

例 6.11 设r为奇数，于是我们可以构造不变积分

$$\int_{M}|\hat{\vec{S}}_{r}|^{\frac{n}{r}}\,dv.$$

例 6.12 以上各个例子的线性组合。

例 6.13 为了研究相当一般的不变积分，我们定义高余维共形不变函数:

$$\begin{aligned}
&F:\ R^{n}\to R,(x_1,\cdots,\ x_n)\to F(x_1,\cdots,x_n)\\
&F(\frac{1}{t}x_1,\cdots,\frac{1}{t^{i}}x_i,\cdots,\frac{1}{t^{n}}x_n)t^{n}=F(x_1,\cdots,x_n),\ \ \forall t>0.
\end{aligned}$$

例 6.14 设F是一个共形不变函数，有

$$F(\underbrace{|\tilde{\hat{\vec{S}}}_r|}_{\text{odd}},\underbrace{\tilde{\hat{S}}_r}_{\text{even}})\mathrm{d}\tilde{v}=F(\frac{1}{\mathrm{e}^{ru}}\underbrace{|\hat{\vec{S}}_r|}_{\text{odd}},\frac{1}{\mathrm{e}^{ru}}\underbrace{\hat{S}_r}_{\text{even}})\mathrm{e}^{nu}\mathrm{d}v$$
$$=F(\underbrace{|\hat{\vec{S}}_r|}_{\text{odd}},\underbrace{\hat{S}_r}_{\text{even}})\mathrm{d}v.$$

那么积分

$$\int_M F(\underbrace{|\hat{\vec{S}}_r|}_{\text{odd}},\underbrace{\hat{S}_r}_{\text{even}})\mathrm{d}v$$

是共形不变积分。

以上的例子研究的都是基本的对称函数$\hat{S}_r$，对于定义的高阶Newton张量，我们同样可以构造共形不变积分。

例 6.15 下列积分是共形不变积分：

$$\int_M\Big(\sum_{\substack{k_1,\cdots,k_s\\ l_1,\cdots.l_s}}(\widehat{T_{(r,t)}}{}^{\alpha_1,\cdots,\alpha_t}_{k_1,\cdots,k_s;l_1,\cdots,l_s})^2\Big)^{\frac{n}{2(r+t)}}\mathrm{d}v.$$

综上所述，我们证明了如下命题：

命题 6.1 设$x:M\to N^{n+p}$是子流形，在外围流形的共形变换下，迹零第二基本型和Newton变换的变化规律为

- 当$p=1$时，有

$$\widetilde{\hat{A}}=\frac{1}{\mathrm{e}^u}\hat{A},\tag{6.6}$$

$$\tilde{\hat{h}}^{\alpha}_{ij}=\frac{1}{\mathrm{e}^u}\hat{h}^{\alpha}_{ij},\tag{6.7}$$

$$\widetilde{\widehat{T_{(r)}}}{}^{k_1\cdots k_s}_{l_1\cdots l_s}=\frac{1}{r!}\delta^{i_1\cdots i_rk_1\cdots k_s}_{j_1\cdots j_rl_1\cdots l_s}\tilde{\hat{h}}_{i_1j_1}\cdots\tilde{\hat{h}}_{i_rj_r}=\frac{1}{\mathrm{e}^{ru}}\widehat{T_{(r)}}{}^{k_1\cdots k_s}_{l_1\cdots l_s},\tag{6.8}$$

$$\tilde{\hat{S}}_r=\frac{1}{\mathrm{e}^{ru}}\hat{S}_r.\tag{6.9}$$

- 当$p\geqslant 2$时，有

$$\tilde{\hat{A}}_\alpha=\frac{1}{\mathrm{e}^u}\hat{A}_\alpha,\tag{6.10}$$

$$\tilde{\hat{h}}^{\alpha}_{ij}=\frac{1}{\mathrm{e}^u}\hat{h}^{\alpha}_{ij},\tag{6.11}$$

$$\widetilde{\widehat{T_{(r,t)}}}{}^{\alpha_1\cdots\alpha_t}_{k_1\cdots k_s;l_1\cdots l_s}=\frac{1}{\mathrm{e}^{(r+t)u}}\widehat{T_{(r,t)}}{}^{\alpha_1\cdots\alpha_t}_{k_1\cdots k_s;l_1\cdots l_s},\tag{6.12}$$

$$\tilde{\hat{S}}_r = \frac{1}{e^{ru}}\hat{S}_r, \tag{6.13}$$

$$\tilde{\hat{S}}^{\alpha}_r = \frac{1}{e^{ru}}\hat{S}^{\alpha}_r. \tag{6.14}$$

为了一般性，我们考虑下面的泛函，其中函数F相当一般，不一定要求是共形不变函数：

设$p = 1$时，有

$$W_{I,F} = \int_M F(\hat{S}_1, \cdots, \hat{S}_n)\mathrm{d}v.$$

设$p \geqslant 2$时，有

$$W_{II,F} = \int_M F(\underbrace{|\vec{\hat{S}}_r|^2}_{\text{odd}}, \underbrace{\hat{S}_r}_{\text{even}})\mathrm{d}v.$$

6.2 超曲面情形

设$x : M \to N$是紧致无边超曲面，考虑泛函

$$W_{I,F} = \int_M F(\hat{S}_1, \cdots, \hat{S}_n)\mathrm{d}v.$$

首先计算它的变分公式，由推论4.16，有

$$\begin{aligned}
&\frac{\mathrm{d}}{\mathrm{d}t}W_{I,F}\\
&= \int_M F_r\frac{\mathrm{d}}{\mathrm{d}t}\hat{S}_r + F(V^i_{,i} - nHf)\mathrm{d}v\\
&= \int_M F_r\Big\{[\widehat{T_{(r-1)}}_{ij}f]_{,ij} - 2[\widehat{T_{(r-1)}}_{ij,i}f]_{,j} + [\widehat{T_{(r-1)}}_{ij,ji}f]\\
&\quad - \frac{(n+1-r)}{n}[\hat{S}_{r-1}f]_{,ii} + \frac{2(n+1-r)}{n}[\hat{S}_{r-1,i}f]_{,i}\\
&\quad - \frac{(n+1-r)}{n}[\hat{S}_{r-1,ii}f] + \hat{S}_{r,p}V^p - (r+1)\hat{S}_{r+1}f\\
&\quad + 2r\hat{S}_rHf - \frac{(n+1-r)}{n}\hat{S}_{r-1}\hat{\sigma}f\\
&\quad + \widehat{T_{(r-1)}}_{ij}\bar{R}_{(n+1)ij(n+1)}f - \frac{(n+1-r)}{n}\hat{S}_{r-1}\bar{R}_{(n+1)(n+1)}f\Big\}\\
&\quad - (F)_{,i}V^i - nHFf\mathrm{d}v\\
&= \int_M (F_r)_{,ji}\widehat{T_{(r-1)}}_{ij}f + 2(F_r)_{,j}\widehat{T_{(r-1)}}_{ij,i}f + F_r\widehat{T_{(r-1)}}_{ij,ji}f
\end{aligned}$$

$$
\begin{aligned}
&-\frac{(n+1-r)}{n}\Delta F_r\hat{S}_{r-1}f-\frac{2(n+1-r)}{n}(F_r)_{,i}\hat{S}_{r-1,i}f\\
&-\frac{(n+1-r)}{n}F_r\Delta\hat{S}_{r-1}f+F_r\hat{S}_{r,p}V^p\\
&-(r+1)F_r\hat{S}_{r+1}f+2rF_r\hat{S}_rHf\\
&-\frac{(n+1-r)}{n}F_r\hat{S}_{r-1}\hat{\sigma}f+\widehat{T_{(r-1)ij}}F_r\bar{R}_{(n+1)ij(n+1)}f\\
&-\frac{(n+1-r)}{n}\hat{S}_{r-1}F_r\bar{R}_{(n+1)(n+1)}f-F_r\hat{S}_{r,i}V^i-nHFf\mathrm{d}v\\
=&\int_M\sum_r[(\widehat{T_{(r-1)ij}}F_r)_{,ji}-\frac{(n+1-r)}{n}\Delta(F_r\hat{S}_{r-1})]f\\
&+[-(r+1)F_r\hat{S}_{r+1}+2rF_r\hat{S}_rH-\frac{(n+1-r)}{n}F_r\hat{S}_{r-1}\hat{\sigma}]f\\
&+[\widehat{T_{(r-1)ij}}F_r\bar{R}_{(n+1)ij(n+1)}-\frac{(n+1-r)}{n}\hat{S}_{r-1}F_r\bar{R}_{(n+1)(n+1)}]f\\
&-nFHf\mathrm{d}v
\end{aligned}
$$

这样，证明了如下结论：

定理 6.1 设$x:M\to N$是紧致无边超曲面，它是泛函$W_{I,F}$的临界点当且仅当满足方程

$$
\begin{aligned}
&\sum_r[(\widehat{T_{(r-1)ij}}F_r)_{,ji}-\frac{(n+1-r)}{n}\Delta(F_r\hat{S}_{r-1})]\\
&+\sum_r[-(r+1)F_r\hat{S}_{r+1}+2rF_r\hat{S}_rH-\frac{(n+1-r)}{n}F_r\hat{S}_{r-1}\hat{\sigma}]\\
&+\sum_r[\widehat{T_{(r-1)ij}}F_r\bar{R}_{(n+1)ij(n+1)}-\frac{(n+1-r)}{n}\hat{S}_{r-1}F_r\bar{R}_{(n+1)(n+1)}]\\
&-nFH=0.
\end{aligned}
\tag{6.15}
$$

◇

推论 6.1 设$x:M\to R^{n+1}(c)$是空间形式中的紧致无边超曲面，它是泛函$W_{I,F}$的临界点当且仅当满足方程

$$
\begin{aligned}
&\sum_r[(\widehat{T_{(r-1)ij}}F_r)_{,ji}-\frac{(n+1-r)}{n}\Delta(F_r\hat{S}_{r-1})]\\
&+\sum_r[-(r+1)F_r\hat{S}_{r+1}+2rF_r\hat{S}_rH-\frac{(n+1-r)}{n}F_r\hat{S}_{r-1}\hat{\sigma}]\\
&-nFH=0.
\end{aligned}
\tag{6.16}
$$

推论 6.2 设$x: M \to S^{n+1}(1)$是球面中的等参超曲面，它是泛函$W_{I,F}$的临界点当且仅当满足方程

$$\sum_r [-(r+1)F_r\hat{S}_{r+1} + 2rF_r\hat{S}_rH - \frac{(n+1-r)}{n}F_r\hat{S}_{r-1}\hat{\sigma}] - nFH = 0. \tag{6.17}$$

6.3 高余维情形

设$x: M \to N$是高余维子流形，我们考虑如下泛函：

$$W_{II,F} = \int_M F(\underbrace{|\hat{\vec{S}}_r|^2}_{\text{odd}}, \underbrace{\hat{S}_r}_{\text{even}})\mathrm{d}v.$$

计算其变分公式，有

$$\begin{aligned}
&\frac{\mathrm{d}}{\mathrm{d}t}W_{II,F}\\
&= \int_M \sum_{\text{odd}} 2F_rS_r^\alpha\frac{\mathrm{d}}{\mathrm{d}t}\hat{S}_r^\alpha + \sum_{\text{even}} F_r\frac{\mathrm{d}}{\mathrm{d}t}\hat{S}_r + F(\sum_i V^i_{,i} - nH^\alpha V^\alpha)\\
&= \int_M \sum_{\text{odd}} \Big\{2F_r\hat{S}_r^\alpha[\frac{r-1}{r}\widehat{T_{(r-3,2)}}{}_{ij}^{\alpha\beta}V^\beta + \frac{1}{r}\widehat{T_{(r-1)}}{}_{ij}V^\alpha]_{,ij}\\
&- 4F_r\hat{S}_r^\alpha[\frac{r-1}{r}\widehat{T_{(r-3,2)}}{}_{ij,i}^{\alpha\beta}V^\beta + \frac{1}{r}\widehat{T_{r-1}}{}_{ij,i}V^\alpha]_{,j}\\
&+ \frac{r-1}{r}2F_r\hat{S}_r^\alpha\widehat{T_{r-3,2}}{}_{ij,ji}^{\alpha\beta}V^\beta + \frac{1}{r}2F_r\hat{S}_r^\alpha\widehat{T_{r-1}}{}_{ij,ji}V^\alpha\\
&- 2F_r\hat{S}_r^\alpha[\frac{(r-1)(n+1-r)}{nr}\widehat{T_{(r-3,2)}}{}_{\emptyset}^{\alpha\beta}V^\beta\\
&+ \frac{(n+1-r)}{nr}\hat{S}_{r-1}V^\alpha]_{,ii}\\
&+ 4F_r\hat{S}_r^\alpha[\frac{(r-1)(n+1-r)}{nr}\widehat{T_{(r-3,2)}}{}_{\emptyset,i}^{\alpha\beta}V^\beta\\
&+ \frac{(n+1-r)}{nr}\hat{S}_{r-1,i}V^\alpha]_{,i}\\
&- \Big[\frac{(r-1)(n+1-r)}{nr}2F_r\hat{S}_r^\alpha\widehat{T_{(r-3,2)}}{}_{\emptyset,ii}^{\alpha\beta}V^\beta\\
&+ \frac{(n+1-r)}{nr}2F_r\hat{S}_r^\alpha\hat{S}_{r-1,ii}V^\alpha\Big]\\
&+ 2F_r\hat{S}_r^\alpha\hat{S}_{r,p}^\alpha V^p - 2F_r\hat{S}_r^\alpha\hat{S}_r^\beta L_\beta^\alpha\\
&- 2(r+1)F_r\hat{S}_r^\alpha\widehat{T_{(r-1,2)}}{}_{\emptyset}^{\alpha\beta}V^\beta + 2rF_r\hat{S}_r^\alpha\hat{S}_r^\alpha\langle\vec{H}, V\rangle
\end{aligned}$$

$$
\begin{aligned}
&+\frac{r-1}{r}2F_r\hat{S}^{\alpha}_r\widehat{T_{(r-3,2)}}^{\alpha\beta}_{i;j}H^{\beta}\hat{h}^{\gamma}_{ij}V^{\gamma}+\frac{1}{r}2F_r\hat{S}^{\alpha}_r\widehat{T_{(r-1)}}_{ij}H^{\alpha}\hat{h}^{\gamma}_{ij}V^{\gamma}\\
&-\Big[\frac{(r-1)(n+1-r)}{nr}2F_r\hat{S}^{\alpha}_r\widehat{T_{(r-3,2)}}^{\alpha\beta}_{\emptyset}\hat{\sigma}_{\beta\gamma}V^{\gamma}\\
&+\frac{(n+1-r)}{nr}2F_r\hat{S}^{\alpha}_r\hat{S}_{r-1}\hat{\sigma}_{\alpha\gamma}V^{\gamma}\Big]\\
&-\Big[\frac{r-1}{r}2F_r\hat{S}^{\alpha}_r\widehat{T_{(r-3,2)}}^{\alpha\beta}_{i;j}\bar{R}^{\beta}_{ij\gamma}V^{\gamma}+\frac{1}{r}2F_r\hat{S}^{\alpha}_r\widehat{T_{(r-1)}}_{ij}\bar{R}^{\alpha}_{ij\gamma}V^{\gamma}\Big]\\
&-\Big[\frac{(r-1)(n+1-r)}{nr}2F_r\hat{S}^{\alpha}_r\widehat{T_{(r-3,2)}}^{\alpha\beta}_{\emptyset}\bar{R}^{\top}_{\beta\gamma}V^{\gamma}\\
&+\frac{(n+1-r)}{nr}2F_r\hat{S}^{\alpha}_r\hat{S}_{(r-1)}\bar{R}^{\top}_{\alpha\gamma}V^{\gamma}\Big]\Big\}\\
&+\sum_{\text{even}}\Big\{F_r[\widehat{T_{(r-1)}}^{\alpha}_{ij}V^{\alpha}]_{,ij}-2F_r[\widehat{T_{(r-1)}}^{\alpha}_{ij,i}V^{\alpha}]_{,j}\\
&+F_r[\widehat{T_{(r-1)}}^{\alpha}_{ij,ji}V^{\alpha}]-\frac{(n+1-r)}{n}F_r[\hat{S}^{\alpha}_{r-1}V^{\alpha}]_{,ii}\\
&+\frac{2(n+1-r)}{n}F_r[\hat{S}^{\alpha}_{r-1,i}V^{\alpha}]_{,i}\\
&-\frac{(n+1-r)}{n}F_r[\hat{S}^{\alpha}_{r-1,ii}V^{\alpha}]+F_r\hat{S}_{r,p}V^{p}\\
&-(r+1)F_r\hat{S}^{\alpha}_{r+1}V^{\alpha}+rF_r\hat{S}_r\langle\vec{H},V\rangle+F_r\widehat{T_{(r-1)}}^{\alpha}_{ij}H^{\alpha}\hat{h}^{\beta}_{ij}V^{\beta}\\
&-\frac{(n+1-r)}{n}F_r\hat{S}^{\alpha}_{r-1}\hat{\sigma}_{\alpha\beta}V^{\beta}-F_r\widehat{T_{(r-1)}}^{\alpha}_{ij}\bar{R}^{\alpha}_{ij\beta}V^{\beta}\\
&-\frac{(n+1-r)}{n}F_r\hat{S}^{\alpha}_{r-1}\bar{R}^{\top}_{\alpha\beta}V^{\beta}\Big\}\\
&-\sum_{\text{odd}}F_r2\hat{S}^{\alpha}_r\hat{S}^{\alpha}_{r,i}V^{i}-\sum_{\text{even}}F_r\hat{S}_{r,i}V^{i}-\sum_{\alpha}nFH^{\alpha}V^{\alpha}\\
=\int_M&\sum_{\text{odd}}\Big\{\frac{2(r-1)}{r}(F_r\hat{S}^{\alpha}_r\widehat{T_{(r-3,2)}}^{\alpha\beta}_{ij})_{,ji}V^{\beta}+\frac{2}{r}(F_r\hat{S}^{\beta}_r\widehat{T_{(r-1)}}_{ij})_{,ji}V^{\beta}\\
&-\frac{2(r-1)(n+1-r)}{nr}\Delta(F_r\hat{S}^{\alpha}_r\widehat{T_{(r-3,2)}}^{\alpha\beta}_{\emptyset})V^{\beta}\\
&-\frac{2(n+1-r)}{nr}\Delta(F_r\hat{S}^{\beta}_r\hat{S}_{r-1})V^{\beta}\\
&-2(r+1)F_r\hat{S}^{\alpha}_r\widehat{T_{(r-1,2)}}^{\alpha\beta}_{\emptyset}V^{\beta}+2rF_r\hat{S}^{\alpha}_r\hat{S}^{\alpha}_rH^{\beta}V^{\beta}\\
&+2(r-1)F_r\hat{S}^{\alpha}_r\widehat{T_{(r-3,3)}}^{\alpha\beta\gamma}_{\emptyset}H^{\gamma}V^{\beta}+2F_r\hat{S}^{\alpha}_r\hat{S}^{\beta}_rH^{\alpha}V^{\beta}\\
&-\Big[\frac{2(r-1)(n+1-r)}{nr}F_r\hat{S}^{\alpha}_r\widehat{T_{(r-3,2)}}^{\alpha\gamma}_{\emptyset}\hat{\sigma}_{\gamma\beta}V^{\beta}
\end{aligned}
$$

$$
\begin{aligned}
&+\frac{2(n+1-r)}{nr}F_r\hat{S}^{\alpha}_{r}\hat{S}_{r-1}\hat{\sigma}_{\alpha\beta}V^{\beta}\Big]\\
&-\Big[\frac{2(r-1)}{r}F_r\hat{S}^{\alpha}_{r}\widehat{T_{(r-3,2)}}^{\alpha\gamma}_{i;j}\bar{R}^{\gamma}_{ij\beta}V^{\beta}+\frac{2}{r}F_r\hat{S}^{\alpha}_{r}\widehat{T_{(r-1)}}_{ij}\bar{R}^{\alpha}_{ij\beta}V^{\beta}\Big]\\
&-\Big[\frac{2(r-1)(n+1-r)}{nr}F_r\hat{S}^{\alpha}_{r}\widehat{T_{(r-3,2)}}^{\alpha\gamma}_{\emptyset}\bar{R}^{\top}_{\gamma\beta}V^{\beta}\\
&+\frac{2(n+1-r)}{nr}F_r\hat{S}^{\alpha}_{r}\hat{S}_{(r-1)}\bar{R}^{\top}_{\alpha\beta}V^{\beta}\Big]\Big\}\\
&+\sum_{\text{even}}\Big\{(F_r\widehat{T_{(r-1)}}^{\beta}_{ij})_{,ji}V^{\beta}-\frac{(n+1-r)}{n}\Delta(F_r\hat{S}^{\beta}_{r-1})V^{\beta}\\
&-(r+1)F_r\hat{S}^{\beta}_{r+1}V^{\beta}+rF_r\hat{S}_rH^{\beta}V^{\beta}+rF_r\widehat{T_{(r)}}^{\alpha\beta}_{\emptyset}H^{\alpha}V^{\beta}\\
&-\frac{(n+1-r)}{n}F_r\hat{S}^{\alpha}_{r-1}\hat{\sigma}_{\alpha\beta}V^{\beta}-F_r\widehat{T_{(r-1)}}^{\alpha}_{ij}\bar{R}^{\alpha}_{ij\beta}V^{\beta}\\
&-\frac{(n+1-r)}{n}F_r\hat{S}^{\alpha}_{r-1}\bar{R}^{\top}_{\alpha\beta}V^{\beta}\Big\}-\sum_{\beta}nFH^{\beta}V^{\beta}.
\end{aligned}
$$

这样，我们证明了：

定理 6.2 设$x:M\to N$是高余维子流形，它是泛函$W_{II,F}$的临界点当且仅当对任意的指标$\beta\in[n+1,n+p]$，满足方程

$$
\begin{aligned}
&\sum_{\text{odd}}\Big[\frac{2(r-1)}{r}(F_r\hat{S}^{\alpha}_{r}\widehat{T_{(r-3,2)}}^{\alpha\beta}_{ij})_{,ji}+\frac{2}{r}(F_r\hat{S}^{\beta}_{r}\widehat{T_{(r-1)}}_{ij})_{,ji}\\
&-\frac{2(r-1)(n+1-r)}{nr}\Delta(F_r\hat{S}^{\alpha}_{r}\widehat{T_{(r-3,2)}}^{\alpha\beta}_{\emptyset})\\
&-\frac{2(n+1-r)}{nr}\Delta(F_r\hat{S}^{\beta}_{r}\hat{S}_{r-1})\\
&-2(r+1)F_r\hat{S}^{\alpha}_{r}\widehat{T_{(r-1,2)}}^{\alpha\beta}_{\emptyset}+2rF_r\hat{S}^{\alpha}_{r}\hat{S}^{\alpha}_{r}H^{\beta}\\
&+2(r-1)F_r\hat{S}^{\alpha}_{r}\widehat{T_{(r-3,3)}}^{\alpha\beta\gamma}_{\emptyset}H^{\gamma}+2F_r\hat{S}^{\alpha}_{r}\hat{S}^{\beta}_{r}H^{\alpha}\\
&-\frac{2(r-1)(n+1-r)}{nr}F_r\hat{S}^{\alpha}_{r}\widehat{T_{(r-3,2)}}^{\alpha\gamma}_{\emptyset}\hat{\sigma}_{\gamma\beta}\\
&-\frac{2(n+1-r)}{nr}F_r\hat{S}^{\alpha}_{r}\hat{S}_{r-1}\hat{\sigma}_{\alpha\beta}\\
&-\frac{2(r-1)}{r}F_r\hat{S}^{\alpha}_{r}\widehat{T_{(r-3,2)}}^{\alpha\gamma}_{i;j}\bar{R}^{\gamma}_{ij\beta}-\frac{2}{r}F_r\hat{S}^{\alpha}_{r}\widehat{T_{(r-1)}}_{ij}\bar{R}^{\alpha}_{ij\beta}\\
&-\frac{2(r-1)(n+1-r)}{nr}F_r\hat{S}^{\alpha}_{r}\widehat{T_{(r-3,2)}}^{\alpha\gamma}_{\emptyset}\bar{R}^{\top}_{\gamma\beta}\\
&-\frac{2(n+1-r)}{nr}F_r\hat{S}^{\alpha}_{r}\hat{S}_{(r-1)}\bar{R}^{\top}_{\alpha\beta}\Big]
\end{aligned}
$$

$$
\begin{aligned}
&+\sum_{\text{even}}\Big[(F_r\widehat{T_{(r-1)ij}}^{\beta})_{,ji}-\frac{(n+1-r)}{n}\Delta(F_r\hat{S}^{\beta}_{r-1})\\
&-(r+1)F_r\hat{S}^{\beta}_{r+1}+rF_r\hat{S}_rH^{\beta}+rF_r\widehat{T_{(r)_\emptyset}}^{\alpha\beta}H^{\alpha}\\
&-\frac{(n+1-r)}{n}F_r\hat{S}^{\alpha}_{r-1}\hat{\sigma}_{\alpha\beta}-F_r\widehat{T_{(r-1)ij}}^{\alpha}\bar{R}^{\alpha}_{ij\beta}\\
&-\frac{(n+1-r)}{n}F_r\hat{S}^{\alpha}_{r-1}\bar{R}^{\top}_{\alpha\beta}\Big]\\
&-nFH^{\beta}=0.
\end{aligned}
\tag{6.18}
$$

◇

推论 6.3 设$x:M\to R^{n+p}(c)$是高余维子流形，它是泛函$W_{II,F}$的临界点当且仅当对任意的指标$\beta\in[n+1,n+p]$，有

$$
\begin{aligned}
&\sum_{\text{odd}}\Big[\frac{2(r-1)}{r}(F_r\hat{S}^{\alpha}_r\widehat{T_{(r-3,2)ij}}^{\alpha\beta})_{,ji}+\frac{2}{r}(F_r\hat{S}^{\beta}_r\widehat{T_{(r-1)ij}})_{,ji}\\
&-\frac{2(r-1)(n+1-r)}{nr}\Delta(F_r\hat{S}^{\alpha}_r\widehat{T_{(r-3,2)_\emptyset}}^{\alpha\beta})\\
&-\frac{2(n+1-r)}{nr}\Delta(F_r\hat{S}^{\beta}_r\hat{S}_{r-1})\\
&-2(r+1)F_r\hat{S}^{\alpha}_r\widehat{T_{(r-1,2)_\emptyset}}^{\alpha\beta}+2rF_r\hat{S}^{\alpha}_r\hat{S}^{\alpha}_rH^{\beta}\\
&+2(r-1)F_r\hat{S}^{\alpha}_r\widehat{T_{(r-3,3)_\emptyset}}^{\alpha\beta\gamma}H^{\gamma}+2F_r\hat{S}^{\alpha}_r\hat{S}^{\beta}_rH^{\alpha}\\
&-\frac{2(r-1)(n+1-r)}{nr}F_r\hat{S}^{\alpha}_r\widehat{T_{(r-3,2)_\emptyset}}^{\alpha\gamma}\hat{\sigma}_{\gamma\beta}\\
&-\frac{2(n+1-r)}{nr}F_r\hat{S}^{\alpha}_r\hat{S}_{r-1}\hat{\sigma}_{\alpha\beta}\Big]\\
&+\sum_{\text{even}}\Big[(F_r\widehat{T_{(r-1)ij}}^{\beta})_{,ji}-\frac{(n+1-r)}{n}\Delta(F_r\hat{S}^{\beta}_{r-1})\\
&-(r+1)F_r\hat{S}^{\beta}_{r+1}+rF_r\hat{S}_rH^{\beta}+rF_r\widehat{T_{(r)_\emptyset}}^{\alpha\beta}H^{\alpha}\\
&-\frac{(n+1-r)}{n}F_r\hat{S}^{\alpha}_{r-1}\hat{\sigma}_{\alpha\beta}\Big]-nFH^{\beta}=0.
\end{aligned}
\tag{6.19}
$$

推论 6.4 设$x:M\to R^{n+p}(c)$是高余维等参子流形，它是泛函$W_{II,F}$的临界点当且仅当对任意的指标$\beta\in[n+1,n+p]$，有

$$
\begin{aligned}
&\sum_{\text{odd}}\Big[-2(r+1)F_r\hat{S}^{\alpha}_r\widehat{T_{(r-1,2)_\emptyset}}^{\alpha\beta}+2rF_r\hat{S}^{\alpha}_r\hat{S}^{\alpha}_rH^{\beta}\\
&+2(r-1)F_r\hat{S}^{\alpha}_r\widehat{T_{(r-3,3)_\emptyset}}^{\alpha\beta\gamma}H^{\gamma}+2F_r\hat{S}^{\alpha}_r\hat{S}^{\beta}_rH^{\alpha}\\
&-\frac{2(r-1)(n+1-r)}{nr}F_r\hat{S}^{\alpha}_r\widehat{T_{(r-3,2)_\emptyset}}^{\alpha\gamma}\hat{\sigma}_{\gamma\beta}
\end{aligned}
$$

$$
\begin{aligned}
&-\frac{2(n+1-r)}{nr}F_r\hat{S}^{\alpha}_{r}\hat{S}_{r-1}\hat{\sigma}_{\alpha\beta}\Big]\\
&+\sum_{\text{even}}\Big[-(r+1)F_r\hat{S}^{\beta}_{r+1}+rF_r\hat{S}_rH^{\beta}+rF_r\widehat{T_{(r)}}^{\alpha\beta}_{\emptyset}H^{\alpha}\\
&-\frac{(n+1-r)}{n}F_r\hat{S}^{\alpha}_{r-1}\hat{\sigma}_{\alpha\beta}\Big]-nFH^{\beta}=0.
\end{aligned}
\tag{6.20}
$$

6.4 空间形式中的F-Willmore泛函

本节考虑的F-Willmore泛函，是上一节的特殊情形。首先定义函数

$$\rho=\sigma-nH^2.$$

显然，函数ρ满足如下性质：

(1) $\rho(x)\geqslant 0$;

(2) $\rho(x)=0$当且仅当x是M的脐点；

(3) 因为M紧致，函数ρ可被一个正常数控制，$0\leqslant\rho\leqslant C$.

经典的Willmore泛函是如下定义的：

$$W_{\frac{n}{2}}(x)=\int_M\rho^{\frac{n}{2}}\mathrm{d}v.$$

可参见文献[11, 34, 42, 43]。对此泛函，李海中、王长平、胡泽军等发表过一系列的文章[20,21,24,26–30]。$W_{\frac{n}{2}}(x)$是一个共形不变积分，其临界点称为Willmore子流形。著名的Willmore猜想说：对于任何浸入$S^3(1)$的曲面$x:M\to S^3$，都有如下不等式成立：

$$W_1(x)\geqslant 4\pi^2.$$

对于曲面，在文章[7]中，Cai, M 考虑了所谓的p-Willmore泛函：

$$W_p(x)=\int_M\rho^p\mathrm{d}v,$$

在一定条件之下，Cai, M得到了一些重要的不等式。

李海中等还考虑了一类所谓的extramal-Willmore泛函，其定义如下：

$$W_1=\int_M\rho\mathrm{d}v.$$

李海中等计算了它的第一变分，并推导出了临界点子流形的间隙现象，最后定出了间隙端点对应的子流形。

受此启发，我们可以考虑所谓的F-Willmore泛函，其临界点称为F-Willmore子流形。为了叙述精确，需要定义两个集合：

$$T_1 = \{M: M\text{是无脐点子流形}\}$$

$$T_2 = \{M: M\text{是一般子流形}\}$$

根据集合T_1, T_2的定义，我们定义函数F满足

$$F: (0,\infty) \text{ 或者 } [0,\infty) \to \mathbb{R};\ u \to F(u).$$

并且满足

$$F \in C^3(0,\infty) \text{ 或者 } C^3[0,\infty).$$

当M是无脐点子流形时，对函数F的要求为

$$F \in C^3(0,\infty),\ F: (0,\infty) \to \mathbb{R};\ u \to F(u).$$

当M为一般子流形时，对函数F的要求为

$$F \in C^3[0,\infty),\ F: [0,\infty) \to \mathbb{R};\ u \to F(u).$$

我们对于集合T_1或者集合T_2中的子流形定义F-Willmore泛函为

$$W_F(x) = \int_M F(\rho)\mathrm{d}v.$$

显然，当$F(u) = u^{\frac{n}{2}}$时，$W_F(x) = W_{\frac{n}{2}}(x)$. 当$F(u) = u^p$时，$W_F(x) = W_p(x)$. 当$F(u) = u$时，$W_F(x) = W_1(x)$. 对于各种不同的函数，可以定义很多泛函，这些泛函可以丰富Willmore子流形的研究内容。

当$F(u) = u^r$时，可以定义幂Willmore泛函为

$$W_{(n,r)} = \int_M \rho^r \mathrm{d}v.$$

显然，幂Willmore泛函是对经典的Willmore泛函的推广。但是否是具有脐点的子流形取决于指数r的取值：当$M \in T_1$时，指数r的取值为$r \in \mathbb{R}$; 当$M \in T_2$时，指数r的取值为$r = 1, 2$或者$r \in [3,\infty)$.

这样取值的目的是使得计算泛函$W_{(n,r)}$的第一变分公式有意义。自然，当$r > 0$时，对于T_2之中的子流形，泛函$W_{(n,r)}$在积分上是有意义的，但是通过变分公式的的计算，我们知道对于某些取值不一定有意义。

当$F(u) = \mathrm{e}^u$时，定义指数Willmore泛函为

$$W_{(n,E)} = \int_M \mathrm{e}^\rho \mathrm{d}v.$$

显然，指数Willmore泛函是对经典的Willmore泛函的推广，这是基于下列理由：

$$e^{\rho} = \sum_{n=0}^{\infty} \frac{\rho^n}{n!}.$$

函数e^{ρ}相当是幂函数的某种意义上的线性组合。

当$F(u) = \log u,\ u > 0$时，定义对数Willmore泛函为

$$W_{(n,\log)} = \int_M \log \rho dv.$$

显然，对数Willmore泛函是对经典的Willmore泛函的推广并且只能对无脐点的子流形定义。基于下列理由：

$$\log \rho = \log(1 + \rho - 1) = \sum_{n=1}^{\infty} (-1)^n \frac{(\rho - 1)^n}{n},$$

我们可以把函数$\log \rho$看作是幂函数的某种交错意义上的线性组合。

当$F(u) = \sin u$时，定义sin-Willmore泛函为

$$W_{(n,\sin)} = \int_M \sin \rho dv.$$

显然，基于下列理由，sin-Willmore泛函是对经典的Willmore泛函的推广：

$$\sin \rho = \sum_{n=0}^{\infty} (-1)^n \frac{\rho^{2n+1}}{(2n+1)!}.$$

函数$\sin \rho$相当是幂函数的某种意义上的线性组合。

当$F(u) = (u + \epsilon)^r,\ \forall \epsilon > 0$时，定义摄动幂Willmore泛函为

$$W_{(n,r,\epsilon)} = \int_M (\rho + \epsilon)^r dv.$$

显然，摄动幂Willmore泛函是对经典的Willmore泛函的推广，根据参数ϵ的取值不同，可以对比研究摄动Willmore子流形和幂Willmore子流形的差别。

当$F(u) = \log(u + \epsilon)$时，定义摄动对数Willmore泛函为

$$W_{(n,\log,\epsilon)} = \int_M \log(\rho + \epsilon) dv.$$

显然，摄动对数Willmore泛函是对经典的Willmore泛函的推广并且可以定义于一般的子流形，根据参数ϵ的取值不同，可以对比研究摄动对数Willmore子流形和对数Willmore子流形的差别。

综上所述，我们逐一研究如下泛函：

- $F(u)$为抽象函数时

$$W_F=\int_M F(\rho)\mathrm{d}v,$$

其临界点称为W_F-Willmore子流形或者F-Willmore子流形。

- $F(u)=u^{\frac{n}{2}}$时

$$W_{(n,\frac{n}{2})}=\int_M \rho^{\frac{n}{2}}\mathrm{d}v,$$

其临界点称为$W_{(n,\frac{n}{2})}$-Willmore子流形或者经典Willmore子流形。

- $F(u)=u$时

$$W_{(n,1)}=\int_M \rho\mathrm{d}v,$$

其临界点称为$W_{(n,1)}$-Willmore子流形或者extremal-Willmore子流形。

- $F(u)=u^r$时

$$W_{(n,r)}=\int_M \rho^r\mathrm{d}v,$$

其临界点称为$W_{(n,r)}$-Willmore子流形或者幂-Willmore子流形。

- $F(u)=\mathrm{e}^u$时

$$W_{(n,E)}=\int_M \mathrm{e}^{\rho}\mathrm{d}v,$$

其临界点称为$W_{(n,E)}$-Willmore子流形或者指数-Willmore子流形。

- $F(u)=\log u, u>0$时

$$W_{(n,\log)}=\int_M \log\rho\mathrm{d}v,$$

其临界点称为$W_{(n,\log)}$-Willmore子流形或者对数-Willmore子流形。

- $F(u)=\sin u$时

$$W_{(n,\sin)}=\int_M \sin\rho\mathrm{d}v,$$

其临界点称为$W_{(n,\sin)}$-Willmore子流形或者正弦-Willmore子流形。

- $F(u)=(u+\epsilon)^{\frac{n}{2}}$时

$$W_{(n,\frac{n}{2},\epsilon)}=\int_M (\rho+\epsilon)^{\frac{n}{2}}\mathrm{d}v,$$

其临界点称为$W_{(n,\frac{n}{2},\epsilon)}$-Willmore子流形或者$\epsilon$-摄动经典Willmore子流形。

- $F(u)=u+\epsilon$时

$$W_{(n,1,\epsilon)}=\int_M (\rho+\epsilon)\mathrm{d}v,$$

其临界点称为$W_{(n,1,\epsilon)}$-Willmore子流形或者ϵ-摄动extremal-Willmore子流形。

- $F(u)=(u+\epsilon)^r$时

$$W_{(n,r,\epsilon)}=\int_M(\rho+\epsilon)^r\mathrm{d}v,$$

其临界点称为$W_{(n,r,\epsilon)}$-Willmore子流形或者ϵ-摄动幂Willmore子流形。

- $F(u)=\log(u+\epsilon)$时

$$W_{(n,\log,\epsilon)}=\int_M\log(\rho+\epsilon)\mathrm{d}v,$$

其临界点称为$W_{(n,\log,\epsilon)}$-Willmore子流形或者ϵ-摄动指数Willmore子流形。

- $F(u)=\sin(u+\epsilon)$时

$$W_{(n,\sin,\epsilon)}=\int_M\sin(\rho+\epsilon)\mathrm{d}v,$$

其临界点称为$W_{(n,\sin,\epsilon)}$-Willmore子流形或者ϵ-摄动正弦Willmore子流形。

6.5 F-Willmore泛函的第一变分

前面一节已经构造了较多的泛函，在这一节计算F-Willmore泛函的变分方程。为此需要如下引理。

引理 6.1

$$\begin{aligned}\frac{\mathrm{d}\rho}{\mathrm{d}t}=&\sum_{ij\alpha}2h_{ij}^{\alpha}V_{,ij}^{\alpha}-\sum_{\alpha}2H^{\alpha}\Delta V^{\alpha}+\sum_{\alpha\beta}2\mathrm{tr}(A_{\alpha}A_{\beta}^2)V^{\alpha}\\&-\sum_{\alpha\beta}2\mathrm{tr}(A_{\alpha}A_{\beta})H^{\beta}V^{\alpha}+\sum_i\rho_{,i}V^i.\end{aligned}\tag{6.21}$$

证明 由推论3.8立刻可得。□

下面计算第一变分：

$$\begin{aligned}\frac{\partial}{\partial t}W_F(x_t)=&\int_{M_t}F'(\rho)\frac{\partial}{\partial t}(\rho)+F(\rho)(\sum_i V_{,i}^i-\sum_{\alpha}nH^{\alpha}V^{\alpha})\mathrm{d}v\\=&\int_{M_t}F'(\rho)[\sum_{ij\alpha}2h_{ij}^{\alpha}V_{,ij}^{\alpha}-\sum_{\alpha}2H^{\alpha}\Delta V^{\alpha}\\&+\sum_{\alpha\beta}2\mathrm{tr}(A_{\alpha}A_{\beta}^2)V^{\alpha}-\sum_{\alpha\beta}2\mathrm{tr}(A_{\alpha}A_{\beta})H^{\beta}V^{\alpha}+\sum_i\rho_{,i}V^i]\\&+F(\rho)(\sum_i V_{,i}^i-\sum_{\alpha}nH^{\alpha}V^{\alpha})\mathrm{d}v\end{aligned}$$

$$
\begin{aligned}
&= \int_{M_t} 2 \sum_{\alpha} \Big[\sum_{ij} (F'(\rho) h^{\alpha}_{ij})_{,ji} - \Delta(F'(\rho) H^{\alpha}) \\
&\quad + \sum_{\beta} \mathrm{tr}(A_{\alpha} A_{\beta} A_{\beta}) F'(\rho) \\
&\quad - \sum_{\beta} \mathrm{tr}(A_{\alpha} A_{\beta}) H^{\beta} F'(\rho) - \frac{n}{2} H^{\alpha} F(\rho) \Big] V^{\alpha} \mathrm{d}v.
\end{aligned}
$$

因此证明了下面的结论:

定理 6.3 设M是空间形式中的子流形，那么M是一个F-Willmore 子流形当且仅当对任意的 $\alpha, (n+1) \leqslant \alpha \leqslant (n+p)$,

$$
\begin{aligned}
&\sum_{ij} [F'(\rho) h^{\alpha}_{ij}]_{,ji} - \Delta[F'(\rho) H^{\alpha}] + \sum_{\beta} F'(\rho) \mathrm{tr}(A_{\alpha} A_{\beta} A_{\beta}) \\
&\quad - \sum_{\beta} F'(\rho) \mathrm{tr}(A_{\alpha} A_{\beta}) H^{\beta} - \frac{n}{2} F(\rho) H^{\alpha} = 0.
\end{aligned} \tag{6.22}
$$

◇

定理 6.4 设M是空间形式中的超曲面，那么M是一个F-Willmore 超曲面当且仅当

$$
\begin{aligned}
&\sum_{ij} [F'(\rho) h_{ij}]_{,ji} - \Delta[F'(\rho) H] + F'(\rho) \mathrm{tr}(A^3) \\
&\quad - F'(\rho) \mathrm{tr}(A^2) H - \frac{n}{2} F(\rho) H = 0.
\end{aligned} \tag{6.23}
$$

◇

对于空间形式之中的$W_{(n,\frac{n}{2})}$泛函，此时$F(u) = u^{\frac{n}{2}}$，有下面的推论:

推论 6.5 [29] 设M是空间形式中的子流形，那么M是一个$W_{(n,\frac{n}{2})}$-Willmore 子流形当且仅当对于任意的指标$\alpha, (n+1) \leqslant \alpha \leqslant (n+p)$,

$$
\begin{aligned}
&\sum_{ij} (\rho^{\frac{n}{2}-1} h^{\alpha}_{ij})_{,ji} - \Delta(\rho^{\frac{n}{2}-1} H^{\alpha}) + \sum_{\beta} \rho^{\frac{n}{2}-1} \mathrm{tr}(A_{\alpha} A_{\beta} A_{\beta}) \\
&\quad - \sum_{\beta} \rho^{\frac{n}{2}-1} \mathrm{tr}(A_{\alpha} A_{\beta}) H^{\beta} - \rho^{\frac{n}{2}} H^{\alpha} = 0.
\end{aligned} \tag{6.24}
$$

推论 6.6 [29] 设M是空间形式中的超曲面，那么M是一个$W_{(n,\frac{n}{2})}$-Willmore 超曲面当且仅当

$$
\begin{aligned}
&\sum_{ij} (\rho^{\frac{n}{2}-1} h_{ij})_{,ji} - \Delta(\rho^{\frac{n}{2}-1} H) + \rho^{\frac{n}{2}-1} \mathrm{tr}(A^3) \\
&\quad - \rho^{\frac{n}{2}-1} \mathrm{tr}(A^2) H - \rho^{\frac{n}{2}} H = 0.
\end{aligned} \tag{6.25}
$$

对于空间形式之中的$W_{(n,1)}$泛函，此时$F(u) = u$，有下面推论:

推论 6.7 设M是空间形式之中的子流形，那么M是一个$W_{(n,1)}$-Willmore子流形当且仅当对于任意的指标α, $(n+1)\leqslant\alpha\leqslant(n+p)$，

$$\begin{aligned}&\sum_{ij}(h^{\alpha}_{ij})_{,ji}-\Delta(H^{\alpha})+\sum_{\beta}\operatorname{tr}(A_{\alpha}A_{\beta}A_{\beta})\\&-\sum_{\beta}\operatorname{tr}(A_{\alpha}A_{\beta})H^{\beta}-\frac{n}{2}\rho H^{\alpha}=0.\end{aligned}\tag{6.26}$$

推论 6.8 设M是空间形式之中的超曲面，那么M是一个$W_{(n,1)}$-Willmore超曲面当且仅当

$$\sum_{ij}(h_{ij})_{,ji}-\Delta(H)+\operatorname{tr}(A^3)-\operatorname{tr}(A^2)H-\frac{n}{2}\rho H=0.\tag{6.27}$$

对于空间形式之中的$W_{(n,r)}$泛函，此时$F(u)=u^r$，有下面推论：

推论 6.9 设M是空间形式之中的子流形，那么M是一个$W_{(n,r)}$-Willmore子流形当且仅当对于任意的指标α, $(n+1)\leqslant\alpha\leqslant(n+p)$，

$$\begin{aligned}&\sum_{ij}(r\rho^{r-1}h^{\alpha}_{ij})_{,ji}-\Delta(r\rho^{r-1}H^{\alpha})+\sum_{\beta}r\rho^{r-1}\operatorname{tr}(A_{\alpha}A_{\beta}A_{\beta})\\&-\sum_{\beta}r\rho^{r-1}\operatorname{tr}(A_{\alpha}A_{\beta})H^{\beta}-\frac{n}{2}\rho^{r}H^{\alpha}=0.\end{aligned}\tag{6.28}$$

推论 6.10 设M是空间形式之中的超曲面，那么M是一个$W_{(n,r)}$-Willmore超曲面当且仅当

$$\begin{aligned}&\sum_{ij}(r\rho^{r-1}h_{ij})_{,ji}-\Delta(r\rho^{r-1}H)+r\rho^{r-1}\operatorname{tr}(A^3)\\&-r\rho^{r-1}\operatorname{tr}(A^2)H-\frac{n}{2}\rho^{r}H=0.\end{aligned}\tag{6.29}$$

对于空间形式之中的$W_{(n,E)}$泛函，此时$F(u)=\mathrm{e}^u$，有下面推论：

推论 6.11 设M是空间形式之中的子流形，那么M是一个$W_{(n,E)}$-Willmore子流形当且仅当对于任意的指标α, $(n+1)\leqslant\alpha\leqslant(n+p)$，

$$\begin{aligned}&\sum_{ij}(\mathrm{e}^{\rho}h^{\alpha}_{ij})_{,ji}-\Delta(\mathrm{e}^{\rho}H^{\alpha})+\sum_{\beta}\mathrm{e}^{\rho}\operatorname{tr}(A_{\alpha}A_{\beta}A_{\beta})\\&-\sum_{\beta}\mathrm{e}^{\rho}\operatorname{tr}(A_{\alpha}A_{\beta})H^{\beta}-\frac{n}{2}\mathrm{e}^{\rho}H^{\alpha}=0.\end{aligned}\tag{6.30}$$

推论 6.12 设M是空间形式之中的超曲面，那么M是一个$W_{(n,E)}$-Willmore超曲面当且仅当

$$\begin{aligned}&\sum_{ij}(\mathrm{e}^{\rho}h_{ij})_{,ji}-\Delta(\mathrm{e}^{\rho}H)+\mathrm{e}^{\rho}\operatorname{tr}(A^3)\\&-\mathrm{e}^{\rho}\operatorname{tr}(A^2)H^{\beta}-\frac{n}{2}\mathrm{e}^{\rho}H=0.\end{aligned}\tag{6.31}$$

对于空间形式之中的$W_{(n,\log)}$泛函，此时$F(u) = \log u$, $u > 0$，有下面推论：

推论 6.13 设M是空间形式之中的子流形且M无脐点(即$M \in T_1$)，那么M是一个$W_{(n,\log)}$-Willmore子流形当且仅当对于任意的指标α, $(n+1) \leqslant \alpha \leqslant (n+p)$,

$$\sum_{ij}(\frac{1}{\rho}h_{ij}^{\alpha})_{,ji} - \Delta(\frac{1}{\rho}H^{\alpha}) + \sum_{\beta}\frac{1}{\rho}\mathrm{tr}(A_{\alpha}A_{\beta}A_{\beta}) - \sum_{\beta}\frac{1}{\rho}\mathrm{tr}(A_{\alpha}A_{\beta})H^{\beta} - \frac{n}{2}\log\rho H^{\alpha} = 0. \quad (6.32)$$

推论 6.14 设M是空间形式之中的超曲面且M无脐点(即$M \in T_1$)，那么M是一个$W_{(n,\log)}$-Willmore超曲面当且仅当

$$\sum_{ij}(\frac{1}{\rho}h_{ij})_{,ji} - \Delta(\frac{1}{\rho}H) + \frac{1}{\rho}\mathrm{tr}(A^3) - \frac{1}{\rho}\mathrm{tr}(A^2)H - \frac{n}{2}\log\rho H = 0. \quad (6.33)$$

对于空间形式之中的$W_{(n,\sin)}$泛函，此时$F(u) = \sin u$，有下面推论：

推论 6.15 设M是空间形式之中的子流形，那么M是一个$W_{(n,\sin)}$-Willmore子流形当且仅当对于任意的指标α, $(n+1) \leqslant \alpha \leqslant (n+p)$,

$$\sum_{ij}[\cos(\rho)h_{ij}^{\alpha}]_{,ji} - \Delta[\cos(\rho)H^{\alpha}] + \sum_{\beta}\cos(\rho)\mathrm{tr}(A_{\alpha}A_{\beta}A_{\beta}) - \sum_{\beta}\cos(\rho)\mathrm{tr}(A_{\alpha}A_{\beta})H^{\beta} - \frac{n}{2}\sin(\rho)H^{\alpha} = 0. \quad (6.34)$$

推论 6.16 设M是空间形式之中的超曲面，那么M是一个$W_{(n,\sin)}$-Willmore超曲面当且仅当

$$\sum_{ij}[\cos(\rho)h_{ij}]_{,ji} - \Delta[\cos(\rho)H] + \sum_{\beta}\cos(\rho)\mathrm{tr}(A^3) - \cos(\rho)\mathrm{tr}(A^2)H - \frac{n}{2}\sin(\rho)H = 0. \quad (6.35)$$

对于空间形式之中的$W_{(n,\frac{n}{2},\epsilon)}$泛函，此时$F(u) = (u+\epsilon)^{\frac{n}{2}}$，有下面推论：

推论 6.17 设M是空间形式之中的子流形，那么M是一个$W_{(n,\frac{n}{2},\epsilon)}$-Willmore

子流形当且仅当对于任意的指标α, $(n+1)\leqslant\alpha\leqslant(n+p)$,

$$\sum_{ij}((\rho+\epsilon)^{\frac{n}{2}-1}h^{\alpha}_{ij})_{,ji}-\Delta((\rho+\epsilon)^{\frac{n}{2}-1}H^{\alpha})+\sum_{\beta}(\rho+\epsilon)^{\frac{n}{2}-1}\mathrm{tr}(A_{\alpha}A_{\beta}A_{\beta})$$
$$-\sum_{\beta}(\rho+\epsilon)^{\frac{n}{2}-1}\mathrm{tr}(A_{\alpha}A_{\beta})H^{\beta}-(\rho+\epsilon)^{\frac{n}{2}}H^{\alpha}=0. \tag{6.36}$$

推论 6.18 设M是空间形式之中的超曲面，那么M是一个$W_{(n,\frac{n}{2},\epsilon)}$-Willmore超曲面当且仅当

$$\sum_{ij}((\rho+\epsilon)^{\frac{n}{2}-1}h_{ij})_{,ji}-\Delta((\rho+\epsilon)^{\frac{n}{2}-1}H)+(\rho+\epsilon)^{\frac{n}{2}-1}\mathrm{tr}(A^3)$$
$$-(\rho+\epsilon)^{\frac{n}{2}-1}\mathrm{tr}(A^2)H-(\rho+\epsilon)^{\frac{n}{2}}H=0. \tag{6.37}$$

对于空间形式之中的$W_{(n,1,\epsilon)}$泛函，此时$F(u)=u+\epsilon$，有下面推论：

推论 6.19 设M是空间形式之中的子流形，那么M是一个$W_{(n,1,\epsilon)}$-Willmore子流形当且仅当对于任意的指标α, $(n+1)\leqslant\alpha\leqslant(n+p)$,

$$\sum_{ij}(h^{\alpha}_{ij})_{,ji}-\Delta(H^{\alpha})+\sum_{\beta}\mathrm{tr}(A_{\alpha}A_{\beta}A_{\beta})$$
$$-\sum_{\beta}\mathrm{tr}(A_{\alpha}A_{\beta})H^{\beta}-\frac{n}{2}(\rho+\epsilon)H^{\alpha}=0. \tag{6.38}$$

推论 6.20 设M是空间形式之中的超曲面，那么M是一个$W_{(n,1,\epsilon)}$-Willmore超曲面当且仅当

$$\sum_{ij}(h_{ij})_{,ji}-\Delta(H)+\mathrm{tr}(A^3)-\mathrm{tr}(A^2)H^{\beta}-\frac{n}{2}(\rho+\epsilon)H=0. \tag{6.39}$$

对于空间形式之中的$W_{(n,r,\epsilon)}$泛函，此时$F(u)=(u+\epsilon)^r$，有下面推论：

推论 6.21 设M是空间形式之中的子流形，那么M是一个$W_{(n,1,\epsilon)}$-Willmore子流形当且仅当对于任意的指标α, $(n+1)\leqslant\alpha\leqslant(n+p)$,

$$\sum_{ij}[r(\rho+\epsilon)^{r-1}h^{\alpha}_{ij}]_{,ji}-\Delta[r(\rho+\epsilon)^{r-1}H^{\alpha}]+\sum_{\beta}r(\rho+\epsilon)^{r-1}\mathrm{tr}(A_{\alpha}A_{\beta}A_{\beta})$$
$$-\sum_{\beta}r(\rho+\epsilon)^{r-1}\mathrm{tr}(A_{\alpha}A_{\beta})H^{\beta}-\frac{n}{2}(\rho+\epsilon)^{r}H^{\alpha}=0. \tag{6.40}$$

推论 6.22 设M是空间形式之中的超曲面，那么M是一个$W_{(n,1,\epsilon)}$-Willmore超曲面当且仅当

$$\sum_{ij}(r(\rho+\epsilon)^{r-1}h_{ij})_{,ji}-\Delta(r(\rho+\epsilon)^{r-1}H)+r(\rho+\epsilon)^{r-1}\mathrm{tr}(A^3)$$
$$-r(\rho+\epsilon)^{r-1}\mathrm{tr}(A^2)H-\frac{n}{2}(\rho+\epsilon)^{r}H=0. \tag{6.41}$$

对于空间形式之中的$W_{(n,\log,\epsilon)}$泛函，此时$F(u)=\log(u+\epsilon)$，有下面推论：

推论 6.23 设M是空间形式之中的子流形，那么M是一个$W_{(n,\log,\epsilon)}$-Willmore子流形当且仅当对于任意的指标α, $(n+1)\leqslant\alpha\leqslant(n+p)$,

$$\sum_{ij}(\frac{1}{\rho+\epsilon}h_{ij}^{\alpha})_{,ji}-\Delta(\frac{1}{\rho+\epsilon}H^{\alpha})+\sum_{\beta}\frac{1}{\rho+\epsilon}\mathrm{tr}(A_{\alpha}A_{\beta}A_{\beta})$$
$$-\sum_{\beta}\frac{1}{\rho+\epsilon}\mathrm{tr}(A_{\alpha}A_{\beta})H^{\beta}-\frac{n}{2}\log(\rho+\epsilon)H^{\alpha}=0. \tag{6.42}$$

推论 6.24 设M是空间形式之中的超曲面，那么M是一个$W_{(n,\log,\epsilon)}$-Willmore超曲面当且仅当

$$\sum_{ij}(\frac{1}{\rho+\epsilon}h_{ij})_{,ji}-\Delta(\frac{1}{\rho+\epsilon}H)+\sum_{\beta}\frac{1}{\rho+\epsilon}\mathrm{tr}(A^{3})$$
$$-\frac{1}{\rho+\epsilon}\mathrm{tr}(A^{2})H-\frac{n}{2}\log(\rho+\epsilon)H=0. \tag{6.43}$$

对于空间形式之中的$W_{(n,\sin,\epsilon)}$泛函，此时$F(u)=\sin(u+\epsilon)$，有下面推论：

推论 6.25 设M是空间形式之中的子流形，那么M是一个$W_{(n,\sin,\epsilon)}$-Willmore子流形当且仅当对于任意的指标α, $(n+1)\leqslant\alpha\leqslant(n+p)$,

$$\sum_{ij}[\cos(\rho+\epsilon)h_{ij}^{\alpha}]_{,ji}-\Delta[\cos(\rho+\epsilon)H^{\alpha}]+\sum_{\beta}\cos(\rho+\epsilon)\mathrm{tr}(A_{\alpha}A_{\beta}A_{\beta})$$
$$-\sum_{\beta}\cos(\rho+\epsilon)\mathrm{tr}(A_{\alpha}A_{\beta})H^{\beta}-\frac{n}{2}\sin(\rho+\epsilon)H^{\alpha}=0. \tag{6.44}$$

推论 6.26 设M是空间形式之中的超曲面，那么M是一个$W_{(n,\sin,\epsilon)}$-Willmore超曲面当且仅当

$$\sum_{ij}[\cos(\rho+\epsilon)h_{ij}]_{,ji}-\Delta[\cos(\rho+\epsilon)H]+\cos(\rho+\epsilon)\mathrm{tr}(A^{3})$$
$$-\cos(\rho+\epsilon)\mathrm{tr}(A^{2})H-\frac{n}{2}\sin(\rho+\epsilon)H=0. \tag{6.45}$$

对于球面中的等参超曲面有如下推论;

推论 6.27 设M是单位球面中的等参超曲面，那么M是一个F-Willmore子流形当且仅当满足方程

$$F'(\rho)\mathrm{tr}(A^{3})-F'(\rho)\mathrm{tr}(A^{2})H-\frac{n}{2}F(\rho)H=0. \tag{6.46}$$

对于单位球面之中的$W_{(n,\frac{n}{2})}$泛函，此时$F(u)=u^{\frac{n}{2}}$,有如下推论：

推论 6.28 设M是单位球面中的等参超曲面，那么M是一个$W_{(n,\frac{n}{2})}$-Willmore子流形当且仅当满足方程

$$(\rho)^{\frac{n}{2}-1}\mathrm{tr}(A^3)-(\rho)^{\frac{n}{2}-1}\mathrm{tr}(A^2)H-\rho^{\frac{n}{2}}H=0. \tag{6.47}$$

对于单位球面之中的$W_{(n,1)}$泛函，此时$F(u)=u$，有如下推论：

推论 6.29 设M是单位球面中的等参超曲面，那么M是一个$W_{(n,1)}$-Willmore子流形当且仅当满足方程

$$\mathrm{tr}(A^3)-\mathrm{tr}(A^2)H-\frac{n}{2}\rho H=0. \tag{6.48}$$

对于单位球面之中的$W_{(n,r)}$泛函，此时$F(u)=u^r$，有如下推论：

推论 6.30 设M是单位球面中的等参超曲面，那么M是一个$W_{(n,r)}$-Willmore子流形当且仅当满足方程

$$r\rho^{r-1}\mathrm{tr}(A^3)-r\rho^{r-1}\mathrm{tr}(A^2)H-\frac{n}{2}\rho^r H=0. \tag{6.49}$$

对于单位球面之中的$W_{(n,E)}$泛函，此时$F(u)=\mathrm{e}^u$，有如下推论：

推论 6.31 设M是单位球面中的等参超曲面，那么M是一个$W_{(n,E)}$-Willmore子流形当且仅当满足方程

$$\mathrm{e}^{\rho}\mathrm{tr}(A^3)-\mathrm{e}^{\rho}\mathrm{tr}(A^2)H-\frac{n}{2}\mathrm{e}^{\rho}H=0. \tag{6.50}$$

对于单位球面之中的$W_{(n,\log)}$泛函，此时$F(u)=\log u, u>0$，有如下推论：

推论 6.32 设M是单位球面中的无脐点的等参超曲面，那么M是一个$W_{(n,\log)}$-Willmore子流形当且仅当满足方程

$$\frac{1}{\rho}\mathrm{tr}(A^3)-\frac{1}{\rho}\mathrm{tr}(A^2)H-\frac{n}{2}\log\rho H=0. \tag{6.51}$$

对于单位球面之中的$W_{(n,\sin)}$泛函，此时$F(u)=\sin u$，有如下推论：

推论 6.33 设M是单位球面中的等参超曲面，那么M是一个$W_{(n,\sin)}$-Willmore子流形当且仅当满足方程

$$\cos\rho\,\mathrm{tr}(A^3)-\cos\rho\,\mathrm{tr}(A^2)H-\frac{n}{2}\sin\rho H=0. \tag{6.52}$$

对于单位球面之中的$W_{(n,\frac{n}{2},\epsilon)}$泛函，此时$F(u)=(u+\epsilon)^{\frac{n}{2}}$，有如下推论：

推论 6.34 设M是单位球面中的等参超曲面，那么M是一个$W_{(n,\frac{n}{2},\epsilon)}$-Willmore子流形当且仅当满足方程

$$(\rho+\epsilon)^{\frac{n}{2}-1}\mathrm{tr}(A^3)-(\rho+\epsilon)^{\frac{n}{2}-1}\mathrm{tr}(A^2)H-(\rho+\epsilon)^{\frac{n}{2}}H=0. \tag{6.53}$$

对于单位球面之中的$W_{(n,1,\epsilon)}$泛函，此时$F(u) = u + \epsilon$，有如下推论：

推论 6.35 设M是单位球面中的等参超曲面，那么M是一个$W_{(n,1,\epsilon)}$-Willmore子流形当且仅当满足方程

$$\operatorname{tr}(A^3) - \operatorname{tr}(A^2)H - \frac{n}{2}(\rho + \epsilon)H = 0. \tag{6.54}$$

对于单位球面之中的$W_{(n,r,\epsilon)}$泛函，此时$F(u) = (u + \epsilon)^r$，有如下推论：

推论 6.36 设M是单位球面中的等参超曲面，那么M是一个$W_{(n,r,\epsilon)}$-Willmore子流形当且仅当满足方程

$$r(\rho + \epsilon)^{r-1}\operatorname{tr}(A^3) - r(\rho + \epsilon)^{r-1}\operatorname{tr}(A^2)H - \frac{n}{2}(\rho + \epsilon)^r H = 0. \tag{6.55}$$

对于单位球面之中的$W_{(n,\log,\epsilon)}$泛函，此时$F(u) = \log(u + \epsilon)$，有如下推论：

推论 6.37 设M是单位球面中的等参超曲面，那么M是一个$W_{(n,\log,\epsilon)}$-Willmore 子流形当且仅当满足方程

$$\frac{1}{\rho + \epsilon}\operatorname{tr}(A^3) - \frac{1}{\rho + \epsilon}\operatorname{tr}(A^2)H - \frac{n}{2}\log(\rho + \epsilon)H = 0. \tag{6.56}$$

对于单位球面之中的$W_{(n,\sin,\epsilon)}$泛函，此时$F(u) = \sin(u + \epsilon)$，有如下推论：

推论 6.38 设M是单位球面中的等参超曲面，那么M是一个$W_{(n,\sin,\epsilon)}$-Willmore子流形当且仅当满足方程

$$\cos(\rho + \epsilon)\operatorname{tr}(A^3) - \cos(\rho + \epsilon)\operatorname{tr}(A^2)H - \frac{n}{2}\sin(\rho + \epsilon)H = 0. \tag{6.57}$$

6.6 *F*-Willmore子流形的例子

本节给出多种F-Willmore子流形的例子。这些例子在间隙现象的讨论时很有用处。为了讨论方便起见，我们需要定义一些符号。

在子流形情形:

$$H^\alpha = \frac{1}{n}\sum_i h^\alpha_{ii}, \quad \vec{H} = \sum_\alpha H^\alpha e_\alpha,$$

$$H = \sqrt{\sum_\alpha (H^\alpha)^2}, \quad H^2 = \sum_\alpha (H^\alpha)^2,$$

$$\tilde{h}^\alpha_{ij} = h^\alpha_{ij} - H^\alpha \delta_{ij}, \quad \tilde{B}_{ij} = \tilde{h}^\alpha_{ij} e_\alpha,$$

$$\tilde{B} = \tilde{B}_{ij}\theta^i\theta^j = (\tilde{h}^\alpha_{ij}e_\alpha)\theta^i\theta^j,$$

$$S = \sum_{ij\alpha}(h^\alpha_{ij})^2, \quad \tilde{S} = \sum_{ij\alpha}(\tilde{h}^\alpha_{ij})^2 = S - nH^2,$$

$$\rho = S - nH^2 = \tilde{S},$$

$$A_\alpha = (h^\alpha_{ij})_{n\times n}, \quad \tilde{A}_\alpha = (\tilde{h}^\alpha_{ij})_{n\times n} = A_\alpha - H^\alpha I,$$

$$S_{\alpha\beta} = \sum_{ij} h^\alpha_{ij}h^\beta_{ij} = \mathrm{tr}(A_\alpha A_\beta), \quad S = \sum_\alpha S_{\alpha\alpha} = \sum_\alpha \mathrm{tr}(A^2_\alpha),$$

$$\tilde{S}_{\alpha\beta} = \sum_{ij} \tilde{h}^\alpha_{ij}\tilde{h}^\beta_{ij} = \mathrm{tr}(\tilde{A}_\alpha \tilde{A}_\beta), \quad \tilde{S} = \sum_\alpha \tilde{S}_{\alpha\alpha} = \sum_\alpha \mathrm{tr}(\tilde{A}^2_\alpha),$$

$$S_{\alpha\beta\gamma} = \mathrm{tr}(A_\alpha A_\beta A_\gamma), \quad \tilde{S}_{\alpha\beta\gamma} = \mathrm{tr}(\tilde{A}_\alpha \tilde{A}_\beta \tilde{A}_\gamma),$$

$$S_{\alpha\beta\gamma\delta} = \mathrm{tr}(A_\alpha A_\beta A_\gamma A_\delta), \quad \tilde{S}_{\alpha\beta\gamma\delta} = \mathrm{tr}(\tilde{A}_\alpha \tilde{A}_\beta \tilde{A}_\gamma \tilde{A}_\delta),$$

$$N(A_\alpha) = \sum_{ij}(h^\alpha_{ij})^2 = S_{\alpha\alpha}, \ N(\tilde{A}_\alpha) = \sum_{ij}(\tilde{h}^\alpha_{ij})^2 = \tilde{S}_{\alpha\alpha}.$$

在超曲面情形：

$$P_k = \mathrm{tr}(A^k), \quad P_1 = \mathrm{tr}(A) = \sum_i h_{ii} = nH,$$

$$S = \sum_{ij}(h_{ij})^2 = \mathrm{tr}(A^2) = P_2,$$

$$\rho = S - nH^2, \quad P_3 = \sum_{ijk} h_{ij}h_{jk}h_{ki}.$$

6.6.1 $W_{(n,r)}$-Willmore子流形

本节列举$W_{(n,r)}$-Willmore子流形的例子。对于单位球面$S^{n+1}(1)$之中的等参超曲面，所有的主曲率$k_1, \cdots, k_i, \cdots, k_n$都是常数，显然曲率$\rho$, H, $\sigma \overset{\mathrm{def}}{=} S$也都是常数。假设

$$p_s = \sum_{i=1}^n (k_i)^s,$$

则有

$$H = \frac{1}{n}p_1, \quad \sigma \overset{\mathrm{def}}{=} S = p_2, \quad \rho = p_2 - \frac{1}{n}(p_1)^2.$$

由前面的推论知道，单位球面之中的等参超曲面是$W_{(n,r)}$-Willmore超曲面当且仅当满足方程

$$\rho^{r-1}(rp_3 - \frac{r}{n}p_1p_2 + \frac{1}{2}\rho p_1) = 0.$$

为了表述方便，我们定义几个记号:

$$T_1 = \{(M,r) : M\text{为无脐点子流形}, \ r \in \mathbb{R}\},$$

$$T_2 = \{(M,r) : M\text{为一般子流形}, \ r = 1,2 \text{ 或者 } r \in [3,\infty)\}.$$

例 6.16 全测地超曲面是$W_{(n,r)}$-Willmore超曲面。此时要求对参数 r 的取值为$r = 1,2$ 或者 $r \in [3,\infty)$。实际上，全测地超曲面意味着所有主曲率都为零，因此，曲率H,ρ,S都为零，所以方程自然满足。

例 6.17 全脐非全测地超曲面的定义要求，所有主曲率相等为常数而且不等于零。即

$$k_1 = k_2 = \cdots = k_n = \lambda \neq 0.$$

经过简单的计算，我们可得

$$H = \lambda, \ \ S = n\lambda^2, \ \ \rho = 0, \ \ p_1 = n\lambda, \ \ p_2 = n\lambda^2, \ \ p_3 = n\lambda^3.$$

如果$(M,r) \in T_2$，$r = 1$，那么$W_{(n,1)}$-Willmore等参超曲面方程变为

$$p_3 - \frac{1}{n}p_1p_2 + \frac{1}{2}\rho p_1 = 0.$$

显然，全脐非全测地的等参超曲面是$W_{(n,1)}$-Willmore超曲面。

如果$(M,r) \in T_2$，$r = 2$ 或者 $r \in [3,+\infty)$，那么$W_{(n,r)}$-Willmore超曲面方程变成

$$\rho^{r-1}(rp_3 - \frac{r}{n}p_1p_2 + \frac{1}{2}\rho p_1) = 0.$$

我们知道$\rho \equiv 0$. 因此，全脐但是非全测地的等参超曲面是$W_{(n,r)}$-Willmore超曲面。

例 6.18 对于单位球面之中的一个维数n为偶数的特殊子流形

$$C_{\frac{n}{2},\frac{n}{2}} = S^{\frac{n}{2}}\Big(\frac{1}{\sqrt{2}}\Big) \times S^{\frac{n}{2}}\Big(\frac{1}{\sqrt{2}}\Big) \to S^{n+1}(1).$$

经过简单的计算我们知道所有的主曲率为

$$k_1 = \cdots = k_{\frac{n}{2}} = 1, \ \ k_{\frac{n}{2}+1} = \cdots = k_n = -1.$$

那么对于p_1,p_2,p_3,ρ，经计算得到

$$p_1 = 0, \ \ p_2 = n, \ \ p_3 = 0, \ \ \rho = n.$$

显然$C_{\frac{n}{2},\frac{n}{2}}$不是全脐超曲面，也没有脐点。我们知道$W_{(n,r)}$-Willmore等参超曲面方程为

$$\rho^{r-1}(rp_3 - \frac{r}{n}p_1p_2 + \frac{1}{2}\rho p_1) = 0.$$

将p_1，p_2，p_3，ρ代入上式，可以得到结论，对于任何参数r，$C_{\frac{n}{2},\frac{n}{2}}$是单位球面之中的$W_{(n,r)}$-Willmore超曲面。

为了确定出$(n+1)$维单位球面$S^{n+1}(1)$之中所有的具有两个不同主曲率的等参$W_{(n,r)}$-Willmore超曲面，需要定义一些集合并且作一些代数讨论。此时的子流形显然是无脐点的，即参数和子流形满足$(M,r)\in T_1$。首先我们定义

$$A_0=\{(n,r):n\in\mathbb{N},n\geqslant 2,r\in R\}.$$

$$B_0(n,r)=\{(m,x):m\in\mathbb{N},1\leqslant m\leqslant n-1,x>0.\ \text{此处}\ (n,r)\in A_0\}.$$

$$C_0(n,r)=\{m:m\in\mathbb{N},1\leqslant m\leqslant n-1,\ \text{此处}\ (n,r)\in A_0\}.$$

$$D_0(n,r)=\{x:x>0,\ \text{此处}\ (n,r)\in A_0\}.$$

$$B_{0,\frac{1}{2}}(n,r)=\{(m,x):m\in\mathbb{N},1\leqslant m\leqslant\frac{n}{2},x>0,\ \text{此处}\ (n,r)\in A_0\}.$$

$$C_{0,\frac{1}{2}}(n,r)=\{m:m\in\mathbb{N},1\leqslant m\leqslant\frac{n}{2},\ \text{此处}\ (n,r)\in A_0\}.$$

$$D_{0,\frac{1}{2}}(n,r)=\{x:x>0,\ \text{此处}\ (n,r)\in A_0\}.$$

定义后面三个集合的目的从后面的叙述中可以看出其作用。

给定参数$(n,r)\in A_0$,，我们需要如下方程的所有根$(m,x)\in B_0(n,r)$:

$$E(n,r)\overset{\text{def}}{=}(2r-m)x^2+(n-2r-m)=0.$$

记

$$A_1=\{(n,r):(n,r)\in A_0,\ E(n,r)\ \text{至少有一个根}(m,x)\in B_0(n,r)\}$$

$$B_1(n,r)=\{(m,x):\ \text{方程}E(n,r)\text{在}B_0(n,r)\text{之中的所有的根},\ \text{此处}\ (n,r)\in A_1\},$$

$$C_1(n,r)=\{m:\exists x>0\ \text{s.t.}\ (m,x)\in B_1(n,r),\ \text{此处}\ (n,r)\in A_1\},$$

$$D_1(n,r)=\{x:\exists m\in\mathbb{N},1\leqslant m\leqslant n-1,\ \text{s.t.}\ (m,x)\in B_1(n,r),\ \text{此处}\ (n,r)\in A_1\},$$

$$A_1^c=\{(n,r):(n,r)\in A_0,\ E(n,r)\ \text{没有根}(m,x)\in B_0(n,r)\}.$$

显然有简单的集合关系

$$A_0=A_1\bigcup A_1^c.$$

我们的目的是确定出所有的A_1，并且对于A_1中的每个元素(n,r)解出方程$E(n,r)$的所有根(m,x).

下面初步研究一下集合$B_1(n,r), C_1(n,r)$, $D_1(n,r)$的性质。

- 集合$B_1(n,r)$的性质

如果$(m,x)\in B_1(n,r)$，那么$\left(n-m,\dfrac{1}{x}\right)\in B_1(n,r)$。我们可以检验如下：假设$(m,x)\in B_1(n,r)$，即满足

$$(2r-m)x^2+(n-2r-m)=0.$$

对上面的公式做一下变形可得

$$\begin{aligned}
&(2r-m)x^2+(n-2r-m)=0,\\
&(2r-m)+(n-2r-m)\left(\frac{1}{x}\right)^2=0,\\
&(2r-m+n-n)-[2r-(n-m)]\left(\frac{1}{x}\right)^2=0,\\
&-(-2r+m-n+n)-[2r-(n-m)]\left(\frac{1}{x}\right)^2=0,\\
&-[n-2r-(n-m)]-[2r-(n-m)]\left(\frac{1}{x}\right)^2=0,\\
&[n-2r-(n-m)]+[2r-(n-m)]\left(\frac{1}{x}\right)^2=0,\\
&[2r-(n-m)]\left(\frac{1}{x}\right)^2+[n-2r-(n-m)]=0.
\end{aligned}$$

- 集合$C_1(n,r)$的性质

通过上面的证明易知：如果$m\in C_1(n,r)$，那么$(n-m)\in C_1(n,r)$。

- 集合$D_1(n,r)$的性质

通过上面的证明可知：如果$x\in D_1(n,r)$，那么$\dfrac{1}{x}\in D_1(n,r)$。

由此可以对照定义更微妙的集合：

$$\begin{aligned}
&A_1=\{(n,r):(n,r)\in A_0,\text{ 方程 }E(n,r)\text{ 至少有一个根}\\
&\qquad (m,x)\in B_0(n,r)\}\\
&B_1(n,r)=\{(m,x):\text{ 方程}E(n,r)\text{在}B_0(n,r)\text{之中的所有的根},\\
&\qquad\qquad \text{此处 }(n,r)\in A_1\},\\
&C_1(n,r)=\{m:\exists x>0\text{ s.t. }(m,x)\in B_1(n,r),\text{ 此处 }(n,r)\in A_1\},\\
&D_1(n,r)=\{x:\exists m\in\mathbb{N},1\leqslant m\leqslant n-1,\text{ s.t. }(m,x)\in B_1(n,r),\\
&\qquad\qquad \text{此处 }(n,r)\in A_1\},\\
&B_{1,\frac{1}{2}}(n,r)=\{(m,x):\text{ 方程}E(n,r)\text{在}B_{0,\frac{1}{2}}(n,r)\text{之中的所有的根},
\end{aligned}$$

此处 $(n,r)\in A_1\}$,

$C_{1,\frac{1}{2}}(n,r)=\{m:\exists x>0\text{ s.t. }(m,x)\in B_{1,\frac{1}{2}}(n,r)$, 此处 $(n,r)\in A_1\}$,

$D_{1,\frac{1}{2}}(n,r)=\{x:\exists m\in\mathbb{N},1\leqslant m\leqslant\frac{n}{2},\text{ s.t. }(m,x)\in B_{1,\frac{1}{2}}(n,r)$,

此处 $(n,r)\in A_1\}$.

为了确定集合A_1，进一步作如下定义：

$A_2=\{(n,r):(n,r)\in A_1,r<0\}$,

$A_2'=\{(n,r):(n,r)\in A_0,r<0\}$,

$B_2(n,r)=\{(m,x)$: 方程$E(n,r)$在$B_0(n,r)$中的根,

此处 $(n,r)\in A_2\}$,

$C_2(n,r)=\{m:\exists x>0\text{ s.t. }(m,x)\in B_2(n,r)$, 此处 $(n,r)\in A_2\}$,

$D_2(n,r)=\{x:\exists m\in\mathbb{N},1\leqslant m\leqslant n-1,\text{ s.t. }(m,x)\in B_2(n,r)$,

此处 $(n,r)\in A_2\}$,

$B_{2,\frac{1}{2}}(n,r)=\{(m,x)$: 方程$E(n,r)$在$B_{0,\frac{1}{2}}(n,r)$中的根,

此处 $(n,r)\in A_2\}$,

$C_{2,\frac{1}{2}}(n,r)=\{m:\exists x>0\text{ s.t. }(m,x)\in B_{2,\frac{1}{2}}(n,r)$, 此处 $(n,r)\in A_2\}$,

$D_{2,\frac{1}{2}}(n,r)=\{x:\exists m\in\mathbb{N},1\leqslant m\leqslant\frac{n}{2},\text{ s.t. }(m,x)\in B_{2,\frac{1}{2}}(n,r)$,

此处 $(n,r)\in A_2\}$,

$A_3=\{(n,r):(n,r)\in A_1,r=0\}$,

$A_3'=\{(n,r):(n,r)\in A_0,r=0\}$,

$B_3(n,r)=\{(m,x)$: 方程$E(n,r)$在$B_0(n,r)$中的根,

此处 $(n,r)\in A_3\}$,

$C_3(n,r)=\{m:\exists x>0\text{ s.t. }(m,x)\in B_3(n,r)$, 此处 $(n,r)\in A_3\}$,

$D_3(n,r)=\{x:\exists m\in\mathbb{N},1\leqslant m\leqslant n-1,\text{ s.t. }(m,x)\in B_3(n,r)$,

此处 $(n,r)\in A_3\}$,

$B_{3,\frac{1}{2}}(n,r)=\{(m,x)$: 方程$E(n,r)$在$B_{0,\frac{1}{2}}(n,r)$中的根,

此处 $(n,r)\in A_3\}$,

$$C_{3,\frac{1}{2}}(n,r)=\{m:\exists x>0 \text{ s.t. } (m,x)\in B_{3,\frac{1}{2}}(n,r),\ 此处\ (n,r)\in A_3\},$$

$$D_{3,\frac{1}{2}}(n,r)=\{x:\exists m\in\mathbb{N}, 1\leqslant m\leqslant\frac{n}{2},\ \text{s.t. } (m,x)\in B_{3,\frac{1}{2}}(n,r),\\ 此处\ (n,r)\in A_3\},$$

$$A_4=\{(n,r):(n,r)\in A_1, 0<r<\frac{n}{4}\},$$

$$A_4'=\{(n,r):(n,r)\in A_0, \mathbb{N}\bigcap(2r,\frac{n}{2}]\neq\varnothing, 0<r<\frac{n}{4}\},$$

$$B_4(n,r)=\{(m,x):方程E(n,r)在B_0(n,r)中的根,\\ 此处\ (n,r)\in A_4\},$$

$$C_4(n,r)=\{m:\exists x>0 \text{ s.t. } (m,x)\in B_4(n,r),\ 此处\ (n,r)\in A_4\},$$

$$D_4(n,r)=\{x:\exists m\in\mathbb{N}, 1\leqslant m\leqslant n-1,\ \text{s.t. } (m,x)\in B_4(n,r),\\ 此处\ (n,r)\in A_4\},$$

$$B_{4,\frac{1}{2}}(n,r)=\{(m,x):方程E(n,r)在B_{0,\frac{1}{2}}(n,r)中的根,\\ 此处\ (n,r)\in A_4\},$$

$$C_{4,\frac{1}{2}}(n,r)=\{m:\exists x>0 \text{ s.t. } (m,x)\in B_{4,\frac{1}{2}}(n,r),\ 此处\ (n,r)\in A_4\},$$

$$D_{4,\frac{1}{2}}(n,r)=\{x:\exists m\in\mathbb{N}, 1\leqslant m\leqslant\frac{n}{2},\ \text{s.t. } (m,x)\in B_{4,\frac{1}{2}}(n,r),\\ 此处\ (n,r)\in A_4\},$$

$$A_5=\{(n,r):(n,r)\in A_1, r=\frac{n}{4}\},$$

$$A_5'=\{(n,r):(n,r)\in A_0, n为偶数,\ r=\frac{n}{4}\},$$

$$B_5(n,r)=\{(m,x):方程E(n,r)在B_0(n,r)中的根,\\ 此处\ (n,r)\in A_5\},$$

$$C_5(n,r)=\{m:\exists x>0 \text{ s.t. } (m,x)\in B_5(n,r),\ 此处\ (n,r)\in A_5\},$$

$$D_5(n,r)=\{x:\exists m\in\mathbb{N}, 1\leqslant m\leqslant n-1,\ \text{s.t. } (m,x)\in B_5(n,r),\\ 此处\ (n,r)\in A_5\},$$

$$B_{5,\frac{1}{2}}(n,r)=\{(m,x):方程E(n,r)在B_{0,\frac{1}{2}}(n,r)中的根,\\ 此处\ (n,r)\in A_5\},$$

$$C_{5,\frac{1}{2}}(n,r)=\{m:\exists x>0 \text{ s.t. } (m,x)\in B_{5,\frac{1}{2}}(n,r),\ 此处\ (n,r)\in A_5\},$$

$$D_{5,\frac{1}{2}}(n,r)=\{x:\exists m\in\mathbb{N},1\leqslant m\leqslant\frac{n}{2},\ \text{s.t.}\ (m,x)\in B_{5,\frac{1}{2}}(n,r),$$
$$\text{此处}\ (n,r)\in A_5\},$$
$$A_6=\{(n,r):(n,r)\in A_1,\frac{n}{4}<r<\frac{n}{2}\},$$
$$A_6'=\{(n,r):(n,r)\in A_0,\mathbb{N}\bigcap(n-2r,\frac{n}{2}]\neq\varnothing,\frac{n}{4}<r<\frac{n}{2}\},$$
$$B_6(n,r)=\{(m,x):\text{方程}E(n,r)\text{在}B_0(n,r)\text{中的根},$$
$$\text{此处}\ (n,r)\in A_6\},$$
$$C_6(n,r)=\{m:\exists x>0\ \text{s.t.}\ (m,x)\in B_6(n,r),\ \text{此处}\ (n,r)\in A_{10}\},$$
$$D_6(n,r)=\{x:\exists m\in\mathbb{N},1\leqslant m\leqslant n-1,\ \text{s.t.}\ (m,x)\in B_6(n,r),$$
$$\text{此处}\ (n,r)\in A_6\},$$
$$B_{6,\frac{1}{2}}(n,r)=\{(m,x):\text{方程}E(n,r)\text{在}B_{0,\frac{1}{2}}(n,r)\text{中的根},$$
$$\text{此处}\ (n,r)\in A_6\},$$
$$C_{6,\frac{1}{2}}(n,r)=\{m:\exists x>0\ \text{s.t.}\ (m,x)\in B_{6,\frac{1}{2}}(n,r),\ \text{此处}\ (n,r)\in A_6\},$$
$$D_{6,\frac{1}{2}}(n,r)=\{x:\exists m\in\mathbb{N},1\leqslant m\leqslant\frac{n}{2},\ \text{s.t.}\ (m,x)\in B_{6,\frac{1}{2}}(n,r),$$
$$\text{此处}\ (n,r)\in A_6\},$$
$$A_7=\{(n,r):(n,r)\in A_1,r=\frac{n}{2}\},$$
$$A_7'=\{(n,r):(n,r)\in A_0,r=\frac{n}{2}\},$$
$$B_7(n,r)=\{(m,x):\text{方程}E(n,r)\text{在}B_0(n,r)\text{中的根},$$
$$\text{此处}\ (n,r)\in A_7\},$$
$$C_7(n,r)=\{m:\exists x>0\ \text{s.t.}\ (m,x)\in B_7(n,r),\ \text{此处}\ (n,r)\in A_7\},$$
$$D_7(n,r)=\{x:\exists m\in\mathbb{N},1\leqslant m\leqslant n-1,\ \text{s.t.}\ (m,x)\in B_7(n,r),$$
$$\text{此处}\ (n,r)\in A_7\},$$
$$B_{7,\frac{1}{2}}(n,r)=\{(m,x):\text{方程}E(n,r)\text{在}B_{0,\frac{1}{2}}(n,r)\text{中的根},$$
$$\text{此处}\ (n,r)\in A_7\},$$
$$C_{7,\frac{1}{2}}(n,r)=\{m:\exists x>0\ \text{s.t.}\ (m,x)\in B_{7,\frac{1}{2}}(n,r),\ \text{此处}\ (n,r)\in A_7\},$$
$$D_{7,\frac{1}{2}}(n,r)=\{x:\exists m\in\mathbb{N},1\leqslant m\leqslant\frac{n}{2},\ \text{s.t.}\ (m,x)\in B_{7,\frac{1}{2}}(n,r),$$

$$\text{此处 } (n,r) \in A_7\},$$

$$A_8 = \{(n,r) : (n,r) \in A_1, r > \frac{n}{2}\},$$

$$A_8' = \{(n,r) : (n,r) \in A_0, r > \frac{n}{2}\},$$

$$B_8(n,r) = \{(m,x) : \text{方程}E(n,r)\text{在}B_0(n,r)\text{中的根},$$

$$\text{此处 } (n,r) \in A_8\},$$

$$C_8(n,r) = \{m : \exists x > 0 \text{ s.t. } (m,x) \in B_8(n,r),\ \text{此处 } (n,r) \in A_8\},$$

$$D_8(n,r) = \{x : \exists m \in \mathbb{N}, 1 \leqslant m \leqslant n-1,\ \text{s.t. } (m,x) \in B_8(n,r),$$

$$\text{此处 } (n,r) \in A_8\},$$

$$B_{8,\frac{1}{2}}(n,r) = \{(m,x) : \text{方程}E(n,r)\text{在}B_{0,\frac{1}{2}}(n,r)\text{中的根},$$

$$\text{此处 } (n,r) \in A_8\},$$

$$C_{8,\frac{1}{2}}(n,r) = \{m : \exists x > 0 \text{ s.t. } (m,x) \in B_{8,\frac{1}{2}}(n,r),\ \text{此处 } (n,r) \in A_8\},$$

$$D_{8,\frac{1}{2}}(n,r) = \{x : \exists m \in \mathbb{N}, 1 \leqslant m \leqslant \frac{n}{2},\ \text{s.t. } (m,x) \in B_{8,\frac{1}{2}}(n,r),$$

$$\text{此处 } (n,r) \in A_8\},$$

显然，用同样的思路可以证明，集合

$$B_2(n,r),\ C_2(n,r),\ D_2(n,r), \cdots, B_8(n,r),\ C_8(n,r),\ D_8(n,r)$$

具有与集合

$$B_1(n,r),\ C_1(n,r),\ D_1(n,r)$$

一样的对称性。但是集合

$$B_{i,\frac{1}{2}}(n,r),\ C_{i,\frac{1}{2}}(n,r),\ D_{i,\frac{1}{2}}(n,r),\ i = 1,2,\cdots,8.$$

就没有了对称性，因为它们相当于集合

$$B_i(n,r),\ C_i(n,r),\ D_i(n,r),\ i = 1,2,\cdots,8.$$

的一半。

下面证明以上集合的某些性质。

（1）$A_1 = A_2 \uplus A_3 \uplus A_4 \uplus A_5 \uplus A_6 \uplus A_7 \uplus A_8$.

根据集合$A_1, A_2, \cdots, A_8$的定义，我们知道，$A_i \subset A_1, i = 2, \cdots, 8$，根

据参数 r 的划分，我们知道

$$\mathbb{R}=\{r:r<0\}\bigcup\{r:r=0\}\bigcup\{r:0<r<\frac{n}{4}\}\bigcup\{r:r=\frac{n}{4}\}$$
$$\bigcup\{r:\frac{n}{4}<r<\frac{n}{2}\}\bigcup\{r:r=\frac{n}{2}\}\bigcup\{r:r>\frac{n}{2}\}.$$

所以

$$A_1=A_2\bigcup A_3\bigcup A_4\bigcup A_5\bigcup A_6\bigcup A_7\bigcup A_8,$$
$$A_i\bigcap A_j=\varnothing,\ i\neq j,\ i,j=2,\cdots,8.$$

（2）$A_2=A_2'$.

显然，$A_2\subset A_2'$，下面证明反过来也对。假设$(n,r)\in A_2'$，即 $n\in\mathbb{N},n\geqslant 2,\ r<0$，此时研究如下方程的可解性：

$$E(n,r)=(2r-m)x^2+(n-2r-m)=0.$$

我们在$B_0(n,r)$中寻求解，观察得到，当$m\in C_0(n,r)$时，有

$$(2r-m)<0,\ \ (n-2r-m)>0.$$

所以方程一定有解，并且$\forall m\in C_0(n,r)$，正解为

$$x=\sqrt{\frac{n-2r-m}{m-2r}}.$$

综上所述，可得

$$A_2=A_2',$$

$$B_2(n,r)=\{(m,x):m\in\mathbb{N},1\leqslant m\leqslant n-1,x=\sqrt{\frac{n-2r-m}{m-2r}},\ \text{此处}(n,r)\in A_2\},$$

$$C_2(n,r)=\{m:m\in\mathbb{N},1\leqslant m\leqslant n-1,\text{此处}(n,r)\in A_2\},$$

$$D_2(n,r)=\{x:m\in\mathbb{N},1\leqslant m\leqslant n-1,x=\sqrt{\frac{n-2r-m}{m-2r}},\ \text{此处}(n,r)\in A_2\},$$

$$B_{2,\frac{1}{2}}(n,r)=\{(m,x):m\in\mathbb{N},1\leqslant m\leqslant \frac{n}{2},x=\sqrt{\frac{n-2r-m}{m-2r}},\ \text{此处}(n,r)\in A_2\},$$

$$C_{2,\frac{1}{2}}(n,r)=\{m:m\in\mathbb{N},1\leqslant m\leqslant \frac{n}{2},\text{此处}(n,r)\in A_2\},$$

$$D_{2,\frac{1}{2}}(n,r)=\{x: m\in\mathbb{N}, 1\leqslant m\leqslant \frac{n}{2}, x=\sqrt{\frac{n-2r-m}{m-2r}},$$
$$\text{此处}(n,r)\in A_2\}.$$

(3) $A_3=A_3'$.

显然，$A_3\subset A_3'$，我们只需要证明反过来也对。假设$(n,r)\in A_3'$，即$n\in\mathbb{N}, n\geqslant 2, r=0$，下面研究如下方程的可解性：

$$E(n,r)=(2r-m)x^2+(n-2r-m)=0.$$

即

$$E(n,r=)-mx^2+(n-m)=0.$$

我们在$B_0(n,r)$中寻求解，观察可得当$m\in C_0(n,r)$时，我们有

$$-m<0,\ \ (n-m)>0.$$

所以方程一定有解，并且$\forall m\in C_0(n,r)$，我们有正解

$$x=\sqrt{\frac{n-m}{m}}.$$

综上所述，得到

$$A_3=A_3',$$
$$B_3(n,r)=\{(m,x): m\in\mathbb{N}, 1\leqslant m\leqslant n-1, x=\sqrt{\frac{n-m}{m}},$$
$$\text{此处}(n,r)\in A_3\},$$
$$C_3(n,r)=\{m: m\in\mathbb{N}, \text{此处}(n,r)\in A_2\},$$
$$D_3(n,r)=\{x: m\in\mathbb{N}, 1\leqslant m\leqslant n-1, x=\sqrt{\frac{n-m}{m}},$$
$$\text{此处}(n,r)\in A_3\},$$
$$B_{3,\frac{1}{2}}(n,r)=\{(m,x): m\in\mathbb{N}, 1\leqslant m\leqslant \frac{n}{2}, x=\sqrt{\frac{n-m}{m}},$$
$$\text{此处}(n,r)\in A_3\},$$
$$C_{3,\frac{1}{2}}(n,r)=\{m: m\in\mathbb{N}, 1\leqslant m\leqslant \frac{n}{2}, \text{此处}(n,r)\in A_3\},$$
$$D_{3,\frac{1}{2}}(n,r)=\{x: m\in\mathbb{N}, 1\leqslant m\leqslant \frac{n}{2}, x=\sqrt{\frac{n-m}{m}},$$

此处$(n,r)\in A_3\}$.

（4）$A_4=A'_4$.

我们需要证明当$n\in\mathbb{N},n\geqslant 2,0<r<\frac{n}{4}$时，集合$A_4=A'_4$。此时需要研究如下方程的可解性：

$$E(n,r)=(2r-m)x^2+(n-2r-m)=0.$$

而且在$B_0(n,r)$中寻求解。观察可得，当$m\in C_{0,\frac{1}{2}}(n,r)$, $0<r<\frac{n}{4}$时有

$$(n-2r-m)>0.$$

所以方程有解当且仅当存在某个$m\in C_{0,\frac{1}{2}}(n,r)$使得$2r-m<0$.即

$$\mathbb{N}\bigcap(2r,\frac{n}{2}]\neq\varnothing.$$

如果上面的条件成立，自然也有

$$\mathbb{N}\bigcap(\frac{n}{2},n-2r)\neq\varnothing.$$

所以当$m\in\mathbb{N}\bigcap(2r,\frac{n}{2}]$或者$\mathbb{N}\bigcap(\frac{n}{2},n-2r)$时，可以解得

$$x=\sqrt{\frac{n-2r-m}{m-2r}}.$$

综上所述，得到

$$\begin{aligned}
A_4=&A'_4,\\
B_4(n,r)=&\{(m,x):m\in\mathbb{N}\bigcap(2r,\frac{n}{2}]\text{或者}\mathbb{N}\bigcap(\frac{n}{2},n-2r),\\
&x=\sqrt{\frac{n-2r-m}{m-2r}}\},\\
C_4(n,r)=&\{m:m\in\mathbb{N}\bigcap(2r,\frac{n}{2}]\text{或者}\mathbb{N}\bigcap(\frac{n}{2},n-2r)\},\\
D_4(n,r)=&\{x:m\in\mathbb{N}\bigcap(2r,\frac{n}{2}]\text{或者}\mathbb{N}\bigcap(\frac{n}{2},n-2r),\\
&x=\sqrt{\frac{n-2r-m}{m-2r}}\},\\
B_{4,\frac{1}{2}}(n,r)=&\{(m,x):m\in\mathbb{N}\bigcap(2r,\frac{n}{2}],x=\sqrt{\frac{n-2r-m}{m-2r}}\},\\
C_{4,\frac{1}{2}}(n,r)=&\{m:m\in\mathbb{N}\bigcap(2r,\frac{n}{2}]\},\\
D_{4,\frac{1}{2}}(n,r)=&\{x:m\in\mathbb{N}\bigcap(2r,\frac{n}{2}],x=\sqrt{\frac{n-2r-m}{m-2r}}\}.
\end{aligned}$$

（5）$A_5 = A_5'$.

需要证明当$n \in \mathbb{N}, n \geqslant 2, r = \frac{n}{4}$，集合$A_5 = A_5'$。研究如下方程的可解性：

$$E(n,r) = (2r - m)x^2 + (n - 2r - m) = 0.$$

即

$$E(n, \frac{n}{4}) = (\frac{n}{2} - m)(x^2 + 1) = 0.$$

而且在$B_0(n,r)$中寻求解。观察可得当$m \in C_0(n,r)$时，方程有解当且仅当

$$n\text{为偶数}，\quad m = \frac{n}{2}.$$

此时方程的解为$x \in D_0(n,r)$.

综上所述，我们可得

$$\begin{aligned}
A_5 =& A_5',\\
B_5(n,r) =& \{(m,x) : n\text{为偶数}，m = \frac{n}{2}, x > 0, \text{此处}(n,r) \in A_5\},\\
C_5(n,r) =& \{m : n\text{为偶数}，m = \frac{n}{2}, \text{此处}(n,r) \in A_5\},\\
D_5(n,r) =& \{x : n\text{为偶数}，m = \frac{n}{2}, \text{此处}(n,r) \in A_5\},\\
B_{5,\frac{1}{2}}(n,r) =& \{(m,x) : n\text{为偶数}，m = \frac{n}{2}, x > 0, \text{此处}(n,r) \in A_5\},\\
C_{5,\frac{1}{2}}(n,r) =& \{m : n\text{为偶数}，m = \frac{n}{2}, \text{此处}(n,r) \in A_5\},\\
D_{5,\frac{1}{2}}(n,r) =& \{x : n\text{为偶数}，m = \frac{n}{2}, x > 0, \text{此处}(n,r) \in A_5\}.
\end{aligned}$$

（6）$A_6 = A_6'$.

需要证明当$n \in \mathbb{N},\ n \geqslant 2,\ \frac{n}{4} < r < \frac{n}{2}$时，集合$A_6 = A_6'$. 此时需要研究如下方程的可解性：

$$E(n,r) = (2r - m)x^2 + (n - 2r - m) = 0.$$

而且在$B_0(n,r)$中寻求解。观察可得当$m \in C_{0,\frac{1}{2}}(n,r), \frac{n}{4} < r < \frac{n}{2}$时，有$(2r - m) > 0$. 所以方程有解当且仅当存在某个$m \in C_{0,\frac{1}{2}}(n,r)$使得

$$(n - 2r - m) < 0.$$

即

$$\mathbb{N} \bigcap (n - 2r, \frac{n}{2}] \neq \varnothing.$$

如果上面的条件成立，自然也有

$$\mathbb{N}\bigcap(\frac{n}{2},2r)\neq\varnothing.$$

所以当$m\in\mathbb{N}\bigcap(n-2r,\frac{n}{2}]$或者$\mathbb{N}\bigcap(\frac{n}{2},2r)$时，可以解得

$$x=\sqrt{\frac{n-2r-m}{m-2r}}.$$

综上所述，得到

$$\begin{aligned}
A_6 &= A_6',\\
B_6(n,r) &= \{(m,x):m\in\mathbb{N}\bigcap(n-2r,\frac{n}{2}]\text{或者}\mathbb{N}\bigcap(\frac{n}{2},2r),\\
&\quad x=\sqrt{\frac{n-2r-m}{m-2r}}\},\\
C_6(n,r) &= \{m:m\in\mathbb{N}\bigcap(n-2r,\frac{n}{2}]\text{或者}\mathbb{N}\bigcap(\frac{n}{2},2r)\},\\
D_6(n,r) &= \{x:m\in\mathbb{N}\bigcap(n-2r,\frac{n}{2}]\text{或者}\mathbb{N}\bigcap(\frac{n}{2},2r),\\
&\quad x=\sqrt{\frac{n-2r-m}{m-2r}}\},\\
B_{6,\frac{1}{2}}(n,r) &= \{(m,x):m\in\mathbb{N}\bigcap(n-2r,\frac{n}{2}],x=\sqrt{\frac{n-2r-m}{m-2r}}\},\\
C_{6,\frac{1}{2}}(n,r) &= \{m:m\in\mathbb{N}\bigcap(n-2r,\frac{n}{2}]\},\\
D_{6,\frac{1}{2}}(n,r) &= \{x:m\in\mathbb{N}\bigcap(n-2r,\frac{n}{2}],x=\sqrt{\frac{n-2r-m}{m-2r}}\}.
\end{aligned}$$

（7）$A_7=A_7'$.

显然，$A_7\subset A_7'$，只需要证明反过来也对。假设$(n,r)\in A_7'$，即是$n\in\mathbb{N},n\geqslant 2,r=\frac{n}{2}$，研究如下方程的可解性：

$$E(n,r)=(2r-m)x^2+(n-2r-m)=0.$$

将$r=\frac{n}{2}$代入，即

$$E(n,\frac{n}{2})=(n-m)x^2-m=0.$$

而且在$B_0(n,r)$中寻求解。观察可得当$m\in C_0(n,r)$时有

$$(n-m)>0,\quad -m<0.$$

所以方程一定有解，并且$\forall m \in C_0(n,r)$，正解为

$$x = \sqrt{\frac{n-m}{m}}.$$

综上所述，得到

$$\begin{aligned}
A_7 =& A_7', \\
B_7(n,r) =& \{(m,x) : m \in \mathbb{N}, 1 \leqslant m \leqslant n-1, x = \sqrt{\frac{n-m}{m}}, \\
& \text{此处}(n,r) \in A_7\}, \\
C_7(n,r) =& \{m : m \in \mathbb{N}, 1 \leqslant m \leqslant n-1, \text{此处}(n,r) \in A_7\}, \\
D_7(n,r) =& \{x : m \in \mathbb{N}, 1 \leqslant m \leqslant n-1, x = \sqrt{\frac{n-m}{m}}, \\
& \text{此处}(n,r) \in A_7\}, \\
B_{7,\frac{1}{2}}(n,r) =& \{(m,x) : m \in \mathbb{N}, 1 \leqslant m \leqslant \frac{n}{2}, x = \sqrt{\frac{n-m}{m}}, \\
& \text{此处}(n,r) \in A_7\}, \\
C_{7,\frac{1}{2}}(n,r) =& \{m : m \in \mathbb{N}, 1 \leqslant m \leqslant \frac{n}{2}, \text{此处}(n,r) \in A_7\}, \\
D_{7,\frac{1}{2}}(n,r) =& \{x : m \in \mathbb{N}, 1 \leqslant m \leqslant \frac{n}{2}, x = \sqrt{\frac{n-m}{m}}, \\
& \text{此处}(n,r) \in A_7\}.
\end{aligned}$$

（8）$A_8 = A_8'$.

显然，$A_8 \subset A_8'$，只需要证明反过来也对。假设$(n,r) \in A_8'$，即$n \in \mathbb{N}, n \geqslant 2, r > \frac{n}{2}$，此时研究如下方程的可解性：

$$E(n,r) = (2r-m)x^2 + (n-2r-m) = 0.$$

而且在$B_0(n,r)$中寻求解，观察可得，当$m \in C_0(n,r)$时有

$$(2r-m) > 0, \quad (n-2r-m) < 0.$$

所以方程一定有解，并且$\forall m \in C_0(n,r)$，正解为

$$x = \sqrt{\frac{n-2r-m}{m-2r}}.$$

综上所述，得到

$$
\begin{aligned}
A_8 &= A_8', \\
B_8(n,r) &= \{(m,x) : m \in \mathbb{N}, 1 \leqslant m \leqslant n-1, x = \sqrt{\frac{n-2r-m}{m-2r}}, \\
&\quad \text{此处}(n,r) \in A_8\}, \\
C_8(n,r) &= \{m : m \in \mathbb{N}, 1 \leqslant m \leqslant n-1, \text{此处}(n,r) \in A_8\}, \\
D_8(n,r) &= \{x : m \in \mathbb{N}, 1 \leqslant m \leqslant n-1, x = \sqrt{\frac{n-2r-m}{m-2r}}, \\
&\quad \text{此处}(n,r) \in A_8\}, \\
B_{8,\frac{1}{2}}(n,r) &= \{(m,x) : m \in \mathbb{N}, 1 \leqslant m \leqslant \frac{n}{2}, x = \sqrt{\frac{n-2r-m}{m-2r}}, \\
&\quad \text{此处}(n,r) \in A_8\}, \\
C_{8,\frac{1}{2}}(n,r) &= \{m : m \in \mathbb{N}, 1 \leqslant m \leqslant \frac{n}{2}, \text{此处}(n,r) \in A_8\}, \\
D_{8,\frac{1}{2}}(n,r) &= \{x : m \in \mathbb{N}, 1 \leqslant m \leqslant \frac{n}{2}, x = \sqrt{\frac{n-2r-m}{m-2r}}, \\
&\quad \text{此处}(n,r) \in A_8\}.
\end{aligned}
$$

有了上面的结论，我们可以计算出单位球面之中具有两个不同主曲率的等参超曲面。

例 6.19　对于单位球面之中的具有两个不同主曲率的等参超曲面，设参数为 λ，μ：$0<\lambda,\mu<1$，$\lambda^2+\mu^2=1$.

$$S^m(\lambda)\times S^{n-m}(\mu)\to S^{n+1}(1),\ 1\leqslant m\leqslant n-1.$$

我们需要决定出所有的$W_{(n,r)}$-Willmore超曲面对于不同集合$A_2, A_3, A_4, A_5, A_6, A_7, A_8$之中的参数$(n,r)$。通过直接的计算可得所有的主曲率为

$$k_1=\cdots=k_m=\frac{\mu}{\lambda},\ \ k_{m+1}=\cdots=k_n=-\frac{\lambda}{\mu}.$$

定义曲率张量或者函数p_1，p_2，p_3，ρ为

$$p_k=\operatorname{tr}(A^k),\quad \rho=p_2-\frac{1}{n}(p_1)^2.$$

经计算有

$$p_1=m\frac{\mu}{\lambda}-(n-m)\frac{\lambda}{\mu},$$

$$\begin{aligned}p_2 =& m\frac{\mu^2}{\lambda^2} + (n-m)\frac{\lambda^2}{\mu^2},\\ p_3 =& m\frac{\mu^3}{\lambda^3} - (n-m)\frac{\lambda^3}{\mu^3},\\ \rho =& \frac{m(n-m)}{n}(\frac{\mu^2}{\lambda^2} + \frac{\lambda^2}{\mu^2} + 2).\end{aligned}$$

设$\frac{\mu}{\lambda} = x > 0$，那么$W_{(n,r)}$-Willmore超曲面方程变为

$$(2r-m)x^6 + (2r+n-3m)x^4 + (2n-2r-3m)x^2 + (n-m-2r) = 0.$$

通过因式分解，我们可以得到

$$(x^2+1)^2[(2r-m)x^2 + (n-2r-m)] = 0.$$

于是$W_{(n,r)}$-Willmore方程可以简化为

$$(2r-m)x^2 + (n-2r-m) = 0.$$

这就是我们在前面花大力气讨论的方程$E(n,r)$。下面逐一讨论，用$WTori_{i,(n,r)}$或者$WTori_{i,\frac{1}{2},(n,r)}$来表示所有的$(n,r) \in A_i = A_i'$的$W_{(n,r)}$-Willmore环面集合及其一半的集合。

（1） 当$(n,r) \in A_2 = A_2'$时，我们知道

$$\begin{aligned}A_2 =& A_2',\\ B_2(n,r) =& \{(m,x) : m \in \mathbb{N}, 1 \leqslant m \leqslant n-1, x = \sqrt{\frac{n-2r-m}{m-2r}}, \text{此处}(n,r) \in A_2\},\\ C_2(n,r) =& \{m : m \in \mathbb{N}, 1 \leqslant m \leqslant n-1, \text{此处}(n,r) \in A_2\},\\ D_2(n,r) =& \{x : m \in \mathbb{N}, 1 \leqslant m \leqslant n-1, x = \sqrt{\frac{n-2r-m}{m-2r}}, \text{此处}(n,r) \in A_2\},\\ B_{2,\frac{1}{2}}(n,r) =& \{(m,x) : m \in \mathbb{N}, 1 \leqslant m \leqslant \frac{n}{2}, x = \sqrt{\frac{n-2r-m}{m-2r}}, \text{此处}(n,r) \in A_2\},\\ C_{2,\frac{1}{2}}(n,r) =& \{m : m \in \mathbb{N}, 1 \leqslant m \leqslant \frac{n}{2}, \text{此处}(n,r) \in A_2\},\\ D_{2,\frac{1}{2}}(n,r) =& \{x : m \in \mathbb{N}, 1 \leqslant m \leqslant \frac{n}{2}, x = \sqrt{\frac{n-2r-m}{m-2r}}, \text{此处}(n,r) \in A_2\}.\end{aligned}$$

因此

$$\begin{aligned}WTori_{2,(n,r)} =& \{S^m\Big(\sqrt{\frac{m-2r}{n-4r}}\Big) \times S^{n-m}\Big(\sqrt{\frac{n-2r-m}{n-4r}}\Big) \to S^{n+1}(1),\ m \in C_2(n,r)\}\\ =& \{S^m\Big(\sqrt{\frac{m-2r}{n-4r}}\Big) \times S^{n-m}\Big(\sqrt{\frac{n-2r-m}{n-4r}}\Big) \to S^{n+1}(1),\\ & m \in \mathbb{N}, 1 \leqslant m \leqslant n-1\},\\ WTori_{2,\frac{1}{2},(n,r)} =& \{S^m\Big(\sqrt{\frac{m-2r}{n-4r}}\Big) \times S^{n-m}\Big(\sqrt{\frac{n-2r-m}{n-4r}}\Big) \to S^{n+1}(1),\ m \in C_{2,\frac{1}{2}}(n,r)\}\end{aligned}$$

$$=\{S^m\Big(\sqrt{\frac{m-2r}{n-4r}}\Big)\times S^{n-m}\Big(\sqrt{\frac{n-2r-m}{n-4r}}\Big)\to S^{n+1}(1),$$
$$m\in\mathbb{N},1\leqslant m\leqslant\frac{n}{2}\}.$$

（2）当$(n,r)\in A_3=A_3'$时，我们知道

$$A_3=A_3',$$

$$B_3(n,r)=\{(m,x):m\in\mathbb{N},1\leqslant m\leqslant n-1,x=\sqrt{\frac{n-m}{m}},\text{此处}(n,r)\in A_3\},$$

$$C_3(n,r)=\{m:m\in\mathbb{N},\text{此处}(n,r)\in A_2\},$$

$$D_3(n,r)=\{x:m\in\mathbb{N},1\leqslant m\leqslant n-1,x=\sqrt{\frac{n-m}{m}},\text{此处}(n,r)\in A_3\},$$

$$B_{3,\frac{1}{2}}(n,r)=\{(m,x):m\in\mathbb{N},1\leqslant m\leqslant\frac{n}{2},x=\sqrt{\frac{n-m}{m}},\text{此处}(n,r)\in A_3\},$$

$$C_{3,\frac{1}{2}}(n,r)=\{m:m\in\mathbb{N},1\leqslant m\leqslant\frac{n}{2},\text{此处}(n,r)\in A_3\},$$

$$D_{3,\frac{1}{2}}(n,r)=\{x:m\in\mathbb{N},1\leqslant m\leqslant\frac{n}{2},x=\sqrt{\frac{n-m}{m}},\text{此处}(n,r)\in A_3\}.$$

因此

$$WTori_{3,(n,0)}=\{S^m\Big(\sqrt{\frac{m}{n}}\Big)\times S^{n-m}\Big(\sqrt{\frac{n-m}{n}}\Big)\to S^{n+1}(1),\ m\in C_3(n,0)\}$$
$$=\{S^m\Big(\sqrt{\frac{m}{n}}\Big)\times S^{n-m}\Big(\sqrt{\frac{n-m}{n}}\Big)\to S^{n+1}(1),$$
$$m\in\mathbb{N},1\leqslant m\leqslant n-1\},$$

$$WTori_{3,\frac{1}{2},(n,0)}=\{S^m\Big(\sqrt{\frac{m}{n}}\Big)\times S^{n-m}\Big(\sqrt{\frac{n-m}{n}}\Big)\to S^{n+1}(1),\ m\in C_{3,\frac{1}{2}}(n,0)\}$$
$$=\{S^m\Big(\sqrt{\frac{m}{n}}\Big)\times S^{n-m}\Big(\sqrt{\frac{n-m}{n}}\Big)\to S^{n+1}(1),$$
$$m\in\mathbb{N},1\leqslant m\leqslant\frac{n}{2}\}.$$

上面集合$WTori_{3,(n,0)}$或者$WTori_{3,\frac{1}{2},(n,0)}$中的元素被称为Classic Clifford Torus.

（3）当$(n,r)\in A_4=A_4'$时，我们知道

$$A_4=A_4',$$

$$B_4(n,r)=\{(m,x):m\in\mathbb{N}\bigcap(2r,\frac{n}{2}]\text{或者}\mathbb{N}\bigcap(\frac{n}{2},n-2r),x=\sqrt{\frac{n-2r-m}{m-2r}}\},$$

$$C_4(n,r)=\{m:m\in\mathbb{N}\bigcap(2r,\frac{n}{2}]\text{或者}\mathbb{N}\bigcap(\frac{n}{2},n-2r)\},$$

$$D_4(n,r)=\{x:m\in\mathbb{N}\bigcap(2r,\frac{n}{2}]\text{或者}\mathbb{N}\bigcap(\frac{n}{2},n-2r),x=\sqrt{\frac{n-2r-m}{m-2r}}\},$$

$$B_{4,\frac{1}{2}}(n,r)=\{(m,x):m\in\mathbb{N}\bigcap(2r,\frac{n}{2}],x=\sqrt{\frac{n-2r-m}{m-2r}}\},$$
$$C_{4,\frac{1}{2}}(n,r)=\{m:m\in\mathbb{N}\bigcap(2r,\frac{n}{2}]\},$$
$$D_{4,\frac{1}{2}}(n,r)=\{x:m\in\mathbb{N}\bigcap(2r,\frac{n}{2}],x=\sqrt{\frac{n-2r-m}{m-2r}}\}.$$

因此

$$\begin{aligned}WTori_{4,(n,r)}&=\{S^m\Big(\sqrt{\frac{m-2r}{n-4r}}\Big)\times S^{n-m}\Big(\sqrt{\frac{n-2r-m}{n-4r}}\Big)\to S^{n+1}(1),m\in C_4(n,r)\}\\&=\{S^m\Big(\sqrt{\frac{m-2r}{n-4r}}\Big)\times S^{n-m}\Big(\sqrt{\frac{n-2r-m}{n-4r}}\Big)\to S^{n+1}(1),\\&\quad m\in\mathbb{N}\bigcap(2r,\frac{n}{2}]\text{或者}\mathbb{N}\bigcap(\frac{n}{2},n-2r)\},\end{aligned}$$

$$\begin{aligned}WTori_{4,\frac{1}{2},(n,r)}&=\{S^m\Big(\sqrt{\frac{m-2r}{n-4r}}\Big)\times S^{n-m}\Big(\sqrt{\frac{n-2r-m}{n-4r}}\Big)\to S^{n+1}(1),m\in C_{4,\frac{1}{2}}(n,r)\}\\&=\{S^m\Big(\sqrt{\frac{m-2r}{n-4r}}\Big)\times S^{n-m}\Big(\sqrt{\frac{n-2r-m}{n-4r}}\Big)\to S^{n+1}(1),\\&\quad m\in\mathbb{N}\bigcap(2r,\frac{n}{2}]\}.\end{aligned}$$

（4） 当$(n,r)\in A_5=A_5'$时，我们知道

$$A_5=A_5',$$
$$B_5(n,r)=\{(m,x):n\text{为偶数，}m=\frac{n}{2},x>0,\text{此处}(n,r)\in A_5\},$$
$$C_5(n,r)=\{m:n\text{为偶数，}m=\frac{n}{2},\text{此处}(n,r)\in A_5\},$$
$$D_5(n,r)=\{x:n\text{为偶数，}m=\frac{n}{2},\text{此处}(n,r)\in A_5\},$$
$$B_{5,\frac{1}{2}}(n,r)=\{(m,x):n\text{为偶数，}m=\frac{n}{2},x>0,\text{此处}(n,r)\in A_5\},$$
$$C_{5,\frac{1}{2}}(n,r)=\{m:n\text{为偶数，}m=\frac{n}{2},\text{此处}(n,r)\in A_5\},$$
$$D_{5,\frac{1}{2}}(n,r)=\{x:n\text{为偶数，}m=\frac{n}{2},x>0,\text{此处}(n,r)\in A_5\}.$$

因此

$$\begin{aligned}WTori_{5,(n,r)}&=\{S^{\frac{n}{2}}(\lambda)\times S^{\frac{n}{2}}(\sqrt{1-\lambda^2})\to S^{n+1}(1),\forall 0<\lambda<1,m\in C_5(n,r)\}\\&=\{S^{\frac{n}{2}}(\lambda)\times S^{\frac{n}{2}}(\sqrt{1-\lambda^2})\to S^{n+1}(1),\forall 0<\lambda<1,n\text{为偶数，}m=\frac{n}{2}\},\end{aligned}$$

$$\begin{aligned}WTori_{5,\frac{1}{2},(n,r)}&=\{S^{\frac{n}{2}}(\lambda)\times S^{\frac{n}{2}}(\sqrt{1-\lambda^2})\to S^{n+1}(1),\forall 0<\lambda<1,m\in C_{5,\frac{1}{2}}(n,r)\}\\&=\{S^{\frac{n}{2}}(\lambda)\times S^{\frac{n}{2}}(\sqrt{1-\lambda^2})\to S^{n+1}(1),\forall 0<\lambda<1,n\text{为偶数，}m=\frac{n}{2}\}.\end{aligned}$$

（5） 当$(n,r)\in A_6=A_6'$时，我们知道

$$A_6=A_6',$$

$$B_6(n,r)=\{(m,x):m\in\mathbb{N}\bigcap(n-2r,\frac{n}{2}]\text{或者}\mathbb{N}\bigcap(\frac{n}{2},2r),x=\sqrt{\frac{n-2r-m}{m-2r}}\},$$

$$C_6(n,r)=\{m:m\in\mathbb{N}\bigcap(n-2r,\frac{n}{2}]\text{或者}\mathbb{N}\bigcap(\frac{n}{2},2r)\},$$

$$D_6(n,r)=\{x:m\in\mathbb{N}\bigcap(n-2r,\frac{n}{2}]\text{或者}\mathbb{N}\bigcap(\frac{n}{2},2r),x=\sqrt{\frac{n-2r-m}{m-2r}}\},$$

$$B_{6,\frac{1}{2}}(n,r)=\{(m,x):m\in\mathbb{N}\bigcap(n-2r,\frac{n}{2}],x=\sqrt{\frac{n-2r-m}{m-2r}}\},$$

$$C_{6,\frac{1}{2}}(n,r)=\{m:m\in\mathbb{N}\bigcap(n-2r,\frac{n}{2}]\},$$

$$D_{6,\frac{1}{2}}(n,r)=\{x:m\in\mathbb{N}\bigcap(n-2r,\frac{n}{2}],x=\sqrt{\frac{n-2r-m}{m-2r}}\}.$$

因此

$$\begin{aligned}WTori_{6,(n,r)}&=\{S^m\Big(\sqrt{\frac{m-2r}{n-4r}}\Big)\times S^{n-m}\Big(\sqrt{\frac{n-2r-m}{n-4r}}\Big)\to S^{n+1}(1),m\in C_2(n,r)\}\\&=\{S^m\Big(\sqrt{\frac{m-2r}{n-4r}}\Big)\times S^{n-m}\Big(\sqrt{\frac{n-2r-m}{n-4r}}\Big)\to S^{n+1}(1),\\&\quad m\in\mathbb{N}\bigcap(n-2r,\frac{n}{2}]\text{或者}\mathbb{N}\bigcap(\frac{n}{2},2r)\},\end{aligned}$$

$$\begin{aligned}WTori_{6,\frac{1}{2},(n,r)}&=\{S^m\Big(\sqrt{\frac{m-2r}{n-4r}}\Big)\times S^{n-m}\Big(\sqrt{\frac{n-2r-m}{n-4r}}\Big)\to S^{n+1}(1),m\in C_{2,\frac{1}{2}}(n,r)\}\\&=\{S^m\Big(\sqrt{\frac{m-2r}{n-4r}}\Big)\times S^{n-m}\Big(\sqrt{\frac{n-2r-m}{n-4r}}\Big)\to S^{n+1}(1),\\&\quad m\in\mathbb{N}\bigcap(n-2r,\frac{n}{2}]\}.\end{aligned}$$

（6） 当$(n,r)\in A_7=A_7'$时，我们知道

$$A_7=A_7',$$

$$B_7(n,r)=\{(m,x):m\in\mathbb{N},1\leqslant m\leqslant n-1,x=\sqrt{\frac{n-m}{m}},\text{此处}(n,r)\in A_7\},$$

$$C_7(n,r)=\{m:m\in\mathbb{N},1\leqslant m\leqslant n-1,\text{此处}(n,r)\in A_7\},$$

$$D_7(n,r)=\{x:m\in\mathbb{N},1\leqslant m\leqslant n-1,x=\sqrt{\frac{n-m}{m}},\text{此处}(n,r)\in A_7\},$$

$$B_{7,\frac{1}{2}}(n,r)=\{(m,x):m\in\mathbb{N},1\leqslant m\leqslant\frac{n}{2},x=\sqrt{\frac{n-m}{m}},\text{此处}(n,r)\in A_7\},$$

$$C_{7,\frac{1}{2}}(n,r)=\{m:m\in\mathbb{N},1\leqslant m\leqslant\frac{n}{2},\text{此处}(n,r)\in A_7\},$$

$$D_{7,\frac{1}{2}}(n,r)=\{x:m\in\mathbb{N},1\leqslant m\leqslant\frac{n}{2},x=\sqrt{\frac{n-m}{m}},\text{此处}(n,r)\in A_7\}.$$

因此

$$WTori_{7,(n,r)}=\{S^m\Big(\sqrt{\frac{n-m}{n}}\Big)\times S^{n-m}\Big(\sqrt{\frac{m}{n}}\Big)\to S^{n+1}(1),m\in C_2(n,r)\}$$

$$=\{S^m\Big(\sqrt{\frac{n-m}{n}}\Big)\times S^{n-m}\Big(\sqrt{\frac{m}{n}}\Big)\to S^{n+1}(1),$$
$$m\in\mathbb{N},1\leqslant m\leqslant n-1\},$$

$$WTori_{7,\frac{1}{2},(n,r)}=\{S^m\Big(\sqrt{\frac{n-m}{n}}\Big)\times S^{n-m}\Big(\sqrt{\frac{m}{n}}\Big)\to S^{n+1}(1),m\in C_{2,\frac{1}{2}}(n,r)\}$$
$$=\{S^m\Big(\sqrt{\frac{n-m}{n}}\Big)\times S^{n-m}\Big(\sqrt{\frac{m}{n}}\Big)\to S^{n+1}(1),$$
$$m\in\mathbb{N},1\leqslant m\leqslant \frac{n}{2}\}.$$

上面集合$WTori_{7,(n,r)}$或者$WTori_{7,\frac{1}{2},(n,r)}$中的元素被称为Classic Willmore Torus.

（7）当$(n,r)\in A_8=A_8'$时，我们知道

$$A_8=A_8',$$

$$B_8(n,r)=\{(m,x):m\in\mathbb{N},1\leqslant m\leqslant n-1,x=\sqrt{\frac{n-2r-m}{m-2r}},\text{此处}(n,r)\in A_8\},$$

$$C_8(n,r)=\{m:m\in\mathbb{N},1\leqslant m\leqslant n-1,\text{此处}(n,r)\in A_8\},$$

$$D_8(n,r)=\{x:m\in\mathbb{N},1\leqslant m\leqslant n-1,x=\sqrt{\frac{n-2r-m}{m-2r}},\text{此处}(n,r)\in A_8\},$$

$$B_{8,\frac{1}{2}}(n,r)=\{(m,x):m\in\mathbb{N},1\leqslant m\leqslant \frac{n}{2},x=\sqrt{\frac{n-2r-m}{m-2r}},\text{此处}(n,r)\in A_8\},$$

$$C_{8,\frac{1}{2}}(n,r)=\{m:m\in\mathbb{N},1\leqslant m\leqslant \frac{n}{2},\text{此处}(n,r)\in A_8\},$$

$$D_{8,\frac{1}{2}}(n,r)=\{x:m\in\mathbb{N},1\leqslant m\leqslant \frac{n}{2},x=\sqrt{\frac{n-2r-m}{m-2r}},\text{此处}(n,r)\in A_8\}.$$

因此

$$WTori_{8,(n,r)}=\{S^m\Big(\sqrt{\frac{2r-m}{4r-n}}\Big)\times S^{n-m}\Big(\sqrt{\frac{2r+m-n}{4r-n}}\Big)\to S^{n+1}(1),m\in C_2(n,r)\}$$
$$=\{S^m\Big(\sqrt{\frac{2r-m}{4r-n}}\Big)\times S^{n-m}\Big(\sqrt{\frac{2r+m-n}{4r-n}}\Big)\to S^{n+1}(1),$$
$$m\in\mathbb{N},1\leqslant m\leqslant n-1\},$$

$$WTori_{8,\frac{1}{2},(n,r)}=\{S^m\Big(\sqrt{\frac{2r-m}{4r-n}}\Big)\times S^{n-m}\Big(\sqrt{\frac{2r+m-n}{4r-n}}\Big)\to S^{n+1}(1),m\in C_{2,\frac{1}{2}}(n,r)\}$$
$$=\{S^m\Big(\sqrt{\frac{2r-m}{4r-n}}\Big)\times S^{n-m}\Big(\sqrt{\frac{2r+m-n}{4r-n}}\Big)\to S^{n+1}(1),$$
$$m\in\mathbb{N},1\leqslant m\leqslant \frac{n}{2}\}.$$

如果我们用符号$MTorus$表示单位球面$S^{n+1}(1)$之中的具有两个不同

主曲率的等参极小超曲面，那么通过上面的计算可知:

（1）如果$MTorus = WTorus_{3,(n,r)}$，根据定义，$W_{(n,0)}$-Willmore子流形就是极小子流形，于是通过方程可知

$$MTori = WTori_{3,(n,0)} =\{S^m\Big(\sqrt{\frac{m}{n}}\Big)\times S^{n-m}\Big(\sqrt{\frac{n-m}{n}}\Big)\to S^{n+1}(1),$$
$$m\in C_3(n,0)\}$$
$$=\{S^m\Big(\sqrt{\frac{m}{n}}\Big)\times S^{n-m}\Big(\sqrt{\frac{n-m}{n}}\Big)\to S^{n+1}(1),$$
$$m\in\mathbb{N},1\leqslant m\leqslant n-1\}.$$

（2）如果$MTorus\bigcap WTorus_{2,(n,r)}\neq\varnothing$，则有

$$n\text{为偶数},\quad m=\frac{n}{2}.$$

并且

$$MTorus\bigcap WTorus_{2,(n,r)}=$$
$$\{C_{\frac{n}{2},\frac{n}{2}}:S^{\frac{n}{2}}\Big(\frac{1}{\sqrt{2}}\Big)\times S^{\frac{n}{2}}\Big(\frac{1}{\sqrt{2}}\Big)\to S^{n+1}(1)\}\neq\varnothing$$

（3）如果$MTorus\bigcap WTorus_{4,(n,r)}\neq\varnothing$，则有

$$n\text{为偶数},\quad m=\frac{n}{2}.$$

并且

$$MTorus\bigcap WTorus_{4,(n,r)}=$$
$$\{C_{\frac{n}{2},\frac{n}{2}}:S^{\frac{n}{2}}\Big(\frac{1}{\sqrt{2}}\Big)\times S^{\frac{n}{2}}\Big(\frac{1}{\sqrt{2}}\Big)\to S^{n+1}(1)\}\neq\varnothing$$

（4）如果$MTorus\bigcap WTorus_{5,(n,r)}\neq\varnothing$，则有

$$n\text{为偶数},\quad m=\frac{n}{2}.$$

并且

$$MTorus\bigcap WTorus_{5,(n,r)}=$$
$$\{C_{\frac{n}{2},\frac{n}{2}}:S^{\frac{n}{2}}\Big(\frac{1}{\sqrt{2}}\Big)\times S^{\frac{n}{2}}\Big(\frac{1}{\sqrt{2}}\Big)\to S^{n+1}(1)\}\neq\varnothing$$

（5）如果$MTorus\bigcap WTorus_{6,(n,r)}\neq\varnothing$，则有

$$n\text{为偶数},\quad m=\frac{n}{2}.$$

并且

$$MTorus\bigcap WTorus_{6,(n,r)} =$$
$$\{C_{\frac{n}{2},\frac{n}{2}}: S^{\frac{n}{2}}\Big(\frac{1}{\sqrt{2}}\Big)\times S^{\frac{n}{2}}\Big(\frac{1}{\sqrt{2}}\Big)\to S^{n+1}(1)\}\neq\varnothing$$

(6) 如果$MTorus\bigcap WTorus_{7,(n,r)}\neq\varnothing$，则有

$$n\text{为偶数},\quad m=\frac{n}{2}.$$

并且

$$MTorus\bigcap WTorus_{7,(n,r)} =$$
$$\{C_{\frac{n}{2},\frac{n}{2}}: S^{\frac{n}{2}}\Big(\frac{1}{\sqrt{2}}\Big)\times S^{\frac{n}{2}}\Big(\frac{1}{\sqrt{2}}\Big)\to S^{n+1}(1)\}\neq\varnothing$$

(7) 如果$MTorus\bigcap WTorus_{8,(n,r)}\neq\varnothing$，则有

$$n\text{为偶数},\quad m=\frac{n}{2}.$$

并且

$$MTorus\bigcap WTorus_{8,(n,r)} =$$
$$\{C_{\frac{n}{2},\frac{n}{2}}: S^{\frac{n}{2}}\Big(\frac{1}{\sqrt{2}}\Big)\times S^{\frac{n}{2}}\Big(\frac{1}{\sqrt{2}}\Big)\to S^{n+1}(1)\}\neq\varnothing$$

上面仅讨论了超曲面的情形，对于余维数大于2的情形，有下面的著名的例子，被称为Veronese曲面。为了描述方便，引用下面的符号：

$$H^3=\frac{1}{2}\sum_{ii}h_{ii}^3,\ H^4=\frac{1}{2}\sum_{ii}h_{ii}^4,\ H^2=(H^3)^2+(H^4)^2,$$
$$S=\sum_{ij\alpha}(h_{ij}^{\alpha})^2,\ \rho=S-nH^2,$$
$$S_{33}=\mathrm{tr}(A_3A_3),\ S_{34}=\mathrm{tr}(A_3A_4),\ S_{44}=\mathrm{tr}(A_4A_4),$$
$$S_{333}=\mathrm{tr}(A_3A_3A_3),\ S_{444}=\mathrm{tr}(A_4A_4A_4),$$
$$S_{344}=\mathrm{tr}(A_3A_4A_4),\ S_{433}=\mathrm{tr}(A_4A_3A_3).$$

例 6.20 (Veronese曲面) 假设(x,y,z)是三维欧氏空间R^3中的自然标架，(u_1,u_2,u_3,u_4,u_5)

是五维欧氏空间R^5中的自然标架，我们考虑下面的映射：

$$\left.\begin{aligned} u_1 &= \frac{1}{\sqrt{3}}yz,\ u_2 = \frac{1}{\sqrt{3}}xz,\ u_3 = \frac{1}{\sqrt{3}}xy \\ u_4 &= \frac{1}{2\sqrt{3}}(x^2 - y^2), \\ u_5 &= \frac{1}{6}(x^2 + y^2 - 2z^2) \\ x^2 &+ y^2 + z^2 = 3 \end{aligned}\right\} \tag{6.58}$$

这个映射定义了一个等距嵌入$x : RP^2 = S^2(\sqrt{3})/Z_2 \to S^4(1)$，我们称其为Veronese曲面。通过简单的计算，我们知道第二基本型可以表示为

$$A_3 = \begin{pmatrix} 0 & \frac{1}{\sqrt{3}} \\ \frac{1}{\sqrt{3}} & 0 \end{pmatrix},\ A_4 = \begin{pmatrix} -\frac{1}{\sqrt{3}} & 0 \\ 0 & \frac{1}{\sqrt{3}} \end{pmatrix}.$$

于是，我们计算得

$$\left.\begin{aligned} H^3 &= H^4 = 0,\ S_{33} = S_{44} = \frac{2}{3}, \\ S &= \rho = \frac{4}{3},\ S_{34} = S_{43} = 0, \\ S_{333} &= S_{344} = S_{433} = S_{444} = 0. \end{aligned}\right\} \tag{6.59}$$

也就是说Veronese曲面是对任何参数$r \in R$都是$W_{(2,r)}$-Willmore曲面。

6.6.2　$W_{(n,E)}$-Willmore子流形

本小节我们研究$W_{(n,E)}$-Willmore子流形，首先考虑超曲面的情形。对于单位球面$S^{n+1}(1)$之中的等参超曲面，根据等参超曲面的定义知道

$$\{k_1, \cdots, k_i, \cdots, k_n\} = \text{constant}.$$

因此，曲率函数ρ, H, S都是常数。我们定义符号

$$p_s = \sum_{i=1}^{n}(k_i)^s,$$

那么有

$$H = \frac{1}{n}p_1,\ S = p_2,\ \rho = p_2 - \frac{1}{n}(p_1)^2.$$

于是$W_{(n,E)}$-Willmore超曲面方程变为

$$p_3 - \frac{1}{n}p_2p_1 - \frac{1}{2}p_1 = 0.$$

例 6.21 全测地超曲面是$W_{(n,r)}$-Willmore超曲面。此时要求$r = 1, 2, \cdots, [3, \infty)$。实际上，全测地超曲面意味着所有主曲率都为零，因此，曲率H, ρ, S都为零，所以方程自然满足。

例 6.22 对于单位球面之中的一个维数 n 为偶数的特殊子流形

$$C_{\frac{n}{2},\frac{n}{2}} = S^{\frac{n}{2}}\Big(\frac{1}{\sqrt{2}}\Big) \times S^{\frac{n}{2}}\Big(\frac{1}{\sqrt{2}}\Big) \to S^{n+1}(1).$$

经过简单的计算，我们知道所有的主曲率为

$$k_1 = \cdots = k_{\frac{n}{2}} = 1, \quad k_{\frac{n}{2}+1} = \cdots = k_n = -1.$$

那么对于p_1，p_2，p_3，ρ我们可以计算得到

$$p_1 = 0, \ \ p_2 = n, \ \ p_3 = 0, \ \ \rho = n.$$

显然$C_{\frac{n}{2},\frac{n}{2}}$不是全脐超曲面，也没有脐点。我们知道$W_{(n,E)}$-Willmore等参超曲面方程为

$$p_3 - \frac{1}{n}p_1p_2 - \frac{1}{2}p_1 = 0.$$

将p_1，p_2，p_3，ρ代入上式得到结论，对于任何参数r，$C_{\frac{n}{2},\frac{n}{2}}$是单位球面之中的$W_{(n,E)}$-Willmore超曲面。

例 6.23 对于单位球面之中具有两个不同主曲率的等参超曲面，我们有

$$\lambda,\ \mu:\ \ 0 < \lambda,\ \mu < 1,\ \ \lambda^2 + \mu^2 = 1,$$

$$S^m(\lambda) \times S^{n-m}(\mu) \to S^{n+1}(1), \ \ 1 \leqslant m \leqslant n-1.$$

在上面的例子中所确定的 $W_{(n,E)}$-Willmore超曲面，显然，所有的主曲率很容易计算为

$$k_1 = \cdots = k_m = \frac{\mu}{\lambda}, \quad k_{m+1} = \cdots = k_n = -\frac{\lambda}{\mu}.$$

于是，各个曲率函数 p_1，p_2，p_3，ρ可以分别计算为

$$p_1 = m\frac{\mu}{\lambda} - (n-m)\frac{\lambda}{\mu}, \quad p_2 = m\frac{\mu^2}{\lambda^2} + (n-m)\frac{\lambda^2}{\mu^2},$$

$$p_3 = m\frac{\mu^3}{\lambda^3} - (n-m)\frac{\lambda^3}{\mu^3}, \quad \rho = \frac{m(n-m)}{n}\Big[\frac{\mu^2}{\lambda^2} + \frac{\lambda^2}{\mu^2} + 2\Big].$$

假设$\frac{\mu}{\lambda} = x > 0$，于是$W_{(n,E)}$-Willmore超曲面方程变为

$$\begin{aligned}\beta_n(m,x) \overset{\text{def}}{=} & 2m(n-m)x^6 + m(n-2m)x^4 \\ & + (n-m)(n-2m)x^2 - 2m(n-m) = 0. \end{aligned} \tag{6.60}$$

我们寻找$W_{(n,E)}$就是寻找满足(6.60)式的(m, x)且

$$m \in \mathbb{N}, \ \ 1 \leqslant m \leqslant n-1; \ \ x \in \mathbb{R}, \ \ x > 0.$$

为了方便起见，我们定义

$$
\begin{aligned}
A(0) =&\{(m,x): m\in\mathbb{N}, 1\leqslant m\leqslant n-1, x\in\mathbb{R}, x>0\},\\
A(0,\frac{1}{2}) =&\{(m,x): m\in\mathbb{N}, 1\leqslant m\leqslant \frac{n}{2}, x\in\mathbb{R}, x>0\},\\
B(0) =&\{m: m\in\mathbb{N}, 1\leqslant m\leqslant n-1\},\\
B(0,\frac{1}{2}) =&\{m: m\in\mathbb{N}, 1\leqslant m\leqslant \frac{n}{2}\},\\
C(0) =&\{x: x\in\mathbb{R}, x>0\},\\
A(n) =&\{(m,x): m\in N, 1\leqslant m\leqslant n-1, x>0,\\
&(m,x)\text{是方程}\beta_n(m,x)\text{的根}\},\\
A(n,\frac{1}{2}) =&\{(m,x): m\in N, 1\leqslant m\leqslant \frac{n}{2}, x>0,\\
&(m,x)\text{是方程}\beta_n(m,x)\text{的根}\},\\
B(n) =&\{m: \exists x>0,\ \text{s.t.}\ (m,x)\in A(n)\},\\
B(n,\frac{1}{2}) =&\{m: \exists x>0,\ \text{s.t.}\ (m,x)\in A(n,\frac{1}{2})\},\\
C(n) =&\{x: x>0, \exists m\in B(n),\ \text{s.t.}\ (m,x)\in A(n)\},\\
C(n,\frac{1}{2}) =&\{x: x>0, \exists m\in B(n,\frac{1}{2}),\ \text{s.t.}\ (m,x)\in A(n,\frac{1}{2})\}.
\end{aligned}
$$

更进一步，我们用符号$W_{(n,E)}Torus$表示单位球面之中的具有两个不同主曲率的$W_{(n,E)}$-Willmore等参超曲面。在进一步研究之前，先需研究上面集合的性质:

- $A(n)$的对称性。即如果$(m,x)\in A(n)$，则$\left(n-m,\frac{1}{x}\right)\in A(n)$。将$m=n-m,\ x=\frac{1}{x}$代入(6.60)式，有

$$
\begin{aligned}
\beta_n\left(n-m,\frac{1}{x}\right)\overset{\text{def}}{=}&2(n-m)m\left(\frac{1}{x}\right)^6+(n-m)(2m-n)\left(\frac{1}{x}\right)^4\\
&+m(2m-n)\left(\frac{1}{x}\right)^2-2(n-m)m\\
=&\left(\frac{1}{x}\right)^6\{2(n-m)m+(n-m)(2m-n)x^2\\
&+m(2m-n)x^4-2(n-m)mx^6\}\\
=&-\left(\frac{1}{x}\right)^6\{-2(n-m)m+(n-m)(n-2m)x^2\\
&+m(n-2m)x^4+2(n-m)mx^6\}\\
=&-\left(\frac{1}{x}\right)^6\{2(n-m)mx^6+m(n-2m)x^4\\
&+(n-m)(n-2m)x^2-2(n-m)m\}\\
=&-\left(\frac{1}{x}\right)^6\beta_n(m,x)=0.
\end{aligned}
$$

这样，我们证明了集合$A(n)$具有某种对称性。类似同样的方法可以证明下面两个性质成立。

- $B(n)$的对称性。亦即如果$m \in B(n)$，那么$(n-m) \in B(n)$.
- $C(n)$的对称性。亦即如果$x \in C(n)$，那么$\frac{1}{x} \in C(n)$.

下面按 n 的取值不同来讨论。

（1）$n = 2$，首先我们考虑二维曲面的情形。根据(6.60)式，有

$$\begin{aligned}\beta_2(m,x) \overset{\text{def}}{=} & 2m(2-m)x^6 + m(2-2m)x^4 \\ & + (2-m)(2-2m)x^2 - 2m(2-m) = 0.\end{aligned}$$

此时，显然，m的取值范围只能为$m = 1$，代入上式有

$$\beta_2(1,x) = 2x^6 - 2 = 0.$$

可以总结为

$$\begin{aligned} & A(2) = \{(1,1)\},\ B(2) = \{1\},\ C(2) = \{1\}, \\ & A(2,\frac{1}{2}) = \{(1,1)\},\ B(2,\frac{1}{2}) = \{1\},\ C(2,\frac{1}{2}) = \{1\}.\end{aligned}$$

因此，得到

$$W_{(2,E)}Torus = \{S^1\Big(\frac{1}{\sqrt{2}}\Big) \times S^1\Big(\frac{1}{\sqrt{2}}\Big) \to S^3(1)\}.$$

是唯一的二维$W_{(2,E)}$-Willmore曲面。

（2）$n \geqslant 3$为奇数，显然对于$1 \leqslant m \leqslant \frac{n}{2}$，即$m \in B(0,\frac{1}{2})$，有

$$1 \leqslant m < \frac{n}{2},\ \beta_n(m,0) = -2m(n-m) < 0,\ \beta_n(m,1) = n(n-2m) > 0.$$

利用函数$\beta_n(m,x)$的连续性，可知函数$\beta_n(m,x)$在$(0,1)$至少有一个根。定义$y = x^2 > 0$，于是(6.60)式表示的$W_{(n,E)}$方程转化为一个三阶的多项式方程：

$$\begin{aligned}\gamma_n(m,y) = & 2m(n-m)y^3 + m(n-2m)y^2 \\ & + (n-m)(n-2m)y - 2m(n-m) = 0, \\ \gamma_n(m,x^2) = & \beta_n(m,x),\quad \beta_n(m,\sqrt{y}) = \gamma_n(m,y).\end{aligned}$$

根据三阶多项式的求解规则，我们需要考虑下面的三阶判别式：

$$\begin{aligned}\Delta\Big(\frac{n}{m}\Big) = & \Bigg(\frac{\big(\frac{n}{m}-2\big)^2}{24\big(\frac{n}{m}-1\big)} - \frac{\big(\frac{n}{m}-2\big)^3}{216\big(\frac{n}{m}-1\big)^3} + \frac{1}{2}\Bigg)^2 \\ & + \Bigg(\frac{1}{6}\frac{n}{m} - \frac{\big(\frac{n}{m}-2\big)^2}{36\big(\frac{n}{m}-1\big)^2} - \frac{1}{3}\Bigg)^3.\end{aligned}$$

显然，我们有关系式

$$2 < \frac{n}{m} \leqslant n,\ \forall\, m:\ 1 \leqslant m < \frac{n}{2}.$$

求解三阶多项式方程需要决定判别式$\Delta\left(\frac{n}{m}\right)$的符号，为此考虑如下函数：

$$\eta(x)=\left(\frac{(x-2)^2}{24(x-1)}-\frac{(x-2)^3}{216(x-1)^3}+\frac{1}{2}\right)^2$$
$$+\left(\frac{1}{6}x-\frac{(x-2)^2}{36(x-1)^2}-\frac{1}{3}\right)^3,\quad 2<x\leqslant n.$$

假设$t=\frac{x-2}{x-1}$，于是$x=\frac{2-t}{1-t}, 0<t\leqslant\frac{n-2}{n-1}$，由此得到

$$\eta(t)=\left(\frac{t^2}{24(1-t)}-\frac{t^3}{216}+\frac{1}{2}\right)^2$$
$$+\left(\frac{1}{6}\frac{(2-t)}{(1-t)}-\frac{t^2}{36}-\frac{1}{3}\right)^3,\quad 0<t\leqslant\frac{n-2}{n-1}.$$

我们估计

$$\left(\frac{t^2}{24(1-t)}-\frac{t^3}{216}+\frac{1}{2}\right)^2=\left(\frac{t^2(t^2-t+9)}{216(1-t)}+\frac{1}{2}\right)^2$$
$$>\frac{1}{4}\left(\frac{1}{6}\frac{(2-t)}{(1-t)}-\frac{t^2}{36}-\frac{1}{3}\right)^3$$
$$>\left(-\frac{1}{36}-\frac{1}{3}\right)^3>\left(-\frac{13}{36}\right)^3.$$

于是

$$\eta(t)>0,\quad 0<t\leqslant\frac{n-2}{n-1}.$$

这意味着函数 $\gamma_n(m,y)$ 对于任意的参数 $m\in\mathbb{N}, 1\leqslant m<\frac{n}{2}$有且只有一个根。根据三阶多项式求解法则定义三个量：

$$\alpha=-\frac{1}{6}\frac{\frac{n}{m}-2}{\frac{n}{m}-1},$$

$$\beta=\frac{1}{24}\frac{\left(\frac{n}{m}-2\right)^2}{\frac{n}{m}-1}-\frac{1}{216}\frac{\left(\frac{n}{m}-2\right)^3}{\left(\frac{n}{m}-1\right)^3}+\frac{1}{2},$$

$$\gamma=\frac{1}{6}\frac{n}{m}-\frac{1}{36}\frac{\left(\frac{n}{m}-2\right)^2}{\left(\frac{n}{m}-1\right)^2}-\frac{1}{3}.$$

于是函数 $\gamma_n(m,y)$ 对于任意的参数 $m\in\mathbb{N},\ 1\leqslant m<\frac{n}{2}$的唯一的正根为

$$y=\alpha+\sqrt[3]{\beta+\sqrt[2]{\beta^2+\gamma^3}}+\sqrt[3]{\beta-\sqrt[2]{\beta^2+\gamma^3}}.$$

此时函数$\beta_n(m,x)$ 对于任意参数 $m\in\mathbb{N}, 1\leqslant m<\frac{n}{2}$ 的唯一正根为

$$t_0\left(\frac{n}{m}\right)\overset{\text{def}}{=}x=\sqrt[2]{\alpha+\sqrt[3]{\beta+\sqrt[2]{\beta^2+\gamma^3}}+\sqrt[3]{\beta-\sqrt[2]{\beta^2+\gamma^3}}}.$$

并且根据上面的讨论，我们有$0<t_0\leqslant 1$.

（3）$n \geqslant 3$为偶数， $m=\dfrac{n}{2}$. 于是 $W_{(n,E)}$-Willmore超曲面方程(6.60)变成

$$\beta_n\Big(\frac{n}{2},x\Big)=\frac{n^2}{2}(x^6-1)=0,$$

于是得到结论为

$$\Big(\frac{n}{2},1\Big)\in A(n),\ \ \frac{n}{2}\in B(n),\ \ 1\in C(n).$$

（4）$n \geqslant 3$为偶数， $1\leqslant m<\dfrac{n}{2}$. 于是$W_{(n,E)}$-Willmore超曲面方程(6.60)对于参数$m\in\mathbb{N}$，且$1\leqslant m<\dfrac{n}{2}$为

$$\begin{aligned}\beta_n(m,x)&\overset{\text{def}}{=}2m(n-m)x^6+m(n-2m)x^4\\&\quad+(n-m)(n-2m)x^2-2m(n-m)=0.\end{aligned}$$

与情形(2)类似讨论，对于参数$m\in\mathbb{N},1\leqslant m<\dfrac{n}{2}$，方程$\beta_n(m,x)$有且只有一个正根，记为

$$t_0\Big(\frac{n}{m}\Big)\overset{\text{def}}{=}x=\sqrt[2]{\alpha+\sqrt[3]{\beta+\sqrt[2]{\beta^2+\gamma^3}}+\sqrt[3]{\beta-\sqrt[2]{\beta^2+\gamma^3}}}.$$
$$0<t_0\leqslant 1.$$

很容易检验情形(3)和(4)是相容的。

从上面的几种情况的讨论，可以得出结论，假设$x:M\to S^{n+1}(1)$是等参超曲面具有两个不同的主曲率并且是 W_E-Willmore 超曲面，那么有

- $A(n),B(n),C(n)$的组成：

$$A(n)=\{(m,x):m\in\mathbb{N},\ 1\leqslant m\leqslant n-1,\ x=t_0\Big(\frac{n}{m}\Big),\ 0<t_0<1\},$$

$$B(n)=\{m:m\in\mathbb{N},\ 1\leqslant m\leqslant n-1\},$$

$$C(n)=\{x:\forall m\in\mathbb{N},\ 1\leqslant m\leqslant n-1,\ x=t_0\Big(\frac{n}{m}\Big)\},$$

$$A(n,\frac{1}{2})=\{(m,x):m\in\mathbb{N},\ 1\leqslant m\leqslant\frac{n}{2},\ x=t_0\Big(\frac{n}{m}\Big),0<t_0<1\},$$

$$B(n,\frac{1}{2})=\{m:m\in\mathbb{N},\ 1\leqslant m\leqslant\frac{n}{2}\},$$

$$C(n,\frac{1}{2})=\{x:\forall m\in\mathbb{N},\ 1\leqslant m\leqslant\frac{n}{2},\ x=t_0\Big(\frac{n}{m}\Big)\}.$$

- $W_{(n,E)}Torus$的组成：

$$n=2,\ W_{(2,E)}Torus=\{S^1\Big(\frac{1}{\sqrt{2}}\Big)\times S^1\Big(\frac{1}{\sqrt{2}}\Big)\to S^3(1)\},$$

$$\begin{aligned}n\geqslant 3,W_{(n,E)}Torus=\{&S^m\Big(\frac{1}{\sqrt{t_0^2+1}}\Big)\times S^{n-m}\Big(\frac{t_0}{\sqrt{t_0^2+1}}\Big)\\&\to S^{n+1}(1),\ 1\leqslant m\leqslant\frac{n}{2}\},\end{aligned}$$

$$n\geqslant 2,C_{\frac{n}{2},\frac{n}{2}}:S^{\frac{n}{2}}(\sqrt{12})\times S^{\frac{n}{2}}(\sqrt{12})\to S^{n+1}(1)\in W_{(n,E)}Torus.$$

例 6.24 Clifford Torus：

$$C_{m,n-m}=S^m\Big(\sqrt{\frac{m}{n}}\Big)\times S^{n-m}\Big(\sqrt{\frac{n-m}{n}}\Big),1\leqslant m\leqslant n-1.$$

是极小子流形满足$H\equiv 0$。如果 $C_{m,n-m}$ 同样是$W_{(n,E)}$-Willmore超曲面，那么必须有

$$n\text{为偶数},\quad m=\frac{n}{2},\ C_{m,n-m}=C_{\frac{n}{2},\frac{n}{2}}.$$

上面主要考虑超曲面情形，现在考虑子流形情形，下面的例子被称为Veronese子流形。

例 6.25 假设(x,y,z) 是三维欧氏空间R^3 之中的自然标架，而(u_1,u_2,u_3,u_4,u_5) 是五维欧氏空间R^5之中的自然标架，我们通过在第146页中的映射(6.58)式定义一个等距嵌入，称为Veronese曲面，经简单计算得到等式(6.59)。于是可得出Veronese 曲面是$W_{(2,E)}$-Willmore曲面。

6.6.3 $W_{(n,\log)}$-Willmore子流形

本小节研究单位球面 $S^{n+1}(1)$之中的$W_{\log}$-Willmore子流形，我们关注单位曲面之中的等参超曲面。根据等参超曲面的定义，所有的主曲率满足

$$\{k_1,\cdots,k_i,\cdots,k_n\}=\text{constant}$$

于是下列的曲率函数变量ρ, H, S 都为常数。我们定义

$$p_s=\sum_{i=1}^{n}(k_i)^s,$$

于是有

$$H=\frac{1}{n}p_1,\ \ S=p_2,\ \ \rho=p_2-\frac{1}{n}(p_1)^2.$$

因此，借用上面的符号，$W_{\log}$-Willmore超曲面方程变成

$$p_3-\frac{1}{n}p_1p_2-\frac{1}{2}p_1\rho\log\rho=0.$$

例 6.26 对于如下的一个特殊超曲面，这里维数 n 为偶数：

$$C_{\frac{n}{2},\frac{n}{2}}=S^{\frac{n}{2}}\Big(\frac{1}{\sqrt{2}}\Big)\times S^{\frac{n}{2}}\Big(\frac{1}{\sqrt{2}}\Big)\to S^{n+1}(1).$$

所有的主曲率为

$$k_1 = \cdots = k_{\frac{n}{2}} = 1,\quad k_{\frac{n}{2}+1} = \cdots = k_n = -1.$$

于是可以计算曲率函数p_1，p_2，p_3，ρ分别为

$$p_1 = 0,\ \ p_2 = n,\ \ p_3 = 0,\ \ \rho = n.$$

于是得出结论，$C_{\frac{n}{2},\frac{n}{2}}$是一个单位球面$S^{n+1}(1)$之中的$W_{\log}$-Willmore超曲面。

例 6.27 对于单位球面之中的具有两个不同主曲率的等参超曲面

$$\lambda,\ \mu;\ \ 0 < \lambda, \mu < 1,\ \ \lambda^2 + \mu^2 = 1,$$
$$S^m(\lambda) \times S^{n-m}(\mu) \to S^{n+1}(1),\ 1 \leqslant m \leqslant n-1.$$

需要确定 $W_{\log}$-Willmore超曲面。显然，所有的主曲率为

$$k_1 = \cdots = k_m = \frac{\mu}{\lambda},\ \ k_{m+1} = \cdots = k_n = -\frac{\lambda}{\mu}.$$

于是曲率函数经计算为

$$\begin{aligned}
p_1 &= m\frac{\mu}{\lambda} - (n-m)\frac{\lambda}{\mu},\\
p_2 &= m\frac{\mu^2}{\lambda^2} + (n-m)\frac{\lambda^2}{\mu^2},\\
p_3 &= m\frac{\mu^3}{\lambda^3} - (n-m)\frac{\lambda^3}{\mu^3},\\
\rho &= \frac{m(n-m)}{n}\Big(\frac{\mu^2}{\lambda^2} + \frac{\lambda^2}{\mu^2} + 2\Big).
\end{aligned}$$

假设$\frac{\mu}{\lambda} = x > 0$，那么$W_{\log}$-Willmore超曲面方程为

$$\begin{aligned}
&2m(n-m)x^6 - [\ nm\rho\log\rho - 2m(n-m)\ ]x^4\\
&+ [\ (n-m)n\rho\log\rho - 2m(n-m)\ ]x^2 - 2m(n-m) = 0,
\end{aligned}$$

此处

$$\rho = \frac{m(n-m)}{n}\Big(x^2 + \frac{1}{x^2} + 2\Big).$$

例 6.28 Clifford Torus：

$$C_{m,n-m} = S^m\Big(\sqrt{\frac{m}{n}}\Big) \times S^{n-m}\Big(\sqrt{\frac{n-m}{n}}\Big),\ \ 1 \leqslant m \leqslant n-1.$$

是极小子流形，具有 $H \equiv 0$, $S \equiv n$, $\rho \equiv n$. 如果某个$C_{m,n-m}$ 是$W_{\log}$-Willmore超曲面，那么可以得到结论：

$$n\text{为偶数},\quad m = \frac{n}{2},\ \ C_{m,n-m} = C_{\frac{n}{2},\frac{n}{2}}.$$

我们考虑了超曲面情形，下面考虑子流形情形，看看Veronese曲面的例子。

例 6.29 假设(x, y, z) 是三维欧氏空间R^3 之中的自然标架，而$(u_1, u_2, u_3, u_4, u_5)$ 是五维欧氏空间R^5之中的自然标架，我们通过在第146页中的映射(6.58)式定义一个等距嵌入，称为Veronese曲面，经简单计算得到等式(6.59)。 于是我们可得Veronese 曲面是$W_{\log}$-Willmore曲面。

6.6.4 $W_{(n,r,\epsilon)}$-Willmore子流形

本小节主要研究单位球面$S^{n+1}(1)$之中的$W_{(n,r,\epsilon)}$-Willmore子流形，特别是单位球面之中的等参超曲面。根据等参超曲面的定义，我们知道其所有的主曲率为常数，即

$$\{k_1, \cdots, k_i, \cdots, k_n\} = \text{constant}$$

于是曲率函数ρ, H, S也为常数。我们定义符号

$$p_s = \sum_{i=1}^{n}(k_i)^s,$$

利用上面的符号，计算得到

$$H = \frac{1}{n}p_1,\ S = p_2,\ \rho = p_2 - \frac{1}{n}(p_1)^2.$$

于是$W_{(n,r,\epsilon)}$-Willmore超曲面方程为

$$r(\ p_3 - \frac{1}{n}p_1p_2\ ) - \frac{1}{2}(\rho + \epsilon)p_1 = 0. \tag{6.61}$$

另一方面，$W_{(n,\frac{n}{2})}$-Willmore等参超曲面方程为

$$\frac{n}{2}(\ p_3 - \frac{1}{n}p_1p_2\ ) - \frac{1}{2}\rho p_1 = 0. \tag{6.62}$$

例 6.30 全测地超曲面。按照其定义，我们知道所有的主曲率为

$$k_1 = k_2 = \cdots = 0$$

于是，可以计算得到

$$p_1 = 0,\ \ p_2 = 0,\ \ p_3 = 0,\ \ \rho = 0.$$

代入上面的方程，可以得到结论为对于任意的参数$\epsilon > 0$，全测地超曲面M为$W_{(n,r,\epsilon)}$-Willmore超曲面。

例 6.31 全脐非全测地超曲面。按照定义，所有的主曲率为

$$k_1 = k_2 = \cdots = k_n = \lambda \neq 0.$$

各种曲率函数的计算为

$$p_1 = n\lambda,\ \ p_2 = n\lambda^2,\ \ p_3 = n\lambda^3,\ \ \rho = 0.$$

代入$W_{(n,r,\epsilon)}$方程(6.61)，可得全脐非全测地超曲面对于任何参数$\epsilon > 0$都不是$W_{(n,r,\epsilon)}$-Willmore 超曲面。

例 6.32 对于维数n为偶数的特殊超曲面

$$C_{\frac{n}{2},\frac{n}{2}} = S^{\frac{n}{2}}\Big(\frac{1}{\sqrt{2}}\Big) \times S^{\frac{n}{2}}\Big(\frac{1}{\sqrt{2}}\Big) \to S^{n+1}(1).$$

所有的主曲率为

$$k_1 = \cdots = k_{\frac{n}{2}} = 1,\ \ k_{\frac{n}{2}+1} = \cdots = k_n = -1.$$

于是可以计算出所有的曲率函数p_1，p_2，p_3，ρ为

$$p_1 = 0,\ \ p_2 = n,\ \ p_3 = 0,\ \ \rho = n.$$

于是可知$C_{\frac{n}{2},\frac{n}{2}}$对于任何参数$\epsilon > 0$都是$W_{(n,r,\epsilon)}$-Willmore超曲面。

例 6.33 对于单位球面之中具有两个不同主曲率的超曲面，有

$$\begin{aligned}&\lambda,\ \mu:\ \ 0 < \lambda, \mu < 1,\ \ \lambda^2 + \mu^2 = 1,\\ &S^m(\lambda) \times S^{n-m}(\mu) \to S^{n+1}(1),\ \ 1 \leqslant m \leqslant n-1.\end{aligned}$$

需要在上面的条件之中确定出所有的$W_{(n,r,\epsilon)}$-Willmore超曲面。显然，所有的主曲率为

$$k_1 = \cdots = k_m = \frac{\mu}{\lambda},\ \ k_{m+1} = \cdots = k_n = -\frac{\lambda}{\mu}.$$

经计算相关的曲率函数p_1，p_2，p_3，ρ为

$$\begin{aligned}p_1 =& m\frac{\mu}{\lambda} - (n-m)\frac{\lambda}{\mu},\quad p_2 = m\frac{\mu^2}{\lambda^2} + (n-m)\frac{\lambda^2}{\mu^2},\\ p_3 =& m\frac{\mu^3}{\lambda^3} - (n-m)\frac{\lambda^3}{\mu^3},\quad \rho = \frac{m(n-m)}{n}\Big(\frac{\mu^2}{\lambda^2} + \frac{\lambda^2}{\mu^2} + 2\Big).\end{aligned}$$

假设$\dfrac{\mu}{\lambda} = x > 0$，那么 $W_{(n,r,\epsilon)}$-Willmore超曲面方程为

$$\begin{aligned}f(x) =& (2r-m)x^6 + \Big(n - 3m + 2r - \frac{n\epsilon}{n-m}\Big)x^4\\ &+ \Big(2n - 3m - 2r + \frac{n\epsilon}{m}\Big)x^2 + (n - m - 2r) = 0.\end{aligned}\tag{6.63}$$

对于固定的参数(n, r, ϵ)，通过寻找方程(6.63)式的根(m, x) 来构造 $W_{(n,r,\epsilon)}$-Willmore 环面。事实上，根据方程(6.63)式的对称性知道，如果(m_0, x_0)是方程(6.63)式的根，那

么$(n-m_0, \frac{1}{x_0})$ 也是方程(6.63)式的根。于是，不失一般性，可以假设$1\leqslant m\leqslant \frac{n}{2}, m\in \mathbb{N}$。下面逐项讨论。

（1）$r<0$时，对于任何的$1\leqslant m\leqslant \frac{n}{2}, m\in\mathbb{N}$，有

$$f(+\infty)<0, f(+0)>0,$$

利用函数的连续性，对于任何$1\leqslant m\leqslant \frac{n}{2}$，$m\in\mathbb{N}$，方程(6.63)式至少有一个解$x_m$.

（2）$r=0$时，对于任何的$1\leqslant m\leqslant \frac{n}{2}, m\in\mathbb{N}$，有

$$f(+\infty)<0,\ \ f(+0)>0,$$

利用函数的连续性，对于任何$1\leqslant m\leqslant \frac{n}{2}, m\in\mathbb{N}$，方程(6.63)式至少有一个解$x_m$.

（3）$0<r<\frac{n}{4}$时，对于任何的$1\leqslant m\leqslant \frac{n}{2}$，$m\in\mathbb{N}$，有方程(6.63)式，此时，需要利用三次多项式函数的可解性理论进行研究，可以参考第6.6.2节的$W_{n,E}$例子来处理，在此省略。

（4）$r=\frac{n}{4}$时，对于任何的$1\leqslant m\leqslant \frac{n}{2}$，$m\in\mathbb{N}$，有方程

$$f(x)=\left(\frac{n}{2}-m\right)x^6+\left(\frac{3n}{2}-3m-\frac{n\epsilon}{n-m}\right)x^4 +\left(\frac{3n}{2}-3m+\frac{n\epsilon}{m}\right)x^2+\left(\frac{n}{2}-m\right)=0.$$

此时，需要利用三次多项式函数的可解性理论进行研究，可以参考第6.6.2节的$W_{n,E}$例子来处理，在此省略。

（5）$\frac{n}{4}<r<\frac{n}{2}$时，对于任何的$1\leqslant m\leqslant \frac{n}{2}$，$m\in\mathbb{N}$，有方程(6.63)式，此时，需要利用三次多项式函数的可解性理论进行研究，可以参考第6.6.2节的$W_{n,E}$例子来处理，再次省略。

（6）$r=\frac{n}{2}$时，对于任何的$1\leqslant m\leqslant \frac{n}{2}$，$m\in\mathbb{N}$，有

$$f(+\infty)>0,\ \ f(+0)<0,$$

利用函数的连续性，对于任何$1\leqslant m\leqslant \frac{n}{2}, m\in\mathbb{N}$，方程(6.63)式至少有一个解$x_m$.

（7）$r>\frac{n}{2}$时，对于任何的$1\leqslant m\leqslant \frac{n}{2}, m\in\mathbb{N}$，有

$$f(+\infty)>0,\ \ f(+0)<0,$$

利用函数的连续性，对于任何$1\leqslant m\leqslant \frac{n}{2}$，$m\in\mathbb{N}$，方程(6.63)式至少有一个解$x_m$.

例 6.34　Clifford torus：

$$C_{m,n-m}=S^m\left(\sqrt{\frac{m}{n}}\right)\times S^{n-m}\left(\sqrt{\frac{n-m}{n}}\right), 1\leqslant m\leqslant n-1.$$

是极小超曲面，具有$H\equiv 0$，$S\equiv n$，$\rho\equiv n$。如果某个 $C_{m,n-m}$是$W_{(n,r,\epsilon)}$-Willmore超曲面，那么 n 为偶数，$m=\frac{n}{2}$.

例 6.35 $W_{(n,\frac{n}{2})}$-Willmore torus：

$$W_{m,n-m}=S^m\Big(\sqrt{\frac{n-m}{n}}\Big)\times S^{n-m}\Big(\sqrt{\frac{m}{n}}\Big),\ \ 1\leqslant m\leqslant n-1.$$

是所有的$W_{(n,\frac{n}{2})}$-Willmore环面并且 $\rho=n$. $\rho=n$的$W_{(n,\frac{n}{2})}$方程为

$$\frac{n}{2}(\,p_3-\frac{1}{n}p_1p_2-p_1\,)=0. \tag{6.64}$$

同时 $\rho=n$ 的$W_{(n,r,\epsilon)}$-Willmore方程为

$$r(\,p_3-\frac{1}{n}p_1p_2\,)-\frac{1}{2}(n+\epsilon)p_1=0.$$

当$r>\dfrac{n}{2}$并且$\epsilon=2r-n$时，上面的$W_{(n,r,2r-n)}$-Willmore方程变为

$$r(\,p_3-\frac{1}{n}p_1p_2-p_1\,)=0. \tag{6.65}$$

于是方程(6.64)式的解集与方程(6.65)式的解集完全相同。这样，满足$\rho=n$, $r>\dfrac{n}{2}$的$W_{(n,r,2r-n)}$-Willmore torus 和满足 $\rho=n$的$W_{(n,\frac{n}{2})}$-Willmore torus完全一样。

例 6.36 $W_{(n,\frac{n}{2})}$-Willmore torus：

$$W_{m,n-m}=S^m\Big(\sqrt{\frac{n-m}{n}}\Big)\times S^{n-m}\Big(\sqrt{\frac{m}{n}}\Big),\ \ \leqslant m\leqslant n-1.$$

是所有的$W_{(n,\frac{n}{2})}$-Willmore环面，并且$\rho=n$。当某个 $W_{m,n-m}$是极小时，可以断定n为偶数， $m=\frac{n}{2}$，$W_{m,n-m}=C_{\frac{n}{2},\frac{n}{2}}$.

上面研究的都是超曲面情形，下面给出Veronese曲面的例子：

例 6.37 假设(x,y,z) 是三维欧氏空间R^3 之中的自然标架，而(u_1,u_2,u_3,u_4,u_5) 是五维欧氏空间R^5之中的自然标架，我们通过在第146页中的映射(6.58)式定义一个等距嵌入，称为Veronese曲面，经简单计算得到等式(6.59)。显然，Veronese曲面对于任意的参数$\epsilon>0$都是$W_{(n,r,\epsilon)}$-Willmore曲面。

6.6.5 W_F-Willmore子流形

本小节主要在单位球面$S^{n+1}(1)$之中寻找W_F-Willmore超曲面的例子，特别是单位球面之中的等参超曲面。单位球面之中的等参超曲面的所有主曲率为

$$\{k_1,\cdots,k_i,\cdots,k_n\}=\text{constant}$$

那么ρ, H, S都为常数。我们定义符号

$$p_s = \sum_{i=1}^{n}(k_i)^s,$$

于是

$$H = \frac{1}{n}p_1,\ S = p_2,\ \rho = p_2 - \frac{1}{n}(p_1)^2.$$

因此，W_F-Willmore超曲面方程变为

$$F'(\rho)\left(p_3 - \frac{1}{n}p_1p_2 \right) - \frac{1}{2}F(\rho)p_1 = 0. \tag{6.66}$$

例 6.38 全测地超曲面。按照其定义知道,所有的主曲率为

$$k_1 = k_2 = \cdots = 0$$

于是，经计算有

$$p_1 = 0,\ p_2 = 0,\ p_3 = 0,\ \rho = 0.$$

代入上面的方程(6.66)式后，得到结论为对于任意的参数函数$F \in C^3[0,\infty)$，全测地超曲面M为W_F-Willmore超曲面。

例 6.39 全脐非全测地超曲面。按照定义可知所有的主曲率为

$$k_1 = k_2 = \cdots = k_n = \lambda \neq 0.$$

经计算各种曲率函数为

$$p_1 = n\lambda,\ p_2 = n\lambda^2,\ p_3 = n\lambda^3,\ \rho = 0.$$

代入W_F方程(6.66)式后，可得全脐非全测地超曲面对于满足条件$F(0) = 0$的函数$F \in C^3[0,\infty)$都是W_F-Willmore超曲面，对于任何不满足$F(0) = 0$的函数$F \in C^3[0,\infty)$都不是W_F-Willmore超曲面的结论。

例 6.40 对于维数 n 为偶数的特殊超曲面

$$C_{\frac{n}{2},\frac{n}{2}} = S^{\frac{n}{2}}\left(\frac{1}{\sqrt{2}}\right) \times S^{\frac{n}{2}}\left(\frac{1}{\sqrt{2}}\right) \to S^{n+1}(1).$$

它的所有的主曲率为

$$k_1 = \cdots = k_{\frac{n}{2}} = 1,\ k_{\frac{n}{2}+1} = \cdots = k_n = -1.$$

于是计算所有的曲率函数为

$$p_1 = 0,\ p_2 = n,\ p_3 = 0,\ \rho = n.$$

因此得到$C_{\frac{n}{2},\frac{n}{2}}$对于任何函数$F \in C^3(0,\infty)$都是$W_F$-Willmore超曲面的结论。

例 6.41 对于单位球面之中的具有两个不同主曲率的超曲面，我们有

$$\lambda,\ \mu:\ 0<\lambda,\mu<1,\ \ \lambda^2+\mu^2=1,$$
$$S^m(\lambda)\times S^{n-m}(\mu)\to S^{n+1}(1),\ \ 1\leqslant m\leqslant n-1.$$

需要在上面的超曲面之中决定出所有的W_F-Willmore超曲面。显然，通过计算有

$$k_1=\cdots=k_m=\frac{\mu}{\lambda},\ \ k_{m+1}=\cdots=k_n=-\frac{\lambda}{\mu}.$$

于是，曲率函数分别为

$$p_1=m\frac{\mu}{\lambda}-(n-m)\frac{\lambda}{\mu},$$
$$p_2=m\frac{\mu^2}{\lambda^2}+(n-m)\frac{\lambda^2}{\mu^2},$$
$$p_3=m\frac{\mu^3}{\lambda^3}-(n-m)\frac{\lambda^3}{\mu^3},$$
$$\rho=\frac{m(n-m)}{n}\Big(\frac{\mu^2}{\lambda^2}+\frac{\lambda^2}{\mu^2}+2\Big).$$

假设$\dfrac{\mu}{\lambda}=x>0$，则W_F-Willmore超曲面方程变为

$$\begin{aligned}&2m(n-m)F'(\rho)x^6-m[\,nF(\rho)-2(n-m)F'(\rho)\,]x^4\\&\quad+(n-m)[\,nF(\rho)-2mF'(\rho)\,]x^2-2m(n-m)F'(\rho)=0.\end{aligned}\tag{6.67}$$

此处

$$\rho=\frac{m(n-m)}{n}[x^2+\frac{1}{x^2}+2].$$

例 6.42 Clifford torus：当$F(\rho)=1$时，

$$C_{m,n-m}=S^m\Big(\sqrt{\frac{m}{n}}\Big)\times S^{n-m}\Big(\sqrt{\frac{n-m}{n}}\Big),\ \ 1\leqslant m\leqslant n-1.$$

是极小超曲面，具有 $H\equiv 0$，$S\equiv n$，$\rho\equiv n$。假设F_1 是另外一个满足$F_1\in C^3(0,+\infty)$的函数。如果某个$C_{m,n-m}$ 同时也是W_{F_1}-Willmore超曲面，那么必须满足

$$F_1'(n)\Big(\sqrt{\frac{(n-m)^3}{m}}-\sqrt{\frac{m^3}{n-m}}\Big)=0.$$

因此可以得出结论：如果$F_1'(n)=0$，那么所有的 $C_{m,n-m}$ 都是W_{F_1}-Willmore超曲面；如果$F_1'(n)\neq 0$，那么某个$C_{m,n-m}$ 是W_{F_1}-Willmore 超曲面当且仅当

$$n\text{为偶数},\ m=\frac{n}{2},\ \ C_{m,n-m}=C_{\frac{n}{2},\frac{n}{2}}.$$

例 6.43 $W_{(n,\frac{n}{2})}$-Willmore torus：当$F(\rho)=\rho^{\frac{n}{2}}$时，

$$W_{m,n-m}:S^m\Big(\sqrt{\frac{n-m}{n}}\Big)\times S^{n-m}\Big(\sqrt{\frac{m}{n}}\Big)\to S^{n+1}(1),\ \ 1\leqslant m\leqslant n-1$$

是所有的$W_{(n,\frac{n}{2})}$-Willmore torus，并且满足$\rho=n$。当某个 $W_{m,n-m}$为极小时，则有

$$n\text{为偶数},\ m=\frac{n}{2},\ W_{m,n-m}=C_{\frac{n}{2},\frac{n}{2}}.$$

对于$F_1\in C^3(0,+\infty)$，如果某个$W_{m,n-m}$是W_{F_1}-Willmore超曲面，那么函数F_1必须满足

$$F_1'(n)(2m-n)\Big(\sqrt{\frac{m}{n-m}}+\sqrt{\frac{n-m}{m}}\Big) \tag{6.68}$$

$$-\frac{1}{2}F_1(n)\Big(m\sqrt{\frac{m}{n-m}}-(n-m)\sqrt{\frac{n-m}{m}}\Big)=0. \tag{6.69}$$

特别的，如果函数满足$F_1'(n)\neq 0$，$F_1'(n)-\dfrac{1}{2}F_1=0$时，所有的$W_{m,n-m}$都是$W_{F_1}$-Willmore超曲面。

例 6.44 Torus：当$\rho=n$时。对于单位球面之中的具有两个不同的主曲率的超曲面，有

$$\lambda,\ \mu:\ 0<\lambda,\mu<1,\ \ \lambda^2+\mu^2=1,$$
$$S^m(\lambda)\times S^{n-m}(\mu)\to S^{n+1}(1),\ \ 1\leqslant m\leqslant n-1.$$

显然，所有的主曲率为

$$k_1=\cdots=k_m=\frac{\mu}{\lambda},\quad k_{m+1}=\cdots=k_n=-\frac{\lambda}{\mu}.$$

于是曲率函数ρ为

$$\rho=\frac{m(n-m)}{n}\Big(\frac{\mu^2}{\lambda^2}+\frac{\lambda^2}{\mu^2}+2\Big).$$

假设$\dfrac{\mu}{\lambda}=x>0$，上式变为

$$\rho=\frac{m(n-m)}{n}\Big(x^2+\frac{1}{x^2}+2\Big).$$

如果$\rho=n$，则有方程

$$n=\frac{m(n-m)}{n}\Big(x^2+\frac{1}{x^2}+2\Big).$$

解这个方程得到

$$x_1=\sqrt{\frac{n-m}{m}},\quad x_2=\sqrt{\frac{m}{n-m}},\quad \forall m\in N,\ \ 1\leqslant m\leqslant n-1.$$

所以

$$C_{m,n-m}:S^m\Big(\sqrt{\frac{m}{n}}\Big)\times S^{n-m}\Big(\sqrt{\frac{n-m}{n}}\Big)\to S^{n+1}(1),\ \ 1\leqslant m\leqslant n-1$$

和

$$W_{m,n-m}:S^m\Big(\sqrt{\frac{n-m}{n}}\Big)\times S^{n-m}\Big(\sqrt{\frac{m}{n}}\Big)\to S^{n+1}(1),\ \ 1\leqslant m\leqslant n-1$$

是满足 $\rho=n$的Torus.

我们研究了超曲面的情形，下面例子是子流形的情形——Veronese曲面。

例 6.45 假设(x,y,z) 是三维欧氏空间R^3 之中的自然标架，而(u_1,u_2,u_3,u_4,u_5) 是五维欧氏空间R^5之中的自然标架，我们通过在第146页中的映射(6.58)式定义一个等距嵌入，称为Veronese曲面，经简单计算得到等式(6.59)。显然，Veronese曲面对于任意的函数$F\in C^3(0,\infty)$都是是W_F-Willmore曲面。

6.7 超曲面的Simons不等式

在对超曲面的F-Willmore泛函推导Simons型积分不等式之前，需要引入一些记号和几个引理。设

$$T_1=\{(M,F):M\text{是无脐点子流形，}F\in C^3(0,\infty)\},$$

$$T_2=\{(M,F):M\text{是一般子流形，}F\in C^3[0,\infty)\}.$$

引理 6.2 如果$x:M\to R^{n+1}(c)$是超曲面，则有Ricci恒等式

$$\begin{aligned}h_{ij,kl}-h_{ij,lk}&=\sum_p h_{pj}R_{ipkl}+\sum_p h_{ip}R_{jpkl}\\&=-c(\delta_{ik}h_{jl}-\delta_{il}h_{jk})-c(\delta_{jk}h_{il}-\delta_{jl}h_{ik})\\&\quad-(h_{ik}h_{pl}h_{pj}-h_{il}h_{pk}h_{pj})\\&\quad-(h_{jk}h_{pl}h_{ip}-h_{jl}h_{pk}h_{ip}).\end{aligned}\tag{6.70}$$

证明 Ricci恒等式是由一系列的定义和等式来决定的：

$$\begin{aligned}h_{ij,k}\theta^k&=\mathrm{d}_Mh_{ij}-h_{pk}\phi_i^p-h_{ip}\phi_j^p,\\h_{ij,kl}\theta^l&=\mathrm{d}_Mh_{ij,k}-h_{pj,k}\phi_i^p-h_{ip,k}\phi_j^p-h_{ij,p}\phi_k^p,\\\Omega^\top&=\frac{1}{2}R_{ijkl}\theta^k\wedge\theta^l=\mathrm{d}_M\phi_i^j-\phi_i^p\wedge\phi_p^j,\\\mathrm{d}_M\theta^i&=\theta^j\wedge\phi_j^i.\end{aligned}$$

对第一个式子进行微分，利用第三个与第四个式子化简后，对比第二个式子，可以得到引理。 □

引理 6.3 对于函数 ρ 有

$$\Delta\rho = \sum_{ij} 2nh_{ij}H_{,ij} - 2nH\Delta H + 2(|\nabla h|^2 - n|\nabla H|^2) + 2nc\rho + 2nH\mathrm{tr}(B^3) - 2S^2 \quad (6.71)$$

此处$|\nabla h|^2 = \sum_{ijk} h_{ij,k}^2$，$|\nabla H|^2 = \sum (H_{,i})^2$，并且$B$表示第二基本型。

证明 由函数 ρ 的定义和拉普拉斯微分算子的定义，有

$$\begin{aligned}\Delta\rho &= \sum_k \Big(\sum_{ij} h_{ij}^2 - nH^2\Big)_{,kk}\\ &= \sum_k \Big(\sum_{ij} 2h_{ij}h_{ij,k} - 2nHH_{,k}\Big)_{,k}\\ &= \sum_k \Big(\sum_{ij} 2h_{ij,k}^2 + \sum_{ij} 2h_{ij}h_{ij,kk} - 2nH_{,k}^2 - 2nHH_{,kk}\Big)\\ &=2|\nabla h|^2 - 2nH\Delta H - 2n|\nabla H|^2 + 2\sum_{ijk} h_{ij}h_{ij,kk}\\ &=2(|\nabla h|^2 - nH\Delta H - n|\nabla H|^2 + (K1)\sum_{ijk} h_{ij}h_{ij,kk}),\end{aligned} \quad (6.72)$$

对于$(K1) = \sum_{ijk} h_{ij}h_{ij,kk}$，利用前面的两个引理，可得

$$\begin{aligned}(K1) &= \sum_{ijk} h_{ij}h_{ij,kk}\\ &= \sum_{ijk} h_{ij}h_{ik,jk}\\ &= \sum_{ijk} h_{ij}(h_{ik,jk} - h_{ik,kj} + h_{ik,kj})\\ &= \sum_{ijk} h_{ij}h_{kk,ij} + \sum_{ijk} h_{ij}(h_{ik,jk} - h_{ik,kj})\\ &= \sum_{ij} nh_{ij}H_{,ij} + (K2)\sum_{ijk} h_{ij}(h_{ik,jk} - h_{ik,kj}),\end{aligned} \quad (6.73)$$

对于 $(K2) = \sum_{ijk} h_{ij}(h_{ik,jk} - h_{ik,kj})$，利用Ricci恒等式，可得

$$\begin{aligned}(K2) &= \sum_{ijk} h_{ij}(h_{ik,jk} - h_{ik,kj})\\ &= \sum_{ijk} h_{ij}\Big\{\big[-c(\delta_{jk}h_{ik} - \delta_{kk}h_{ij}) - (h_{jk}h_{ip}h_{pk} - h_{kk}h_{ip}h_{pj})\big]\end{aligned}$$

$$+\left[-c(\delta_{ij}h_{kk}-\delta_{ik}h_{jk})-(h_{ij}h_{kp}h_{pk}-h_{ik}h_{kp}h_{pj})\right]\Big\}$$

$$=-cS+ncS-\sum_{ijkp}h_{ij}h_{jk}h_{ip}h_{pk}+nH\mathrm{tr}(B^3)-n^2cH^2$$

$$+cS-S^2+\sum_{ijkp}h_{ij}h_{ik}h_{kp}h_{pj}$$

$$=nc\rho-S^2+nH\mathrm{tr}(B^3). \tag{6.74}$$

把 (6.74)式代入到(6.73)式之中，有

$$(K1)=\sum_{ij}nh_{ij}H_{,ij}+nc\rho-S^2+nH\mathrm{tr}(B^3).$$

把(6.73)式代入(6.72)式之中，有

$$\Delta\rho=\sum_{ij}2nh_{ij}H_{,ij}-2nH\Delta H$$

$$+2(|\nabla h|^2-n|\nabla H|^2)+2nc\rho$$

$$+2nH\mathrm{tr}(B^3)-2S^2$$

□

引理 6.4 (Huisken估计[25])

$$|\nabla h|^2\geqslant\frac{3n^2}{n+2}|\nabla H|^2\geqslant n|\nabla H|^2, \tag{6.75}$$

并且$|\nabla h|^2=n|\nabla H|^2$ 当且仅当$\nabla h=0$.

证明 分解张量∇h 为

$$h_{ijk}=E_{ijk}+F_{ijk},$$

此处

$$E_{ijk}=\frac{n}{n+2}(H_{,i}\delta_{jk}+H_{,j}\delta_{ik}+H_{,k}\delta_{ij}),\quad F_{ijk}=h_{ij,k}-E_{ijk}.$$

经直接计算，可以得到

$$|E|^2=\frac{3n^2}{n+2}|\nabla H|^2,\quad E\cdot F=0.$$

最后，通过三角不等式得到

$$|\nabla h|^2\geqslant|E|^2=\frac{3n^2}{n+2}|\nabla H|^2\geqslant n|\nabla H|^2.$$

□

引理 6.5　对于函数 $F(\rho)$ 有

$$\begin{aligned}\Delta F(\rho) =& F''(\rho)|\nabla\rho|^2 + 2F'(\rho)(|\nabla h|^2 - n|\nabla H|^2)\\ &+ 2n\Big[\sum_{ij} F'(\rho)h_{ij}H_{,ij} - F'(\rho)H\Delta H\\ &+ F'(\rho)\mathrm{tr}(B^3)H - F'(\rho)SH^2 - \frac{n}{2}F(\rho)H^2\Big]\\ &- 2F'(\rho)\rho(\rho - nc) + nH^2[nF(\rho) - 2\rho F'(\rho)].\end{aligned} \tag{6.76}$$

证明　经直接计算可知

$$\Delta F(\rho) = F''(\rho)|\nabla\rho|^2 + F'(\rho)\Delta\rho.$$

利用前面的计算很容易得证。□

引理 6.6　设M是空间形式中的超曲面，那么M是一个F-Willmore超曲面当且仅当

$$\begin{aligned}&\sum_{ij}[F'(\rho)h_{ij}]_{,ji} - \Delta(F'(\rho)H) + F'(\rho)\mathrm{tr}(A^3)\\ &- F'(\rho)\mathrm{tr}(A^2)H - \frac{n}{2}F(\rho)H = 0\end{aligned} \tag{6.77}$$

对函数$\Delta F(\rho)$在M上进行积分，由引理6.5得到

$$\begin{aligned}&\int_M F''(\rho)|\nabla\rho|^2 + 2F'(\rho)(|\nabla h|^2 - n|\nabla H|^2)\\ &+ 2n\Big[\sum_{ij} F'(\rho)h_{ij}H_{,ij} - F'(\rho)H\Delta H\\ &+ F'(\rho)\mathrm{tr}(B^3)H - F'(\rho)SH^2 - \frac{n}{2}F(\rho)H^2\Big]\\ &+ 2nc\rho F'(\rho) - 2\rho^2F'(\rho) - 2n\rho F'(\rho)H^2 + n^2H^2F(\rho) = 0.\end{aligned}$$

利用W_F超曲面方程(6.77)式，可以得到

$$\begin{aligned}&\int_M F''(\rho)|\nabla\rho|^2 + 2F'(\rho)(\,|\nabla h|^2 - n|\nabla H|^2\,)\\ &\quad - 2\rho F'(\rho)(\,\rho - nc\,) + nH^2(\,nF(\rho) - 2\rho F'(\rho)\,) = 0.\end{aligned}$$

综上所述，下面的定理成立。

定理 6.5　假设M是空间形式$R^{n+1}(c)$之中的一个n维紧致的W_F-Willmore超

曲面，满足 $(M,F)\in T_1\bigcup T_2$。那么，有下列积分等式：

$$\int_M F''(\rho)|\nabla\rho|^2+2F'(\rho)(\,|\nabla h|^2-n|\nabla H|^2\,)$$
$$-2\rho F'(\rho)(\,\rho-nc\,)\;+nH^2(\,nF(\rho)-2\rho F'(\rho)\,)\;=0. \tag{6.78}$$

◇

根据定理6.5，在相同的假设下，下面的特例成立。

当$(M,F)\in T_1\bigcup T_2$，$\rho\equiv n$时，有

$$\int_M 2F'(n)(\,|\nabla h|^2-n|\nabla H|^2\,)$$
$$-2n^2F'(n)(\,1-c\,)\;+nH^2(\,nF(n)-2nF'(n)\,)=0 \tag{6.79}$$

当$(M,F)\in T_2$，$\rho\equiv 0$时，有

$$\int_M 2F'(0)(|\nabla h|^2-n|\nabla H|^2)+n^2H^2F(0)=0. \tag{6.80}$$

当$c=1$时，有

$$\int_M F''(\rho)|\nabla\rho|^2+2F'(\rho)(\,|\nabla h|^2-n|\nabla H|^2\,)$$
$$-2\rho F'(\rho)(\,\rho-n\,)\;+nH^2(\,nF(\rho)-2\rho F'(\rho)\,)=0. \tag{6.81}$$

当$c=0$时，有

$$\int_M F''(\rho)|\nabla\rho|^2+2F'(\rho)(\,|\nabla h|^2-n|\nabla H|^2\,)$$
$$-2\rho^2F'(\rho)+nH^2(\,nF(\rho)-2\rho F'(\rho)\,)=0. \tag{6.82}$$

当$c=-1$时，有

$$\int_M F''(\rho)|\nabla\rho|^2+2F'(\rho)(\,|\nabla h|^2-n|\nabla H|^2\,)$$
$$-2\rho F'(\rho)(\,\rho+n\,)\;+nH^2(\,nF(\rho)-2\rho F'(\rho)\,)=0. \tag{6.83}$$

由此基本定理出发可以得到很多其它基本定理。

定理 6.6 假设M 是空间形式$R^{n+1}(c)$之中一个n维紧致无边的$W_{(n,r)}$-Willmore超曲面，那么有积分等式

$$\int_M r(r-1)\rho^{r-2}|\nabla\rho|^2+2r\rho^{r-1}(|\nabla h|^2-n|\nabla H|^2)$$
$$+\rho^r[2rnc+(n^2-2rn)H^2-2r\rho]\mathrm{d}v=0. \tag{6.84}$$

◇

在定理6.6的假设下，下面是几个特例。

当$(M,r)\in T_1\bigcup T_2$，$\rho\equiv n$时，有

$$\int_M 2rn^{r-1}(|\nabla h|^2-n|\nabla H|^2)+n^r[2rnc+(n^2-2rn)H^2-2rn]\mathrm{d}v=0.$$

当$(M,r)\in T_2$，$r=1$，$\rho\equiv 0$时，有

$$\int_M 2(|\nabla h|^2-n|\nabla H|^2)\mathrm{d}v=0.$$

当$(M,r)\in T_2$，$r=2,[3,\infty)$，$\rho\equiv 0$时，等式(6.84)显然成立。

当$c=1$时，有

$$\int_M r(r-1)\rho^{r-2}|\nabla\rho|^2+2r\rho^{r-1}(|\nabla h|^2-n|\nabla H|^2)+\rho^r[2rn+(n^2-2rn)H^2-2r\rho]\mathrm{d}v=0.$$

当$c=0$时，有

$$\int_M r(r-1)\rho^{r-2}|\nabla\rho|^2+2r\rho^{r-1}(|\nabla h|^2-n|\nabla H|^2)+\rho^r[(n^2-2rn)H^2-2r\rho]\mathrm{d}v=0.$$

当$c=-1$时，有

$$\int_M r(r-1)\rho^{r-2}|\nabla\rho|^2+2r\rho^{r-1}(|\nabla h|^2-n|\nabla H|^2)+\rho^r[-2rn+(n^2-2rn)H^2-2r\rho]\mathrm{d}v=0.$$

定理 6.7 假设M是空间形式$R^{n+1}(c)$之中的n维紧致无边的W_E-Willmore超曲面，那么有

$$\int_M 2\mathrm{e}^{\rho}[\rho+\frac{n}{2}(\sqrt{H^4+2(1-c)H^2+c^2}+H^2-c)]\times[\rho-\frac{n}{2}(\sqrt{H^4+2(1-c)H^2+c^2}-H^2+c)]\mathrm{d}v=\int_M \mathrm{e}^{\rho}|\nabla\rho|^2+2\mathrm{e}^{\rho}(|\nabla h|^2-n|\nabla H|^2)\,\mathrm{d}v. \tag{6.85}$$

◇

在定理6.7的假设下，下面是几个特例。

当$\rho \equiv n$时，有

$$\int_M 2e^n[\,n + \frac{n}{2}(\,\sqrt{H^4 + 2(1-c)H^2 + c^2} + H^2 - c\,)\,]$$
$$\times[\,n - \frac{n}{2}(\,\sqrt{H^4 + 2(1-c)H^2 + c^2} - H^2 + c)\,]\mathrm{d}v$$
$$= \int_M 2e^n(|\nabla h|^2 - n|\nabla H|^2)\,\mathrm{d}v \geqslant 0.$$

当$\rho \equiv 0$时，有

$$\int_M 2[\frac{n}{2}(\,\sqrt{H^4 + 2(1-c)H^2 + c^2} + H^2 - c\,)\,]$$
$$\times[\,-\frac{n}{2}(\,\sqrt{H^4 + 2(1-c)H^2 + c^2} - H^2 + c)\,]\mathrm{d}v$$
$$= \int_M 2(|\nabla h|^2 - n|\nabla H|^2)\,\mathrm{d}v \geqslant 0.$$

当$c = -1$时，有

$$\int_M 2e^\rho[\,\rho + \frac{n}{2}(\,\sqrt{H^4 + 4H^2 + 1} + H^2 + 1\,)\,]$$
$$\times[\,\rho - \frac{n}{2}(\,\sqrt{H^4 + 4H^2 + 1} - H^2 - 1)\,]\mathrm{d}v$$
$$= \int_M e^\rho|\nabla\rho|^2 + 2e^\rho(|\nabla h|^2 - n|\nabla H|^2)\,\mathrm{d}v \geqslant 0.$$

当$c = 0$时，有

$$\int_M 2e^\rho[\,\rho + \frac{n}{2}(\,\sqrt{H^4 + 2H^2} + H^2\,)\,]$$
$$\times[\,\rho - \frac{n}{2}(\,\sqrt{H^4 + 2H^2} - H^2\,)\,]\mathrm{d}v$$
$$= \int_M e^\rho|\nabla\rho|^2 + 2e^\rho(|\nabla h|^2 - n|\nabla H|^2)\,\mathrm{d}v \geqslant 0.$$

当$c = 1$时，有

$$\int_M 2e^\rho[\,\rho + \frac{n}{2}(\,\sqrt{H^4 + 1} + H^2 - 1\,)\,]$$
$$\times[\,\rho - \frac{n}{2}(\,\sqrt{H^4 + 1} - H^2 + 1)\,]\mathrm{d}v$$
$$= \int_M e^\rho|\nabla\rho|^2 + 2e^\rho(|\nabla h|^2 - n|\nabla H|^2)\,\mathrm{d}v \geqslant 0.$$

定理 6.8 假设M是空间形式$R^{n+1}(c)$之中的n维紧致无边的无脐点的$W_{\log}$-

Willmore超曲面，那么有积分等式

$$\int_M \frac{1}{\rho^2}|\nabla\rho|^2 + 2(\rho - nc)$$

$$= \int_M \frac{2}{\rho}(|\nabla h|^2 - n|\nabla H|^2) + nH^2(n\log\rho - 2). \tag{6.86}$$

◇

根据定理6.8，在相同的假设下，下面特例自然成立。

当$\rho \equiv n$时，有

$$\int_M 2(n - nc) = \int_M \frac{2}{n}(|\nabla h|^2 - n|\nabla H|^2) + nH^2(n\log n - 2).$$

当$c = -1$时，有

$$\int_M \frac{1}{\rho^2}|\nabla\rho|^2 + 2(\rho + n) = \int_M \frac{2}{\rho}(|\nabla h|^2 - n|\nabla H|^2) + nH^2(n\log\rho - 2).$$

当$c = 0$时，有

$$\int_M \frac{1}{\rho^2}|\nabla\rho|^2 + 2\rho = \int_M \frac{2}{\rho}(|\nabla h|^2 - n|\nabla H|^2) + nH^2(n\log\rho - 2).$$

当$c = 1$时，有

$$\int_M \frac{1}{\rho^2}|\nabla\rho|^2 + 2(\rho - n) = \int_M \frac{2}{\rho}(|\nabla h|^2 - n|\nabla H|^2) + nH^2(n\log\rho - 2).$$

定理 6.9 假设M是空间形式$R^{n+1}(c)$之中的n维紧致无边的$W_{\sin}$-Willmore超曲面，那么有积分等式

$$\int_M -\sin\rho|\nabla\rho|^2 + 2\cos\rho\,(\,|\nabla h|^2 - n|\nabla H|^2\,)$$

$$-2\rho\cos\rho(\rho - nc) + nH^2\,(\,n\sin\rho - 2\rho\cos\rho\,) = 0. \tag{6.87}$$

◇

在定理6.9的假设下，下面是几个特例。

当$\rho \equiv 0$时，有

$$\int_M (|\nabla h|^2 - n|\nabla H|^2)\mathrm{d}v = 0, \quad \nabla h = 0.$$

当$\rho = n$时，有

$$\int_M 2\cos n(\,|\nabla h|^2 - n|\nabla H|^2\,) - 2n\cos n(\,\rho - nc\,)$$

$$+ nH^2(\,n\sin n - 2n\cos n\,)\,\mathrm{d}v = 0.$$

当$c=-1$时，有

$$\int_M -\sin\rho|\nabla\rho|^2+2\cos\rho(\,|\nabla h|^2-n|\nabla H|^2\,)$$
$$-2\rho\cos\rho(\,\rho+n\,)\;+nH^2(\,n\sin\rho-2\rho\cos\rho\,)\,\mathrm{d}v=0.$$

当$c=0$时，有

$$\int_M -\sin\rho|\nabla\rho|^2+2\cos\rho(\,|\nabla h|^2-n|\nabla H|^2\,)$$
$$-2\rho^2\cos\rho+nH^2(\,n\sin\rho-2\rho\cos\rho\,)\,\mathrm{d}v=0.$$

当$c=1$时，有

$$\int_M -\sin\rho|\nabla\rho|^2+2\cos\rho(\,|\nabla h|^2-n|\nabla H|^2\,)$$
$$-2\rho(\,\rho-n\,)\;\cos\rho+nH^2(\,n\sin\rho-2\rho\cos\rho\,)\,\mathrm{d}v=0.$$

定理 6.10 假设M是空间形式$R^{n+1}(c)$中的n维紧致无边的$W_{(n,r,\epsilon)}$-Willmore超曲面，那么有积分等式

$$\begin{aligned}\int_M & r(r-1)(\rho+\epsilon)^{r-2}|\nabla\rho|^2\\ &+2r(\rho+\epsilon)^{r-1}(\,|\nabla h|^2-n|\nabla H|^2\,)\\ &-2r\rho(\,\rho-nc\,)\,(\rho+\epsilon)^{r-1}\\ &+nH^2[n\epsilon+(n-2r)\rho](\rho+\epsilon)^{r-1}\mathrm{d}v=0. \end{aligned}\tag{6.88}$$

◇

根据定理6.10，在相同的假设下，下面特例自然成立。

当$\rho\equiv 0$时，有

$$\int_M 2r\epsilon^{r-1}(|\nabla h|^2-n|\nabla H|^2)+n^2H^2\epsilon^r\mathrm{d}v=0.$$

当$\rho\equiv n$时，有

$$\int_M 2r(n+\epsilon)^{r-1}(\,|\nabla h|^2-n|\nabla H|^2\,)$$
$$-2rn^2(n+\epsilon)^{r-1}(\,1-c\,)$$
$$+n^2H^2(\,n+\epsilon-2r\,)\,(n+\epsilon)^{r-1}\mathrm{d}v=0.$$

当$c=-1$时，有

$$\begin{aligned}&\int_M r(r-1)(\rho+\epsilon)^{r-2}|\nabla\rho|^2\\&\quad+2r(\rho+\epsilon)^{r-1}(\,|\nabla h|^2-n|\nabla H|^2\,)\\&\quad-2r\rho(\,\rho+n\,)\,(\rho+\epsilon)^{r-1}\\&\quad+nH^2[n\epsilon+(n-2r)\rho](\rho+\epsilon)^{r-1}\mathrm{d}v=0.\end{aligned}$$

当$c=0$时，有

$$\begin{aligned}&\int_M r(r-1)(\rho+\epsilon)^{r-2}|\nabla\rho|^2\\&\quad+2r(\rho+\epsilon)^{r-1}(\,|\nabla h|^2-n|\nabla H|^2\,)\\&\quad-2r\rho^2(\rho+\epsilon)^{r-1}\\&\quad+nH^2[n\epsilon+(n-2r)\rho](\rho+\epsilon)^{r-1}\mathrm{d}v=0.\end{aligned}$$

当$c=1$时，有

$$\begin{aligned}&\int_M r(r-1)(\rho+\epsilon)^{r-2}|\nabla\rho|^2\\&\quad+2r(\rho+\epsilon)^{r-1}(\,|\nabla h|^2-n|\nabla H|^2\,)\\&\quad-2r\rho(\,\rho-n\,)\,(\rho+\epsilon)^{r-1}\\&\quad+nH^2[n\epsilon+(n-2r)\rho](\rho+\epsilon)^{r-1}\mathrm{d}v=0.\end{aligned}$$

定理 6.11 假设M是空间形式$R^{n+1}(c)$之中的一个n维紧致的$W_{(n,\log,\epsilon)}$-Willmore超曲面，那么有下列积分等式：

$$\begin{aligned}&\int_M\frac{-1}{(\rho+\epsilon)^2}|\nabla\rho|^2+\frac{2}{\rho+\epsilon}(\,|\nabla h|^2-n|\nabla H|^2\,)\\&\quad-\frac{2\rho}{\rho+\epsilon}(\,\rho-nc\,)\;+nH^2[\,n\log(\rho+\epsilon)-\frac{2\rho}{\rho+\epsilon}\,]\mathrm{d}v=0.\end{aligned}\tag{6.89}$$

◇

根据定理6.11，在相同的假设下，下面特例成立。

当$\rho\equiv n$时，有

$$\begin{aligned}&\int_M\frac{2}{n+\epsilon}(\,|\nabla h|^2-n|\nabla H|^2\,)\;-\frac{2n}{n+\epsilon}(\,n-nc\,)\\&\quad+nH^2[\,n\log(n+\epsilon)-\frac{2n}{n+\epsilon}\,]\mathrm{d}v=0.\end{aligned}$$

当$\rho\equiv 0$时，有

$$\int_M \frac{2}{\epsilon}(|\nabla h|^2-n|\nabla H|^2)+nH^2 n\log\epsilon\,\mathrm{d}v=0.$$

当$c=1$时，有

$$\int_M \frac{-1}{(\rho+\epsilon)^2}|\nabla\rho|^2+\frac{2}{\rho+\epsilon}(|\nabla h|^2-n|\nabla H|^2) -\frac{2\rho}{\rho+\epsilon}(\rho-n)+nH^2\Big[n\log(\rho+\epsilon)-\frac{2\rho}{\rho+\epsilon}\Big]\mathrm{d}v=0.$$

当$c=0$时，有

$$\int_M \frac{-1}{(\rho+\epsilon)^2}|\nabla\rho|^2+\frac{2}{\rho+\epsilon}(|\nabla h|^2-n|\nabla H|^2) -\frac{2\rho^2}{\rho+\epsilon}+nH^2\Big[n\log(\rho+\epsilon)-\frac{2\rho}{\rho+\epsilon}\Big]\mathrm{d}v=0.$$

当$c=-1$时，有

$$\int_M \frac{-1}{(\rho+\epsilon)^2}|\nabla\rho|^2+\frac{2}{\rho+\epsilon}(|\nabla h|^2-n|\nabla H|^2) -\frac{2\rho}{\rho+\epsilon}(\rho+n)+nH^2\Big[n\log(\rho+\epsilon)-\frac{2\rho}{\rho+\epsilon}\Big]\mathrm{d}v=0.$$

从上面的定理出发，可以得出很多关于积分等式的讨论，下面逐个讨论。

推论 6.39　假设M是单位球面$S^{n+1}(1)$之中的一个n维紧致的W_F-Willmore超曲面，满足$(M,F)\in T_1\bigcup T_2$。于是，在下列情况积分等式成立：

(1) 当$F'\equiv 0$，$F\equiv c\neq 0$时，W_F-Willmore超曲面是极小的，满足

$$\int_M cn^2H^2\mathrm{d}v=0.$$

(2) 当$nF-2uF'\geqslant 0$，$F'\geqslant 0$，$F''\geqslant 0$时，有

$$\begin{aligned}&\int_M 2\rho F'(\rho)(\rho-n)\,\mathrm{d}v\\ &=\int_M F''(\rho)|\nabla\rho|^2+2F'(\rho)(|\nabla h|^2-n|\nabla H|^2)\\ &\quad+nH^2[nF(\rho)-2\rho F'(\rho)]\mathrm{d}v.\end{aligned}$$

(3) 当$nF-2uF'\equiv 0$, $F'\geqslant 0$, $F''\geqslant 0$时，有

$$\int_M 2\rho F'(\rho)(\rho-n)\,\mathrm{d}v$$
$$=\int_M F''(\rho)|\nabla\rho|^2+2F'(\rho)(|\nabla h|^2-n|\nabla H|^2)\,\mathrm{d}v.$$

(4) 当$nF-2uF'\leqslant 0$, $F'\geqslant 0$, $F''\geqslant 0$时，有

$$\int_M 2\rho F'(\rho)(\rho-n)-nH^2(nF(\rho)-2\rho F'(\rho))\,\mathrm{d}v$$
$$=\int_M F''(\rho)|\nabla\rho|^2+2F'(\rho)(|\nabla h|^2-n|\nabla H|^2)\,\mathrm{d}v.$$

(5) 当 $nF-2uF'\geqslant 0$, $F'\geqslant 0$, $F''\leqslant 0$时，有

$$\int_M 2\rho F'(\rho)(\rho-n)-F''(\rho)|\nabla\rho|^2\mathrm{d}v$$
$$=\int_M 2F'(\rho)(|\nabla h|^2-n|\nabla H|^2)+nH^2[nF(\rho)-2\rho F'(\rho)]\mathrm{d}v.$$

(6) 当 $nF-2uF'\equiv 0$, $F'\geqslant 0$, $F''\leqslant 0$时，有

$$\int_M 2\rho F'(\rho)(\rho-n)-F''(\rho)|\nabla\rho|^2\mathrm{d}v$$
$$=\int_M 2F'(\rho)(|\nabla h|^2-n|\nabla H|^2)\,\mathrm{d}v.$$

(7) 当$nF-2uF'\leqslant 0$, $F'\geqslant 0$, $F''\leqslant 0$时，有

$$\int_M 2\rho F'(\rho)(\rho-n)-nH^2[nF(\rho)-2\rho F'(\rho)]-F''(\rho)|\nabla\rho|^2\mathrm{d}v$$
$$=\int_M 2F'(\rho)(|\nabla h|^2-n|\nabla H|^2)\,\mathrm{d}v.$$

(8) 当$nF-2uF'\geqslant 0$, $F'\leqslant 0$, $F''\geqslant 0$时，有

$$\int_M -2F'(\rho)(|\nabla h|^2-n|\nabla H|^2)\,\mathrm{d}v$$
$$=\int_M F''(\rho)|\nabla\rho|^2-2\rho F'(\rho)(\rho-n)\,\mathrm{d}v$$
$$+nH^2[nF(\rho)-2\rho F'(\rho)].$$

(9) 当$nF-2uF'\equiv 0$, $F'\leqslant 0$, $F''\geqslant 0$时，有

$$\int_M -2F'(\rho)(|\nabla h|^2-n|\nabla H|^2)\,\mathrm{d}v$$
$$=\int_M F''(\rho)|\nabla\rho|^2-2\rho F'(\rho)(\rho-n)\,\mathrm{d}v.$$

(10) 当$nF-2uF'\leqslant 0$, $F'\leqslant 0$, $F''\geqslant 0$时，有

$$\int_M -nH^2(nF(\rho)-2\rho F'(\rho))-2F'(\rho)(|\nabla h|^2-n|\nabla H|^2)\,\mathrm{d}v$$
$$=\int_M F''(\rho)|\nabla\rho|^2-2\rho F'(\rho)(\rho-n)\,\mathrm{d}v.$$

(11) 当 $nF-2uF'\geqslant 0$, $F'\leqslant 0$, $F''\leqslant 0$时，有

$$\int_M -F''(\rho)|\nabla\rho|^2-2F'(\rho)(|\nabla h|^2-n|\nabla H|^2)\,\mathrm{d}v$$
$$=\int_M nH^2[nF(\rho)-2\rho F'(\rho)]-2\rho F'(\rho)(\rho-n)\,\mathrm{d}v.$$

(12) 当 $nF-2uF'\equiv 0$, $F'\leqslant 0$, $F''\leqslant 0$时，有

$$\int_M -F''(\rho)|\nabla\rho|^2-2F'(\rho)(|\nabla h|^2-n|\nabla H|^2)\,\mathrm{d}v$$
$$=\int_M -2\rho F'(\rho)(\rho-n)\,\mathrm{d}v.$$

(13) 当$nF-2uF'\leqslant 0$, $F'\leqslant 0$, $F''\leqslant 0$时，有

$$\int_M -nH^2[nF(\rho)-2\rho F'(\rho)]-F''(\rho)|\nabla\rho|^2$$
$$-2F'(\rho)(|\nabla h|^2-n|\nabla H|^2)\,\mathrm{d}v$$
$$=\int_M -2\rho F'(\rho)(\rho-n)\,\mathrm{d}v.$$

为了进一步讨论上面Simons不等式的端点对应的超曲面，需要介绍Chern，Do Carmo和Kobayashi在他们著名文章[14]之中提出的两个重要结论，其中一个为引理，另一个被称为主定理。为了表述方便，先引用一些记号。对于一个超曲面，记

$$h_{ij}=h_{ij}^{n+1}.$$

选择局部正交标架，使得

$$h_{ij}=0,\ \forall\, i\neq j,$$

并且假设

$$h_i = h_{ii}.$$

引理 6.7 ([14]的引理3) 假设$x: M^n \to S^{n+1}(1)$是单位球面之中的紧致无边超曲面，满足$\nabla h \equiv 0$，那么有两种情形：

（1）$h_1 = \cdots = h_n = \lambda = \text{constant}$，并且$M$或者是全脐($\lambda > 0$)超曲面，或者是全测地($\lambda = 0$)超曲面；

（2）$h_1 = \cdots h_m = \lambda = \text{constant} > 0$, $h_{m+1} = \cdots = h_n = -\dfrac{1}{\lambda}$, $1 \leqslant m \leqslant n-1$，并且$M$是两个子流形的黎曼乘积$M_1 \times M_2$，此处$M_1 = S^m\Big(\dfrac{1}{\sqrt{1+\lambda^2}}\Big)$, $M_2 = S^{n-m}\Big(\dfrac{\lambda}{\sqrt{1+\lambda^2}}\Big)$。不失一般性，可以假设$\lambda > 0$并且$1 \leqslant m \leqslant \dfrac{n}{2}$.

引理 6.8 ([14]的主定理) Clifford torus $C_{m,n-m}$是单位球面$S^{n+1}(1)$中唯一满足$S = n$的极小超曲面(H=0)。

定理 6.12 假设M是单位球面$S^{n+1}(1)$之中的n维紧致无边的W_F-Willmore超曲面，并且满足$(M, F) \in T_1$，那么对不同端点情况有如下结论：

（1）当在区间$(0, n]$上$F' \equiv 0$, $F \equiv c \neq 0$时，如果$0 < \rho \leqslant n$，则有

$$H = 0,\ \rho = n,\ S = n,\ M = C_{m,n-m},\ \forall 1 \leqslant m \leqslant n-1.$$

（2）当在区间$(0, n]$上$nF - 2uF' > 0$, $F' > 0$, $F'' \geqslant 0$时，如果$0 < \rho \leqslant n$，则有

$$n\text{为偶数},\quad H = 0,\ \rho = n,\ S = n,\ M = C_{\frac{n}{2},\frac{n}{2}}.$$

（3）当在区间$(0, n]$上$nF - 2uF' = 0$, $F' > 0$, $F'' \geqslant 0$时，如果$0 < \rho \leqslant n$，则有

$$F(u) = cu^{\frac{n}{2}},\ c > 0,\ \rho = n,\ M = W_{m,n-m},\ \forall 1 \leqslant m \leqslant n-1.$$

（4）当在区间$(0, n]$上$nF - 2uF' < 0$, $F' > 0$, $F'' \geqslant 0$时，如果$H = 0, 0 < \rho \leqslant n$，则有

$$n\text{为偶数},\quad H = 0, \rho = n,\ S = n,\ M = C_{\frac{n}{2},\frac{n}{2}}.$$

（5）当在区间$(0, n]$上$nF - 2uF' > 0$, $F' > 0$, $F'' \leqslant 0$时，如果$0 < \rho \leqslant n$, $\nabla \rho = 0$，则有

$$n\text{为偶数},\quad H = 0,\ \rho = n,\ S = n,\ M = C_{\frac{n}{2},\frac{n}{2}}.$$

(6) 当在区间$(0,n]$上$nF-2uF'=0$, $F'>0$, $F''\leqslant 0$时，如果$0<\rho\leqslant n$, $\nabla\rho=0$，则有

$$F=cu^{\frac{n}{2}},\ \rho=n,\ M=W_{m,n-m},\ \forall 1\leqslant m\leqslant n-1.$$

(7) 当在区间$(0,n]$上$nF-2uF'<0$, $F'>0$, $F''\leqslant 0$时，如果$0<\rho\leqslant n$, $\nabla\rho=0$, $H=0$，则有

$$n\text{为偶数},\quad H=0,\ \rho=n,\ S=n,\ M=C_{\frac{n}{2},\frac{n}{2}}.$$

(8) 当在区间$(0,n]$上$nF-2uF'>0$, $F'<0$, $F''\geqslant 0$时，如果$0<\rho\leqslant n$，则有

$$n\text{为偶数},\quad H=0,\ \rho=n,\ S=n,\ M=C_{\frac{n}{2},\frac{n}{2}}.$$

(9) 当在区间$(0,n]$上$nF-2uF'=0$, $F'<0$, $F''\geqslant 0$时，如果$0<\rho\leqslant n$，则有

$$F(u)=cu^{\frac{n}{2}},\ c<0,\ \rho=n,\ M=W_{m,n-m},\ \forall 1\leqslant m\leqslant n-1.$$

(10) 当在区间$(0,n]$上$nF-2uF'<0$, $F'<0$, $F''\geqslant 0$时，如果$H=0$, $0<\rho\leqslant n$，则有

$$n\text{为偶数},\quad H=0,\ \rho=n,\ S=n,\ M=C_{\frac{n}{2},\frac{n}{2}}.$$

(11) 当在区间$(0,n]$上$nF-2uF'>0$, $F'<0$, $F''\leqslant 0$时，如果$0<\rho\leqslant n, \nabla\rho=0$，则有

$$n\text{为偶数},\quad H=0,\ \rho=n,\ S=n,\ M=C_{\frac{n}{2},\frac{n}{2}}.$$

(12) 当在区间$(0,n]$上$nF-2uF'=0$, $F'<0$, $F''\leqslant 0$时，如果$0<\rho\leqslant n, \nabla\rho=0$，则有

$$F=cu^{\frac{n}{2}},\ c<0,\ \rho=n,\ M=W_{m,n-m},\ \forall 1\leqslant m\leqslant n-1.$$

(13) 当在区间$(0,n]$上$nF-2uF'<0$, $F'<0$, $F''\leqslant 0$时，如果$0<\rho\leqslant n$, $\nabla\rho=0$, $H=0$，则有

$$n\text{为偶数},\quad H=0,\ \rho=n,\ S=n,\ M=C_{\frac{n}{2},\frac{n}{2}}.$$

◇

证明 只证明结论(2)和(3)，其它的情形可以类似证明。

证明结论(2)。当在区间$(0,n]$上$nF-2uF'>0$, $F'>0$, $F''\geqslant 0$时，

由积分等式

$$\int_M 2\rho F'(\rho)(\rho-n)\mathrm{d}v$$
$$=\int_M F''(\rho)|\nabla\rho|^2+2F'(\rho)(|\nabla h|^2-n|\nabla H|^2)$$
$$+nH^2[nF(\rho)-2\rho F'(\rho)]\mathrm{d}v\geqslant 0.$$

如果$0\leqslant\rho\leqslant n$，那么立刻可得

$$\rho=0,\ 或者\ \rho=n.$$

对于$\rho=0$，显然 M是全脐超曲面；对于 $\rho=n$，代入上面的等式可得

$$\nabla h=0,\ H=0,\ \rho=n,\ S=n.$$

由Chern，Do Carmo和Kobayashi的主定理可知$M=C_{m,n-m}$，但M又是W_F-Willmore超曲面，于是

$$n为偶数，\quad H=0,\ \rho=n,\ S=n,\ M=C_{\frac{n}{2},\frac{n}{2}}.$$

证明结论(3)。在区间$(0,n]$上，$nF-2uF'=0,\ F'>0,\ F''\geqslant 0$，有

$$F(u)=cu^{\frac{n}{2}},\ \ c=\text{constant}>0.$$

由积分等式

$$\int_M\rho^{\frac{n}{2}}(\rho-n)=\int_M\frac{n-2}{4}|\nabla\rho|^2+\rho^{\frac{n}{2}-1}(|\nabla h|^2-n|\nabla H|^2)\geqslant 0.$$

进一步，如果$0\leqslant\rho\leqslant n$，那么

$$\rho=0\ 或者\ \rho=n.$$

对于$\rho=0$，显然M是全脐子流形；对于$\rho=n$，代入到上面的积分等式，可得$\nabla h=0$. 由Chern，Do Carmo和Kobayashi 的引理，可知M至多具有两个不同的主曲率。由前面的例子立即可知

$$M=W_{m,n-m},\quad\forall 1\leqslant m\leqslant n-1.$$

□

6.8 高余维子流形的Simons不等式

本节对余维数大于1的子流形的F-Willmore泛函推导Simons型积分

不等式。为此需要一些记号和几个引理。假设B是浸入的第二基本型$x: M \to R^{n+p}(c)$，记为

$$B = B_{ij}\theta^i\theta^j = (h_{ij}^{\alpha}e_{\alpha})\theta^i\theta^j$$

根据第二基本型，可以定义：

$$\begin{aligned}
H^{\alpha} &= \frac{1}{n}\sum_i h_{ii}^{\alpha}, \quad \vec{H} = \sum_{\alpha} H^{\alpha}e_{\alpha},\\
H &= \sqrt{\sum_{\alpha}(H^{\alpha})^2}, \quad H^2 = \sum_{\alpha}(H^{\alpha})^2,\\
\tilde{h}_{ij}^{\alpha} &= h_{ij}^{\alpha} - H^{\alpha}\delta_{ij}, \quad \tilde{B}_{ij} = \tilde{h}_{ij}^{\alpha}e_{\alpha},\\
\tilde{B} &= \tilde{B}_{ij}\theta^i\theta^j = (\tilde{h}_{ij}^{\alpha}e_{\alpha})\theta^i\theta^j,\\
S &= \sum_{ij\alpha}(h_{ij}^{\alpha})^2, \quad \tilde{S} = \sum_{ij\alpha}(\tilde{h}_{ij}^{\alpha})^2 = S - nH^2,\\
\rho &= S - nH^2 = \tilde{S},\\
A_{\alpha} &= (h_{ij}^{\alpha})_{n\times n}, \quad \tilde{A}_{\alpha} = (\tilde{h}_{ij}^{\alpha})_{n\times n} = A_{\alpha} - H^{\alpha}I,\\
S_{\alpha\beta} &= \sum_{ij} h_{ij}^{\alpha}h_{ij}^{\beta} = \operatorname{tr}(A_{\alpha}A_{\beta}), \quad S = \sum_{\alpha} S_{\alpha\alpha} = \sum_{\alpha}\operatorname{tr}(A_{\alpha}^2),\\
\tilde{S}_{\alpha\beta} &= \sum_{ij} \tilde{h}_{ij}^{\alpha}\tilde{h}_{ij}^{\beta} = \operatorname{tr}(\tilde{A}_{\alpha}\tilde{A}_{\beta}), \quad \tilde{S} = \sum_{\alpha} \tilde{S}_{\alpha\alpha} = \sum_{\alpha}\operatorname{tr}(\tilde{A}_{\alpha}^2),\\
S_{\alpha\beta\gamma} &= \operatorname{tr}(A_{\alpha}A_{\beta}A_{\gamma}), \quad \tilde{S}_{\alpha\beta\gamma} = \operatorname{tr}(\tilde{A}_{\alpha}\tilde{A}_{\beta}\tilde{A}_{\gamma}),\\
S_{\alpha\beta\gamma\delta} &= \operatorname{tr}(A_{\alpha}A_{\beta}A_{\gamma}A_{\delta}), \quad \tilde{S}_{\alpha\beta\gamma\delta} = \operatorname{tr}(\tilde{A}_{\alpha}\tilde{A}_{\beta}\tilde{A}_{\gamma}\tilde{A}_{\delta}),\\
N(A_{\alpha}) &= \sum_{ij}(h_{ij}^{\alpha})^2 = S_{\alpha\alpha}, \quad N(\tilde{A}_{\alpha}) = \sum_{ij}(\tilde{h}_{ij}^{\alpha})^2 = \tilde{S}_{\alpha\alpha}.
\end{aligned}$$

显然

$$\begin{aligned}
&S_{\alpha\alpha} \geqslant 0, \ \tilde{S}_{\alpha\alpha} \geqslant 0, \ S \geqslant 0, \ \tilde{S} = \rho \geqslant 0,\\
&N(A_{\alpha A_{\beta}} - A_{\beta}A_{\alpha}) = 2(S_{\alpha\alpha\beta\beta} - S_{\alpha\beta\alpha\beta}),\\
&N(\tilde{A}_{\alpha}\tilde{A}_{\beta} - \tilde{A}_{\beta}\tilde{A}_{\alpha}) = 2(\tilde{S}_{\alpha\alpha\beta\beta} - \tilde{S}_{\alpha\beta\alpha\beta}).
\end{aligned}$$

由此可知$\rho(x) = 0$当且仅当x是M的脐点，因为流形是紧致的，所以函数满足$0 \leqslant \rho(x) \leqslant C$。

对于一个$n \times n$的矩阵A，定义其模长为

$$N(A) = \operatorname{tr}(AA^{\mathrm{T}}) = \operatorname{tr}(A^{\mathrm{T}}A) = \sum_{ij} a_{ij}^2$$

显然，函数$N(A)$具有性质：

(1) (非负性)：对任何矩阵A，$N(A) \geqslant 0$并且$N(A)=0$当且仅当$A\equiv 0$；

(2) (正交不变性)：对于任何正交矩阵T，$N(A)=N(TAT^{\mathrm{T}})=N(TA)$；

(3) (交换子)：对于任何两个对称阵A, B，$N(AB-BA)=2\mathrm{tr}(AABB-ABAB)$.

特别，对于矩阵A_α，有

引理 6.9

$$N(A_\alpha)=\sum_{ij}(h_{ij}^\alpha)^2=\sigma_{\alpha\alpha}\overset{\mathrm{def}}{=}S_{\alpha\alpha},$$

$$N(\hat{A}_\alpha)=\sum_{ij}(\hat{h}_{ij}^\alpha)^2=\hat{\sigma}_{\alpha\alpha}=\sigma_{\alpha\alpha}-n(H^\alpha)^2, \tag{6.90}$$

$$\begin{aligned}N(A_\alpha A_\beta-A_\beta A_\alpha)=&N[(\hat{A}_\alpha+H^\alpha)A_\beta-A_\beta(\hat{A}_\alpha+H^\alpha)]\\=&N(\hat{A}_\alpha A_\beta-A_\beta\hat{A}_\alpha)\\=&N[\hat{A}_\alpha(\hat{A}_\beta+H^\beta)-(\hat{A}_\beta+H^\beta)\hat{A}_\alpha]\\=&N(\hat{A}_\alpha\hat{A}_\beta-\hat{A}_\beta\hat{A}_\alpha).\end{aligned}\tag{6.91}$$

引理 6.10 [14]　设A, B是对称阵，那么

$$N(AB-BA)\leqslant 2N(A)N(B)$$

等式成立当且仅当两种情形：(1) A, B至少有一个为零；(2) 如果$A\neq 0$, $B\neq 0$，那么A, B可以同时正交化为下面的矩阵：

$$\begin{pmatrix}1&0&0&\cdots\\0&1&0&\cdots\\0&0&0&\cdots\\\vdots&\vdots&\vdots&\ddots\end{pmatrix},\quad\begin{pmatrix}1&0&0&\cdots\\0&-1&0&\cdots\\0&0&0&\cdots\\\vdots&\vdots&\vdots&\ddots\end{pmatrix}.$$

引理 6.11　Ricci恒等式：

$$\begin{aligned}h_{ij,kl}^\alpha-h_{ij,lk}^\alpha=&c(\delta_{il}h_{jk}^\alpha-\delta_{ik}h_{jl}^\alpha+\delta_{jl}h_{ik}^\alpha-\delta_{jk}h_{il}^\alpha)\\&+\sum_{p\beta}(h_{il}^\beta h_{jp}^\alpha h_{pk}^\beta-h_{ik}^\beta h_{jp}^\alpha h_{pl}^\beta)+\sum_{p\beta}(h_{ip}^\alpha h_{pk}^\beta h_{jl}^\beta-h_{ip}^\alpha h_{pl}^\beta h_{jk}^\beta)\\&+\sum_{p\beta}(h_{ij}^\beta h_{kp}^\beta h_{pl}^\alpha-h_{ij}^\beta h_{kp}^\alpha h_{pl}^\beta).\end{aligned}\tag{6.92}$$

引理 6.12 对于函数 ρ，其拉普拉斯变换为

$$\Delta\rho = 2\Big[|\nabla h|^2 - n|\nabla\vec{H}|^2 + \sum_{ij\alpha} nh_{ij}^\alpha H_{,ij}^\alpha - \sum_\alpha nH^\alpha\Delta H^\alpha$$
$$+ nc\rho + \sum_{\alpha\beta} nH^\alpha \mathrm{tr}(A_\alpha A_\beta A_\beta) - \sum_{\alpha\beta}\mathrm{tr}^2(A_\alpha A_\beta)$$
$$- \sum_{\alpha\neq\beta} N(\hat{A}_\alpha\hat{A}_\beta - \hat{A}_\beta\hat{A}_\alpha)\Big]. \tag{6.93}$$

证明 由ρ的定义

$$\begin{aligned}
\Delta\rho &= \sum_k [\sum_{ij\alpha}(h_{ij}^\alpha)^2 - \sum_\alpha n(H^\alpha)^2]_{,kk}\\
&= \sum_k [\sum_{ij\alpha} 2h_{ij}^\alpha h_{ij,k}^\alpha - \sum_\alpha 2nH^\alpha H_{,k}^\alpha]_{,k}\\
&= \sum_k [\sum_{ij\alpha} 2(h_{ij,k}^\alpha)^2 + \sum_{ij\alpha} 2h_{ij}^\alpha h_{ij,kk}^\alpha - \sum_\alpha 2n(H_{,k}^\alpha)^2 - \sum_\alpha 2nH^\alpha H_{,kk}^\alpha]\\
&= 2[|\nabla h|^2 - n|\nabla\vec{H}|^2 - \sum_\alpha nH^\alpha\Delta H^\alpha + (K1)\sum_{ijk\alpha} h_{ij}^\alpha h_{ij,kk}^\alpha.
\end{aligned} \tag{6.94}$$

其中

$$\begin{aligned}
(K1) &= \sum_{ijk\alpha} h_{ij}^\alpha h_{ij,kk}^\alpha = \sum_{ijk\alpha} h_{ij}^\alpha h_{ik,jk}^\alpha\\
&= \sum_{ijk\alpha} h_{ij}^\alpha(h_{ik,jk}^\alpha - h_{ik,kj}^\alpha + h_{ik,kj}^\alpha)\\
&= \sum_{ijk\alpha} h_{ij}^\alpha h_{kk,ij}^\alpha + \sum_{ijk\alpha} h_{ij}^\alpha(h_{ik,jk}^\alpha - h_{ik,kj}^\alpha)\\
&= \sum_{ij\alpha} nh_{ij}^\alpha H_{,ij}^\alpha + (K2)\sum_{ijk\alpha} h_{ij}^\alpha(h_{ik,jk}^\alpha - h_{ik,kj}^\alpha).
\end{aligned} \tag{6.95}$$

$$\begin{aligned}
(K2) &= \sum_{ijk\alpha} h_{ij}^\alpha(h_{ik,jk}^\alpha - h_{ik,kj}^\alpha)\\
&= \sum_{ijk\alpha} h_{ij}^\alpha[-c(\delta_{ij}h_{kk}^\alpha - \delta_{ik}h_{jk}^\alpha) - c(\delta_{jk}h_{ik}^\alpha - \delta_{kk}h_{ij}^\alpha)\\
&\quad - (h_{ij}^\beta h_{pk}^\beta h_{pk}^\alpha - h_{ik}^\beta h_{pj}^\beta h_{pk}^\alpha) - (h_{jk}^\beta h_{pk}^\beta h_{ip}^\alpha - h_{kk}^\beta h_{pj}^\beta h_{ip}^\alpha)\\
&\quad - (h_{jp}^\alpha h_{pk}^\beta h_{ik}^\beta - h_{pk}^\alpha h_{pj}^\beta h_{ik}^\beta)]\\
&= nc\rho + \sum_{\alpha\beta} nH^\alpha\mathrm{tr}(A_\alpha A_\beta A_\beta) - \sum_{\alpha\beta}\mathrm{tr}^2(A_\alpha A_\beta)\\
&\quad + 2\sum_{\alpha\neq\beta}[\mathrm{tr}(A_\alpha A_\beta A_\alpha A_\beta) - \mathrm{tr}(A_\alpha A_\alpha A_\beta A_\beta)]\\
&= nc\rho + \sum_{\alpha\beta} nH^\alpha\mathrm{tr}(A_\alpha A_\beta A_\beta) - \sum_{\alpha\beta}\mathrm{tr}^2(A_\alpha A_\beta)
\end{aligned}$$

$$
\begin{aligned}
&- \sum_{\alpha\neq\beta} N(A_\alpha A_\beta - A_\beta A_\alpha)\\
=& nc\rho + \sum_{\alpha\beta} nH^\alpha \mathrm{tr}(A_\alpha A_\beta A_\beta) - \sum_{\alpha\beta} \mathrm{tr}^2(A_\alpha A_\beta)\\
&- \sum_{\alpha\neq\beta} N(\hat{A}_\alpha \hat{A}_\beta - \hat{A}_\beta \hat{A}_\alpha)
\end{aligned}
$$

将$(K2)$代入(6.95)式

$$
\begin{aligned}
(K1) = &\sum_{ij\alpha} nh^\alpha_{ij} H^\alpha_{,ij} + nc\rho + \sum_{\alpha\beta} nH^\alpha \mathrm{tr}(A_\alpha A_\beta A_\beta)\\
&- \sum_{\alpha\beta} \mathrm{tr}^2(A_\alpha A_\beta) - \sum_{\alpha\neq\beta} N(\hat{A}_\alpha \hat{A}_\beta - \hat{A}_\beta \hat{A}_\alpha)
\end{aligned}
$$

将$(K1)$代入(6.94)式

$$
\begin{aligned}
\Delta\rho = 2\Big[&|\nabla h|^2 - n|\nabla \vec{H}|^2 + \sum_{ij\alpha} nh^\alpha_{ij} H^\alpha_{,ij} - \sum_{\alpha} nH^\alpha \Delta H^\alpha\\
&+ nc\rho + \sum_{\alpha\beta} nH^\alpha S_{\alpha\beta\beta} - \sum_{\alpha\beta} (S_{\alpha\beta})^2 - \sum_{\alpha\neq\beta} N(\hat{A}_\alpha \hat{A}_\beta - \hat{A}_\beta \hat{A}_\alpha)\Big].
\end{aligned}
$$

□

引理 6.13 (Huisken估计[25])

$$
|\nabla h|^2 \geqslant \frac{3n^2}{n+2}|\nabla \vec{H}|^2 \geqslant n|\nabla \vec{H}|^2.
$$

并且 $|\nabla h|^2 = n|\nabla \vec{H}|^2$ 当且仅当 $\nabla h = 0$.

证明 分解张量为

$$
h^\alpha_{ij,k} = E^\alpha_{ijk} + F^\alpha_{ijk},
$$

其中

$$
E^\alpha_{ijk} = \frac{n}{n+2}(H^\alpha_{,i}\delta_{jk} + H^\alpha_{,j}\delta_{ik} + H^\alpha_{,k}\delta_{ij}).
$$

直接计算，有

$$
|E|^2 = \frac{3n^2}{n+2}|\nabla \vec{H}|^2,\ \ E\cdot F = 0.
$$

那么，利用三角不等式可得

$$
|\nabla h|^2 \geqslant |E|^2 = \frac{3n^2}{n+2}|\nabla \vec{H}|^2 \geqslant n|\nabla \vec{H}|^2.
$$

□

引理 6.14 对于函数$F(\rho)$，有

$$\begin{aligned}\Delta F(\rho) =& F''(\rho)|\nabla\rho|^2 + F'(\rho)(\,|\nabla h|^2 - n|\nabla\vec{H}|^2\,) + n^2H^2F(\rho)\\&+ 2nc\rho F'(\rho) + 2n\Big[\sum_{ij\alpha}F'(\rho)h^\alpha_{ij}H^\alpha_{,ij} - \sum_\alpha F'(\rho)H^\alpha\Delta H^\alpha\\&+ \sum_{\alpha\beta}F'(\rho)H^\alpha S_{\alpha\beta\beta} - \sum_{\alpha\beta}S_{\alpha\beta}H^\alpha H^\beta F'(\rho) - \sum_\alpha\frac{n}{2}(H^\alpha)^2F(\rho)\Big]\\&- 2F'(\rho)[\,n\sum_{\alpha\beta}\tilde{S}_{\alpha\beta}H^\alpha H^\beta + \sum_{\alpha\beta}(\tilde{S}_{\alpha\beta})^2 + \sum_{\alpha\neq\beta}N(\tilde{A}_\alpha\tilde{A}_\beta - \tilde{A}_\beta\tilde{A}_\alpha)].\end{aligned}\tag{6.96}$$

因此，下列结论自然成立：

（1）当$\rho = 0$时，有

$$\begin{aligned}&F'(0)(\,|\nabla h|^2 - n|\nabla\vec{H}|^2\,) + n^2H^2F(0)\\&+ 2n\Big[\sum_{ij\alpha}F'(\rho)h^\alpha_{ij}H^\alpha_{,ij} - \sum_\alpha F'(\rho)H^\alpha\Delta H^\alpha + \sum_{\alpha\beta}F'(\rho)H^\alpha S_{\alpha\beta\beta}\\&- \sum_{\alpha\beta}S_{\alpha\beta}H^\alpha H^\beta F'(\rho) - \sum_\alpha\frac{n}{2}(H^\alpha)^2F(\rho)\Big] = 0.\end{aligned}\tag{6.97}$$

（2）当$\rho = \rho_0 = \text{constant} > 0, F'(\rho_0) = 0$时，有

$$\begin{aligned}&n^2H^2F(\rho_0) + 2n\Big[\sum_{ij\alpha}F'(\rho)h^\alpha_{ij}H^\alpha_{,ij} - \sum_\alpha F'(\rho)H^\alpha\Delta H^\alpha\\&+ F'(\rho)(\,\sum_{\alpha\beta}H^\alpha S_{\alpha\beta\beta} - \sum_{\alpha\beta}S_{\alpha\beta}H^\alpha H^\beta\,) - \sum_\alpha\frac{n}{2}(H^\alpha)^2F(\rho)\Big] = 0.\end{aligned}$$

（3）当$F' \geqslant 0$时，有

$$\begin{aligned}\Delta F(\rho) \geqslant& F''(\rho)|\nabla\rho|^2 + F'(\rho)(\,|\nabla h|^2 - n|\nabla\vec{H}|^2\,)\\&+ 2n\Big[\sum_{ij\alpha}F'(\rho)h^\alpha_{ij}H^\alpha_{,ij} - \sum_\alpha F'(\rho)H^\alpha\Delta H^\alpha + \sum_{\alpha\beta}F'(\rho)H^\alpha S_{\alpha\beta\beta}\\&- \sum_{\alpha\beta}S_{\alpha\beta}H^\alpha H^\beta F'(\rho) - \sum_\alpha\frac{n}{2}(H^\alpha)^2F(\rho)\Big]\\&+ nH^2(nF(\rho) - 2\rho F'(\rho)) - 2(2 - p^{-1})\rho(\rho - \frac{nc}{2 - p^{-1}})F'(\rho).\end{aligned}\tag{6.98}$$

（4）当$\rho = \rho_0 = \text{constant} > 0$，$F'(\rho_0) > 0$，如果不等式(6.98)的“$\geqslant$”符号变成“$=$”，那么有

$$p = 2,\ H = 0,\ \rho = S = \rho_0 = \text{constant} > 0,\ \tilde{S}_{\alpha\alpha} = \frac{\rho_0}{2},\ \forall\alpha$$

和

$$A_3 = \tilde{A}_3 = \pm\frac{\sqrt{\rho_0}}{2}\begin{pmatrix} 0 & 1 & 0 & \cdots \\ 1 & 0 & 0 & \cdots \\ 0 & 0 & 0 & \cdots \\ \vdots & \vdots & \vdots & \ddots \end{pmatrix},$$

$$A_4 = \tilde{A}_4 = \pm\frac{\sqrt{\rho_0}}{2}\begin{pmatrix} 1 & 0 & 0 & \cdots \\ 0 & -1 & 0 & \cdots \\ 0 & 0 & 0 & \cdots \\ \vdots & \vdots & \vdots & \ddots \end{pmatrix}.$$

(5) 当$F' \leqslant 0$时，有

$$\begin{aligned}\Delta F(\rho) \leqslant & F''(\rho)|\nabla\rho|^2 + F'(\rho)(\,|\nabla h|^2 - n|\nabla \vec{H}|^2\,) \\ & + 2n\Big[\sum_{ij\alpha} F'(\rho)h_{ij}^{\alpha}H_{,ij}^{\alpha} - \sum_{\alpha} F'(\rho)H^{\alpha}\Delta H^{\alpha} + \sum_{\alpha\beta} F'(\rho)H^{\alpha}S_{\alpha\beta\beta} \\ & - \sum_{\alpha\beta} S_{\alpha\beta}H^{\alpha}H^{\beta}F'(\rho) - \sum_{\alpha}\frac{n}{2}(H^{\alpha})^2F(\rho)\Big] \\ & + nH^2(nF(\rho) - 2\rho F'(\rho)) - 2(2-p^{-1})\rho(\rho - \frac{nc}{2-p^{-1}})F'(\rho). \quad (6.99)\end{aligned}$$

(6) 当$\rho = \rho_0 = \text{constant} > 0, F'(\rho_0) < 0$，如果不等式(6.99)的“$\geqslant$”符号变成“=”，那么有

$$p = 2,\ H = 0,\ \rho = S = \rho_0 = \text{constant} > 0,\ \tilde{S}_{\alpha\alpha} = \frac{\rho_0}{2},\ \forall\alpha$$

和

$$A_3 = \tilde{A}_3 = \pm\frac{\sqrt{\rho_0}}{2}\begin{pmatrix} 0 & 1 & 0 & \cdots \\ 1 & 0 & 0 & \cdots \\ 0 & 0 & 0 & \cdots \\ \vdots & \vdots & \vdots & \ddots \end{pmatrix},$$

$$A_4 = \tilde{A}_4 = \pm\frac{\sqrt{\rho_0}}{2}\begin{pmatrix} 1 & 0 & 0 & \cdots \\ 0 & -1 & 0 & \cdots \\ 0 & 0 & 0 & \cdots \\ \vdots & \vdots & \vdots & \ddots \end{pmatrix}.$$

证明 经简单计算可得

$$\Delta F(\rho) = F''(\rho)|\nabla\rho|^2 + F'(\rho)\Delta\rho.$$

将$\Delta\rho$的表达式代入上式可得

$$\begin{aligned}
\Delta F(\rho) =& F''(\rho)|\nabla\rho|^2 + F'(\rho)\Delta\rho \\
=& F''(\rho)|\nabla\rho|^2 + 2F'(\rho)[|\nabla h|^2 - n|\nabla\vec{H}|^2 + \sum_{ij\alpha} n h_{ij}^{\alpha} H_{,ij}^{\alpha} \\
& - \sum_{\alpha} nH^{\alpha}\Delta H^{\alpha} + nc\rho + \sum_{\alpha\beta} nH^{\alpha} S_{\alpha\beta\beta} \\
& - \sum_{\alpha\beta}(S_{\alpha\beta})^2 - \sum_{\alpha\neq\beta} N(\tilde{A}_{\alpha}\tilde{A}_{\beta} - \tilde{A}_{\beta}\tilde{A}_{\alpha})] \\
=& [F''(\rho)|\nabla\rho|^2 + 2F'(\rho)(|\nabla h|^2 - n|\nabla\vec{H}|^2)] \\
& + 2n\Big[\sum_{ij\alpha} F'(\rho) h_{ij}^{\alpha} H_{,ij}^{\alpha} - \sum_{\alpha} F'(\rho) H^{\alpha}\Delta H^{\alpha} + \sum_{\alpha\beta} F'(\rho) H^{\alpha} S_{\alpha\beta\beta} \\
& - \sum_{\alpha\beta} S_{\alpha\beta} H^{\alpha} H^{\beta} F'(\rho) - \sum_{\alpha} \frac{n}{2}(H^{\alpha})^2 F(\rho)\Big] \\
& + \Big[2n\sum_{\alpha\beta}(\tilde{S}_{\alpha\beta} + nH^{\alpha}H^{\beta})H^{\alpha}H^{\beta}F'(\rho) + n^2H^2F(\rho) + 2nc\rho F'(\rho) \\
& - \sum_{\alpha\beta} 2F'(\rho)(\tilde{S}_{\alpha\beta} + nH^{\alpha}H^{\beta})^2 - \sum_{\alpha\neq\beta} 2F'(\rho) N(\tilde{A}_{\alpha}\tilde{A}_{\beta} - \tilde{A}_{\beta}\tilde{A}_{\alpha})\Big] \\
=& F''(\rho)|\nabla\rho|^2 + 2F'(\rho)(|\nabla h|^2 - n|\nabla\vec{H}|^2) + n^2H^2F(\rho) + 2nc\rho F'(\rho) \\
& + 2n\Big[\sum_{ij\alpha} F'(\rho) h_{ij}^{\alpha} H_{,ij}^{\alpha} - \sum_{\alpha} F'(\rho) H^{\alpha}\Delta H^{\alpha} + \sum_{\alpha\beta} F'(\rho) H^{\alpha} S_{\alpha\beta\beta} \\
& - \sum_{\alpha\beta} S_{\alpha\beta} H^{\alpha} H^{\beta} F'(\rho) - \sum_{\alpha} \frac{n}{2}(H^{\alpha})^2 F(\rho)\Big] \\
& - 2F'(\rho)[\, n\sum_{\alpha\beta}\tilde{S}_{\alpha\beta}H^{\alpha}H^{\beta} + \sum_{\alpha\beta}(\tilde{S}_{\alpha\beta})^2 + \sum_{\alpha\neq\beta} N(\tilde{A}_{\alpha}\tilde{A}_{\beta} - \tilde{A}_{\beta}\tilde{A}_{\alpha})\,],
\end{aligned}$$

结论(1)、(2)是很容易验证的，我们省略。

下证结论(3)。如果$F' \geqslant 0$，由矩阵不等式得到

$$\begin{aligned}
\Delta F(\rho) \geqslant& F''(\rho)|\nabla\rho|^2 + 2F'(\rho)(|\nabla h|^2 - n|\nabla\vec{H}|^2) + n^2H^2F(\rho) \\
& + 2nc\rho F'(\rho) + 2n\Big[\sum_{ij\alpha} F'(\rho) h_{ij}^{\alpha} H_{,ij}^{\alpha} - \sum_{\alpha} F'(\rho) H^{\alpha}\Delta H^{\alpha} \\
& + F'(\rho)\sum_{\alpha} H^{\alpha}(\,\sum_{\beta} S_{\alpha\beta\beta} - \sum_{\alpha\beta} S_{\alpha\beta}H^{\beta}\,) - \sum_{\alpha}\frac{n}{2}(H^{\alpha})^2F(\rho)\Big] \\
& - 2F'(\rho)(K1)
\end{aligned} \tag{6.100}$$

式中

$$(K1) = n\sum_{\alpha\beta}\tilde{S}_{\alpha\beta}H^{\alpha}H^{\beta} + \sum_{\alpha\beta}(\tilde{S}_{\alpha\beta})^2 + \sum_{\alpha\neq\beta} 2\tilde{S}_{\alpha\alpha}\tilde{S}_{\beta\beta}.$$

进一步对角化$\tilde{S}_{\alpha\beta}$ 使得 $\tilde{S}_{\alpha\beta}=0$, $\alpha\neq\beta$，那么有

$$(K1)=n(K2)+(K3), \tag{6.101}$$

此处

$$(K2)=\sum_{\alpha}(\tilde{S}_{\alpha\alpha})(H^{\alpha})^2$$

和

$$(K3)=\sum_{\alpha}(\tilde{S}_{\alpha\alpha})^2+\sum_{\alpha\neq\beta}2\tilde{S}_{\alpha\alpha}\tilde{S}_{\beta\beta}.$$

可以推得

$$(K2)=\sum_{\alpha}(\tilde{S}_{\alpha\alpha})(H^{\alpha})^2\leqslant\sum_{\alpha}(\tilde{S}_{\alpha\alpha})\sum_{\beta}(H^{\beta})^2\leqslant\rho H^2$$

和

$$\begin{aligned}(K3)&=\sum_{\alpha}(\tilde{S}_{\alpha\alpha})^2+\sum_{\alpha\neq\beta}2\tilde{S}_{\alpha\alpha}\tilde{S}_{\beta\beta}\\&=\sum_{\alpha}(\tilde{S}_{\alpha\alpha})^2+\sum_{\alpha\neq\beta}\tilde{S}_{\alpha\alpha}\tilde{S}_{\beta\beta}+\sum_{\alpha\neq\beta}\tilde{S}_{\alpha\alpha}\tilde{S}_{\beta\beta}\\&=(\sum_{\alpha}\tilde{S}_{\alpha\alpha})^2+\sum_{\alpha=1}^{p}\tilde{S}_{\alpha\alpha}(\sum_{\beta}\tilde{S}_{\beta\beta}-\tilde{S}_{\alpha\alpha})\\&=\tilde{S}^2+\tilde{S}^2-\frac{1}{p}\cdot p\cdot\sum_{\alpha=1}^{p}\tilde{S}_{\alpha\alpha}^2\\&\leqslant2\tilde{S}^2-\frac{1}{p}(\sum_{\alpha}\tilde{S}_{\alpha\alpha})^2\\&=(2-p^{-1})\tilde{S}^2\\&=(2-p^{-1})\rho^2.\end{aligned}$$

将$(K2)$和$(K3)$代入(6.101)式，

$$(K1)\leqslant n\rho H^2+2(2-p^{-1})\rho^2,$$

与(6.100)式一起可以得到

$$\begin{aligned}\Delta F(\rho)\geqslant&F''(\rho)|\nabla\rho|^2+F'(\rho)(\,|\nabla h|^2-n|\nabla\vec{H}|^2\,)\\&+2n[\sum_{ij\alpha}F'(\rho)h_{ij}^{\alpha}H_{,ij}^{\alpha}-\sum_{\alpha}F'(\rho)H^{\alpha}\Delta H^{\alpha}\\&+F'(\rho)\sum_{\alpha}H^{\alpha}(\,\sum_{\beta}S_{\alpha\beta\beta}-\sum_{\beta}S_{\alpha\beta}H^{\alpha}\,)\\&-\sum_{\alpha}\frac{n}{2}(H^{\alpha})^2F(\rho)]+nH^2[nF(\rho)-2\rho F'(\rho)]\end{aligned}$$

$$-2\rho(2-p^{-1})(\rho-\frac{nc}{2-p^{-1}})F'(\rho).$$

再证结论(4)。当$\rho=\rho_0=\text{constant}>0$，$F'(\rho_0)>0$，如果上面的"⩾"变成"="，从上面的证明过程可得

$$N(\tilde{A}_\alpha\tilde{A}_\beta-\tilde{A}_\beta\tilde{A}_\alpha)=2N(\tilde{A}_\alpha)N(\tilde{A}_\beta),\quad \forall\alpha\neq\beta;$$
$$\tilde{S}_{\alpha\alpha}=\frac{\rho_0}{p},\quad \rho_0(H^2-(H^\alpha)^2)=0,\quad \forall\alpha.$$

利用矩阵不等式可得

$$p=2,\ H=0,\ \rho=S=\rho_0=\text{constant}>0,\ \tilde{S}_{\alpha\alpha}=\frac{\rho_0}{2}=\text{constant},\ \forall\alpha,$$

并且$\tilde{A}_3,\tilde{A}_4$可以确定为

$$\tilde{A}_3=A_3=\pm\frac{\sqrt{\rho_0}}{2}\begin{pmatrix}0&1&0&\cdots\\1&0&0&\cdots\\0&0&0&\cdots\\\vdots&\vdots&\vdots&\ddots\end{pmatrix},$$

$$\tilde{A}_4=A_4=\pm\frac{\sqrt{\rho_0}}{2}\begin{pmatrix}1&0&0&\cdots\\0&-1&0&\cdots\\0&0&0&\cdots\\\vdots&\vdots&\vdots&\ddots\end{pmatrix}.$$

结论(5)和(6)可以采用同样的方式证明，这样，我们完成了关键引理的证明。 □

为了进一步推导Simons积分不等式，我们需要回忆一下W_F-Willmore子流形的方程。

引理 6.15 设M是空间形式中的子流形，那么M是一个F-Willmore子流形当且仅当对任意的α, $(n+1)\leqslant\alpha\leqslant(n+p)$，

$$\sum_{ij}(F'(\rho)h_{ij}^\alpha)_{,ji}-\Delta(F'(\rho)H^\alpha)+\sum_\beta F'(\rho)S_{\alpha\beta\beta}$$
$$-\sum_\beta F'(\rho)S_{\alpha\beta}H^\beta-\frac{n}{2}F(\rho)H^\alpha=0 \tag{6.102}$$

定理 6.13 假设M是空间形式$R^{n+p}(c)$之中的n维紧致无边W_F-Willmore子

流形，并且$(M,F)\in T_1\bigcup T_2$，则有

$$\int_M F''(\rho)|\nabla\rho|^2+F'(\rho)(\,|\nabla h|^2-n|\nabla\vec{H}|^2\,)\;+n^2H^2F(\rho)+2nc\rho F'(\rho)$$
$$-2F'(\rho)[\,n\sum_{\alpha\beta}\tilde{S}_{\alpha\beta}H^\alpha H^\beta+\sum_{\alpha\beta}(\tilde{S}_{\alpha\beta})^2+\sum_{\alpha\neq\beta}N(\tilde{A}_\alpha\tilde{A}_\beta-\tilde{A}_\beta\tilde{A}_\alpha)\,]\mathrm{d}v=0. \quad (6.103)$$

因此，下列结论成立：

(1) 当$\rho=0$时，有

$$\int_M F'(0)(\,|\nabla h|^2-n|\nabla\vec{H}|^2\,)\;+n^2H^2F(0)\mathrm{d}v=0.$$

(2) 当$\rho=\rho_0=\text{constant}>0$, $F'(\rho_0)=0$时，有

$$\int_M n^2H^2F(\rho_0)\mathrm{d}v=0.$$

(3) 当$p\geqslant 2$, $F'(\rho)\geqslant 0$时，有

$$\begin{aligned}&\int_M 2(2-p^{-1})\rho(\rho-\frac{nc}{2-p^{-1}})F'(\rho)\mathrm{d}v\\&\geqslant\int_M F''(\rho)|\nabla\rho|^2+F'(\rho)(\,|\nabla h|^2-n|\nabla\vec{H}|^2\,)\\&\quad+nH^2[nF(\rho)-2\rho F'(\rho)]\mathrm{d}v.\end{aligned}\quad (6.104)$$

(4) 当$p\geqslant 2$, $\rho=\rho_0=\text{constant}>0$, $F'(\rho_0)>0$时，如果(6.104)式的“$\geqslant$”变成“$=$”，则有

$$p=2,\ H=0,\ S=\rho=\rho_0=\text{constant}>0,\ S_{\alpha\alpha}=\tilde{S}_{\alpha\alpha}=\frac{\rho_0}{2},\ \forall\alpha$$

和

$$\tilde{A}_3=A_3=\pm\frac{\sqrt{\rho_0}}{2}\begin{pmatrix}0&1&0&\cdots\\1&0&0&\cdots\\0&0&0&\cdots\\\vdots&\vdots&\vdots&\ddots\end{pmatrix},$$

$$\tilde{A}_4=A_4=\pm\frac{\sqrt{\rho_0}}{2}\begin{pmatrix}1&0&0&\cdots\\0&-1&0&\cdots\\0&0&0&\cdots\\\vdots&\vdots&\vdots&\ddots\end{pmatrix}.$$

（5）当$p \geqslant 2$, $F'(\rho) \leqslant 0$时，有

$$\begin{aligned}&\int_M 2(2-p^{-1})\rho\Big(\rho-\frac{nc}{2-p^{-1}}\Big)F'(\rho)\\&\leqslant \int_M F''(\rho)|\nabla\rho|^2+F'(\rho)(\,|\nabla h|^2-n|\nabla\vec{H}|^2\,)\\&\quad+nH^2[nF(\rho)-2\rho F'(\rho)].\end{aligned} \tag{6.105}$$

（6）当$p \geqslant 2$, $\rho=\rho_0=\text{constant}>0$, $F'(\rho_0)<0$时，如果(6.105)式的“$\geqslant$”变成“$=$”，则有

$$p=2,\ H=0,\ S=\rho=\rho_0=\text{constant}>0,\ S_{\alpha\alpha}=\tilde{S}_{\alpha\alpha}=\frac{\rho_0}{2},\ \forall\alpha$$

和

$$\tilde{A}_3=A_3=\pm\frac{\sqrt{\rho_0}}{2}\begin{pmatrix}0&1&0&\cdots\\1&0&0&\cdots\\0&0&0&\cdots\\\vdots&\vdots&\vdots&\ddots\end{pmatrix},$$

$$\tilde{A}_4=A_4=\pm\frac{\sqrt{\rho_0}}{2}\begin{pmatrix}1&0&0&\cdots\\0&-1&0&\cdots\\0&0&0&\cdots\\\vdots&\vdots&\vdots&\ddots\end{pmatrix}.$$

◇

证明 对(6.96)式中的$\Delta F(\rho)$的表达式在流形M进行积分，可以得到

$$\begin{aligned}&\int_M F''(\rho)|\nabla\rho|^2+F'(\rho)(\,|\nabla h|^2-n|\nabla\vec{H}|^2\,)+n^2H^2F(\rho)+2nc\rho F'(\rho)\\&+2n\Big[\sum_{ij\alpha}F'(\rho)h^\alpha_{ij}H^\alpha_{,ij}-\sum_\alpha F'(\rho)H^\alpha\Delta H^\alpha+\sum_{\alpha\beta}F'(\rho)H^\alpha S_{\alpha\beta\beta}\\&-\sum_{\alpha\beta}S_{\alpha\beta}H^\alpha H^\beta F'(\rho)-\sum_\alpha\frac{n}{2}(H^\alpha)^2F(\rho)\Big]\\&-2F'(\rho)[\,n\sum_{\alpha\beta}\tilde{S}_{\alpha\beta}H^\alpha H^\beta+\sum_{\alpha\beta}(\tilde{S}_{\alpha\beta})^2+\sum_{\alpha\neq\beta}N(\tilde{A}_\alpha\tilde{A}_\beta-\tilde{A}_\beta\tilde{A}_\alpha)]\mathrm{d}v=0.\end{aligned}$$

利用Stokes定理和W_F-Willmore子流形方程，得到

$$\begin{aligned}&\int_M F''(\rho)|\nabla\rho|^2+F'(\rho)(\,|\nabla h|^2-n|\nabla\vec{H}|^2\,)+n^2H^2F(\rho)+2nc\rho F'(\rho)\\&-2F'(\rho)[\,n\sum_{\alpha\beta}\tilde{S}_{\alpha\beta}H^\alpha H^\beta+\sum_{\alpha\beta}(\tilde{S}_{\alpha\beta})^2+\sum_{\alpha\neq\beta}N(\tilde{A}_\alpha\tilde{A}_\beta-\tilde{A}_\beta\tilde{A}_\alpha)]\mathrm{d}v=0.\end{aligned}$$

结论(1)、(2)很容易证明，我们省略。

下证结论(3)。如果$F' \geqslant 0$，从前面的(6.98)式很容易看出

$$\begin{aligned}&\int_M 2(2-p^{-1})\rho F'(\rho)(\rho-\frac{nc}{2-p^{-1}})\mathrm{d}v\\&\geqslant\int_M F''(\rho)|\nabla\rho|^2+F'(\rho)(\,|\nabla h|^2-n|\nabla\vec{H}|^2\,)\\&\quad+nH^2[nF(\rho)-2\rho F'(\rho)]\mathrm{d}v.\end{aligned}$$

结论(4)、(5)、(6)同理可证。 □

从上面的定理出发，对于各种特殊的函数F，可以推导出很多有用的积分不等式。

定理 6.14 假设M是空间形式$R^{n+p}(c)$之中的n维紧致无边$W_{(n,r)}$-Willmore子流形，并且$(M,r)\in T_1\bigcup T_2$，$p\geqslant 2$，则有

$$\begin{aligned}&\int_M \rho^r[2r(2-p^{-1})\rho-2nr+(2nr-n^2)H^2]\mathrm{d}v\\&\geqslant\int_M r(r-1)\rho^{r-2}|\nabla\rho|^2+2r\rho^{r-1}(|\nabla h|^2-n|\nabla\vec{H}|^2)\mathrm{d}v\end{aligned}\qquad(6.106)$$

因此，下列结论成立。

(1)当$p\geqslant 2$, $r>0$时，有

$$\begin{aligned}&\int_M 2(2-p^{-1})\rho(\rho-\frac{nc}{2-p^{-1}})F'(\rho)\mathrm{d}v\\&\geqslant\int_M F''(\rho)|\nabla\rho|^2+F'(\rho)(\,|\nabla h|^2-n|\nabla\vec{H}|^2\,)\\&\quad+nH^2[nF(\rho)-2\rho F'(\rho)]\mathrm{d}v.\end{aligned}\qquad(6.107)$$

(2)当$p\geqslant 2$, $\rho=\rho_0=\text{constant}>0$, $r>0$时，如果(6.107)式中的“$\geqslant$”变成“$=$”，则有

$$p=2,\ H=0,\ S=\rho=\rho_0=\text{constant}>0,\ S_{\alpha\alpha}=\tilde{S}_{\alpha\alpha}=\frac{\rho_0}{2},\ \forall\alpha$$

和

$$\tilde{A}_3=A_3=\pm\frac{\sqrt{\rho_0}}{2}\begin{pmatrix}0&1&0&\cdots\\1&0&0&\cdots\\0&0&0&\cdots\\\vdots&\vdots&\vdots&\ddots\end{pmatrix},$$

$$\tilde{A}_4 = A_4 = \pm\frac{\sqrt{\rho_0}}{2}\begin{pmatrix} 1 & 0 & 0 & \cdots \\ 0 & -1 & 0 & \cdots \\ 0 & 0 & 0 & \cdots \\ \vdots & \vdots & \vdots & \ddots \end{pmatrix}.$$

（3）当$p \geqslant 2,\ r < 0$时，有

$$\begin{aligned}&\int_M 2(2-p^{-1})\rho(\rho - \frac{nc}{2-p^{-1}})F'(\rho)\mathrm{d}v \\ &\leqslant \int_M F''(\rho)|\nabla\rho|^2 + F'(\rho)(\,|\nabla h|^2 - n|\nabla\vec{H}|^2\,) \\ &\quad + nH^2[nF(\rho) - 2\rho F'(\rho)]\mathrm{d}v. \end{aligned} \tag{6.108}$$

（4）当$p \geqslant 2,\ \rho = \rho_0 = \text{constant} > 0,\ r < 0$时，如果(6.108)式中的"$\geqslant$"变成"="，则有

$$p = 2,\ \ H = 0,\ \ S = \rho = \rho_0 = \text{constant} > 0,\ \ S_{\alpha\alpha} = \tilde{S}_{\alpha\alpha} = \frac{\rho_0}{2},\ \ \forall\alpha$$

和

$$\tilde{A}_3 = A_3 = \pm\frac{\sqrt{\rho_0}}{2}\begin{pmatrix} 0 & 1 & 0 & \cdots \\ 1 & 0 & 0 & \cdots \\ 0 & 0 & 0 & \cdots \\ \vdots & \vdots & \vdots & \ddots \end{pmatrix}$$

$$\tilde{A}_4 = A_4 = \pm\frac{\sqrt{\rho_0}}{2}\begin{pmatrix} 1 & 0 & 0 & \cdots \\ 0 & -1 & 0 & \cdots \\ 0 & 0 & 0 & \cdots \\ \vdots & \vdots & \vdots & \ddots \end{pmatrix}.$$

（5）当$(M,r) \in T_1$，$r = 0$，$W_{(n,0)}$-Willmore是极小时，有

$$\int_M H^2\mathrm{d}v = 0.$$

（6）当$(M,r) \in T_1$，$0 < r < 1$时，有

$$\begin{aligned}&\int_M \rho^r\Big[\,\rho - \frac{n}{2-p^{-1}} + \frac{1-r}{2(2-p^{-1})}\frac{|\nabla\rho|^2}{\rho^2}\Big]\mathrm{d}v \\ &\geqslant \int_M \Big[\frac{1}{2-p^{-1}}\rho^{r-1}(|\nabla h|^2 - n|\nabla\vec{H}|^2) + \frac{n^2-2nr}{2r(2-p^{-1})}\rho^r H^2\Big]\mathrm{d}v \geqslant 0.\end{aligned}$$

(7) 当$(M,r)\in T_1$，$r=1$，$n=2$时，有

$$\int_M \rho\Big(\rho-\frac{2}{2-p^{-1}}\Big)\mathrm{d}v \geqslant \int_M \frac{1}{2-p^{-1}}(|\nabla h|^2-2|\nabla \vec{H}|^2)\mathrm{d}v \geqslant 0.$$

(8) 当$(M,r)\in T_1$，$r=1$，$n\geqslant 3$时，有

$$\int_M \rho\Big(\rho-\frac{n}{2-p^{-1}}\Big)\mathrm{d}v \geqslant \int_M \frac{1}{2-p^{-1}}(|\nabla h|^2-n|\nabla \vec{H}|^2)+\frac{n^2-2n}{2(2-p^{-1})}\rho H^2\mathrm{d}v \geqslant 0.$$

(9) 当$(M,r)\in T_1$，$1<r<\frac{n}{2}$，$n\geqslant 3$时，有

$$\int_M \rho^r\Big(\rho-\frac{n}{2-p^{-1}}\Big)\mathrm{d}v \geqslant \int_M \frac{1}{2-p^{-1}}\rho^{r-1}(|\nabla h|^2-n|\nabla \vec{H}|^2)+\frac{n^2-2nr}{2r(2-p^{-1})}\rho^r H^2 + \frac{r-1}{2(2-p^{-1})}\rho^{r-2}|\nabla\rho|^2\mathrm{d}v \geqslant 0.$$

(10) 当$(M,r)\in T_1$，$r=\frac{n}{2}$，$n\geqslant 3$时，有

$$\int_M \rho^{\frac{n}{2}}\Big(\rho-\frac{n}{2-p^{-1}}\Big)\mathrm{d}v \geqslant \int_M \frac{1}{2-p^{-1}}\rho^{\frac{n}{2}-1}(|\nabla h|^2-n|\nabla \vec{H}|^2) + \frac{n-2}{4(2-p^{-1})}\rho^{\frac{n}{2}-2}|\nabla\rho|^2\mathrm{d}v \geqslant 0.$$

(11) 当$(M,r)\in T_1$，$r>\frac{n}{2}$，$n\geqslant 2$时，有

$$\int_M \rho^r\Big[\rho-\frac{n}{2-p^{-1}}+\frac{2nr-n^2}{2r(2-p^{-1})}H^2\Big]\mathrm{d}v \geqslant \int_M \frac{1}{2-p^{-1}}\rho^{r-1}(|\nabla h|^2-n|\nabla \vec{H}|^2) + \frac{r-1}{2(2-p^{-1})}\rho^{r-2}|\nabla\rho|^2\mathrm{d}v \geqslant 0.$$

（12）当$(M,r)\in T_2$，$r=1$，$n=2$时，有

$$\int_M \rho\Big(\rho-\frac{2}{2-p^{-1}}\Big)\mathrm{d}v$$
$$\geqslant \int_M \frac{1}{2-p^{-1}}(|\nabla h|^2-2|\nabla \vec{H}|^2)\mathrm{d}v\geqslant 0.$$

（13）当$(M,r)\in T_2$，$r=1$，$n\geqslant 3$时，有

$$\int_M \rho\Big(\rho-\frac{n}{2-p^{-1}}\Big)\mathrm{d}v$$
$$\geqslant \int_M \frac{1}{2-p^{-1}}(|\nabla h|^2-n|\nabla \vec{H}|^2)$$
$$+\frac{n^2-2n}{2(2-p^{-1}}\rho H^2\mathrm{d}v\geqslant 0.$$

（14）当$(M,r)\in T_2$，$r=2$，$n=2,3$时，有

$$\int_M \rho^2\Big(\rho-\frac{n}{2-p^{-1}}+\frac{4n-n^2}{4(2-p^{-1})}H^2\Big)\mathrm{d}v$$
$$\geqslant \int_M \frac{1}{2-p^{-1}}\rho(|\nabla h|^2-n|\nabla \vec{H}|^2)$$
$$+\frac{1}{2(2-p^{-1})}|\nabla\rho|^2\mathrm{d}v\geqslant 0.$$

（15）当$(M,r)\in T_2$，$r=2$，$n=4$时，有

$$\int_M \rho^2\Big(\rho-\frac{4}{2-p^{-1}}\Big)\mathrm{d}v$$
$$\geqslant \int_M \frac{1}{2-p^{-1}}\rho(|\nabla h|^2-n|\nabla \vec{H}|^2)$$
$$+\frac{1}{2(2-p^{-1})}|\nabla\rho|^2\mathrm{d}v\geqslant 0.$$

（16）当$(M,r)\in T_2$，$r=2$，$n\geqslant 5$时，有

$$\int_M \rho^2\Big(\rho-\frac{n}{2-p^{-1}}\Big)\mathrm{d}v$$
$$\geqslant \int_M \frac{1}{2-p^{-1}}\rho(|\nabla h|^2-n|\nabla \vec{H}|^2)+\frac{n^2-4n}{4(2-p^{-1})}\rho^2H^2$$
$$+\frac{1}{2(2-p^{-1})}|\nabla\rho|^2\mathrm{d}v\geqslant 0.$$

(17) 当$(M,r)\in T_2$，$r\geqslant 3$，$n<2r$时，有

$$\int_M \rho^r\Big[\rho-\frac{n}{2-p^{-1}}+\frac{2nr-n^2}{2r(2-p^{-1})}H^2\Big]\mathrm{d}v$$

$$\geqslant\int_M \frac{1}{2-p^{-1}}\rho^{r-1}(|\nabla h|^2-n|\nabla\vec{H}|^2)$$

$$+\frac{r-1}{2(2-p^{-1})}\rho^{r-2}|\nabla\rho|^2\mathrm{d}v\geqslant 0.$$

(18) 当$(M,r)\in T_2$，$r\geqslant 3$，$n=2r$时，有

$$\int_M \rho^{\frac{n}{2}}\Big(\rho-\frac{n}{2-p^{-1}}\Big)\mathrm{d}v$$

$$\geqslant\int_M \frac{1}{2-p^{-1}}\rho^{\frac{n}{2}-1}(|\nabla h|^2-n|\nabla\vec{H}|^2)$$

$$+\frac{n-2}{4(2-p^{-1})}\rho^{\frac{n}{2}-2}|\nabla\rho|^2\mathrm{d}v\geqslant 0.$$

(19) 当$(M,r)\in T_2$，$r\geqslant 3$，$n>2r$时，有

$$\int_M \rho^r\Big(\rho-\frac{n}{2-p^{-1}}\Big)\mathrm{d}v$$

$$\geqslant\int_M \frac{1}{2-p^{-1}}\rho^{r-1}(|\nabla h|^2-n|\nabla\vec{H}|^2)+\frac{n^2-2nr}{2r(2-p^{-1})}\rho^r H^2$$

$$+\frac{r-1}{2(2-p^{-1})}\rho^{r-2}|\nabla\rho|^2\mathrm{d}v\geqslant 0.$$

◇

定理 6.15 假设M是空间形式$R^{n+p}(c)$之中的n维紧致无边W_E-Willmore子流形，则有

$$\int_M \mathrm{e}^\rho|\nabla\rho|^2+\mathrm{e}^\rho(\,|\nabla h|^2-n|\nabla\vec{H}|^2\,)+n^2H^2\mathrm{e}^\rho+2nc\rho\mathrm{e}^\rho$$

$$-2\mathrm{e}^\rho[\,n\sum_{\alpha\beta}\tilde{S}_{\alpha\beta}H^\alpha H^\beta+\sum_{\alpha\beta}(\tilde{S}_{\alpha\beta})^2+\sum_{\alpha\neq\beta}N(\tilde{A}_\alpha\tilde{A}_\beta-\tilde{A}_\beta\tilde{A}_\alpha)\,]\mathrm{d}v=0,\quad(6.109)$$

因此，下列结论成立。

(1) 当$\rho=0$时，有

$$\int_M(\,|\nabla h|^2-n|\nabla\vec{H}|^2\,)+n^2H^2\mathrm{d}v=0.$$

（2）当$p \geqslant 2$时，有

$$\int_M e^\rho\Big[\rho + \frac{n}{2}\Big(\frac{\sqrt{H^4 + 2(1-\frac{1}{p})H^2 + 1} + H^2 - 1}{2 - p^{-1}}\Big)\Big]$$

$$\times\Big[\rho - \frac{n}{2}\Big(\frac{\sqrt{H^4 + 2(1-\frac{1}{p})H^2 + 1} - H^2 + 1}{2 - p^{-1}}\Big)\Big]\mathrm{d}v \geqslant 0. \tag{6.110}$$

（3）当$p \geqslant 2$, $\rho = \rho_0 = \text{constant} > 0$时，如果(6.110)式中的“$\geqslant$”变成“=”，则有

$$p = 2,\ H = 0,\ S = \rho = \rho_0 = \text{constant} > 0,\ S_{\alpha\alpha} = \tilde{S}_{\alpha\alpha} = \frac{\rho_0}{2},\ \forall\alpha$$

和

$$\tilde{A}_3 = A_3 = \pm\frac{\sqrt{\rho_0}}{2}\begin{pmatrix} 0 & 1 & 0 & \cdots \\ 1 & 0 & 0 & \cdots \\ 0 & 0 & 0 & \cdots \\ \vdots & \vdots & \vdots & \ddots \end{pmatrix},$$

$$\tilde{A}_4 = A_4 = \pm\frac{\sqrt{\rho_0}}{2}\begin{pmatrix} 1 & 0 & 0 & \cdots \\ 0 & -1 & 0 & \cdots \\ 0 & 0 & 0 & \cdots \\ \vdots & \vdots & \vdots & \ddots \end{pmatrix}.$$

◇

定理 6.16 假设M是空间形式$R^{n+p}(c)$之中的n维紧致无边的无脐点的$W_{\log}$-Willmore子流形，则有

$$\int_M F''(\rho)|\nabla\rho|^2 + F'(\rho)(|\nabla h|^2 - n|\nabla\vec{H}|^2) + n^2H^2F(\rho)$$

$$+ 2nc\rho F'(\rho) - 2F'(\rho)\Big[n\sum_{\alpha\beta}\tilde{S}_{\alpha\beta}H^\alpha H^\beta + \sum_{\alpha\beta}(\tilde{S}_{\alpha\beta})^2$$

$$+ \sum_{\alpha\neq\beta}N(\tilde{A}_\alpha\tilde{A}_\beta - \tilde{A}_\beta\tilde{A}_\alpha)\Big]\mathrm{d}v = 0, \tag{6.111}$$

因此，下列结论成立。

（1）当$p \geqslant 2$时，有

$$\int_M 2(2 - p^{-1})\rho(\rho - \frac{nc}{2 - p^{-1}})F'(\rho)\mathrm{d}v$$

$$\geqslant \int_M F''(\rho)|\nabla\rho|^2 + F'(\rho)(|\nabla h|^2 - n|\nabla\vec{H}|^2)$$

$$+ nH^2[nF(\rho) - 2\rho F'(\rho)]\mathrm{d}v. \tag{6.112}$$

（2）当$p \geqslant 2$, $\rho = \rho_0 = \text{constant} > 0$时，如果(6.112)式中的“$\geqslant$”变成“=”，则有

$$p = 2,\ H = 0,\ S = \rho = \rho_0 = \text{constant} > 0,\ S_{\alpha\alpha} = \tilde{S}_{\alpha\alpha} = \frac{\rho_0}{2},\ \forall\alpha$$

和

$$\tilde{A}_3 = A_3 = \pm\frac{\sqrt{\rho_0}}{2}\begin{pmatrix} 0 & 1 & 0 & \cdots \\ 1 & 0 & 0 & \cdots \\ 0 & 0 & 0 & \cdots \\ \vdots & \vdots & \vdots & \ddots \end{pmatrix},$$

$$\tilde{A}_4 = A_4 = \pm\frac{\sqrt{\rho_0}}{2}\begin{pmatrix} 1 & 0 & 0 & \cdots \\ 0 & -1 & 0 & \cdots \\ 0 & 0 & 0 & \cdots \\ \vdots & \vdots & \vdots & \ddots \end{pmatrix}.$$

（3）当$n = 2$, $\rho \geqslant \mathrm{e} > \dfrac{2}{2 - p^{-1}}$时，有

$$\begin{aligned}&\int_M \frac{1}{\rho^2}|\nabla\rho|^2 + 2(2 - p^{-1})\Big(\rho - \frac{2}{2 - p^{-1}}\Big)\mathrm{d}v \\ \geqslant &\int_M \frac{1}{\rho}(\,|\nabla h|^2 - 2|\nabla\vec{H}|^2\,) + 4H^2(\log\rho - 1)\mathrm{d}v \geqslant 0.\end{aligned}$$

（4）当$n = 2$, $\rho \leqslant \dfrac{2}{2 - p^{-1}} < \mathrm{e}$时，有

$$\begin{aligned}&\int_M \frac{1}{\rho^2}|\nabla\rho|^2 + 2(2 - p^{-1})\Big(\rho - \frac{2}{2 - p^{-1}}\Big) - 4H^2(\log\rho - 1)\mathrm{d}v \\ \geqslant &\int_M \Big[\frac{1}{\rho}(\,|\nabla h|^2 - 2|\nabla\vec{H}|^2\,)\Big]\mathrm{d}v \geqslant 0.\end{aligned}$$

（5）当$n = 2$, $\dfrac{2}{2 - p^{-1}} \leqslant \rho \leqslant \mathrm{e}$时，有

$$\begin{aligned}&\int_M \frac{1}{\rho^2}|\nabla\rho|^2 + 2(2 - p^{-1})\Big(\rho - \frac{2}{2 - p^{-1}}\Big) - 4H^2(\log\rho - 1)\mathrm{d}v \\ \geqslant &\int_M \frac{1}{\rho}(\,|\nabla h|^2 - 2|\nabla\vec{H}|^2\,)\,\mathrm{d}v \geqslant 0.\end{aligned}$$

(6) 当$n=3$, $p=2$, $\rho\geqslant\dfrac{3}{2-p^{-1}}>e^{\frac{2}{3}}$时，有

$$\int_M \frac{1}{\rho^2}|\nabla\rho|^2+2(2-p^{-1})\Big(\rho-\frac{3}{2-p^{-1}}\Big)dv$$

$$\geqslant\int_M \frac{1}{\rho}(\,|\nabla h|^2-3|\nabla\vec{H}|^2\,)\;+3H^2(3\log\rho-2)dv\geqslant 0.$$

(7) 当$n=3$, $p=2$, $e^{\frac{2}{3}}\leqslant\rho\leqslant\dfrac{3}{2-p^{-1}}$时，有

$$\int_M \frac{1}{\rho^2}|\nabla\rho|^2+2(2-p^{-1})\Big(\rho-\frac{3}{2-p^{-1}}\Big)dv$$

$$\geqslant\int_M \frac{1}{\rho}(\,|\nabla h|^2-3|\nabla\vec{H}|^2\,)\;+3H^2(3\log\rho-2)dv\geqslant 0.$$

(8) 当$n=3$, $p=2$, $\rho\leqslant e^{\frac{2}{3}}<\dfrac{3}{2-p^{-1}}$时，有

$$\int_M \frac{1}{\rho^2}|\nabla\rho|^2+2(2-p^{-1})\Big(\rho-\frac{3}{2-p^{-1}}\Big)-3H^2(3\log\rho-2)dv$$

$$\geqslant\int_M \frac{1}{\rho}(\,|\nabla h|^2-3|\nabla\vec{H}|^2\,)\,dv\geqslant 0.$$

(9) 当$n=3$, $p\geqslant 3$, $\rho\geqslant e^{\frac{2}{3}}$时，有

$$\int_M \frac{1}{\rho^2}|\nabla\rho|^2+2(2-p^{-1})\Big(\rho-\frac{3}{2-p^{-1}}\Big)dv$$

$$\geqslant\int_M \frac{1}{\rho}(\,|\nabla h|^2-3|\nabla\vec{H}|^2\,)\;+3H^2(3\log\rho-2)dv\geqslant 0.$$

(10) 当$n=3$, $p\geqslant 3$, $\dfrac{3}{2-p^{-1}}\leqslant\rho\leqslant e^{\frac{2}{3}}$时，有

$$\int_M \frac{1}{\rho^2}|\nabla\rho|^2+2(2-p^{-1})\Big(\rho-\frac{3}{2-p^{-1}}\Big)-3H^2(3\log\rho-2)dv$$

$$\geqslant\int_M \frac{1}{\rho}(\,|\nabla h|^2-3|\nabla\vec{H}|^2\,)\,dv\geqslant 0.$$

(11) 当$n=3$, $p\geqslant 3$, $\rho\leqslant\dfrac{3}{2-p^{-1}}<e^{\frac{2}{3}}$时，有

$$\int_M \frac{1}{\rho^2}|\nabla\rho|^2+2(2-p^{-1})\Big(\rho-\frac{3}{2-p^{-1}}\Big)-3H^2(3\log\rho-2)dv$$

$$\geqslant\int_M \frac{1}{\rho}(\,|\nabla h|^2-3|\nabla\vec{H}|^2\,)\,dv\geqslant 0.$$

（12）当$n \geqslant 4$, $\rho \geqslant \frac{n}{2-p^{-1}} > \mathrm{e}^{\frac{2}{n}}$时，有

$$\int_M \frac{1}{\rho^2}|\nabla\rho|^2 + 2(2-p^{-1})\Big(\rho - \frac{n}{2-p^{-1}}\Big)\mathrm{d}v$$
$$\geqslant \int_M \frac{1}{\rho}(\,|\nabla h|^2 - n|\nabla\vec{H}|^2\,) + nH^2(n\log\rho - 2)\mathrm{d}v.$$

（13）当$n \geqslant 4$, $\mathrm{e}^{\frac{2}{n}} \leqslant \rho \leqslant \frac{n}{2-p^{-1}}$时，有

$$\int_M \frac{1}{\rho^2}|\nabla\rho|^2 + 2(2-p^{-1})\Big(\rho - \frac{n}{2-p^{-1}}\Big)\mathrm{d}v$$
$$\geqslant \int_M \frac{1}{\rho}(\,|\nabla h|^2 - n|\nabla\vec{H}|^2\,) + nH^2(n\log\rho - 2)\mathrm{d}v.$$

（14）当$n \geqslant 4$, $\rho \leqslant \mathrm{e}^{\frac{2}{n}} < \frac{n}{2-p^{-1}}$时，有

$$\int_M \frac{1}{\rho^2}|\nabla\rho|^2 + 2(2-p^{-1})\Big(\rho - \frac{n}{2-p^{-1}}\Big) - nH^2(n\log\rho - 2)\mathrm{d}v$$
$$\geqslant \int_M \frac{1}{\rho}(\,|\nabla h|^2 - n|\nabla\vec{H}|^2\,)\,\mathrm{d}v.$$

◇

定理 6.17 假设M是空间形式$R^{n+p}(c)$之中的n维紧致无边$W_{\sin}$-Willmore子流形，则有

$$\int_M -\sin\rho|\nabla\rho|^2 + \cos\rho(\,|\nabla h|^2 - n|\nabla\vec{H}|^2\,) + n^2H^2\sin\rho$$
$$+ 2nc\rho\cos\rho - 2\cos\rho\Big[\,n\sum_{\alpha\beta}\tilde{S}_{\alpha\beta}H^\alpha H^\beta + \sum_{\alpha\beta}(\tilde{S}_{\alpha\beta})^2$$
$$+ \sum_{\alpha\neq\beta}N(\tilde{A}_\alpha\tilde{A}_\beta - \tilde{A}_\beta\tilde{A}_\alpha)\,\Big]\mathrm{d}v = 0, \tag{6.113}$$

因此，下列结论成立。

（1）当$\rho = 0$时，有

$$\int_M(\,|\nabla h|^2 - n|\nabla\vec{H}|^2\,) = 0.$$

（2）当$\rho = \rho_0 = \text{constant} > 0$, $\cos'\rho_0 = 0$时，有

$$\int_M n^2H^2\sin(\rho_0) = 0.$$

(3) 当$p \geqslant 2$, $\cos\rho \geqslant 0$时，有

$$\int_M 2(2-p^{-1})\rho(\rho-\frac{nc}{2-p^{-1}})\cos\rho \mathrm{d}v$$
$$\geqslant \int_M -\sin\rho|\nabla\rho|^2+\cos\rho(|\nabla h|^2-n|\nabla\vec{H}|^2)$$
$$+nH^2(n\sin\rho-2\rho\cos\rho)\mathrm{d}v. \tag{6.114}$$

(4) 当$p \geqslant 2$, $\rho=\rho_0=\text{constant}>0$, $\cos(\rho_0)>0$时，如果(6.114)式中的“$\geqslant$”变成“=”，则有

$$p=2,\ H=0,\ S=\rho=\rho_0=\text{constant}>0,\ S_{\alpha\alpha}=\tilde{S}_{\alpha\alpha}=\frac{\rho_0}{2},\ \forall\alpha$$

和

$$\tilde{A}_3=A_3=\pm\frac{\sqrt{\rho_0}}{2}\begin{pmatrix}0&1&0&\cdots\\1&0&0&\cdots\\0&0&0&\cdots\\\vdots&\vdots&\vdots&\ddots\end{pmatrix},$$

$$\tilde{A}_4=A_4=\pm\frac{\sqrt{\rho_0}}{2}\begin{pmatrix}1&0&0&\cdots\\0&-1&0&\cdots\\0&0&0&\cdots\\\vdots&\vdots&\vdots&\ddots\end{pmatrix}.$$

(5) 当$p \geqslant 2$, $\cos(\rho) \leqslant 0$时，有

$$\int_M 2(2-p^{-1})\rho(\rho-\frac{nc}{2-p^{-1}})\cos\rho \mathrm{d}v$$
$$\leqslant \int_M -\sin(\rho)|\nabla\rho|^2+\cos(\rho)(|\nabla h|^2-n|\nabla\vec{H}|^2)$$
$$+nH^2(n\sin(\rho)-2\rho\cos\rho)\mathrm{d}v. \tag{6.115}$$

(6) 当$p \geqslant 2$, $\rho=\rho_0=\text{constant}>0$, $\cos\rho_0<0$时，如果(6.115)式中的“$\geqslant$”变成“=”，则有

$$p=2,\ H=0,\ S=\rho=\rho_0=\text{constant}>0,\ S_{\alpha\alpha}=\tilde{S}_{\alpha\alpha}=\frac{\rho_0}{2},\ \forall\alpha$$

和

$$\tilde{A}_3 = A_3 = \pm\frac{\sqrt{\rho_0}}{2}\begin{pmatrix} 0 & 1 & 0 & \cdots \\ 1 & 0 & 0 & \cdots \\ 0 & 0 & 0 & \cdots \\ \vdots & \vdots & \vdots & \ddots \end{pmatrix},$$

$$\tilde{A}_4 = A_4 = \pm\frac{\sqrt{\rho_0}}{2}\begin{pmatrix} 1 & 0 & 0 & \cdots \\ 0 & -1 & 0 & \cdots \\ 0 & 0 & 0 & \cdots \\ \vdots & \vdots & \vdots & \ddots \end{pmatrix}.$$

◇

定理 6.18 假设M是空间形式$R^{n+p}(c)$ 之中的 n 维紧致无边$W_{(n,r,\epsilon)}$-Willmore子流形，则有

$$\begin{aligned}&\int_M r(r-1)(\rho+\epsilon)^{r-2}|\nabla\rho|^2 + r(\rho+\epsilon)^{r-1}(\,|\nabla h|^2 - n|\nabla\vec{H}|^2\,)\\ &\quad + n^2H^2(\rho+\epsilon)^r + 2rnc\rho(\rho+\epsilon)^{r-1} - 2r(\rho+\epsilon)^{r-1}\\ &\quad \times\Big[\, n\sum_{\alpha\beta}\tilde{S}_{\alpha\beta}H^\alpha H^\beta + \sum_{\alpha\beta}(\tilde{S}_{\alpha\beta})^2 + \sum_{\alpha\neq\beta}N(\tilde{A}_\alpha\tilde{A}_\beta - \tilde{A}_\beta\tilde{A}_\alpha)\,\Big]\mathrm{d}v = 0, \end{aligned}\tag{6.116}$$

因此，下列结论成立。

（1）当$\rho = 0$时，有

$$\int_M r\epsilon^{r-1}(\,|\nabla h|^2 - n|\nabla\vec{H}|^2\,) + n^2H^2\epsilon^r\mathrm{d}v = 0.$$

（2）当$r = 0$时，$W_{(n,r,\epsilon)}$-Willmore子流形为极小子流形，有

$$\int_M n^2H^2\mathrm{d}v = 0.$$

（3）当$p \geqslant 2,\ r > 0$时，有

$$\begin{aligned}&\int_M 2(2-p^{-1})\rho(\rho - \frac{nc}{2-p^{-1}})r(\rho+\epsilon)^{r-1}\mathrm{d}v\\ &\geqslant \int_M r(r-1)(\rho+\epsilon)^{r-2}|\nabla\rho|^2 + r(\rho+\epsilon)^{r-1}(\,|\nabla h|^2 - n|\nabla\vec{H}|^2\,)\\ &\quad + nH^2(n(\rho+\epsilon)^r - 2\rho r(\rho+\epsilon)^{r-1})\mathrm{d}v. \end{aligned}\tag{6.117}$$

（4）当$p \geqslant 2,\ \rho = \rho_0 = \text{constant} > 0,\ r > 0$时，如果(6.117)式中的

“⩾” 变成 “=”，则有

$$p=2,\ H=0,\ S=\rho=\rho_0=\text{constant}>0,\ S_{\alpha\alpha}=\tilde{S}_{\alpha\alpha}=\frac{\rho_0}{2},\ \forall\alpha$$

和

$$\tilde{A}_3=A_3=\pm\frac{\sqrt{\rho_0}}{2}\begin{pmatrix}0&1&0&\cdots\\1&0&0&\cdots\\0&0&0&\cdots\\\vdots&\vdots&\vdots&\ddots\end{pmatrix},$$

$$\tilde{A}_4=A_4=\pm\frac{\sqrt{\rho_0}}{2}\begin{pmatrix}1&0&0&\cdots\\0&-1&0&\cdots\\0&0&0&\cdots\\\vdots&\vdots&\vdots&\ddots\end{pmatrix}.$$

（5）当$p\geqslant 2,\ r<0$时，有

$$\begin{aligned}&\int_M 2(2-p^{-1})\rho(\rho-\frac{nc}{2-p^{-1}})r(\rho+\epsilon)^{r-1}\mathrm{d}v\\&\leqslant\int_M r(r-1)(\rho+\epsilon)^{r-2}|\nabla\rho|^2+r(\rho+\epsilon)^{r-1}(\,|\nabla h|^2-n|\nabla\vec{H}|^2\,)\\&\quad+nH^2(n(\rho+\epsilon)^r-2\rho r(\rho+\epsilon)^{r-1})\mathrm{d}v.\end{aligned}\tag{6.118}$$

（6）当$p\geqslant 2,\ \rho=\rho_0=\text{constant}>0,\ r<0$时，如果(6.118)式中的“⩾”变成“=”，则有

$$p=2,\ H=0,\ S=\rho=\rho_0=\text{constant}>0,\ S_{\alpha\alpha}=\tilde{S}_{\alpha\alpha}=\frac{\rho_0}{2},\ \forall\alpha$$

和

$$\tilde{A}_3=A_3=\pm\frac{\sqrt{\rho_0}}{2}\begin{pmatrix}0&1&0&\cdots\\1&0&0&\cdots\\0&0&0&\cdots\\\vdots&\vdots&\vdots&\ddots\end{pmatrix},$$

$$\tilde{A}_4=A_4=\pm\frac{\sqrt{\rho_0}}{2}\begin{pmatrix}1&0&0&\cdots\\0&-1&0&\cdots\\0&0&0&\cdots\\\vdots&\vdots&\vdots&\ddots\end{pmatrix}.$$

(7) 当$p \geqslant 2,\ 0 < r < 1$时，有

$$\int_M 2r(2-p^{-1})\rho\Big(\rho-\frac{n}{2-p^{-1}}\Big)(\rho+\epsilon)^{r-1}+r(1-r)(\rho+\epsilon)^{r-2}|\nabla\rho|^2\,\mathrm{d}v$$
$$\geqslant \int_M r(\rho+\epsilon)^{r-1}(\,|\nabla h|^2-n|\nabla\vec{H}|^2\,)$$
$$+nH^2(\rho+\epsilon)^{r-1}(n\epsilon+(n-2r)\rho)\,\mathrm{d}v \geqslant 0.$$

(8) 当 $p \geqslant 2,\ r = 1$时，有

$$\int_M 2(2-p^{-1})\rho\Big(\rho-\frac{n}{2-p^{-1}}\Big)\,\mathrm{d}v$$
$$\geqslant \int_M (\,|\nabla h|^2-n|\nabla\vec{H}|^2\,)+nH^2[n\epsilon+(n-2)\rho]\,\mathrm{d}v \geqslant 0.$$

(9) 当 $p \geqslant 2,\ 1 < r \leqslant \dfrac{n}{2}$时，有

$$\int_M 2r(2-p^{-1})\rho\Big(\rho-\frac{n}{2-p^{-1}}\Big)(\rho+\epsilon)^{r-1}\,\mathrm{d}v$$
$$\geqslant \int_M r(r-1)(\rho+\epsilon)^{r-2}|\nabla\rho|^2+r(\rho+\epsilon)^{r-1}(\,|\nabla h|^2-n|\nabla\vec{H}|^2\,)$$
$$+nH^2(\rho+\epsilon)^{r-1}(n\epsilon+(n-2r)\rho)\,\mathrm{d}v \geqslant 0.$$

(10) 当 $p \geqslant 2,\ r > \dfrac{n}{2}$时，有

$$\int_M 2r(2-p^{-1})\rho\Big(\rho-\frac{n}{2-p^{-1}}\Big)(\rho+\epsilon)^{r-1}$$
$$+n(2r-n)H^2(\rho+\epsilon)^{r-1}\Big(\rho-\frac{n\epsilon}{2r-n}\Big)\,\mathrm{d}v$$
$$\geqslant \int_M r(r-1)(\rho+\epsilon)^{r-2}|\nabla\rho|^2$$
$$+r(\rho+\epsilon)^{r-1}(\,|\nabla h|^2-n|\nabla\vec{H}|^2\,)\,\mathrm{d}v \geqslant 0.$$

◇

定理 6.19 假设M是空间形式$R^{n+p}(c)$ 之中的 n 维紧致无边$W_{(n,\log,\epsilon)}$-Willmore子流形，则有

$$\int_M \frac{-1}{(\rho+\epsilon)^2}|\nabla\rho|^2+\frac{1}{\rho+\epsilon}(\,|\nabla h|^2-n|\nabla\vec{H}|^2\,)$$
$$+n^2H^2\log(\rho+\epsilon)+2nc\rho\frac{1}{\rho+\epsilon}$$
$$-2\frac{1}{\rho+\epsilon}[\,n\sum_{\alpha\beta}\tilde{S}_{\alpha\beta}H^\alpha H^\beta+\sum_{\alpha\beta}(\tilde{S}_{\alpha\beta})^2$$

$$+\sum_{\alpha\neq\beta}N(\tilde{A}_\alpha\tilde{A}_\beta-\tilde{A}_\beta\tilde{A}_\alpha)\,]\mathrm{d}v=0, \tag{6.119}$$

因此，下列结论成立。

(1) 当$\rho=0$时，有

$$\int_M \frac{1}{\epsilon}(\,|\nabla h|^2-n|\nabla\vec{H}|^2\,)\;+n^2H^2\log(\epsilon)=0.$$

(2) 当$p\geqslant 2$时，有

$$\begin{aligned}&\int_M 2(2-p^{-1})\rho\Big(\rho-\frac{nc}{2-p^{-1}}\Big)\frac{1}{\rho+\epsilon}\\ \geqslant&\int_M \frac{-1}{(\rho+\epsilon)^2}|\nabla\rho|^2+\frac{1}{\rho+\epsilon}(\,|\nabla h|^2-n|\nabla\vec{H}|^2\,)\\ &+nH^2[n\log(\rho+\epsilon)-2\rho\frac{1}{\rho+\epsilon}].\end{aligned} \tag{6.120}$$

(3) 当$p\geqslant 2$, $\rho=\rho_0=\mathrm{constant}>0$时，如果(6.120)式中的“$\geqslant$”变成“$=$”，则有

$$p=2,\ H=0,\ S=\rho=\rho_0=\mathrm{constant}>0,\ S_{\alpha\alpha}=\tilde{S}_{\alpha\alpha}=\frac{\rho_0}{2},\ \forall\alpha$$

和

$$\tilde{A}_3=A_3=\pm\frac{\sqrt{\rho_0}}{2}\begin{pmatrix}0&1&0&\cdots\\1&0&0&\cdots\\0&0&0&\cdots\\\vdots&\vdots&\vdots&\ddots\end{pmatrix},$$

$$\tilde{A}_4=A_4=\pm\frac{\sqrt{\rho_0}}{2}\begin{pmatrix}1&0&0&\cdots\\0&-1&0&\cdots\\0&0&0&\cdots\\\vdots&\vdots&\vdots&\ddots\end{pmatrix}.$$

◇

对于W_F-Willmore子流形有更加细致的讨论。

推论 6.40　假设M是单位球面$S^{n+p}(1)$之中的n维紧致无边的W_F-Willmore子流形，$(M,F)\in T_1\bigcup T_2$，则有

(1) 当在区间$\Big(0,\dfrac{n}{2-p^{-1}}\Big]$满足$p\geqslant 2$, $F'\equiv 0$, $F\equiv c\neq 0$时，有

$$\int_M cn^2H^2\mathrm{d}v=0.$$

（2）当在$\left(0, \dfrac{n}{2-p^{-1}}\right]$满足$p \geqslant 2$, $nF-2uF' \geqslant 0$, $F' \geqslant 0$, $F'' \geqslant 0$时，有

$$\begin{aligned}&\int_M 2(2-p^{-1})\rho\left(\rho-\frac{n}{2-p^{-1}}\right)F'(\rho)\,\mathrm{d}v\\&\geqslant \int_M F''(\rho)|\nabla\rho|^2+F'(\rho)(|\nabla h|^2-n|\nabla\vec{H}|^2)\\&\quad+nH^2[nF(\rho)-2\rho F'(\rho)]\geqslant 0.\end{aligned}$$

（3）当在$\left(0, \dfrac{n}{2-p^{-1}}\right]$满足$p \geqslant 2$, $nF-2uF' \equiv 0$, $F' \geqslant 0$, $F'' \geqslant 0$时，有

$$\begin{aligned}&\int_M 2(2-p^{-1})\rho\left(\rho-\frac{n}{2-p^{-1}}\right)F'(\rho)\,\mathrm{d}v\\&\geqslant \int_M F''(\rho)|\nabla\rho|^2+F'(\rho)(|\nabla h|^2-n|\nabla\vec{H}|^2)\\&\quad+nH^2[nF(\rho)-2\rho F'(\rho)]\geqslant 0.\end{aligned}$$

（4）当在$\left(0, \dfrac{n}{2-p^{-1}}\right]$满足$p \geqslant 2$, $nF-2uF' \leqslant 0$, $F' \geqslant 0$, $F'' \geqslant 0$时，有

$$\begin{aligned}&\int_M 2(2-p^{-1})\rho\left(\rho-\frac{n}{2-p^{-1}}\right)F'(\rho)\,\mathrm{d}v\\&\geqslant \int_M F''(\rho)|\nabla\rho|^2+F'(\rho)(|\nabla h|^2-n|\nabla\vec{H}|^2)\\&\quad+nH^2[nF(\rho)-2\rho F'(\rho)]\geqslant 0.\end{aligned}$$

（5）当在$\left(0, \dfrac{n}{2-p^{-1}}\right]$满足$p \geqslant 2$, $nF-2uF' \geqslant 0$, $F' \geqslant 0$, $F'' \leqslant 0$ 时，有

$$\begin{aligned}&\int_M 2(2-p^{-1})\rho\left(\rho-\frac{n}{2-p^{-1}}\right)F'(\rho)\,\mathrm{d}v\\&\geqslant \int_M F''(\rho)|\nabla\rho|^2+F'(\rho)(|\nabla h|^2-n|\nabla\vec{H}|^2)\\&\quad+nH^2[nF(\rho)-2\rho F'(\rho)]\geqslant 0.\end{aligned}$$

（6）当在$\left(0, \dfrac{n}{2-p^{-1}}\right]$满足$p \geqslant 2$, $nF-2uF' \equiv 0$, $F' \geqslant 0$, $F'' \leqslant 0$时，

有

$$\begin{aligned}&\int_M 2(2-p^{-1})\rho\Big(\rho-\frac{n}{2-p^{-1}}\Big)F'(\rho)\,\mathrm{d}v\\&\geqslant\int_M F''(\rho)|\nabla\rho|^2+F'(\rho)(\,|\nabla h|^2-n|\nabla\vec{H}|^2\,)\\&\quad+nH^2[nF(\rho)-2\rho F'(\rho)]\geqslant 0.\end{aligned}$$

（7）当在$\Big(0,\dfrac{n}{2-p^{-1}}\Big]$满足$p\geqslant 2$, $nF-2uF'\leqslant 0$, $F'\geqslant 0$, $F''\leqslant 0$时，有

$$\begin{aligned}&\int_M 2(2-p^{-1})\rho\Big(\rho-\frac{n}{2-p^{-1}}\Big)F'(\rho)\,\mathrm{d}v\\&\geqslant\int_M F''(\rho)|\nabla\rho|^2+F'(\rho)(\,|\nabla h|^2-n|\nabla\vec{H}|^2\,)\\&\quad+nH^2[nF(\rho)-2\rho F'(\rho)]\geqslant 0.\end{aligned}$$

（8）当在$\Big(0,\dfrac{n}{2-p^{-1}}\Big]$满足$p\geqslant 2$, $nF-2uF'\geqslant 0$, $F'\leqslant 0$, $F''\geqslant 0$时，有

$$\begin{aligned}&\int_M 2(2-p^{-1})\rho\Big(\rho-\frac{n}{2-p^{-1}}\Big)F'(\rho)\,\mathrm{d}v\\&\leqslant\int_M F''(\rho)|\nabla\rho|^2+F'(\rho)(\,|\nabla h|^2-n|\nabla\vec{H}|^2\,)\\&\quad+nH^2[nF(\rho)-2\rho F'(\rho)]\geqslant 0.\end{aligned}$$

（9）当在$\Big(0,\dfrac{n}{2-p^{-1}}\Big]$满足$p\geqslant 2$, $nF-2uF'\equiv 0$, $F'\leqslant 0$, $F''\geqslant 0$时，有

$$\begin{aligned}&\int_M 2(2-p^{-1})\rho\Big(\rho-\frac{n}{2-p^{-1}}\Big)F'(\rho)\,\mathrm{d}v\\&\leqslant\int_M F''(\rho)|\nabla\rho|^2+F'(\rho)(\,|\nabla h|^2-n|\nabla\vec{H}|^2\,)\\&\quad+nH^2[nF(\rho)-2\rho F'(\rho)]\geqslant 0.\end{aligned}$$

（10）当在$\Big(0,\dfrac{n}{2-p^{-1}}\Big]$满足$p\geqslant 2$, $nF-2uF'\leqslant 0$, $F'\leqslant 0$, $F''\geqslant 0$ 时，有

$$\int_M 2(2-p^{-1})\rho\Big(\rho-\frac{n}{2-p^{-1}}\Big)F'(\rho)\,\mathrm{d}v$$

$$\leqslant \int_M F''(\rho)|\nabla\rho|^2 + F'(\rho)(\,|\nabla h|^2 - n|\nabla \vec{H}|^2\,)$$
$$+ nH^2[nF(\rho) - 2\rho F'(\rho)] \geqslant 0.$$

(11) 当在$\left(0, \dfrac{n}{2-p^{-1}}\right]$满足$p \geqslant 2,\ nF - 2uF' \geqslant 0,\ F' \leqslant 0,\ F'' \leqslant 0$ 时，有

$$\int_M 2(2-p^{-1})\rho\left(\rho - \frac{n}{2-p^{-1}}\right)F'(\rho)\,\mathrm{d}v$$
$$\leqslant \int_M F''(\rho)|\nabla\rho|^2 + F'(\rho)(\,|\nabla h|^2 - n|\nabla \vec{H}|^2\,)$$
$$+ nH^2[nF(\rho) - 2\rho F'(\rho)] \geqslant 0.$$

(12) 当在$\left(0, \dfrac{n}{2-p^{-1}}\right]$满足$p \geqslant 2,\ nF - 2uF' \equiv 0,\ F' \leqslant 0,\ F'' \leqslant 0$时，有

$$\int_M 2(2-p^{-1})\rho\left(\rho - \frac{n}{2-p^{-1}}\right)F'(\rho)\,\mathrm{d}v$$
$$\leqslant \int_M F''(\rho)|\nabla\rho|^2 + F'(\rho)(\,|\nabla h|^2 - n|\nabla \vec{H}|^2\,)$$
$$+ nH^2[nF(\rho) - 2\rho F'(\rho)] \geqslant 0.$$

(13) 当在$\left(0, \dfrac{n}{2-p^{-1}}\right]$满足$p \geqslant 2,\ nF - 2uF' \leqslant 0,\ F' \leqslant 0,\ F'' \leqslant 0$ 时，有

$$\int_M 2(2-p^{-1})\rho\left(\rho - \frac{n}{2-p^{-1}}\right)F'(\rho)\,\mathrm{d}v$$
$$\leqslant \int_M F''(\rho)|\nabla\rho|^2 + F'(\rho)(\,|\nabla h|^2 - n|\nabla \vec{H}|^2\,)$$
$$+ nH^2[nF(\rho) - 2\rho F'(\rho)] \geqslant 0.$$

定理 6.20　假设M 是单位球面之中的n维紧致无边的W_F-Willmore子流形，并且$(M,F) \in T_2$，则

(1) 当在区间$\left(0, \dfrac{n}{2-p^{-1}}\right]$上满足

$$p \geqslant 2,\ \ F'' \leqslant 0,\ \ F' > 0,\ \ nF - 2uF' \geqslant 0,\ \ \nabla\rho = 0,\ \ 0 \leqslant \rho \leqslant \frac{n}{2-p^{-1}}$$

时，有 $\rho = 0$ 或者$\rho = \dfrac{n}{2-p^{-1}}$. 对于$\rho = 0$的情形，如果 $F(0) = 0$，那么 M是全脐子流形；如果$F(0) \neq 0$，那么$H = S = \rho = 0$并且M 是全测

地的。对于$\rho = \frac{n}{2-p^{-1}}$的情形，可得$n = p = 2$, $H = 0$, $S = \rho = \frac{4}{3}$并且M是Veronese 曲面。

（2）当在区间$\left(0, \frac{n}{2-p^{-1}}\right]$上满足

$$p \geqslant 2,\ F'' \geqslant 0,\ F' > 0,\ nF - 2uF' \leqslant 0,\ H = 0,\ 0 \leqslant \rho \leqslant \frac{n}{2-p^{-1}}$$

时，有$\rho = 0$或者$\rho = \frac{n}{2-p^{-1}}$. 对于$\rho = 0$的情形，可得$H = S = \rho = 0$并且$M$是全测地子流形；对于$\rho = \frac{n}{2-p^{-1}}$，可得$n = p = 2$, $H = 0$, $S = \rho = \frac{4}{3}$并且M是Veronese曲面。

（3）当在区间$\left(0, \frac{n}{2-p^{-1}}\right]$上满足

$$p \geqslant 2,\ F'' \leqslant 0,\ F' > 0,\ nF - 2uF' \leqslant 0,\ H = 0,\ \nabla\rho = 0,\ 0 \leqslant \rho \leqslant \frac{n}{2-p^{-1}}$$

时，有$\rho = 0$ 或者$\rho = \frac{n}{2-p^{-1}}$. 对于$\rho = 0$的情形，可得$H = S = \rho = 0$并且$M$ 是全测地子流形；对于 $\rho = \frac{n}{2-p^{-1}}$的情形，可得$n = p = 2$, $H = 0$, $S = \rho = \frac{4}{3}$并且M是Veronese曲面。 ◇

在证明上面关于W_F-子流形的间隙定理之前，需要引用一个引理：

引理 6.16 [14] Clifford torus $C_{m,n-m}$ 和Veronese曲面是单位球面$S^{n+p}(1)$之中的唯一的满足$S = \frac{n}{2-p^{-1}}$ 的极小子流形（H=0）。

证明 定理6.20的证明。我们只需要证明定理6.20中的结论（1），其它的结论可采用同样的思路证明。

当在区间$\left(0, \frac{n}{2-p^{-1}}\right]$上满足$p \geqslant 2$, $F'' \leqslant 0$, $F' > 0$, $nF - 2uF' \geqslant 0$时，有积分不等式

$$\begin{aligned}
&\int_M 2(2-p^{-1})\rho\left(\rho - \frac{n}{2-p^{-1}}\right)F'(\rho)\,\mathrm{d}v \\
\geqslant &\int_M F''(\rho)|\nabla\rho|^2 + F'(\rho)(|\nabla h|^2 - n|\nabla\vec{H}|^2) \\
&+ nH^2[nF(\rho) - 2\rho F'(\rho)] \geqslant 0.
\end{aligned}$$

又因为$\nabla\rho = 0$，所以

$$\int_M 2(2-p^{-1})\rho\left(\rho - \frac{n}{2-p^{-1}}\right)F'(\rho)\,\mathrm{d}v$$

$$\geqslant \int_M F'(\rho)(\,|\nabla h|^2 - n|\nabla \vec{H}|^2\,) + nH^2[nF(\rho) - 2\rho F'(\rho)]\mathrm{d}v \geqslant 0.$$

现在$0 \leqslant \rho \leqslant \dfrac{n}{2-p^{-1}}$，所以不等式为

$$\begin{aligned} 0 &\geqslant \int_M 2(2-p^{-1})\rho\Big(\rho - \frac{n}{2-p^{-1}}\Big)F'(\rho)\,\mathrm{d}v \\ &\geqslant \int_M F'(\rho)(\,|\nabla h|^2 - n|\nabla \vec{H}|^2\,) \\ &\quad + nH^2[nF(\rho) - 2\rho F'(\rho)]\mathrm{d}v \geqslant 0. \end{aligned}$$

所以，所有的不等式都变为等式，可以推出

$$\rho = 0 \text{ 或者} \rho = \frac{n}{2-p^{-1}},\ \nabla h = 0.$$

对于$\rho = 0$的情形：如果 $F(0) = 0$，那么 M是全脐子流形；如果$F(0) \neq 0$，那么$H = S = \rho = 0$并且M是全测地的。对于$\rho = \dfrac{n}{2-p^{-1}}$的情形，可得$n = p = 2,\ H = 0,\ S = \rho = \dfrac{4}{3}$并且$M$是Veronese曲面。 □

6.9 关于Willmore泛函的注记

Willmore泛函及其子流形是研究成果十分丰饶的领域。国内关于Willmore泛函的研究的主要学者包括清华大学的李海中教授、北京大学的王长平教授、北京师范大学的唐梓洲教授、郑州大学的胡泽军教授、西南师范大学的周家足教授、云南师范大学的郭正教授等。作者或当面受他们的教诲，或从他们的论文中学到珍贵的思想。在此基础上，做了一点工作，特别是关于W_F概念的提出和变分公式的计算以及间隙现象的研究。作者在本书的第六章简略介绍了Willmore泛函变分法的一些研究，更细致的讨论在作者的下一本专著《Willmore泛函的变分法研究》中将展开讨论。

第 7 章　线性相关的曲率场

本章我们主要将极小和r极小的概念推广到$(\boldsymbol{r}+\mathbf{1},\boldsymbol{\lambda})$平行子流形上。

7.1　定义和泛函的构造

设$R^{n+p}(c)$是空间形式，当$c=1$时，是单位球面；当$c=0$时，是欧氏空间；当$c=-1$时，是双曲空间。约定如下：

- $0\leqslant r_1<r_2<\cdots<r_s\leqslant(n-1)$，所有$r_i$都是偶数，记

$$\boldsymbol{r}+\mathbf{1}=(r_s+1,\cdots,r_1+1),\quad \boldsymbol{r}=(r_s,\cdots,r_1)$$

- $\lambda_1,\cdots,\lambda_s\in R$都是实常数，$\lambda_s=1$，记

$$\boldsymbol{\lambda}=(\lambda_s,\cdots,\lambda_1)$$

定义 7.1　称$x:M\to R^{n+p}(c)$是一个$(\boldsymbol{r}+\mathbf{1},\boldsymbol{\lambda})$平行子流形，如果满足

$$\vec{S}_{(\boldsymbol{r}+\mathbf{1},\boldsymbol{\lambda})}\overset{\text{def}}{=}\sum_{i=1}^{s}(r_i+1)\lambda_i\vec{S}_{r_i+1}=0.$$

显然，$(\boldsymbol{r}+\mathbf{1},\boldsymbol{\lambda})$平行子流形概念是极小和$r$极小概念的推广。

定义 7.2　对于一个$(\boldsymbol{r}+\mathbf{1},\boldsymbol{\lambda})$平行子流形，称下面的公式为其对应的$(\boldsymbol{r},\boldsymbol{\lambda})$函数：

$$S_{\boldsymbol{r},\boldsymbol{\lambda}}\overset{\text{def}}{=}\sum_{i=1}^{s}\lambda_i(n-r_i)(p+r_i)S_{r_i}.$$

我们回忆一些经典的定义。

定义 7.3 [8]　设r是偶数，称$x:M\to R^{n+p}(c)$是一个r极小子流形，如果满足

$$\vec{S}_{r+1}=0.$$

定义 7.4　设r是偶数，称$x:M\to R^{n+1}(c)$是一个r极小子流形，如果满足

$$S_{r+1}=0.$$

定义 7.5　设r是任意数 $0\leqslant r\leqslant n-1$，称$x:M\to E^{n+1}$是一个欧氏空间中的$r$极小子流形，如果满足

$$S_{r+1}=0.$$

下面研究一些$(\boldsymbol{r+1},\boldsymbol{\lambda})$平行的例子。

例 7.1　全测地子流形$B=0$. 欧氏空间中的超平面，球面中的赤道。

例 7.2　欧氏空间E^{n+1}中的单位球面$S^n(1)$，显然，$k_1=k_2=\cdots=k_n=1$.

例 7.3 [13]　设$0<r<1$，$M:S^m(r)\times S^{n-m}(\sqrt{1-r^2})\to S^{n+1}(1)$。计算如下：

$$
\begin{aligned}
&S^m(r)=\{rx_1:|x_1|=1\}\hookrightarrow E^{m+1},\\
&S^{n-m}(\sqrt{1-r^2})=\{\sqrt{1-r^2}x_2:|x_2|=1\}\hookrightarrow E^{n-m+1},\\
&M:=\{x=(rx_1,\ \sqrt{1-r^2}x_2)\}\hookrightarrow S^{n+1}(1)\hookrightarrow E^{n+2},\\
&\mathrm{d}s^2=(r\mathrm{d}x_1)^2+(\sqrt{1-r^2}\mathrm{d}x_2)^2,\\
&e_{n+1}=(-\sqrt{1-r^2}x_1,\ rx_2),\\
&h_{ij}^{n+1}\theta^i\otimes\theta^j\overset{\mathrm{def}}{=}h_{ij}\theta^i\otimes\theta^j=-\langle\mathrm{d}x,\mathrm{d}e_{n+1}\rangle\\
&\qquad=\frac{\sqrt{1-r^2}}{r}(r\mathrm{d}x_1)^2-\frac{r}{\sqrt{1-r^2}}(\sqrt{1-r^2}\mathrm{d}x_2)^2,\\
&k_1=\cdots=k_m=\frac{\sqrt{1-r^2}}{r},\\
&k_{m+1}=\cdots=k_n=-\frac{r}{\sqrt{1-r^2}}.
\end{aligned}
$$

例 7.4 [20]　设$0<a_1,\cdots,a_{p+1}<1$满足$\sum_1^{p+1}(a_i)^2=1$；正整数$n_1,\cdots,n_{p+1}$满足$\sum_1^{p+1}n_i=n$；$M\overset{\mathrm{def}}{=}S^{n_1}(a_1)\times\cdots\times S^{n_{p+1}}(a_{p+1})\to S^{n+p}(1)$. 计算如下：

$$
\begin{aligned}
&S^{n_1}(a_1)=\{a_1x_1:|x_1|=1\}\hookrightarrow E^{n_1+1},\cdots,\\
&S^{n_{p+1}(a_{p+1})}=\{a_{p+1}x_{p+1}:|x_{p+1}|=1\}\hookrightarrow E^{n_{p+1}+1},\\
&M=\{x:x=(a_1x_1,\cdots,a_{p+1}x_{p+1})\}\to S^{n+p}(1)\hookrightarrow E^{n+p+1},\\
&\mathrm{d}s^2=\sum_{i=1}^{p+1}(a_i\mathrm{d}x_i)^2,\\
&e_\alpha=(a_{\alpha1}x_1,\cdots,a_{\alpha(p+1)}x_{p+1}),\ (n+1)\leqslant\alpha\leqslant(n+p),\\
&h_{ij}^\alpha\theta^i\otimes\theta^j=-\langle\mathrm{d}x,\mathrm{d}e_\alpha\rangle=-\sum_{i=1}^{p+1}\frac{a_{\alpha i}}{a_i}(a_i\mathrm{d}x_i)^2,\\
&(h_{ij}^\alpha)=\begin{pmatrix}-\frac{a_{\alpha1}}{a_1}E_{n_1} & 0 & 0\\ 0 & \ddots & 0\\ 0 & 0 & -\frac{a_{\alpha(p+1)}}{a_{p+1}}E_{n_{p+1}}\end{pmatrix};
\end{aligned}
$$

$$A=\begin{pmatrix} a_1 & \cdots & a_{p+1} \\ a_{(n+1)1} & \cdots & a_{(n+1)(p+1)} \\ \cdots & \cdots & \cdots \\ a_{(n+p)1} & \cdots & a_{(n+p)(p+1)} \end{pmatrix},$$

$$A^{\mathrm{T}}A=I,\quad \sum_\alpha a_{\alpha i}a_{\alpha j}=\delta_{ij}-a_ia_j,$$

$$\sum_i a_{\alpha i}a_i=0,\ \sum_i a_{\alpha i}a_{\beta i}=\delta_{\alpha\beta}.$$

例 7.5 [01,09,10,32,33,38,40] 设M是$S^{n+1}(1)$中的闭的等参超曲面，设$k_1>\cdots>k_g$是常主曲率重数，分别为$m_1,\cdots,m_g$, $n=m_1+\cdots+m_g$. 那么有

（1）g只能取1,2,3,4,6;

（2）当$g=1$时，M是全脐;

（3）当$g=2$时，$M=S^m(r)\times S^{n-m}(\sqrt{1-r^2})$;

（4）当$g=3$时，$m_1=m_2=m_3=2^k$, $k=0,1,2,3$;

（5）当$g=4$时，$m_1=m_3$, $m_2=m_4$. $(m_1,m_2)=(2,2)$ 或 $(4,5)$ 或 $m_1+m_2+1\equiv 0(\bmod\ 2^{\phi(m_1-1)})$，函数$\phi(m)=\#\{s:1\leqslant s\leqslant m, s\equiv 0,1,2,4(\bmod\ 8)\}$;

（6）当$g=6$时，$m_1=m_2=\cdots=m_6=1$或者2;

（7）存在一个角度θ, $0<\theta<\dfrac{\pi}{g}$，使得

$$k_\alpha=\cot\left(\theta+\frac{\alpha-1}{g}\pi\right),\ \alpha=1,\cdots,g.$$

例 7.6 [33] Nomizu 等参超曲面。令$S^{n+1}(1)=\{(x_1,\cdots x_{2r+1},x_{2r+2})\in R^{n+2}:|x|=1\}$，其中 $n=2r\geqslant 4$。定义函数：

$$F(x)=[\sum_{i=1}^{r+1}(x_{2i-1}^2-x_{2i}^2)]^2+4(\sum_{i=1}^{r+1}x_{2i-1}x_{2i})^2.$$

考虑由函数$F(x)$定义的超曲面：

$$M_t^n=\{x\in S^{n+1}:F(x)=\cos^2(2t)\},\ 0<t<\frac{\pi}{4}.$$

M_t^n对固定参数 t 的主曲率为

$$k_1=\cdots=k_{r-1}=\cot(-t),$$

$$k_r=\cot(\frac{\pi}{4}-t),$$

$$k_{r+1}=\cdots=k_{n-1}=\cot(\frac{\pi}{2}-t),$$

$$k_n=\cot(\frac{3\pi}{4}-t).$$

受巴西超曲面微分几何学派和国内李海中等工作的启发，参见文献[2, 3, 4, 8, 15, 22, 23]，我们引进所谓的J_r泛函，其中 r 是偶数并且$r \in \{0, 1, \cdots, n-1\}$。首先递推定义函数为

$$F_0 = 1, \quad F_r = S_r + \frac{(n-r+1)c}{r-1} F_{r-2}, \ 2 \leqslant r \leqslant n-1.$$

然后定义J_r泛函为

$$J_r = \int_M F_r(S_0, S_2, \cdots, S_r) \mathrm{d}v.$$

所谓r极小，就是J_r泛函的临界点。

本书研究的泛函是J_r泛函的线性组合。

定义 7.6 对于一个$(\boldsymbol{r}+\mathbf{1}, \boldsymbol{\lambda})$平行子流形，定义如下泛函：

$$A_{(\boldsymbol{r}, \boldsymbol{\lambda})} = \sum_{i=1}^{s} \lambda_i J_{r_i}.$$

7.2 微分刻画

从第5.1节的定义和第5.2节的计算中知道，当 r 是偶数时，有算子L_r，Q_r：

$$\begin{aligned} L_r &= \sum_{ij} T_{(r)}{}^i_j D_j D_i, \\ Q_r &= L_r + c(n-r) S_r id, \\ x_{,i} &= e_{,i}, \quad x_{,ij} = h^{\alpha}_{ij} e_{\alpha} - c\delta_{ij} x. \end{aligned}$$

故由第4章Newton变换的性质和定义，有

$$\begin{aligned} L_r x &= \sum_{ij} T_{(r)}{}^i_j h^{\alpha}_{ij} e_{\alpha} - c \sum_{ii} T_{(r)}{}^i_i x \\ &= (r+1)\vec{S}_{r+1} - c(n-r) S_r x, \\ Q_r x &= (r+1)\vec{S}_{r+1}, \quad \sum_{i=1}^{s} \lambda_i Q_{r_i} x = \vec{S}_{(\boldsymbol{r}+\mathbf{1}, \boldsymbol{\lambda})}. \end{aligned}$$

因此证明了如下结论：

定理 7.1 $x: M \to R^{n+p}(c)$是一个$(\boldsymbol{r}+\mathbf{1}, \boldsymbol{\lambda})$平行子流形当且仅当

$$\sum_{i=1}^{s} \lambda_i Q_{r_i} x = 0. \tag{7.1}$$

◇

推论 7.1 [37,39] $x : M \to R^{n+p}(c)$是一个极小子流形当且仅当

$$\Delta x + cnx = 0.$$

推论 7.2 [8] $x : M \to R^{n+p}(c)$是一个 r 极小子流形当且仅当

$$L_r x + c(n-r)S_r x = 0.$$

注释 7.1 以上的定理和推论都是一类所谓的高桥引理，参见文献[39]。

7.3 变分刻画

本节主要计算泛函$A_{(\boldsymbol{r},\lambda)}$的变分公式。

引理 7.1 [8] 对任意的向量场$V = V^{\top} + V^{\perp} = V^i e_i + V^{\alpha} e_{\alpha}$，有

$$J_r'(t) = -\int_{M_t} \langle (r+1)\vec{S}_{r+1}, V\rangle \mathrm{d}v_t.$$

证明 使用归纳法。 当$r = 0$，由推论3.3（见第35页）知道, 结论正确。假设引理对 $r = k-2$成立，其中k是偶数， 即

$$J_{k-2}'(t) = -\int_{M_t} \langle (k-1)\vec{S}_{k-1}, V\rangle \mathrm{d}v_t.$$

由推论4.12（见第73页），当$r = k$时，有

$$\begin{aligned}
J_k'(t) &= \frac{\mathrm{d}}{\mathrm{d}t}\int_{M_t} F_k \mathrm{d}v_{g_t} = \frac{\mathrm{d}}{\mathrm{d}t}\int_{M_t} S_k + \frac{(n-k+1)c}{k-1} F_{k-2} \mathrm{d}v_{g_t} \\
&= \int_{M_t} \langle -(k+1)\vec{S}_{k+1} + (n-k+1)c\vec{S}_{k-1}, V\rangle \mathrm{d}v_{g_t} \\
&\quad + \frac{(n-k+1)c}{k-1}\int_{M_t} \langle -(k-1)\vec{S}_{k-1}, V\rangle \mathrm{d}v_{g_t} \\
&= -\int_{M_t} \langle (k+1)\vec{S}_{k+1}, V\rangle \mathrm{d}v_t.
\end{aligned}$$

故引理成立。 □

根据引理7.1有

$$\begin{aligned}
A_{(\boldsymbol{r},\lambda)}'(t) &= \sum_{i=1}^{s} \lambda_i J_{r_i}'(t) \\
&= -\int_{M_t} \langle \sum_{i=1}^{s} \lambda_i (r_i+1)\vec{S}_{r_i+1}, V\rangle \mathrm{d}v_t \\
&= -\int_{M_t} \langle \vec{S}_{(\boldsymbol{r+1},\lambda),V}\rangle \mathrm{d}v_t.
\end{aligned}$$

所以实际上证明了下面结论：

定理 7.2 设$x: M \to R^{n+p}(c)$ 是紧致无边的子流形，则

$$\frac{\mathrm{d}}{\mathrm{d}t}A_{(\boldsymbol{r},\lambda)} = -\int_{M_t}\langle\sum_{i=1}^{s}\lambda_i(r_i+1)\vec{S}_{r_i+1}, V\rangle \mathrm{d}v_t, \tag{7.2}$$

即 M 是一个 $(\boldsymbol{r}+\mathbf{1},\lambda)$平行子流形当且仅当$M$是泛函 $A_{(\boldsymbol{r},\lambda)}$的临界点。 ◇

推论 7.3 设$x: M \to R^{n+1}(c)$ 是紧致无边的超曲面，则

$$\frac{\mathrm{d}}{\mathrm{d}t}A_{(\boldsymbol{r},\lambda)} = -\int_{M_t}\sum_{i=1}^{s}\lambda_i(r_i+1)S_{r_i+1}f\mathrm{d}v,$$

即 M 是一个 $(\boldsymbol{r}+\mathbf{1},\lambda)$平行超曲面当且仅当$M$是泛函 $A_{(\boldsymbol{r},\lambda)}$临界点。

推论 7.4 设$x: M \to R^{n+1}(c)$ 是紧致无边的超曲面，则

$$\frac{\mathrm{d}}{\mathrm{d}t}A_{(r,s,\lambda)} = -\int_{M_t}(r+1)S_{r+1}f + \lambda(s+1)S_{s+1}f\mathrm{d}v,$$

即 M 是一个 $(r+1, s+1, \lambda)$平行子流形当且仅当M是泛函 $A_{(r,s,\lambda)}$临界点。

定义 7.7 设M 是紧致无边的 $(\boldsymbol{r}+\mathbf{1},\lambda)$平行子流形。 如果对任意变分向量场都有$A''_{(\boldsymbol{r},\lambda)}|_{t=0} \geqslant 0$，则称$x: M \to R^{n+p}(c)$是稳定的。

下面计算第二变分：

定理 7.3 设$x: M \to R^{n+p}(c)$ 是紧致无边的$(\boldsymbol{r}+\mathbf{1},\lambda)$平行子流形，对于任意变分向量场$V = V^i e_i + V^\alpha e_\alpha$，有

$$\begin{aligned}
I(V) &\overset{\text{def}}{=} A''_{(\boldsymbol{r},\lambda)}(x_t)|_{t=0} \\
&= -\int_M \sum_{t=1}^{s}\sum_{ij\alpha\beta}\lambda_t r_t T_{(r_t-2,2)}{}_{i;j}^{\alpha\beta}V^\beta V^\alpha_{,ij} + \sum_{t=1}^{s}\sum_{ij\alpha}\lambda_t T_{(r_t)}{}_j^i V^\alpha V^\alpha_{,ij} \\
&\quad - \sum_{t=1}^{s}\sum_{\alpha\beta}\lambda_t(r_t+1)(r_t+2)T_{(r_t,2)}{}_{\emptyset}^{\alpha\beta}V^\alpha V^\beta \\
&\quad + \sum_{t=1}^{s}c\lambda_t r_t(n-r_t)T_{(r_t-2,2)}{}_{\emptyset}^{\alpha\beta}V^\alpha V^\beta \\
&\quad + \sum_{t=1}^{s}c\lambda_t(n-r_t)S_{r_t}|V^\perp|^2\mathrm{d}v.
\end{aligned} \tag{7.3}$$

◇

推论 7.5 设$x: M \to R^{n+1}(c)$ 是紧致无边的$(\boldsymbol{r}+\mathbf{1},\lambda)$平行超曲面，那么对于任意变分向量场$V = V^i e_i + fN$，有

$$I(f) \overset{\text{def}}{=} A''_{(\boldsymbol{r},\lambda)}(x_t)|_{t=0}$$

$$
\begin{aligned}
&= -\int_M \sum_{t=1}^{s} \lambda_t(r_t+1) f L_{(r_t)}(f) \\
&\quad - \sum_{t=1}^{s} \lambda_t(r_t+1)(r_t+2) S_{(r_t+2)} f^2 \\
&\quad + \sum_{t=1}^{s} c\lambda_t(r_t+1)(n-r_t) S_{(r_t)} f^2 \mathrm{d}v \\
&= -\int_M \sum_{t=1}^{s} \lambda_t(r_t+1) f Q_{(r_t)}(f) \\
&\quad - \sum_{t=1}^{s} \lambda_t(r_t+1)(r_t+2) S_{(r_t+2)} f^2 \mathrm{d}v.
\end{aligned} \tag{7.4}
$$

推论 7.6 设$x: M \to R^{n+1}(c)$是紧致无边的$(r+1, s+1, \lambda)$平行超曲面，那么对于任意变分向量场$V = V^i e_i + fN$，有

$$
\begin{aligned}
I(f) &\overset{\text{def}}{=} A''_{(r,\lambda)}(x_t)|_{t=0} \\
&= -\int_M (r+1) f L_{(r)}(f) + \lambda(s+1) f L_{(s)}(f) \\
&\quad - (r+1)(r+2) S_{(r+2)} f^2 - \lambda(s+1)(s+2) S_{(s+2)} f^2 \\
&\quad + c(r+1)(n-r) S_{(r)} f^2 + c\lambda(s+1)(n-s) S_{(s)} f^2 \mathrm{d}v \\
&= -\int_M (r+1) f Q_{(r)}(f) + \lambda(s+1) f Q_{(s)}(f) \\
&\quad - (r+1)(r+2) S_{(r+2)} f^2 \\
&\quad - \lambda(s+1)(s+2) S_{(s+2)} f^2 \mathrm{d}v.
\end{aligned} \tag{7.5}
$$

推论 7.7 [8] 设$x: M \to R^{n+p}(c)$是紧致无边的r极小子流形，那么对于任意变分向量场$V = V^i e_i + V^\alpha e_\alpha$，有

$$
\begin{aligned}
I(V) &= -\int_M \sum_{ij\alpha\beta} r T_{(r-2,2)}{}_{i;j}^{\alpha\beta} V^\beta V^\alpha_{,ij} + \sum_{ij\alpha} T_{(r)}{}_j^i V^\alpha V^\alpha_{,ij} \\
&\quad - (r+1)(r+2) T_{(r,2)}{}_{\emptyset}^{\alpha\beta} V^\alpha V^\beta \\
&\quad + c(n-r) r T_{(r-2,2)}{}_{\emptyset}^{\alpha\beta} V^\alpha V^\beta + c(n-r) S_r |V^\perp|^2 \mathrm{d}v.
\end{aligned} \tag{7.6}
$$

推论 7.8 设$x: M \to R^{n+1}(c)$是紧致无边的r极小超曲面，那么对于任意变分向量场$V = V^i e_i + fN$，有

$$
\begin{aligned}
I(f) &= -\int_M (r+1) f L_{(r)}(f) - (r+1)(r+2) S_{(r+2)} f^2 \\
&\quad + c(r+1)(n-r) S_{(r)} f^2 \mathrm{d}v.
\end{aligned} \tag{7.7}
$$

证明 因为M 是 $(\boldsymbol{r}+\mathbf{1},\boldsymbol{\lambda})$平行子流形，有

$$\sum_{t=1}^{s}\lambda_t(r_t+1)S^{\alpha}_{r_t+1}=0,\ \ \forall\alpha.$$

这个关系在下面的证明过程中反复用到。由定理7.2，

$$A'_{(\boldsymbol{r},\boldsymbol{\lambda})}(t)=-\int_M\langle\sum_{t=1}^{s}\lambda_t(r_t+1)\vec{S}_{r_t+1},V\rangle\mathrm{d}v_t,$$

再次求导，有

$$\begin{aligned}A''_{(\boldsymbol{r},\boldsymbol{\lambda})}(x_t)|_{t=0}&=-\frac{\partial}{\partial t}|_{t=0}\int_{M_t}\langle\sum_{i=1}^{s}\lambda_i(r_i+1)\vec{S}_{r_i+1},V\rangle\mathrm{d}v_{g_t}\\&=-\int_M\frac{\partial}{\partial t}|_{t=0}(\sum_{t=1}^{s}\lambda_tT_{(r_t)}{}^{i}_{j}h^{\alpha}_{ij})V^{\alpha}\mathrm{d}v\end{aligned}$$

注意其被积函数

$$\begin{aligned}T_0=&\frac{\partial}{\partial t}(T_{(r)}{}^{i}_{j}h^{\alpha}_{ij})V^{\alpha}\\=&(\frac{1}{r-1}T_{(r-2)}{}^{i_{r-1}i_ri}_{j_{r-1}j_rj}h^{\alpha}_{i_{r-1}j_{r-1}}h^{\beta}_{i_rj_r}V^{\beta}+T_{(r)}{}^{i}_{j}V^{\alpha})V^{\alpha}_{,ij}\\&+(\frac{1}{r-1}T_{(r-2)}{}^{i_{r-1}i_ri}_{j_{r-1}j_rj}h^{\alpha}_{i_{r-1}j_{r-1}}h^{\beta}_{i_rj_r}V^{\beta}+T_{(r)}{}^{i}_{j}V^{\alpha})h^{\alpha}_{ij,p}V^{p}\\&+(\frac{1}{r-1}T_{(r-2)}{}^{i_{r-1}i_ri}_{j_{r-1}j_rj}h^{\alpha}_{i_{r-1}j_{r-1}}h^{\beta}_{i_rj_r}V^{\beta}+T_{(r)}{}^{i}_{j}V^{\alpha})h^{\alpha}_{pj}L^{p}_{i}\\&+(\frac{1}{r-1}T_{(r-2)}{}^{i_{r-1}i_ri}_{j_{r-1}j_rj}h^{\alpha}_{i_{r-1}j_{r-1}}h^{\beta}_{i_rj_r}V^{\beta}+T_{(r)}{}^{i}_{j}V^{\alpha})h^{\alpha}_{pi}L^{p}_{j}\\&-(\frac{1}{r-1}T_{(r-2)}{}^{i_{r-1}i_ri}_{j_{r-1}j_rj}h^{\alpha}_{i_{r-1}j_{r-1}}h^{\beta}_{i_rj_r}V^{\beta}+T_{(r)}{}^{i}_{j}V^{\alpha})h^{\gamma}_{ij}L^{\alpha}_{\gamma}\\&+(\frac{1}{r-1}T_{(r-2)}{}^{i_{r-1}i_ri}_{j_{r-1}j_rj}h^{\alpha}_{i_{r-1}j_{r-1}}h^{\beta}_{i_rj_r}V^{\beta}+T_{(r)}{}^{i}_{j}V^{\alpha})h^{\alpha}_{ip}h^{\gamma}_{pj}V^{\gamma}\\&+c(\frac{1}{r-1}T_{(r-2)}{}^{i_{r-1}i_ri}_{j_{r-1}j_rj}h^{\alpha}_{i_{r-1}j_{r-1}}h^{\beta}_{i_rj_r}V^{\beta}+T_{(r)}{}^{i}_{j}V^{\alpha})\delta_{ij}V^{\alpha}\\=&(K1)(rT_{(r-2,2)}{}^{\alpha\beta}_{i;j}V^{\beta}+T_{(r)}{}^{i}_{j}V^{\alpha})V^{\alpha}_{,ij}\\&+(K2)(rT_{(r-2,2)}{}^{\alpha\beta}_{i;j}V^{\beta}+T_{(r)}{}^{i}_{j}V^{\alpha})h^{\alpha}_{ij,p}V^{p}\\&+(K3)(rT_{(r-2,2)}{}^{\alpha\beta}_{i;j}V^{\beta}+T_{(r)}{}^{i}_{j}V^{\alpha})h^{\alpha}_{pj}L^{p}_{i}\\&+(K4)(rT_{(r-2,2)}{}^{\alpha\beta}_{i;j}V^{\beta}+T_{(r)}{}^{i}_{j}V^{\alpha})h^{\alpha}_{pi}L^{p}_{j}\\&-(K5)(rT_{(r-2,2)}{}^{\alpha\beta}_{i;j}V^{\beta}+T_{(r)}{}^{i}_{j}V^{\alpha})h^{\gamma}_{ij}L^{\alpha}_{\gamma}\\&+(K6)(rT_{(r-2,2)}{}^{\alpha\beta}_{i;j}V^{\beta}+T_{(r)}{}^{i}_{j}V^{\alpha})h^{\alpha}_{ip}h^{\gamma}_{pj}V^{\gamma}\\&+(K7)c(rT_{(r-2,2)}{}^{\alpha\beta}_{i;j}V^{\beta}+T_{(r)}{}^{i}_{j}V^{\alpha})\delta_{ij}V^{\alpha}.\end{aligned}\tag{7.8}$$

下面逐项计算其中的$(K1),\cdots,(K7)$:

$$\begin{aligned}(K1)=&(rT_{(r-2,2)}{}^{\alpha\beta}_{i;j}V^\beta+T_{(r)}{}^{i}_{j}V^\alpha)V^\alpha_{,ij}\\=&\sum_{ij\alpha\beta}rT_{(r-2,2)}{}^{\alpha\beta}_{i;j}V^\beta V^\alpha_{,ij}+\sum_{ij\alpha}T_{(r)}{}^{i}_{j}V^\alpha V^\alpha_{,ij}.\end{aligned}$$

$$\begin{aligned}(K2)=&(rT_{(r-2,2)}{}^{\alpha\beta}_{i;j}V^\beta+T_{(r)}{}^{i}_{j}V^\alpha)h^\alpha_{ij,p}V^p\\=&(r+1)(S^{\ \alpha}_{r+1,p})V^\alpha V^p.\end{aligned}$$

$$\begin{aligned}(K3)=&(K4)=(rT_{(r-2,2)}{}^{\alpha\beta}_{i;j}V^\beta+T_{(r)}{}^{i}_{j}V^\alpha)h^\alpha_{pj}L^p_i\\=&rT_{(r-2,2)}{}^{\alpha\beta}_{i;j}V^\beta h^\alpha_{pj}L^p_i+T_{(r)}{}^{i}_{j}V^\alpha h^\alpha_{pj}L^p_i\\=&(rT_{(r-2,2)}{}^{\alpha\beta}_{i;p}V^\alpha h^\beta_{pj}L^j_i+T_{(r)}{}^{i}_{p}V^\alpha h^\alpha_{pj}L^j_i\\=&((r+1)\delta_{ij}S^{\ \alpha}_{r+1}-(r+1)T_{(r+1)}{}^{\alpha}_{ij})L^j_i=0.\end{aligned}$$

$$\begin{aligned}(K5)=&rT_{(r-2,2)}{}^{\alpha\beta}_{i;j}V^\beta h^\gamma_{ij}L^\alpha_\gamma+T_{(r)}{}^{i}_{j}V^\alpha h^\gamma_{ij}L^\alpha_\gamma\\=&r(r+1)T_{(r-2,3)}{}^{\alpha\beta\gamma}_{\emptyset}L^\alpha_\gamma+(r+1)S^{\ \gamma}_{r+1}V^\alpha L^\alpha_\gamma\\=&(r+1)S^{\ \gamma}_{r+1}V^\alpha L^\alpha_\gamma.\end{aligned}$$

$$\begin{aligned}(K6)=&(rT_{(r-2,2)}{}^{\alpha\beta}_{i;j}V^\beta+T_{(r)}{}^{i}_{j}V^\alpha)h^\alpha_{ip}h^\gamma_{pj}V^\gamma\\=&(rT_{(r-2,2)}{}^{\alpha\beta}_{i;j}h^\beta_{ip}+T_{(r)}{}^{i}_{j}h^\alpha_{ip})h^\gamma_{pj}V^\alpha V^\gamma\\=&((r+1)\delta_{jp}S^{\ \alpha}_{r+1}-(r+1)T_{(r+1)\,jp}\alpha)h^\gamma_{pj}V^\alpha V^\gamma\\=&(r+1)S^{\ \alpha}_{r+1}V^\alpha\langle\vec{S}_1,V\rangle-(r+1)(r+2)T_{(r,2)}{}^{\alpha\beta}_{\emptyset}V^\alpha V^\beta.\end{aligned}$$

$$\begin{aligned}(K7)=&c(rT_{(r-2,2)}{}^{\alpha\beta}_{i;i}V^\alpha V^\beta+T_{(r)}{}^{i}_{i}V^\alpha V^\alpha\\=&cr(n-r)T_{(r-2,2)}{}^{\alpha\beta}_{\emptyset}V^\alpha V^\beta+c(n-r)S_rV^\alpha V^\alpha.\end{aligned}$$

将$(K1),\cdots,(K7)$代入(7.8)式，有

$$\begin{aligned}T_0=&\sum_{ij\alpha\beta}rT_{(r-2,2)}{}^{\alpha\beta}_{i;j}V^\beta V^\alpha_{,ij}+\sum_{ij\alpha}T_{(r)}{}^{i}_{j}V^\alpha V^\alpha_{,ij}\\&+(r+1)(S^{\ \alpha}_{r+1,p})V^\alpha V^p-(r+1)S^{\ \gamma}_{r+1}V^\alpha L^\alpha_\gamma\\&+(r+1)S^{\ \alpha}_{r+1}V^\alpha\langle\vec{S}_1,V\rangle-(r+1)(r+2)T_{(r,2)}{}^{\alpha\beta}_{\emptyset}V^\alpha V^\beta\\&+cr(n-r)T_{(r-2,2)}{}^{\alpha\beta}_{\emptyset}V^\alpha V^\beta+c(n-r)S_rV^\alpha V^\alpha.\end{aligned}$$

利用$(\boldsymbol{r+1},\boldsymbol{\lambda})$平行条件，有

$$\frac{\partial}{\partial t}(\sum_{t=1}^{s}\lambda_tT_{(r_t)}{}^{i}_{j}h^\alpha_{ij})V^\alpha$$

$$
\begin{aligned}
&=\sum_{t=1}^{s}\sum_{ij\alpha\beta}\lambda_t r_t T_{(r_t-2,2)}{}_{i;j}^{\alpha\beta}V^\beta V_{,ij}^\alpha+\sum_{t=1}^{s}\sum_{ij\alpha}\lambda_t T_{(r_t)}{}_j^i V^\alpha V_{,ij}^\alpha\\
&\quad+\sum_p\langle\vec{S}_{(\boldsymbol{r+1},\boldsymbol{\lambda}),p},V\rangle V^p-\sum_{t=1}^{s}\sum_{\alpha\gamma}\lambda_t(r_t+1)S_{r_t+1}^{\gamma}V^\alpha L_\gamma^\alpha\\
&\quad+\langle\vec{S}_{(\boldsymbol{r+1},\boldsymbol{\lambda})},V\rangle\langle\vec{S}_1,V\rangle-\sum_{t=1}^{s}\sum_{\alpha\beta}\lambda_t(r_t+1)(r_t+2)T_{(r_t,2)}{}_{\emptyset}^{\alpha\beta}V^\alpha V^\beta\\
&\quad+\sum_{t=1}^{s}c\lambda_t r_t(n-r_t)T_{(r_t-2,2)}{}_{\emptyset}^{\alpha\beta}V^\alpha V^\beta+\sum_{t=1}^{s}c\lambda_t(n-r_t)S_{r_t}|V^\perp|^2\\
&=\sum_{t=1}^{s}\sum_{ij\alpha\beta}\lambda_t r_t T_{(r_t-2,2)}{}_{i;j}^{\alpha\beta}V^\beta V_{,ij}^\alpha+\sum_{t=1}^{s}\sum_{ij\alpha}\lambda_t T_{(r_t)}{}_j^i V^\alpha V_{,ij}^\alpha\\
&\quad-\sum_{t=1}^{s}\sum_{\alpha\beta}\lambda_t(r_t+1)(r_t+2)T_{(r_t,2)}{}_{\emptyset}^{\alpha\beta}V^\alpha V^\beta\\
&\quad+\sum_{t=1}^{s}c\lambda_t r_t(n-r_t)T_{(r_t-2,2)}{}_{\emptyset}^{\alpha\beta}V^\alpha V^\beta+\sum_{t=1}^{s}c\lambda_t(n-r_t)S_{r_t}|V^\perp|^2.
\end{aligned}\tag{7.9}
$$

□

7.4 单位球面中的不稳定结果

设$c=1$， $x:M\to S^{n+p}(1)$ 是单位球面中的$(\boldsymbol{r+1},\boldsymbol{\lambda})$平行子流形。下面考虑欧氏空间$E^{n+p+1}$中的典范标架$E_A$, $1\leqslant A\leqslant(n+p+1)$，令

$$
\begin{aligned}
&f_A=\langle x,E_A\rangle,\quad V_A=E_A,\\
&V_A^\top=\sum_i V_A^i e_i=\sum_i\langle e_i,E_A\rangle e_i,\\
&V_A^\perp=\sum_\alpha V_A^\alpha e_\alpha=\sum_\alpha\langle e_\alpha,E_A\rangle e_\alpha.
\end{aligned}
$$

显然，下列等式成立：

$$
\begin{aligned}
&\sum_A f_A^2=\sum_A\langle x,E_A\rangle\langle x,E_A\rangle=|x|^2=1,\\
&\sum_A f_A V_A^\alpha=\sum_A\langle x,E_A\rangle\langle e_\alpha,E_A\rangle=\langle x,e_\alpha\rangle=0,\\
&\sum_A V_A^\alpha V_A^\beta=\sum_A\langle e_\alpha,E_A\rangle\langle e_\beta,E_A\rangle=\delta_{\alpha\beta},\\
&\sum_{\alpha,A}(V_A^\alpha)^2=p.
\end{aligned}
$$

在第5.3节中计算过如下的微分：

$$x_{,i}=e_i,\quad x_{,ij}=h^{\alpha}_{ij}e_{\alpha}-\delta_{ij}x,\quad e_{\alpha,i}=-h^{\alpha}_{ij}e_j,$$
$$e_{\alpha,ij}=-h^{\alpha}_{ij,p}e_p-h^{\alpha}_{ip}h^{\beta}_{pj}e_{\beta}+h^{\alpha}_{ij}x.$$

因此，对于典范向量场V^{α}_A，有

$$\begin{aligned}V^{\alpha}_{A,ij}&=\langle -h^{\alpha}_{ij,p}e_p-h^{\alpha}_{ip}h^{\beta}_{pj}e_{\beta}+h^{\alpha}_{ij}x,E_A\rangle\\&=-\sum_k h^{\alpha}_{ij,k}V^k_A-\sum_{k\gamma}h^{\alpha}_{ik}h^{\gamma}_{kj}V^{\gamma}_A+h^{\alpha}_{ij}f_A,\end{aligned}$$
$$\sum_A V^{\beta}_A V^{\alpha}_{A,ij}=-\sum_{k\beta}h^{\alpha}_{ik}h^{\beta}_{kj}.$$

第二变分公式(7.3)式的被积函数共5项，分别记为$(K1),\cdots,(k5)$。下面分别计算：

$$\begin{aligned}(K1)+(K2)&=\sum_{t=1}^{s}\sum_{ijA\alpha\beta}\lambda_t r_t T_{(r_t-2,2)}{}^{\alpha\beta}_{i;j}V^{\beta}_A V^{\alpha}_{A,ij}+\sum_{t=1}^{s}\sum_{ijA\alpha}\lambda_t T_{(r_t)}{}^{i}_{j}V^{\alpha}_A V^{\alpha}_{A,ij}\\&=-\sum_{t=1}^{s}\sum_{ijp\alpha\beta}\lambda_t r_t T_{(r_t-2,2)}{}^{\alpha\beta}_{i;j}h^{\beta}_{pj}h^{\alpha}_{ip}-\sum_{t=1}^{s}\sum_{ij\alpha}\lambda_t T_{(r_t)}{}^{i}_{j}h^{\alpha}_{pj}h^{\alpha}_{ip}\\&=\sum_{t=1}^{s}\lambda_t[-\sum_{ijp\alpha\beta}\lambda_t r_t T_{(r_t-2,2)}{}^{\alpha\beta}_{i;j}h^{\beta}_{jp}-\sum_{ij\alpha}\lambda_t T_{(r_t)}{}^{i}_{j}h^{\alpha}_{pj}]h^{\alpha}_{ip}\\&=\sum_{t=1}^{s}\lambda_t((r_t+1)T_{(r_t,1)}{}^{\alpha}_{ip}-(r_t+1)S^{\alpha}_{r_t+1}\delta_{ip})h^{\alpha}_{ip}\\&=\sum_{t=1}^{s}\lambda_t((r_t+1)(r_t+2)S_{r_t+2}-(r_t+1)\langle\vec{S}_{r_t+1},\vec{S}_1\rangle).\end{aligned}$$

$$\begin{aligned}(K3)&=-\sum_{t=1}^{s}\sum_{A\alpha\beta}\lambda_t(r_t+1)(r_t+2)T_{(r_t,2)}{}^{\alpha\beta}_{\emptyset}V^{\alpha}_A V^{\beta}_A\\&=-\sum_{t=1}^{s}\lambda_t(r_t+1)(r_t+2)S_{r_t+2}.\end{aligned}$$

$$\begin{aligned}(K4)&=\sum_{t=1}^{s}\sum_{A\alpha\beta}\lambda_t r_t(n-r_t)T_{(r_t-2,2)}{}^{\alpha\beta}_{\emptyset}V^{\alpha}_A V^{\beta}_A\\&=\sum_{t=1}^{s}\lambda_t r_t(n-r_t)S_{r_t}.\end{aligned}$$

$$(K5)=\sum_{t=1}^{s}\lambda_t(n-r_t)S_{r_t}|V^{\perp}|^2=\sum_{t=1}^{s}\lambda_t p(n-r_t)S_{r_t}.$$

逐项相加，同时利用$(\boldsymbol{r}+\mathbf{1},\boldsymbol{\lambda})$平行条件，得

$$(K1)+(K2)+(K3)+(K4)+(K5)=\sum_{t=1}^{s}\lambda_t(p+r_t)(n-r_t)S_{r_t}=S_{(\boldsymbol{r},\boldsymbol{\lambda})}.$$

将上式代入第二变分公式(7.3)，有

$$\sum_A I(V_A^\perp) = -\int_M \sum_{t=1}^{s} \lambda_t(n-r_t)(p+r_t)S_{r_t}\,\mathrm{d}v = -\int_M (S_{r,\lambda})\mathrm{d}v.$$

如果$S_{r,\lambda} > 0$，那么$\sum_A I(V_A^\perp) < 0$，即存在 A_0使得

$$I(V_{A_0}^\perp) < 0.$$

于是，我们证明了下面结论：

定理 7.4 设$x: M \to S^{n+p}(1)$是单位球面中紧致无边的$(\boldsymbol{r}+\mathbf{1},\boldsymbol{\lambda})$平行子流形。如果它的相应 $(\boldsymbol{r},\boldsymbol{\lambda})$函数 $S_{r,\lambda} > 0$，那么M不稳定。 ◇

推论 7.9 设$x: M \to S^{n+1}(1)$是单位球面中紧致无边的$(\boldsymbol{r}+\mathbf{1},\boldsymbol{\lambda})$平行超曲面。如果它的相应 $(\boldsymbol{r},\boldsymbol{\lambda})$函数 $S_{r,\lambda} > 0$，那么M不稳定。

推论 7.10 设$x: M \to S^{n+1}(1)$是单位球面中紧致无边的$(r+1, s+1, \lambda)$平行超曲面。如果它的相应 (r, s, λ)函数

$$S_{(r,s,\lambda)} = (r+1)(n-r)S_r + \lambda(s+1)(n-s)S_s > 0,$$

那么M不稳定。

推论 7.11 [37] Simons不稳定定理：设$x: M \to S^{n+p}(1)$是单位球面中紧致无边的极小子流形，那么M不稳定。

推论 7.12 [8] Cao-Li不稳定定理：设$x: M \to S^{n+p}(1)$是单位球面中紧致无边的r极小子流形。如果它的 $S_r > 0$，那么M不稳定。

事实上，由证明过程知道，如果$S_{r,\lambda} \geqslant 0$，而且要求$M$稳定，那么

$$\begin{aligned}\sum_A I(V_A^\perp) &= -\int_M \Big(\sum_{t=1}^{s} \lambda_t(n-r_t)(p+r_t)S_{r_t}\Big)\mathrm{d}v \\ &= -\int_M S_{r,\lambda}\mathrm{d}v \geqslant 0.\end{aligned}$$

从而有$S_{r,\lambda} = 0$.

定理 7.5 设$x: M \to S^{n+p}(1)$是单位球面中紧致无边的稳定的$(\boldsymbol{r}+\mathbf{1},\boldsymbol{\lambda})$平行子流形。如果它的相应 $(\boldsymbol{r},\boldsymbol{\lambda})$函数 $S_{r,\lambda} \geqslant 0$，那么有两个恒等式：

$$\vec{S}_{(\boldsymbol{r}+\mathbf{1},\boldsymbol{\lambda})} = 0;\quad S_{r,\lambda} = 0.$$

◇

推论 7.13 设$x: M \to S^{n+1}(1)$是单位球面中紧致无边的稳定的$(\boldsymbol{r}+\mathbf{1},\boldsymbol{\lambda})$平行超曲面。如果它的相应 $(\boldsymbol{r},\boldsymbol{\lambda})$函数 $S_{r,\lambda} \geqslant 0$，那么有两个恒等式：

$$S_{(\boldsymbol{r}+\mathbf{1},\boldsymbol{\lambda})} = 0;\quad S_{r,\lambda} = 0.$$

推论 7.14 设$x: M \to S^{n+1}(1)$是单位球面中紧致无边稳定的$(r+1, s+1, \lambda)$平行超曲面。如果它的相应 (r, s, λ) 函数

$$S_{(r,s,\lambda)} = (r+1)(n-r)S_r + \lambda(s+1)(n-s)S_s \geqslant 0,$$

那么有两个恒等式:

$$S_{(r+1,s+1,\lambda)} = (r+1)S_{r+1} + \lambda(s+1)S_{s+1} = 0,$$

$$S_{(r,s,\lambda)} = (r+1)(n-r)S_r + \lambda(s+1)(n-s)S_s = 0.$$

推论 7.15 [8] Cao-li的结论：设$x: M \to S^{n+1}(1)$是单位球面中紧致无边的稳定的r极小超曲面。如果它的函数 $S_r \geqslant 0$，那么有两个恒等式

$$S_{r+1} = 0, \quad S_r = 0.$$

由Maclaurin不等式，得到M是测地球。

7.5 欧氏空间中的稳定性结论

本节主要研究欧氏空间中稳定的$(r+1, s+1, \lambda)$平行超曲面。为此需要以下引理。

引理 7.2 设$x: M \to R^{n+1}(c)$是空间形式中的超曲面，我们有

$$x_{,i} = e_i, \quad x_{,ij} = h_{ij}N - c\delta_{ij}x,$$

$$N_{,i} = -h_{ij}e_j, \quad N_{,ij} = -h_{ij,p}e_p - h_{ip}h_{pj}N + ch_{ij}x,$$

$$\frac{1}{2}|x|^2_{,i} = \langle x, e_i\rangle, \quad \frac{1}{2}|x|^2_{,ij} = \delta_{ij} + h_{ij}\langle x, N\rangle - c\delta_{ij}|x|^2,$$

$$\langle x, N\rangle_{,i} = -\frac{1}{2}h_{ij}|x|^2_{,j},$$

$$\langle x, N\rangle_{,ij} = -\frac{1}{2}h_{ij,p}|x|^2_{,p} - h_{ij} - h_{ip}h_{pj}\langle x, N\rangle + ch_{ij}|x|^2,$$

$$L_r(x) = (r+1)S_{r+1}N - c(n-r)S_r x,$$

$$L_r(N) = -S_{r+1,k}e_k - S_{r+1}S_1N + (r+2)S_{r+2}N + c(r+1)S_{r+1}x,$$

$$L_r\frac{1}{2}|x|^2 = (n-r)S_r - c(n-r)S_r|x|^2 + (r+1)S_{r+1}\langle x, N\rangle,$$

$$L_r\langle x, N\rangle = -\frac{1}{2}S_{r+1,p}|x|^2_{,p} - (r+1)S_{r+1} - S_{r+1}S_1\langle x, N\rangle$$
$$+ (r+2)S_{r+2}\langle x, N\rangle + c(r+1)S_{r+1}|x|^2,$$

$$\begin{aligned}\int_M \langle x,N\rangle L_r\left(\frac{1}{2}|x|^2\right)\mathrm{d}v &= \int_M \langle T_{(r)}Bx^\top, x^\top\rangle \mathrm{d}v\\ &= \int_M S_{r+1}|x^\top|^2 - \langle T_{(r+1)}x^\top, x^\top\rangle \mathrm{d}v\\ &= \int_M \langle x,N\rangle[(n-r)S_r - c(n-r)S_r|x|^2\\ &\quad + (r+1)S_{r+1}\langle x,N\rangle]\mathrm{d}v.\end{aligned}$$

证明　见第5.3节。 □

引理 7.3 [3,31]　设$R^{n+1}(c)$表示单位半球面$S_+^{n+1}(1)$，E^{n+1}为欧氏空间，$H^{n+1}(-1)$为双曲空间。$x: M \to R^{n+1}(c)$是一个紧致无边的超曲面，r为偶数，并且$S_{r+1} > 0$。那么对任意的$j: 0 \leqslant j \leqslant r$，算子$L_j$为椭圆算子，函数$S_j > 0$。

证明　请参见文献[3, 31]。 □

引理 7.4　设$x: M \to R^{n+1}(c)$是一个紧致无边的$(r+1, s+1, \lambda)$超曲面。如果$S_{r+1} > 0$，那么有

$$E_{r,s,\lambda} = (r+2)(r+1)S_{r+2} + \lambda(s+2)(s+1)S_{s+2} < 0. \tag{7.10}$$

证明　由引理7.3，我们知道

$$H_1, \cdots, H_s, \cdots, H_r, H_{r+1} > 0.$$

由Maclaurin不等式，有

$$\frac{H_2}{H_1} \geqslant \frac{H_3}{H_2} \geqslant \cdots \geqslant \frac{H_{r+2}}{H_{r+1}}.$$

这里不用考虑H_{r+2}的符号问题：若为正，不等式是正确的；若为负，自然成立。于是我们有

$$H_{r+2}H_{s+1} - H_{r+1}H_{s+2} \leqslant 0.$$

由此推出

$$\begin{aligned}&(r+2)(r+1)S_{r+2}S_{s+1} - (s+2)S_{s+2}S_{r+1}\\ &= (n-r-1)C_n^{r+1}C_n^{s+1}H_{r+2}H_{s+1} - (n-s-1)C_n^{r+1}C_n^{s+1}H_{s+2}H_{r+1}\\ &\leqslant (n-r-1)C_n^{r+1}C_n^{s+1}H_{s+2}H_{r+1} - (n-s-1)C_n^{r+1}C_n^{s+1}H_{s+2}H_{r+1}\\ &= -(r-s)H_{s+2}H_{r+1} < 0.\end{aligned} \tag{7.11}$$

再由$(r+1,s+1,\lambda)$平行条件，可以确定系数λ为

$$\lambda=-\frac{(r+1)S_{r+1}}{(s+1)S_{s+1}}.$$

代入(7.11)式得

$$\begin{aligned}&(r+2)(r+1)S_{r+2}+\lambda(s+2)(s+1)S_{s+2}]\\&=\frac{r+1}{S_{s+1}}[(r+2)(r+1)S_{r+2}S_{s+1}-(s+2)S_{s+2}S_{r+1}]<0.\end{aligned}$$

□

引理 7.5 设$x:M\to R^{n+1}(c)$是一个紧致无边的$(r+1,s+1,\lambda)$超曲面。如果$S_{r+1}>0$，那么有

$$S_{r,s,\lambda}\overset{\text{def}}{=}(r+1)(n-r)S_r+\lambda(s+1)(n-s)S_s>0.$$

证明 由引理7.3和对称多项式不等式，有

$$\begin{aligned}&H_1,\cdots,H_s,\cdots,H_r,H_{r+1}>0,\\&\frac{H_2}{H_1}\geqslant\frac{H_3}{H_2}\geqslant\cdots\geqslant\frac{H_{r+1}}{H_r},\\&H_{r+1}H_s-H_{s+1}H_r\leqslant 0,\end{aligned}$$

$$\begin{aligned}&(n-r)S_rS_{s+1}-(n-s)S_{r+1}S_s\\&=(n-r)C_n^rC_n^{s+1}H_rH_{s+1}-(n-s)C_n^{r+1}C_n^sH_{r+1}H_s\\&=\frac{(n-r)(n-s)}{(s+1)}C_n^rC_n^sH_rH_{s+1}\\&\quad-\frac{(n-r)(n-s)}{r+1}C_n^rC_n^sH_{r+1}H_s\\&\geqslant(n-r)(n-s)[\frac{1}{s+1}-\frac{1}{r+1}]H_{r+1}H_s>0.\end{aligned}\tag{7.12}$$

根据$(r+1,\ s+1,\ \lambda)$平行条件，得

$$\lambda=-\frac{(r+1)S_{r+1}}{(s+1)S_{s+1}},$$

再由(7.12)式，得到

$$\begin{aligned}&(r+1)(n-r)S_r+\lambda(s+1)(n-s)S_s\\&=\frac{r+1}{S_{s+1}}[(n-r)S_rS_{s+1}-(n-s)S_{r+1}S_s]>0.\end{aligned}$$

□

设$(k_1,\cdots,k_n)$是主曲率，作如下记号：

$$S_r[(h_{ij})_{n\times n}]=S_r(k_1,\cdots,k_n),$$
$$S_r(\hat{i})=S_r(k_1,\cdots,k_{i-1},\hat{k}_i,k_{i+1},\cdots k_n).$$

容易推得

$$T_{(r)}=\mathrm{dig}(S_r(\hat{1}),\cdots,S_r(\hat{n})).$$

引理7.3指出，如果$S_{r+1}>0$，那么任取$1\leqslant j\leqslant r$，$1\leqslant i\leqslant n$，都有$S_j(\hat{i})>0$.

引理 7.6 设$x:M\to R^{n+1}(c)$是一个紧致无边的$(r+1,s+1,\lambda)$超曲面。如果$S_{r+1}>0$，那么

（1）算子$F_{r,s,\lambda}\overset{\text{def}}{=}(r+1)L_r+\lambda(s+1)L_s$是正定的；

（2）算子$G_{r,s,\lambda}\overset{\text{def}}{=}[(r+1)L_{(r+1)}+\lambda(s+1)L_{(s+1)}]$是半负定的，但是不恒等于零。

证明 对角化算子，有

$$\begin{aligned}F_{r,s,\lambda}&=(r+1)L_r+\lambda(s+1)L_s\\&=\mathrm{dig}(\cdots,(r+1)S_r(\hat{i})+\lambda(s+1)S_s(\hat{i}),\cdots)\\&=\mathrm{dig}(\cdots,\frac{(r+1)}{S_{s+1}}[S_r(\hat{i})S_{s+1}-S_{r+1}S_s(\hat{i})],\cdots).\end{aligned}$$

由引理7.3,

$$\begin{aligned}&S_r(\hat{i})S_{s+1}-S_{r+1}S_s(\hat{i})\\&=S_r(\hat{i})[S_{s+1}(\hat{i})+k_iS_s(\hat{i})]-[S_{r+1}(\hat{i})+k_iS_r(\hat{i})]S_s(\hat{i})\\&=S_r(\hat{i})S_{s+1}(\hat{i})-S_{r+1}(\hat{i})S_s(\hat{i})\\&=\mathrm{C}_{n-1}^rH_r(\hat{i})\mathrm{C}_{n-1}^{s+1}H_{s+1}(\hat{i})-\mathrm{C}_{n-1}^{r+1}H_{r+1}(\hat{i})\mathrm{C}_{n-1}^sH_s(\hat{i})\\&=\mathrm{C}_{n-1}^rH_r(\hat{i})\mathrm{C}_{n-1}^{s+1}H_{s+1}(\hat{i})-\mathrm{C}_{n-1}^{r+1}H_{r+1}(\hat{i})\mathrm{C}_{n-1}^sH_s(\hat{i})\\&=\frac{n-s-1}{s+1}\mathrm{C}_{n-1}^r\mathrm{C}_{n-1}^sH_r(\hat{i})H_{s+1}(\hat{i})\\&\quad-\frac{n-r-1}{r+1}\mathrm{C}_{n-1}^r\mathrm{C}_{n-1}^sH_{r+1}(\hat{i})H_s(\hat{i})\\&\geqslant\frac{n-s-1}{s+1}\mathrm{C}_{n-1}^r\mathrm{C}_{n-1}^sH_r(\hat{i})H_{s+1}(\hat{i})\\&\quad-\frac{n-r-1}{r+1}\mathrm{C}_{n-1}^r\mathrm{C}_{n-1}^sH_{s+1}(\hat{i})H_r(\hat{i})\end{aligned}$$

$$=n[\frac{1}{s+1}-\frac{1}{r+1}]H_{s+1}(\hat{i})H_r(\hat{i})>0.$$

这样就证明了(1)。为了证明(2)，同样对角化，有

$$\begin{aligned}
&[(r+1)T_{(r+1)}+\lambda(s+1)T_{(s+1)}]B\\
&=\mathrm{dig}(\cdots,(r+1)S_{r+1}(\hat{i})k_i+\lambda(s+1)S_{s+1}(\hat{i})k_i,\cdots)\\
&=\mathrm{dig}(\cdots,\frac{r+1}{S_{r+1}}(k_iS_{s+1}(\hat{i})S_{s+1}-k_iS_{s+1}(\hat{i})S_{r+1}),\cdots).
\end{aligned}$$

$$\begin{aligned}
&k_iS_{r+1}(\hat{i})S_{s+1}-k_iS_{s+1}(\hat{i})S_{r+1}\\
&=k_iS_{r+1}(\hat{i})[S_{s+1}(\hat{i})+k_iS_s(\hat{i})]\\
&\quad-k_iS_{s+1}(\hat{i})[S_{r+1}(\hat{i})+k_iS_r(\hat{i})]\\
&=k_i^2[S_{r+1}(\hat{i})S_s(\hat{i})-S_{s+1}(\hat{i})S_r(\hat{i})]\\
&\leqslant-k_i^2n[\frac{1}{s+1}-\frac{1}{r+1}]H_{s+1}(\hat{i})H_r(\hat{i})\\
&\begin{cases}=0, & k_i=0\\ <0, & k_i\neq 0.\end{cases}
\end{aligned}$$

因为S_{r+1}为正，那么存在某个$k_{i_0}\neq 0$。所以算子为半负定，但是不恒等于零。 □

引理 7.7 欧氏空间中全脐但不全测地的超曲面是稳定的$(r+1,s+1,\lambda)$平行超曲面。

证明 设 M 是全脐但不全测地的超曲面，选择适当的法向量使得主曲率为正常数k，通过简单的计算得到

$$h_{ij}=k\delta_{ij},\ \ R_{ijkl}=-k^2(\delta_{ik}\delta_{jl}-\delta_{il}\delta_{jk}),$$

$$S_r=\mathrm{C}_n^rk^r,\ \ T_{r\,j}^{\ i}=\mathrm{C}_{n-1}^rk^r\delta_j^i,\ \ L_rf=\mathrm{C}_{n-1}^rk^r\triangle f.$$

选择系数λ为

$$\lambda=-\frac{(r+1)S_{r+1}}{(s+1)S_{s+1}}=-\frac{(r+1)\mathrm{C}_n^{r+1}}{(s+1)\mathrm{C}_n^{s+1}}k^{r-s},$$

那么满足$(r+1,s+1,\lambda)$平行的定义

$$(r+1)S_{r+1}+\lambda(s+1)S_{s+1}=0,$$

由黎曼曲率的表达式，知道 M 具有正常曲率 k^2. 则拉普拉斯算子的第一个正的特征值为$\lambda_1=nk^2$.

对于任何法向量f，我们代入第二变分公式(7.3),有

$$
\begin{aligned}
I(f) = &-\int_M (r+1)L_r(f)f + \lambda(s+1)L_s(f)f \\
&- (r+2)(r+1)S_{r+2}f^2 - \lambda(s+2)(s+1)S_{s+2}f^2\mathrm{d}v \\
= &-\int_M (r+1)\mathrm{C}_{n-1}^r k^r \triangle f f + \lambda(s+1)\mathrm{C}_{n-1}^s k^s \triangle f f \\
&- (r+2)(r+1)\mathrm{C}_n^{r+2}k^{r+2}f^2 - \lambda(s+2)(s+1)\mathrm{C}_n^{s+2}k^{s+2}f^2\mathrm{d}v \\
= &\frac{r-s}{n}(r+1)\mathrm{C}_n^{r+1}k^r \int_M -\triangle(f)f - n(k^2)f^2\mathrm{d}v \\
= &\frac{r-s}{n}(r+1)\mathrm{C}_n^{r+1}k^r \int_M |\nabla f|^2 - n(k^2)f^2\mathrm{d}v \\
\geqslant &\frac{r-s}{n}(r+1)\mathrm{C}_n^{r+1}k^r \int_M [\lambda_1 - n(k^2)]f^2\mathrm{d}v \\
= &0,
\end{aligned}
$$

即M 是稳定的。 □

定理 7.6 设$x : M \to E^{n+1}$欧氏空间中紧致无边的 $(r+1, s+1, \lambda)$平行超曲面。如果S_{r+1} 为正， 那么 M为稳定的$(r+1, s+1, \lambda)$平行超曲面当且仅当 M 为一个球面并且 x 浸入为一个全脐球面。 ◇

证明 由引理7.7，仅需证明必要性。这就是说如果M 满足定理中的假设和稳定性，需要证明 M 是一个球并且x是全脐浸入。由引理7.3知任取$1 \leqslant j \leqslant r$，$L_j$是椭圆算子，函数$S_j > 0$。这说明矩阵$T_{(j)p}^{\ q}$是正定的。

选择欧氏空间E^{n+1}的典范标架为E_A, $1 \leqslant A \leqslant n+1$。定义函数

$$f_A = \langle N, E_A\rangle,\ \ g_A = \langle x, E_A\rangle.$$

因为 M 是稳定的，那么对于所有的函数 g_A 都有$I(g_A) \geqslant 0$。因此

$$\sum_A I(g_A) \geqslant 0.$$

通过直接的计算，有

$$
\begin{aligned}
&L_r(g_A) = (r+1)S_{r+1}f_A, \\
&\sum_A (r+1)L_r(g_A)(g_A) = (r+1)(r+1)S_{r+1}\langle x, N\rangle, \\
&\sum_A -(r+2)(r+1)S_{r+2}{g_A}^2 = -(r+2)(r+1)S_{r+2}|x|^2,
\end{aligned}
$$

$$\sum_A \lambda(s+1)L_s(g_A)(g_A) = \lambda(s+1)(s+1)S_{s+1}\langle x, N\rangle,$$

$$\sum_A -\lambda(s+2)(s+1)S_{s+2}{g_A}^2 = -\lambda(s+2)(s+1)S_{s+2}|x|^2.$$

使用上面的等式和$(r+1, s+1, \lambda)$平行条件，得

$$\begin{aligned}
0 &\leqslant \sum_A I(g_A) \\
&= -\int_M (r+1)(r+1)S_{r+1}\langle x, N\rangle + \lambda(s+1)(s+1)S_{s+1}\langle x, N\rangle \\
&\quad - (r+2)(r+1)S_{r+2}|x|^2 - \lambda(s+2)(s+1)S_{s+2}|x|^2 \mathrm{d}v \\
&= \int_M -(r-s)(r+1)S_{r+1}\langle x, N\rangle \\
&\quad + [(r+2)(r+1)S_{r+2} + \lambda(s+2)(s+1)S_{s+2}](|x^\top|^2 + \langle x, N\rangle^2)\mathrm{d}v \\
&= \int_M -(r-s)(r+1)S_{r+1}\langle x, N\rangle \\
&\quad + E_{r,s,\lambda}|x^\top|^2 + E_{r,s,\lambda}\langle x, N\rangle^2 \mathrm{d}v.
\end{aligned} \tag{7.13}$$

由引理7.2中的积分等式知道

$$\begin{aligned}
&\int_M \langle (r+1)T_{(r+1)}Bx^\top, x^\top\rangle \mathrm{d}v \\
&= \int_M (n-r-1)(r+1)S_{r+1}\langle x, N\rangle + (r+2)(r+1)S_{r+2}\langle x, N\rangle^2 \mathrm{d}v, \\
&\int_M \langle \lambda(s+1)T_{(s+1)}Bx^\top, x^\top\rangle \mathrm{d}v \\
&= \int_M \lambda(n-s-1)(s+1)S_{s+1}\langle x, N\rangle + \lambda(s+2)(s+1)S_{s+2}\langle x, N\rangle^2 \mathrm{d}v.
\end{aligned}$$

定义两个积分，同时由引理7.4和7.6知道

$$\begin{aligned}
I_1 &\overset{\text{def}}{=} \int_M \langle [(r+1)T_{(r+1)} + \lambda(s+1)T_{(s+1)}]Bx^\top, x^\top\rangle \mathrm{d}v \\
&= \int_M \langle G_{r,s,\lambda}x^\top, x^\top\rangle \mathrm{d}v \leqslant 0, \\
I_2 &\overset{\text{def}}{=} \int_M [(r+2)(r+1)S_{r+2} + \lambda(s+2)(s+1)S_{s+2}]|x^\top|^2 \mathrm{d}v \\
&= \int_M E_{r,s,\lambda}|x^\top|^2 \mathrm{d}v \leqslant 0.
\end{aligned}$$

由 $(r+1, s+1, \lambda)$平行条件，有

$$
\begin{aligned}
I_1 &= \int_M \langle [(r+1)T_{(r+1)} + \lambda(s+1)T_{(s+1)}]Bx^\top, x^\top \rangle \mathrm{d}v \\
&= \int_M [(n-r-1)(r+1)S_{r+1} + \lambda(n-s-1)(s+1)S_{s+1}]\langle x, N\rangle \mathrm{d}v \\
&\quad + (r+2)(r+1)S_{r+2}\langle x, N\rangle^2 + \lambda(s+2)(s+1)S_{s+2}\langle x, N\rangle^2 \mathrm{d}v \\
&= \int_M -(r-s)(r+1)S_{r+1}\langle x, N\rangle \\
&\quad + [(r+2)(r+1)S_{r+2} + \lambda(s+2)(s+1)S_{s+2}]\langle x, N\rangle^2 \mathrm{d}v \\
&= \int_M -(r-s)(r+1)S_{r+1}\langle x, N\rangle + E_{r,s,\lambda}\langle x, N\rangle^2 \mathrm{d}v.
\end{aligned}
$$

把I_1, I_2两式代入(7.13)式，得到

$$
I_1 + I_2 = \sum_A I(g_A) \geqslant 0
$$

又因为$I_1 \leqslant 0$, $I_2 \leqslant 0$，于是

$$
0 \geqslant I_1 + I_2 \geqslant 0.
$$

那么$I_2 = 0$， 由引理7.4，推出$x^\top = 0$。设$x = \phi N$, 则

$$
\mathrm{d}|x|^2 = 2\langle \mathrm{d}x, x\rangle = 2\phi\langle \mathrm{d}x, N\rangle = 0.
$$

即$|x|^2 =$常数，因此M是球面。 □

第 8 章　锥的稳定性

本章研究锥的稳定性。研究的思想主要遵循三篇文献：(1) 陈省身子流形在Kansas大学的讲义[13]；(2) Simons发表在《Annals of Mathematics》上关于极小子流形的论文[37]；(3) Barbosa和Do Carmo发表在《Annals of Global Analysis and Geometry》上关于 1极小锥的论文[4]。

8.1　锥的基本方程

设$x : M^n \to S^{n+p}(1)$是一个紧致无边n维子流形，有一个浸入关系

$$x : M \to S^{n+p}(1) \to E^{n+p+1}.$$

从M出发构造锥如下：

$$CM = \{\tau x : x \in M, \tau \in [0,1]\},$$
$$M_\tau = M \times \tau, \quad \partial CM = M_1.$$

因为CM在原点有奇点，所以做一个处理，设ϵ为正数，令

$$CM_\epsilon = \{\tau x : x \in M, \tau \in [\epsilon, 1]\},$$
$$\partial CM_\epsilon = M_1 \cup M_\epsilon.$$

那么有新的浸入关系使其成为欧氏空间中的$(n+1)$维子流形

$$y = \tau x : CM_\epsilon \to E^{n+p+1}.$$

我们约定，用 $e_0 = x$，设$x = e_0$, e_i, e_α 分别表示子流形 M 的位置向量、切向量、法向量。对于子流形CM_ϵ，其位置向量、切向量、法向量分别是

$$y = \tau e_0,\ \ e_0,\ \ e_i,\ \ e_\alpha,$$

即，位置向量为$\tau x = \tau e_0$，切向量为e_0, e_i，法向量为e_α.

M作为单位球面的的子流形，有以下基本方程:

$$
\begin{aligned}
\mathrm{d}x =& \mathrm{d}e_0 = \theta^i e_i,\\
\mathrm{d}e_i =& \phi_i^j e_j + \phi_i^\alpha e_\alpha - \theta^i x\\
=& \phi_i^j e_j + \phi_i^\alpha e_\alpha - \theta^i e_0,\\
\mathrm{d}e_\alpha =& \phi_\alpha^i e_i + \phi_\alpha^\beta e_\beta,\\
\phi_i^\alpha =& h_{ij}^\alpha \theta^j.
\end{aligned}
$$

CM_ϵ作为欧氏空间的子流形，有如下基本方程:

$$
\begin{aligned}
\mathrm{d}y &= \mathrm{d}(\tau x) = \mathrm{d}(\tau e_0)\\
&= \mathrm{d}\tau e_0 + \tau \mathrm{d}e_0\\
&= (\mathrm{d}\tau)e_0 + (\tau\theta^i)e_i\\
&\overset{\mathrm{def}}{=} \tilde{\theta}^0 e_0 + \tilde{\theta}^i e_i,\\
\tilde{\theta}^0 &= \mathrm{d}\tau, \quad \tilde{\theta}^i = \tau\theta^i,\\
\mathrm{d}e_0 &= \theta^i e_i = 0e_0 + \theta^i e_i + 0e_\alpha\\
&\overset{\mathrm{def}}{=} \tilde{\phi}_0^0 e_0 + \tilde{\phi}_0^i e_i + \tilde{\phi}_0^\alpha e_\alpha,\\
\tilde{\phi}_0^0 &= 0, \quad \tilde{\phi}_0^i = \theta^i = \theta^i, \quad \tilde{\phi}_0^\alpha = 0,\\
\mathrm{d}e_i &= \phi_i^j e_j + \phi_i^\alpha e_\alpha - \theta^i e_0\\
&= \tilde{\phi}_i^0 e_0 + \tilde{\phi}_i^j e_j + \tilde{\phi}_i^\alpha e_\alpha,\\
\tilde{\phi}_i^0 &= -\theta^i, \quad \tilde{\phi}_i^j = \phi_i^j, \quad \tilde{\phi}_i^\alpha = \phi_i^\alpha,\\
\mathrm{d}e_\alpha &= \phi_\alpha^i e_i + \phi_\alpha^\beta e_\beta\\
&= \tilde{\phi}_\alpha^0 e_0 + \tilde{\phi}_\alpha^i e_i + \tilde{\phi}_\alpha^\beta e_\beta,\\
\tilde{\phi}_\alpha^0 &= 0, \quad \tilde{\phi}_\alpha^i = \phi_\alpha^i, \quad \tilde{\phi}_\alpha^\beta = \phi_\alpha^\beta,\\
0 &= \tilde{\phi}_0^\alpha = \tilde{h}_{00}^\alpha \tilde{\theta}^0 + \tilde{h}_{0i}^\alpha \tilde{\theta}^i,\\
\tilde{h}_{00}^\alpha &= 0, \quad \tilde{h}_{0i}^\alpha = 0,\\
h_{ij}^\alpha \theta^j &= \phi_i^\alpha = \tilde{\phi}_i^\alpha\\
&= \tilde{h}_{i0}^\alpha \tilde{\theta}^0 + \tilde{h}_{ij}^\alpha \tilde{\theta}^j,\\
\tilde{h}_{i0}^\alpha &= 0, \quad \tilde{h}_{ij}^\alpha = \frac{1}{\tau} h_{ij}^\alpha.
\end{aligned}
$$

实际上，我们证明了如下定理:

定理 8.1 设$e_0 : M^n \to S^{n+p}(1)$是一个紧致无边 n 维子流形，设e_i, e_α是标架，θ^i为余标架，在其标架下设联络和第二基本型分别为ϕ_i^j, ϕ_i^α, ϕ_α^β. 那么对于锥 $\tau e_0 : CM_\epsilon \to E^{n+p+1}$，有

- 位置向量和标架τe_0，e_0，e_i，e_α.
- 余标架$\tilde{\theta}^0 = \mathrm{d}\tau$，$\tilde{\theta}^i = \tau\theta^i$.
- 切联络$\tilde{\phi}_0^0 = 0$，$\tilde{\phi}_0^i = \theta^i$，$\tilde{\phi}_i^0 = -\theta^i$，$\tilde{\phi}_i^j = \phi_i^j$.
- 第二基本型 $\tilde{\phi}_0^\alpha = 0$，$\tilde{\phi}_i^\alpha = \phi_i^\alpha$.
- 第二基本型张量 $\tilde{h}_{00}^\alpha = 0$，$\tilde{h}_{0i}^\alpha = 0$，$\tilde{h}_{i0}^\alpha = 0$，$\tilde{h}_{ij}^\alpha = \frac{1}{\tau}h_{ij}^\alpha$.
- 法联络 $\tilde{\phi}_\alpha^\beta = \phi_\alpha^\beta$.

◇

根据以上的定理和第4章的命题4.6（见第51页），可以做一些基本计算:

$$\tilde{B}_{00} = 0,\ \tilde{B}_{0i} = 0,\ \tilde{B}_{i0} = 0,\ \tilde{B}_{ij} = \frac{1}{\tau}B_{ij},$$
$$\tilde{S}_r = \frac{1}{\tau^r}S_r,\ \tilde{\vec{S}}_r = \frac{1}{\tau^r}\vec{S}_r,$$
$$\widetilde{T_{(r,t)}}{}_{k_1\cdots k_s;l_1\cdots l_s}^{\alpha_1\cdots\alpha_t} = \frac{1}{\tau^{r+t}}T_{(r,t)}{}_{k_1\cdots k_s;l_1\cdots l_s}^{\alpha_1\cdots\alpha_t},$$
$$\widetilde{T_{(r,t)}}{}_{k_1\cdots k_s0;l_1\cdots l_s0}^{\alpha_1\cdots\alpha_t} = \frac{1}{\tau^{r+t}}T_{(r,t)}{}_{k_1\cdots k_s;l_1\cdots l_s}^{\alpha_1\cdots\alpha_t},$$
$$\widetilde{T_{(r,t)}}{}_{k_1\cdots k_s0;l_1\cdots l_si}^{\alpha_1\cdots\alpha_t} = 0,\quad \widetilde{T_{(r,t)}}{}_{k_1\cdots k_si;l_1\cdots l_s0}^{\alpha_1\cdots\alpha_t} = 0,$$
$$\widetilde{T_{(r)00}} = \delta_{00}\frac{1}{\tau^r}S_r,\quad \widetilde{T_{(r)0i}} = 0,\quad \widetilde{T_{(r)0i}} = 0,$$
$$\widetilde{T_{(r,1)}}{}_{0;0}^{\alpha} = \delta_{00}\frac{1}{\tau^{r+1}}S_{r+1}^\alpha,\quad \widetilde{T_{(r,1)}}{}_{0;i}^{\alpha} = 0,\quad \widetilde{T_{(r,1)}}{}_{i;0}^{\alpha} = 0.$$

实际上证明了以下结论:

定理 8.2 设$M^n \to S^{n+p}(1)$中的紧致无边的子流形，则$CM_\epsilon^{n+1} \to E^{n+p+1}$是紧致有边的子流形，并且有如下结论:

（1）当$p \geqslant 2$，r为偶数时，若M是r极小子流形，那么CM_ϵ也是r极小子流形；并且

$$\tilde{L}_r = \frac{1}{\tau^r}S_r\tilde{D}_0\tilde{D}_0 + \frac{1}{\tau^r}T_{(r)ij}\tilde{D}_j\tilde{D}_i.$$

(2) 当$p \geqslant 2$，r为奇数时，

$$\begin{aligned}\tilde{L}_r^\alpha &= \frac{1}{\tau^r} S^\alpha_r \tilde{D}_0 \tilde{D}_0 + \frac{1}{\tau^r} T_{(r)}{}^\alpha_{ij} \tilde{D}_j \tilde{D}_i,\\ \tilde{L}_r &= \frac{1}{\tau^r} \vec{S}_r \tilde{D}_0 \tilde{D}_0 + \frac{1}{\tau^r} T_{(r)}{}^\alpha_{ij} e_\alpha \tilde{D}_j \tilde{D}_i.\end{aligned}$$

(3) 当$p = 1$，r为任意数时，若M是r极小子流形，那么CM_ϵ也是r极小子流形；并且

$$\tilde{L}_r = \frac{1}{\tau^r} S_r \tilde{D}_0 \tilde{D}_0 + \frac{1}{\tau^r} T_{(r)}{}^\alpha_{ij} \tilde{D}_j \tilde{D}_i.$$

◇

设$V = V^0(\tau, x)e_0 + V^i(\tau, x)e_i + V^\alpha(\tau, x)e_\alpha$是锥上$CM_\epsilon$的变分向量场，可以比较锥$CM_\epsilon$和$M$上的协变导数。

首先计算一阶导数为

$$\begin{aligned}\tilde{V}^0_{,0}\tilde{\theta}^0 + \tilde{V}^0_{,i}\tilde{\theta}^i &= \tilde{D}V^0\\ &= \mathrm{d}V^0 + V^0\tilde{\phi}^0_0 + V^i\tilde{\phi}^0_i\\ &= \mathrm{d}_M V^0 + \mathrm{d}\tau \frac{\mathrm{d}}{\mathrm{d}\tau} V^0 - V^i\theta^i\\ &= V^0_{,i}\theta^i - V^i\theta^i + \frac{\mathrm{d}}{\mathrm{d}\tau} V^0 \tilde{\theta}^0\\ &= \frac{1}{\tau} V^0_{,i}\tilde{\theta}^i - \frac{1}{\tau} V^i\tilde{\theta}^i + \frac{\mathrm{d}}{\mathrm{d}\tau} V^0\tilde{\theta}^0.\end{aligned}$$

于是有

$$\tilde{V}^0_{,0} = \frac{\mathrm{d}}{\mathrm{d}\tau} V^0, \quad \tilde{V}^0_{,i} = \frac{1}{\tau}(V^0_{,i} - V^i).$$

又

$$\begin{aligned}\tilde{V}^i_{,0}\mathrm{d}\tau + \tilde{V}^i_{,j}\tilde{\theta}^j &= \tilde{D}V^i\\ &= \mathrm{d}V^i + V^0\tilde{\phi}^i_0 + V^p\tilde{\phi}^i_p\\ &= \mathrm{d}_M V^i + V^p\phi^i_p + \frac{\mathrm{d}}{\mathrm{d}\tau}(V^i)\mathrm{d}\tau + V^0\theta^i\\ &= \frac{1}{\tau} V^i_{,j}\tilde{\theta}^j + \frac{\mathrm{d}}{\mathrm{d}\tau}(V^i)\mathrm{d}\tau + \frac{1}{\tau} V^0\delta_{ij}\tilde{\theta}^j.\end{aligned}$$

有

$$\tilde{V}^i_{,0} = \frac{\mathrm{d}}{\mathrm{d}\tau} V^i, \quad \tilde{V}^i_{,j} = \frac{1}{\tau}(V^i_{,j} + V^0\delta_{ij}).$$

因为

$$\begin{aligned}\tilde{V}^\alpha_{,0}\mathrm{d}\tau + \tilde{V}^\alpha_{,i}\tilde{\theta}^i =& \tilde{D}V^\alpha\\ =&\mathrm{d}V^\alpha + V^\beta\tilde{\phi}^\alpha_\beta\\ =&\mathrm{d}_M V^\alpha + V^\beta\phi^\alpha_\beta + \frac{\mathrm{d}}{\mathrm{d}\tau}(V^\alpha)\mathrm{d}\tau\\ =&\frac{1}{\tau}V^\alpha_{,i}\tilde{\theta}^i + \frac{\mathrm{d}}{\mathrm{d}\tau}(V^\alpha)\mathrm{d}\tau,\end{aligned}$$

所以

$$\tilde{V}^\alpha_{,0} = \frac{\mathrm{d}}{\mathrm{d}\tau}V^\alpha, \quad \tilde{V}^\alpha_{,i} = \frac{1}{\tau}V^\alpha_{,i}.$$

其次计算二阶导数为

$$\begin{aligned}\tilde{V}^0_{,00}\mathrm{d}\tau + \tilde{V}^0_{,0i}\tilde{\theta}^i =& \tilde{D}\tilde{V}^0_{,0}\\ =&\mathrm{d}\tilde{V}^0_{,0} - \tilde{V}^0_{,0}\tilde{\phi}^0_0 - \tilde{V}^0_{,p}\tilde{\phi}^p_0 + \tilde{V}^0_{,0}\tilde{\phi}^0_0 + \tilde{V}^p_{,0}\tilde{\phi}^0_p\\ =&\mathrm{d}_M\tilde{V}^0_{,0} + \frac{\mathrm{d}}{\mathrm{d}\tau}(\tilde{V}^0_{,0})\mathrm{d}\tau - \tilde{V}^0_{,p}\theta^p - \tilde{V}^p_{,0}\theta^p\\ =&\mathrm{d}_M(\frac{\mathrm{d}}{\mathrm{d}\tau}V^0) + \frac{\mathrm{d}^2}{\mathrm{d}\tau^2}(V^0)\mathrm{d}\tau\\ &- \frac{1}{\tau^2}(V^0_{,p} - V^p)\tilde{\theta}^p - \frac{1}{\tau}\frac{\mathrm{d}}{\mathrm{d}\tau}V^p\tilde{\theta}^p\\ =&\frac{1}{\tau}\frac{\mathrm{d}}{\mathrm{d}\tau}(V^0_{,i})\tilde{\theta}^i + \frac{\mathrm{d}^2}{\mathrm{d}\tau^2}(V^0)\mathrm{d}\tau\\ &- \frac{1}{\tau^2}(V^0_{,i} - V^i)\tilde{\theta}^i - \frac{1}{\tau}\frac{\mathrm{d}}{\mathrm{d}\tau}V^i\tilde{\theta}^i.\end{aligned}$$

于是

$$\tilde{V}^0_{,00} = \frac{\mathrm{d}^2}{\mathrm{d}\tau^2}V^0, \quad \tilde{V}^0_{,0i} = \frac{1}{\tau}\frac{\mathrm{d}}{\mathrm{d}\tau}(V^0_{,i} - V^i) - \frac{1}{\tau^2}(V^0_{,i} - V^i).$$

又

$$\begin{aligned}\tilde{V}^0_{,i0}\mathrm{d}\tau + \tilde{V}^0_{,ij}\tilde{\theta}^j =& \tilde{D}\tilde{V}^0_{,i}\\ =&\mathrm{d}\tilde{V}^0_{,i} - \tilde{V}^0_{,0}\tilde{\phi}^0_i - \tilde{V}^0_{,p}\tilde{\phi}^p_i + \tilde{V}^0_{,i}\tilde{\phi}^0_0 + \tilde{V}^p_{,i}\tilde{\phi}^0_p\\ =&\frac{1}{\tau}\mathrm{d}_M(V^0_{,i} - V^i) + \frac{1}{\tau}\frac{\mathrm{d}}{\mathrm{d}\tau}(V^0_{,i} - V^i)\mathrm{d}\tau\\ &+ \frac{1}{\tau}\frac{\mathrm{d}}{\mathrm{d}\tau}(V^0)\delta_{ij}\tilde{\theta}^j - \frac{1}{\tau}(V^0_{,p} - V^p)\phi^p_i\\ &- \frac{1}{\tau^2}(V^j_{,i} + V^0\delta_{ij})\tilde{\theta}^j\end{aligned}$$

$$
\begin{aligned}
&= \frac{1}{\tau^2}(V^0_{,ij} - V^i_{,j} - V^j_{,i} - V^0\delta_{ij})\tilde{\theta}^j \\
&\quad + \frac{1}{\tau}\frac{\mathrm{d}}{\mathrm{d}\tau}(V^0)\delta_{ij}\tilde{\theta}^j + \frac{1}{\tau}\frac{\mathrm{d}}{\mathrm{d}\tau}(V^0_{,i} - V^i)\mathrm{d}\tau.
\end{aligned}
$$

有

$$
\begin{aligned}
\tilde{V}^0_{,i0} &= \frac{1}{\tau}\frac{\mathrm{d}}{\mathrm{d}\tau}(V^0_{,i} - V^i), \\
\tilde{V}^0_{,ij} &= \frac{1}{\tau^2}(V^0_{,ij} - V^i_{,j} - V^j_{,i} - V^0\delta_{ij}) + \frac{1}{\tau}\frac{\mathrm{d}}{\mathrm{d}\tau}V^0\delta_{ij}.
\end{aligned}
$$

因为

$$
\begin{aligned}
\tilde{V}^i_{,00}\mathrm{d}\tau + \tilde{V}^i_{,0j}\tilde{\theta}^j &= \tilde{D}\tilde{V}^i_{,0} \\
&= \mathrm{d}\tilde{V}^i_{,0} - \tilde{V}^i_{,0}\tilde{\phi}^0_0 - \tilde{V}^i_{,p}\tilde{\phi}^p_0 + \tilde{V}^0_{,0}\tilde{\phi}^0_0 + \tilde{V}^p_{,0}\tilde{\phi}^i_p \\
&= \mathrm{d}_M\frac{\mathrm{d}}{\mathrm{d}\tau}(V^i) + \frac{\mathrm{d}^2}{\mathrm{d}\tau^2}V^i\mathrm{d}\tau - \tilde{V}^i_{,p}\theta^p + \frac{\mathrm{d}}{\mathrm{d}\tau}V^p\tilde{\phi}^i_p \\
&= \frac{\mathrm{d}}{\mathrm{d}\tau}(V^i_{,j})\theta^j - \tilde{V}^i_{,j}\theta^j + \frac{\mathrm{d}^2}{\mathrm{d}\tau^2}V^i\mathrm{d}\tau \\
&= \frac{1}{\tau}(\frac{\mathrm{d}}{\mathrm{d}\tau}(V^i_{,j})\tilde{\theta}^j - \frac{1}{\tau^2}(V^i_{,j} + V^0\delta_{ij})\tilde{\theta}^j + \frac{\mathrm{d}^2}{\mathrm{d}\tau^2}V^i\mathrm{d}\tau,
\end{aligned}
$$

所以

$$
\tilde{V}^i_{,00} = \frac{\mathrm{d}^2}{\mathrm{d}\tau^2}V^i, \quad \tilde{V}^i_{,0j} = \frac{1}{\tau}\frac{\mathrm{d}}{\mathrm{d}\tau}V^i_{,j} - \frac{1}{\tau^2}(V^i_{,j} + V^0\delta_{ij}).
$$

又因为

$$
\begin{aligned}
\tilde{V}^i_{,j0}\mathrm{d}\tau + \tilde{V}^i_{,jk}\tilde{\theta}^k &= \tilde{D}\tilde{V}^i_{,j} \\
&= \mathrm{d}\tilde{V}^i_{,j} - \tilde{V}^i_{,0}\tilde{\phi}^0_0 - \tilde{V}^i_{,p}\tilde{\phi}^p_j + \tilde{V}^0_{,j}\tilde{\phi}^i_0 + \tilde{V}^p_{,j}\tilde{\phi}^i_p \\
&= \mathrm{d}_M\frac{1}{\tau}(V^i_{,j} + V^0\delta_{ij}) - \frac{1}{\tau}(V^i_{,p} + V^0\delta_{ip})\phi^p_j \\
&\quad + \frac{1}{\tau}(V^p_{,j} + V^0\delta_{jp})\phi^i_p + \frac{1}{\tau^2}(V^0_{,j} - V^j)\delta_{ik}\tilde{\theta}^k \\
&\quad + \frac{1}{\tau}\frac{\mathrm{d}}{\mathrm{d}\tau}(V^i_{,j} + V^0\delta_{ij})\mathrm{d}\tau \\
&= \frac{1}{\tau^2}(V^i_{,jk} + V^0_{,k}\delta_{ij})\tilde{\theta}^k + \frac{1}{\tau^2}(V^0_{,j} - V^j)\delta_{ik}\tilde{\theta}^k \\
&\quad + \frac{1}{\tau}\frac{\mathrm{d}}{\mathrm{d}\tau}(V^i_{,j} + V^0\delta_{ij})\mathrm{d}\tau,
\end{aligned}
$$

所以

$$
\tilde{V}^i_{,j0} = \frac{1}{\tau}\frac{\mathrm{d}}{\mathrm{d}\tau}(V^i_{,j} + V^0\delta_{ij}),
$$

$$\tilde{V}^i_{,jk} = \frac{1}{\tau^2}(V^i_{,jk} + V^0_{,k}\delta_{ij}) + \frac{1}{\tau^2}(V^0_{,j} - V^j)\delta_{ik}.$$

另外又

$$\begin{aligned}
\tilde{V}^\alpha_{,00}\mathrm{d}\tau + \tilde{V}^\alpha_{,0i}\tilde{\theta}^i =& \tilde{D}\tilde{V}^\alpha_{,0} \\
=& \mathrm{d}\tilde{V}^\alpha_{,0} - \tilde{V}^\alpha_{,p}\tilde{\phi}^p_0 + \tilde{V}^\beta_{,0}\tilde{\phi}^\alpha_\beta \\
=& \mathrm{d}_M\frac{\mathrm{d}}{\mathrm{d}\tau}V^\alpha + \frac{\mathrm{d}^2}{\mathrm{d}\tau^2}V^\alpha\mathrm{d}\tau \\
& - \frac{1}{\tau^2}V^\alpha_{,i}\tilde{\theta}^i + \frac{\mathrm{d}}{\mathrm{d}\tau}V^\beta\phi^\alpha_\beta \\
=& \frac{1}{\tau}\frac{\mathrm{d}}{\mathrm{d}\tau}V^\alpha_{,i}\tilde{\theta}^i - \frac{1}{\tau^2}V^\alpha_{,i}\tilde{\theta}^i + \frac{\mathrm{d}^2}{\mathrm{d}\tau^2}V^\alpha\mathrm{d}\tau,
\end{aligned}$$

于是

$$\tilde{V}^\alpha_{,00} = \frac{\mathrm{d}^2}{\mathrm{d}\tau^2}V^\alpha, \quad \tilde{V}^\alpha_{,0i} = \frac{1}{\tau}\frac{\mathrm{d}}{\mathrm{d}\tau}V^\alpha_{,i} - \frac{1}{\tau^2}V^\alpha_{,i}.$$

又因为

$$\begin{aligned}
\tilde{V}^\alpha_{,i0}\mathrm{d}\tau + \tilde{V}^\alpha_{,ij}\tilde{\theta}^j =& \tilde{D}\tilde{V}^\alpha_{,i} \\
=& \mathrm{d}\tilde{V}^\alpha_{,i} - \tilde{V}^\alpha_{,0}\tilde{\phi}^0_i - \tilde{V}^\alpha_{,p}\tilde{\phi}^p_i + \tilde{V}^\beta_{,i}\tilde{\phi}^\alpha_\beta \\
=& \frac{1}{\tau}\mathrm{d}_M V^\alpha_{,i} + \frac{1}{\tau}\frac{\mathrm{d}}{\mathrm{d}\tau}V^\alpha_{,i}\mathrm{d}\tau + \frac{1}{\tau}\frac{\mathrm{d}}{\mathrm{d}\tau}V^\alpha\delta_{ij}\tilde{\theta}^j \\
& - \frac{1}{\tau}V^\alpha_{,p}\phi^p_i + \frac{1}{\tau}V^\beta_{,i}\phi^\alpha_\beta \\
=& \frac{1}{\tau^2}V^\alpha_{,ij}\tilde{\theta}^j + \frac{1}{\tau}\frac{\mathrm{d}}{\mathrm{d}\tau}V^\alpha\delta_{ij}\tilde{\theta}^j + \frac{1}{\tau}\frac{\mathrm{d}}{\mathrm{d}\tau}V^\alpha_{,i}\mathrm{d}\tau
\end{aligned}$$

有

$$\tilde{V}^\alpha_{,i0} = \frac{1}{\tau}\frac{\mathrm{d}}{\mathrm{d}\tau}V^\alpha_{,i}, \quad \tilde{V}^\alpha_{,ij} = \frac{1}{\tau^2}V^\alpha_{,ij} + \frac{1}{\tau}\frac{\mathrm{d}}{\mathrm{d}\tau}V^\alpha\delta_{ij}.$$

再用算子做一些计算：

若$p \geqslant 2$，r为偶数，有

$$\begin{aligned}
\tilde{L}_r V^\alpha =& \tilde{T}_{(r)00}\tilde{V}^\alpha_{,00} + \tilde{T}_{(r)0i}\tilde{V}^\alpha_{,0i} + \tilde{T}_{(r)i0}\tilde{V}^\alpha_{,i0} + \tilde{T}_{(r)ij}\tilde{V}^\alpha_{,ij} \\
=& \tilde{T}_{(r)00}\tilde{V}^\alpha_{,00} + \tilde{T}_{(r)ij}\tilde{V}^\alpha_{,ij} \\
=& \frac{1}{\tau^r}S_r\frac{\mathrm{d}^2V^\alpha}{\mathrm{d}\tau^2} + \frac{1}{\tau^r}T_{(r)ij}\Big(\frac{1}{\tau^2}V^\alpha_{,ij} + \frac{1}{\tau}\frac{\mathrm{d}}{\mathrm{d}\tau}V^\alpha\delta_{ij}\Big) \\
=& \frac{1}{\tau^r}S_r\frac{\mathrm{d}^2V^\alpha}{\mathrm{d}\tau^2} + \frac{n-r}{\tau^{r+1}}\frac{\mathrm{d}V^\alpha}{\mathrm{d}\tau} + \frac{1}{\tau^{r+2}}L_rV^\alpha.
\end{aligned}$$

若$p=1$，r为任意数，有

$$\tilde{L}_r(f)=\frac{1}{\tau^r}S_r\frac{d^2f}{d\tau^2}+\frac{n-r}{\tau^{r+1}}\frac{df}{d\tau}+\frac{1}{\tau^{r+2}}L_r(f).$$

将上述计算总结为以下定理：

定理 8.3　设$V=V^0(\tau,x)e_0+V^i(\tau,x)e_i+V^\alpha(\tau,x)e_\alpha$是锥上$CM_\epsilon$的变分向量场，则$CM_\epsilon$上的协变导数和$M$上的协变导数的关系如下：

$$\tilde{V}^0_{,0}=\frac{d}{d\tau}(V^0),\ \tilde{V}^0_{,i}=\frac{1}{\tau}(V^0_{,i}-V^i) \tag{8.1}$$

$$\tilde{V}^i_{,0}=\frac{d}{d\tau}(V^i),\ \tilde{V}^i_{,j}=\frac{1}{\tau}(V^i_{,j}+V^0\delta_{ij}) \tag{8.2}$$

$$\tilde{V}^\alpha_{,0}=\frac{d}{d\tau}(V^\alpha),\ \tilde{V}^\alpha_{,i}=\frac{1}{\tau}V^\alpha_{,i} \tag{8.3}$$

$$\tilde{V}^0_{,00}=\frac{d^2}{d\tau^2}(V^0),\ \tilde{V}^0_{,0i}=\frac{1}{\tau}\frac{d}{d\tau}(V^0_{,i}-V^i)-\frac{1}{\tau^2}(V^0_{,i}-V^i) \tag{8.4}$$

$$\tilde{V}^0_{,i0}=\frac{1}{\tau}\frac{d}{d\tau}(V^0_{,i}-V^i), \tag{8.5}$$

$$\tilde{V}^0_{,ij}=\frac{1}{\tau^2}(V^0_{,ij}-V^i_{,j}-V^j_{,i}-V^0\delta_{ij})+\frac{1}{\tau}\frac{d}{d\tau}(V^0)\delta_{ij} \tag{8.6}$$

$$\tilde{V}^i_{,00}=\frac{d^2}{d\tau^2}V^i,\ \tilde{V}^i_{,0j}=\frac{1}{\tau}(\frac{d}{d\tau}(V^i_{,j})-\frac{1}{\tau^2}(V^i_{,j}+V^0\delta_{ij}) \tag{8.7}$$

$$\tilde{V}^i_{,j0}=\frac{1}{\tau}\frac{d}{d\tau}(V^i_{,j}+V^0\delta_{ij}), \tag{8.8}$$

$$\tilde{V}^i_{,jk}=\frac{1}{\tau^2}(V^i_{,jk}+V^0_{,k}\delta_{ij})+\frac{1}{\tau^2}(V^0_{,j}-V^j)\delta_{ik} \tag{8.9}$$

$$\tilde{V}^\alpha_{,00}=\frac{d^2}{d\tau^2}V^\alpha,\ \tilde{V}^\alpha_{,0i}=\frac{1}{\tau}\frac{d}{d\tau}(V^\alpha_{,i})-\frac{1}{\tau^2}V^\alpha_{,i} \tag{8.10}$$

$$\tilde{V}^\alpha_{,i0}=\frac{1}{\tau}\frac{d}{d\tau}V^\alpha_{,i},\ \tilde{V}^\alpha_{,ij}=\frac{1}{\tau^2}V^\alpha_{,ij}+\frac{1}{\tau}\frac{d}{d\tau}V^\alpha\delta_{ij}. \tag{8.11}$$

若$p\geqslant 2$，r为偶数，有

$$\tilde{L}_rV^\alpha=\frac{1}{\tau^r}S_r\frac{d^2V^\alpha}{d\tau^2}+\frac{(n-r)}{\tau^{r+1}}S_r\frac{dV^\alpha}{d\tau}+\frac{1}{\tau^{r+2}}L_r(V^\alpha). \tag{8.12}$$

若$p=1$，r为任意数，有

$$\tilde{L}_r(f)=\frac{1}{\tau^r}S_r\frac{d^2f}{d\tau^2}+\frac{(n-r)}{\tau^{r+1}}S_r\frac{df}{d\tau}+\frac{1}{\tau^{r+2}}L_r(f). \tag{8.13}$$

◇

因为$CM^{n+1}_\epsilon\to E^{n+p+1}$是紧致有边的子流形，所以为了不处理边界

项，要对变分向量场做一些约定：

(1) 所有的变分向量场是法变分向量场，即是没有切变分向量场；

(2) 法变分向量场要求在边界上为零，即保持边界不动。

此时记此种变分向量场为$V_{n,c}$，下标 n, c 分别表示法(normal)、紧支集(compact)的意思。那么根据第7章的第二变分公式(7.3)，有

定理 8.4 设$M \to S^{n+p}(1)$ 是紧致无边的子流形，那么$CM_\epsilon \to E^{n+p+1}$是紧致带边子流形，因此对于任意法紧致向量场$V_{n,c} = V^\alpha e_\alpha$，有

(1) 当$p \geqslant 2$，r为偶数且 $0 \leqslant r \leqslant n-1$时，若$M$满足$\vec{S}_{r+1} = 0$，那么$CM_\epsilon$为$r$极小，$CM_\epsilon$的第二变分为：

$$
\begin{aligned}
I(V_{n,c}) = &-\int_{CM_\epsilon}\{\frac{r}{\tau^r}T_{(r-2,2)}{}_{\emptyset}^{\alpha\beta}\frac{\mathrm{d}^2V^\alpha}{\mathrm{d}\tau^2}+\frac{1}{\tau^r}S_{(r)}\frac{\mathrm{d}^2V^\alpha}{\mathrm{d}\tau^2}\delta_{\alpha\beta}\\
&+\frac{r(n-r)}{\tau^{r+1}}T_{(r-2,2)}{}_{\emptyset}^{\alpha\beta}\frac{\mathrm{d}V^\alpha}{\mathrm{d}\tau}+\frac{(n-r)}{\tau^{r+1}}S_{(r)}\frac{\mathrm{d}V^\alpha}{\mathrm{d}\tau}\delta_{\alpha\beta}\\
&+\frac{r}{\tau^{r+2}}T_{(r-2,2)}{}_{i;j}^{\alpha\beta}V^\alpha_{,ij}+\frac{1}{\tau^{r+2}}T_{(r)}{}_j^iV^\alpha_{,ij}\delta_{\alpha\beta}\\
&-(r+1)(r+2)\frac{1}{\tau^{r+2}}T_{(r,2)}{}_{\emptyset}^{\alpha\beta}V^\alpha\}V^\beta\tau^n\mathrm{d}v_M\mathrm{d}\tau.
\end{aligned}
\tag{8.14}
$$

(2) 当$p=1$，r为任意数且 $0 \leqslant r \leqslant n-1$时，若$M$满足$S_{r+1}=0$，那么$CM_\epsilon$为$r$极小，$CM_\epsilon$的第二变分为：

$$
\begin{aligned}
I(f) = &-\int_{CM_\epsilon}[(r+1)f\tilde{L}_{(r)}(f)-(r+1)(r+2)\tilde{S}_{(r+2)}f^2]\tau^n\mathrm{d}v_M\mathrm{d}\tau\\
= &-\int_{CM_\epsilon}\Big\{\frac{(r+1)}{\tau^r}S_r\frac{\mathrm{d}^2f}{\mathrm{d}\tau^2}+\frac{(r+1)(n-r)}{\tau^{r+1}}S_r\frac{\mathrm{d}f}{\mathrm{d}\tau}\\
&+\frac{(r+1)}{\tau^{r+2}}L_r(f)-\frac{(r+1)(r+2)}{\tau^{r+2}}S_{r+2}f\Big\}f\tau^n\mathrm{d}v_M\mathrm{d}\tau\\
= &(r+1)\int_{CM_\epsilon}\Big\{S_r[-\tau^2\frac{\mathrm{d}^2f}{\mathrm{d}\tau^2}-(n-r)\tau\frac{\mathrm{d}f}{\mathrm{d}\tau}]\\
&+[-L_r+(r+2)S_{r+2}]f\Big\}f\tau^{n-r-2}\mathrm{d}v_M\mathrm{d}\tau.
\end{aligned}
\tag{8.15}
$$

◇

8.2 稳定性的刻画

本节研究 r极小锥的稳定性理论，专注于考虑超曲面的情形，为此，

需要以下几个引理。

引理 8.1 [23]　设$x: M \to E$是欧氏空间的超曲面，如果其$S_{r+1}=0$，则微分算子L_r的椭圆型有如下刻画：

$$L_r\text{是椭圆的} \Leftrightarrow \operatorname{rank}(A) \geqslant (r+2) \Leftrightarrow \text{在}M\text{上的每一点}S_{r+2} \neq 0.$$

引理 8.2　设$k_1, \cdots, k_n$是 n 个实数，S_r是其对称函数，若$S_{r+1}=0$，$S_{r+2} \neq 0$，则$S_r \neq 0$。

引理 8.3　设$k_1, \cdots, k_n$是 n 个实数，S_r是其对称函数，$H_r = S_r (C_n^r)^{-1}$，对于$r \geqslant 2$下式成立：

$$H_{r-2}H_r \leqslant (H_{r-1})^2.$$

设$M^n \to S^{n+1}(1)$是n维紧致无边的连通子流形，于是$CM_\epsilon^{n+1} \to E^{n+2}$是欧氏空间的$(n+1)$维连通紧致带边子流形。如果$M$满足$S_{r+1}=0$, 在$M$每一点$S_{r+2} \neq 0$. 由上面的代数引理可知，在$M$每一点$S_r \neq 0$.

因为M连通紧致，可以适当选取法向量使得 $S_r > 0$. 由上面的引理知道，S_r, S_{r+2} 符号相反，于是 $S_{r+2} < 0$. 从而由M和锥CM_ϵ的关系，得到

$$\tilde{S}_{r+1} = 0, \ \ \tilde{S}_{r+2} < 0, \ \ \tilde{S}_r > 0.$$

由引理8.1知道

$$\tilde{L}_r(f) = \frac{1}{\tau^r} S_r \frac{\mathrm{d}^2 f}{\mathrm{d}\tau^2} + \frac{(n-r)}{\tau^{r+1}} S_r \frac{\mathrm{d}f}{\mathrm{d}\tau} + \frac{1}{\tau^{r+2}} L_r(f),$$

是椭圆算子，所以其中的算子

$$\tau^2 \frac{\mathrm{d}^2}{\mathrm{d}\tau^2} + (n-r)\tau \frac{\mathrm{d}}{\mathrm{d}\tau} \text{ 和 } L_r$$

也都是椭圆算子，而且对于紧致无边的子流形有$\lambda_1(L_r)=0$.

下面研究单位球面中的超曲面在一定条件下其锥的稳定性。总是假设$M^n \to S^{n+1}(1)$是 n 维紧致无边的连通子流形，满足$S_{r+1}=0$，在M每一点$S_{r+2} \neq 0$。那么 CM_ϵ是欧氏空间中的r极小子流形。设法紧支集变分函数为$f(x,\tau)$，由第二变分公式(7.3)，有

$$\begin{aligned} I(f) =& (r+1) \int_{CM_\epsilon} \Big\{ S_r \Big[-\tau^2 \frac{\mathrm{d}^2 f}{\mathrm{d}\tau^2} - (n-r)\tau \frac{\mathrm{d}f}{\mathrm{d}\tau} \Big] \\ &+ [-L_r + (r+2) S_{r+2}] f \Big\} f \tau^{n-r-2} \mathrm{d}v_M \mathrm{d}\tau \\ =& (r+1) \int_{CM_\epsilon} \Big\{ -\tau^2 \frac{\mathrm{d}^2 f}{\mathrm{d}\tau^2} - (n-r)\tau \frac{\mathrm{d}f}{\mathrm{d}\tau} \end{aligned}$$

$$+[-\frac{L_r}{S_r}+(r+2)\frac{S_{r+2}}{S_r}]f\Big\}f\tau^{n-r-2}S_r\mathrm{d}v_M\mathrm{d}\tau.$$

令$\mathrm{d}\mu=S_r\mathrm{d}v_M$，$\mathrm{d}\eta=\tau^{n-r-2}\mathrm{d}\tau$，则有

$$I(f)=(r+1)\int_{CM_\epsilon}\Big\{-\tau^2\frac{\mathrm{d}^2f}{\mathrm{d}\tau^2}-(n-r)\tau\frac{\mathrm{d}f}{\mathrm{d}\tau} +[-\frac{L_r}{S_r}+(r+2)\frac{S_{r+2}}{S_r}]f\Big\}f\mathrm{d}\mu\mathrm{d}\eta.$$

令算子

$$P_1=-\frac{L_r}{S_r}+(r+2)\frac{S_{r+2}}{S_r},$$

$$P_2=-\tau^2\frac{\mathrm{d}^2f}{\mathrm{d}\tau^2}-(n-r)\tau\frac{\mathrm{d}f}{\mathrm{d}\tau},$$

有

$$\begin{aligned}I(f)&=(r+1)\int_{CM_\epsilon}[P_1(f)+P_2(f)]f\mathrm{d}\mu\mathrm{d}\eta\\&=(r+1)\int_{[\epsilon,1]}\mathrm{d}\eta\int_M P_1(f)f\mathrm{d}\mu+(r+1)\int_M\mathrm{d}\mu\int_{[\epsilon,1]}P_2(f)f\mathrm{d}\eta.\end{aligned}$$

我们研究如下两个算子的作用：

$$C_c^\infty(CM_\epsilon):\ \langle f_1,f_2\rangle_0=\int_{CM_\epsilon}f_1f_2\mathrm{d}\mu\mathrm{d}\eta,$$

$$C^\infty(M):\ \langle a_1,a_2\rangle_1=\int_M a_1a_2\mathrm{d}\mu=\int_M a_1a_2S_r\mathrm{d}v_M,$$

$$P_1:\ C^\infty(M)\to C^\infty(M),\ \ P_1=[-\frac{L_r}{S_r}+(r+2)\frac{S_{r+2}}{S_r}],$$

$$C_c^\infty[\epsilon,1]:\ \langle b_1,b_2\rangle_2=\int_{[\epsilon,1]}b_1b_2\mathrm{d}\eta=\int_{[\epsilon,1]}b_1b_2\tau^{n-r-2}\mathrm{d}\tau,$$

$$P_2:\ C_c^\infty[\epsilon,1]\to C_c^\infty[\epsilon,1],\ \ P_2=[-\tau^2\frac{\mathrm{d}^2f}{\mathrm{d}\tau^2}-(n-r)\tau\frac{\mathrm{d}f}{\mathrm{d}\tau}].$$

设算子P_1在上面定义的内积空间中的谱和谱函数为

$$\lambda_1\leqslant\lambda_2\leqslant\cdots\uparrow\infty,$$

$$a_1,\cdots,a_i,\cdots,\ \ P_1a_i=\lambda_ia_i,\ \ i=1,2,\cdots.$$

设算子P_2在上面定义的内积空间中的谱和谱函数为

$$\delta_1\leqslant\delta_2\leqslant\cdots\uparrow\infty,$$

$$b_1,\cdots,b_i,\cdots,\ \ P_2b_i=\delta_ib_i.\ \ i=1,2,\cdots.$$

引理 8.4 [4,13,37] 对任何紧致支集变分函数f，第二变分有估计为

$$I(f) \geqslant (\lambda_1 + \delta_1) \int_{CM_\epsilon} f^2 \mathrm{d}\mu \mathrm{d}\eta.$$

并且，存在函数f使得$I(f) < 0$当且仅当$\lambda_1 + \delta_1 < 0$。

证明 为了使本书是自封的，采用文献[4, 13, 37]中的证明方法来证明。

对函数 f 按照谱函数 a_i 和 b_j 分离变量展开，设存在常数列 c_{ij} 使得

$$f = \sum_{ij} c_{ij} a_i b_j$$

有

$$\begin{aligned}
&P_1 f = \sum_{ij} c_{ij} \lambda_i a_i b_j, \ \ P_2 f = \sum_{ij} c_{ij} \delta_j a_i b_j, \\
&\langle P_1 f, f \rangle_0 = \sum_{ij} \lambda_i c_{ij}^2, \ \ \langle p_2 f, f \rangle_0 = \sum_{ij} c_{ij}^2 \delta_j, \\
&\langle f, f \rangle_0 = \sum_{ij} c_{ij}^2, \\
&I(f) = (r+1) \sum_{ij} [\lambda_i c_{ij}^2 + c_{ij}^2 \delta_j] \\
&\quad = (r+1) \sum_{ij} (\lambda_i + \delta_j) c_{ij}^2 \\
&\quad \geqslant (r+1)(\lambda_1 + \delta_1) \sum_{ij} c_{ij}^2 \\
&\quad = (r+1)(\lambda_1 + \delta_1) \langle f, f \rangle_0.
\end{aligned}$$

特别地，取函数$f_0 = a_1 b_1$，则

$$I(f_0) = (r+1)(\lambda_1 + \delta_1).$$

因此，如果存在某个函数f使得$I(f) < 0$，则$(\lambda_1 + \delta_1) < 0$。如果$(\lambda_1 + \delta_1) < 0$，则上面构造的函数$f_0 = a_1 b_1$就使得$I(f_0) < 0$。 □

现在来估计第一特征值λ_1, δ_1.

引理 8.5 [4,13,37] 算子P_2的特征值和对应的特征函数为

$$\delta_k = \left(\frac{k\pi}{\ln \epsilon}\right)^2 + \frac{(n-r-1)^2}{4}, \quad b_k = t^{-\frac{n-r-1}{2}} \sin \frac{k\pi \ln t}{\ln \epsilon}.$$

证明 为了使本书是自封的，采用文献[4,13,37]中的证明方法来证明。

设寻求的函数的形式为

$$b(t) = t^\alpha \sin c(t), \ \ b(\epsilon) = b(1) = 0,$$

此处α, $c(t)$是需要决定的常数和函数。

$$
\begin{aligned}
b'(t) =&\alpha t^{\alpha-1}\sin c(t) + t^{\alpha}c'(t)\cos c(t),\\
b''(t) =&[\alpha(\alpha-1)t^{\alpha-2} - t^{\alpha}(c'(t))^2]\sin c(t)\\
&+ [c'(t)\alpha t^{\alpha-1} + c''(t)t^{\alpha} + c'(t)\alpha t^{\alpha-1}]\cos c(t).
\end{aligned}
$$

代入特征值方程:

$$
\begin{aligned}
&t^2 b''(t) + (n-r)tb'(t) + \delta b(t) = 0,\\
&[\alpha(\alpha-1)t^{\alpha} - t^{\alpha+2}(c'(t))^2\\
&\quad + \alpha(n-r)t^{\alpha} + \delta t^{\alpha}]\sin c(t),\\
&\quad + [\alpha c'(t)t^{\alpha+1} + c''(t)t^{\alpha+2} + \alpha c'(t)t^{\alpha+1}\\
&\quad + (n-r)c'(t)t^{\alpha+1}]\cos c(t) = 0,
\end{aligned}
$$

因为$\sin c(t)$, $\cos c(t)$独立，所以

$$
\begin{aligned}
&[\alpha(\alpha-1)t^{\alpha} - t^{\alpha+2}(c'(t))^2 + \alpha(n-r)t^{\alpha} + \delta t^{\alpha}] = 0,\\
&[\alpha c'(t)t^{\alpha+1} + c''(t)t^{\alpha+2} + \alpha c'(t)t^{\alpha+1} + (n-r)c'(t)t^{\alpha+1}] = 0,\\
&c'(t) = \frac{\beta}{t},\quad n-r-1+2\alpha = 0,\\
&\alpha(\alpha-1) + \alpha(n-r) + \delta - \beta^2 = 0,\\
&\alpha = -\frac{n-r-1}{2},\\
&\sin c(\epsilon) = \sin c(1) = 0,\\
&c(t) = c(\epsilon) + \beta\ln(t) - \beta\ln\epsilon = c(1) + \beta\ln(t),\\
&c(\epsilon) - c(1) = k\pi,\\
&\beta_k = \frac{k\pi}{\ln\epsilon},\quad \delta_k = \left(\frac{k\pi}{\ln(\epsilon)}\right)^2 + \frac{(n-r-1)^2}{4},\\
&b_k = t^{-\frac{n-r-1}{2}}\sin\frac{k\pi\ln t}{\ln(\epsilon)}.
\end{aligned}
$$

□

由(5.21)式(见第91页)计算，知道

$$
\begin{aligned}
L_{r+1}S_{r+1} =&L_r S_{r+2} + S_{r+1}(\Delta S_{r+1} - L_r S_1)\\
&+ \sum_k |T_r D_k A|^2 - |DS_{r+1}|^2 + (n-r)S_{r+1}S_r S_1
\end{aligned}
$$

$$
\begin{aligned}
&- n(r+1)S_{r+1}S_{r+1} + (r+1)S_{r+1}S_{r+1}\sigma \\
&+ (r+2)S_{r+1}S_{r+2}S_1 - S_1^2 S_{r+1}S_{r+1} \\
&- (n-r)(r+2)S_r S_{r+2} \\
&+ (r+1)(n-r-1)S_{r+1}S_{r+1} + S_1 S_{r+1}S_{r+2} \\
&+ (r+1)(r+3)S_{r+1}S_{r+3} - (r+2)^2 S_{r+2}^2.
\end{aligned}
$$

由于条件$S_{r+1} = 0$，有

$$-L_r S_{r+2} = -(n-r)(r+2)S_r S_{r+2} - (r+2)^2 S_{r+2}^2 + \sum_k |T_r D_k A|^2.$$

如果再作如下假设$L_r S_{r+2} = 0$. 有

$$(n-r)S_r S_{r+2} + (r+2)S_{r+2}^2 \geqslant 0,$$

或者

$$\frac{S_{r+2}}{S_r} \leqslant -\frac{n-r}{r+2}.$$

那么用算子P_1作用于函数S_{r+2}上，并注意到已知$S_r > 0$, $S_{r+1} = 0$, $S_{r+2} < 0$，有

$$
\begin{aligned}
S_{r+2}P_1 S_{r+2} &= S_{r+2}\left[-\frac{L_r}{S_r} + (r+2)\frac{S_{r+2}}{S_r}\right]S_{r+2} \\
&= \frac{S_{r+2}}{S_r}[-L_r S_{r+2} + (r+2)S_{r+2}^2] \\
&= \frac{(r+2)S_{r+2}^3}{S_r} \\
&\leqslant -(n-r)(S_{r+2})^2.
\end{aligned}
$$

于是

$$\lambda_1 \leqslant -(n-r).$$

这实际上证明了如下引理:

引理 8.6 设$x : M^n \to S^{n+1}(1)$是紧致无边的子流形，满足条件

$$S_{r+1} = 0,\ \ S_{r+2} < 0,\ \ L_r S_{r+2} = 0,$$

则算子P_1的第一特征值有估计为$\lambda_1 \leqslant -(n-r)$.

一个自然的推论就是

推论 8.1 设$x : M^n \to S^{n+1}(1)$是紧致无边的子流形，满足条件

$$S_{r+1} = 0, \quad S_{r+2} = \text{constant} < 0. \tag{8.16}$$

则算子P_1的第一特征值有估计为$\lambda_1 \leqslant -(n-r)$.

由引理8.5和8.6有

$$\lambda_1 + \delta_1 \leqslant -(n-r) + \left(\frac{\pi}{\ln \epsilon}\right)^2 + \frac{(n-r-1)^2}{4}$$
$$= \left(\frac{\pi}{\ln \epsilon}\right)^2 + \frac{[n-r-(3-2\sqrt{2})][n-r-(3+2\sqrt{2})]}{4},$$

因为$0 < 3-2\sqrt{2} < 1$，$5 < 3+2\sqrt{2} < 6$，所以当$n-r \in [2,5]$时，总存在充分小的ϵ使得$\lambda_1 + \delta_1 < 0$。由引理8.4，这就证明了下面结论：

定理 8.5 设$x : M^n \to S^{n+1}(1)$是紧致无边的子流形，满足条件

$$S_{r+1} = 0,\ S_{r+2} < 0,\ L_r S_{r+2} = 0,$$

当$(n-r) \in [2,5]$时，总存在充分小的ϵ，使得M对应的锥CM_ϵ是不稳定的。 ◇

推论 8.2 设$x : M^n \to S^{n+1}(1)$是紧致无边的子流形，满足条件

$$S_{r+1} = 0,\ S_{r+2} = \text{constant} < 0,$$

当$(n-r) \in [2,5]$时，总存在充分小的ϵ使得M对应的锥CM_ϵ是不稳定的。

注释 8.1 以上推论在文献[5]中亦得到。

对于$(n-r) \geqslant 6$的情形，我们总能构造稳定的锥。先看一个例子。

例 8.1 设$0 < a < 1$，$M : S^{n-1}(a) \times S^1(\sqrt{1-a^2}) \to S^{n+1}(1)$. 计算如下：

$$k_1 = \cdots = k_{n-1} = \frac{\sqrt{1-a^2}}{a},\quad k_n = -\frac{a}{\sqrt{1-a^2}},$$
$$S_r = C_{n-1}^r \left(\frac{\sqrt{1-a^2}}{a}\right)^r - C_{n-1}^{r-1}\left(\frac{\sqrt{1-a^2}}{a}\right)^{r-2},$$
$$= \frac{(n-1)!}{(r-1)!(n-r-1)!}\left(\frac{\sqrt{1-a^2}}{a}\right)^{r-2}\left(\frac{1-a^2}{ra^2} - \frac{1}{n-r}\right),$$
$$S_{r+1} = \frac{(n-1)!}{(r)!(n-r-2)!}\left(\frac{\sqrt{1-a^2}}{a}\right)^{r-1}\left(\frac{1-a^2}{(r+1)a^2} - \frac{1}{n-r-1}\right),$$
$$S_{r+2} = \frac{(n-1)!}{(r+1)!(n-r-3)!}\left(\frac{\sqrt{1-a^2}}{a}\right)^{r}\left(\frac{1-a^2}{(r+2)a^2} - \frac{1}{n-r-2}\right),$$
$$S_{r+1} = 0 \Rightarrow a = \sqrt{\frac{n-r-1}{n}}.$$

此时

$$S_r > 0,\ S_{r+2} = \text{constant} < 0,\ \frac{S_{r+2}}{S_r} = -\frac{n-r}{r+2}.$$

对于算子P_1，有$P_1 = -\frac{1}{S_r}L_r-(n-r)$. 因为$M$为闭的，所以$L_r$为椭圆算子，则$\lambda_1(L_r) = 0$，因此

$$\lambda_1 = -(n-r),$$

$$\delta_1 + \lambda_1 = \left(\frac{\pi}{\ln\epsilon}\right)^2 + \frac{[n-r-(3-2\sqrt{2})][n-r-(3+2\sqrt{2})]}{4}.$$

当$(n-r) \geqslant 6$时，对任意的 ϵ，有 $\delta_1 + \lambda_1 > 0$.

实际上，我们证明了下面结论：

定理 8.6 设

$$M = S^{n-1}\left(\sqrt{\frac{n-r-1}{n}}\right) \times S^1\left(\sqrt{\frac{r+1}{n}}\right) \to S^{n+1},$$

则 M 满足

$$S_r = \text{constant} > 0,$$

$$S_{r+1} = 0,$$

$$S_{r+2} = \text{constant} < 0,$$

$$\frac{S_{r+2}}{S_r} = -\frac{n-r}{r+2}.$$

算子P_1的第一特征值为$\lambda_1 = -(n-r)$. 如果还有$(n-r) \geq 6$，则对于任何ϵ，锥CM_ϵ都是稳定的。 ◇

注释 8.2 在文章[5]中处理了以上更加复杂和一般的情形。

第 9 章　Robert Reilly 型泛函

本章主要研究Robert Reilly型泛函，参见论文[39]。这是一类相当广泛的泛函，很多特殊的泛函都是其特殊情形。可以看出，本章构造的泛函相比Reilly的构造要更广泛一些。

9.1　一般超曲面

本节主要研究一般流形中的超曲面的Robert Reilly泛函。其表达式如下：

$$R_I(x) = \int_M F(\sigma, S_1, \cdots, S_n)\mathrm{d}v,$$

其中F是一个光滑函数，根据不同的需要取不同的表达。记

$$\begin{aligned}
&F:\ R_+ \times R^n \to R,\ \ (u_0, \cdots, u_n) \to F(u_0, \cdots, u_n),\\
&F_0 = \frac{\partial F}{\partial u_0},\ \ F_i = \frac{\partial F}{\partial u_i},\\
&F_{00} = \frac{\partial^2 F}{\partial {u_0}^2},\ \ F_{0i} = \frac{\partial^2 F}{\partial u_0 \partial u_i},\\
&F_{ij} = \frac{\partial^2 F}{\partial u_i \partial u_j}.
\end{aligned}$$

定理 9.1　设$x: M^n \to N^{n+1}$是超曲面，它是泛函$R_I(x)$的临界点当且仅当满足方程

$$\begin{aligned}
&2(F_0 h_{ij})_{,ji} + 2\mathrm{tr}(A^3)F_0 + 2F_0 h_{ij}\bar{R}_{i(n+1)(n+1)j}\\
&\quad + (F_r)_{,ji}T_{(r)}{}^i_j + (F_r)_{,i}T_{(r)}{}^i_{j,j} + (F_r)_{,j}T_{(r)}{}^i_{j,i}\\
&\quad + F_r T_{(r)}{}^i_{j,ji} + F_r S_r S_1 - (r+1)F_r S_{r+1}\\
&\quad + F_r T_{(r-1)}{}^i_j \bar{R}_{(n+1)ij(n+1)} - FS_1 = 0.
\end{aligned} \tag{9.1}$$

◇

证明

$$
\begin{aligned}
&\frac{\mathrm{d}}{\mathrm{d}t}R(x_t)\\
&=\int_{M_t} F_0\frac{\mathrm{d}\sigma}{\mathrm{d}t}+\sum_i F_i\frac{\mathrm{d}S_i}{\mathrm{d}t}+F(\sum_i V^i_{,i}-S_1f)\mathrm{d}v_t\\
&=\int_{M_t} F_0[2h_{ij}f_{,ij}+\sigma_{,p}V^p+2\mathrm{tr}(A^3)f\\
&\quad+2h_{ij}\bar{R}_{i(n+1)(n+1)j}f]+F_r\Big\{[T_{(r)ij}f]_{,ij}-[T_{(r)ij,j}f]_{,i}\\
&\quad-[T_{(r)ij,i}f]_{,j}+[T_{(r)ij,ji}f]+S_{r,p}V^p+S_rS_1f\\
&\quad-(r+1)S_{r+1}f+T_{(r-1)ij}\bar{R}_{(n+1)ij(n+1)}f\Big\}\\
&\quad-(F_0\sigma_{,i}+F_rS_{r,i})V^i-FS_1f\mathrm{d}v_t\\
&=\int_{M_t} 2(F_0h_{ij})_{,ji}f+F_0\sigma_{,p}V^p+2\mathrm{tr}(A^3)F_0f\\
&\quad+2F_0h_{ij}\bar{R}_{i(n+1)(n+1)j}f+(F_r)_{,ji}T_{(r)ij}f\\
&\quad+(F_r)_{,i}T_{(r)ij,j}f+(F_r)_{,j}T_{(r)ij,i}f\\
&\quad+F_rT_{(r)ij,ji}f+F_rS_{r,p}V^p+F_rS_rS_1f\\
&\quad-(r+1)F_rS_{r+1}f+F_rT_{(r-1)ij}\bar{R}_{(n+1)ij(n+1)}f\\
&\quad-F_0\sigma_{,i}V^i-F_rS_{r,i}V^i-FS_1f\mathrm{d}v_t\\
&=\int_{M_t}[2(F_0h_{ij})_{,ji}+2\mathrm{tr}(A^3)F_0+2F_0h_{ij}\bar{R}_{i(n+1)(n+1)j}\\
&\quad+(F_r)_{,ji}T_{(r)}{}^i_j+(F_r)_{,i}T_{(r)}{}^i_{j,j}+(F_r)_{,j}T_{(r)}{}^i_{j,i}\\
&\quad+F_rT_{(r)}{}^i_{j,ji}+F_rS_rS_1-(r+1)F_rS_{r+1}\\
&\quad+F_rT_{(r-1)}{}^i_j\bar{R}_{(n+1)ij(n+1)}-FS_1]f\mathrm{d}v_t.
\end{aligned}
$$

□

推论 9.1 设$x:M^n\to R^{n+1}(c)$是超曲面，它是泛函$R_I(x)$的临界点当且仅当满足方程

$$
\begin{aligned}
&2(F_0h_{ij})_{,ji}+2\mathrm{tr}(A^3)F_0+2ncF_0H\\
&\quad+(F_r)_{,ji}T_{(r)}{}^i_j+F_rS_rS_1-(r+1)F_rS_{r+1}\\
&\quad+c(n-r+1)F_rS_{r-1}-FS_1=0.
\end{aligned}\tag{9.2}
$$

推论 9.2 设$x: M^n \to R^{n+1}(c)$是等参超曲面，它是泛函$R_I(x)$的临界点当且仅当满足方程

$$\begin{aligned}&2\mathrm{tr}(A^3)F_0 + 2ncF_0H + F_rS_rS_1 - (r+1)F_rS_{r+1}\\&+ c(n-r+1)F_rS_{r-1} - FS_1 = 0.\end{aligned} \tag{9.3}$$

结合第3.3节的众多例子，我们可以构造满足临界点方程的子流形。

9.2 欧氏空间中超曲面

本节主要研究欧氏空间中的Robert Reilly 泛函，记为

$$R_{II}(x) = \int_M F(\sigma, S_1, \cdots, S_n, |x|^2, \langle x, N\rangle)\mathrm{d}v.$$

定理 9.2 设$x: M \to E^{n+1}$是欧氏空间中的紧致无边超曲面，它是泛函$R_{II}(x)$的临界点当且仅当满足方程

$$\begin{aligned}&2(F_0h_{ij})_{,ji} + 2\mathrm{tr}(A^3)F_0 + T_{(r)ij}(F_r)_{,ji} + S_rS_1F_r\\&- (r+1)S_{r+1}F_r + 2F_{n+1}\langle N, x\rangle + (n+1)F_{n+2}\\&+ (F_{n+2})_{,i}\langle x, e_i\rangle + nHF_{n+2}\langle x, N\rangle - FS_1 = 0.\end{aligned} \tag{9.4}$$

◇

证明

$$\begin{aligned}\frac{\mathrm{d}}{\mathrm{d}t}R_{II}(x_t) =& \int_{M_t} F_0\frac{\mathrm{d}}{\mathrm{d}t}\sigma + F_r\frac{\mathrm{d}}{\mathrm{d}t}S_r\\&+ F_{(n+1)}\frac{\mathrm{d}}{\mathrm{d}t}|x|^2 + F_{n+2}\frac{\mathrm{d}}{\mathrm{d}t}\langle x, N\rangle + F(V^i_{,i} - S_1f)\mathrm{d}v_t\\=& \int_{M_t} F_0[2h_{ij}f_{,ij} + \sigma_{,p}V^p + \sum 2\mathrm{tr}(A^3)f]\\&+ F_r[T_{(r)ij}f_{,ij} + S_{r,p}V^p + S_rS_1f - (r+1)S_{r+1}f]\\&+ 2F_{n+1}\langle V^ie_i + fN, x\rangle + F_{n+2}(f - L^{n+1}_i\langle x, e_i\rangle)\\&- (F_0\sigma_{,i} + F_rS_{r,i} + 2F_{n+1}\langle x, e_i\rangle + F_{n+2}\langle N, e_i\rangle\\&- F_{n+2}h_{ij}\langle x, e_j\rangle)V^i - FS_1f\mathrm{d}v_t\\=& \int_{M_t} 2h_{ij}F_0f_{,ij} + F_0\sigma_{,p}V^p + 2\mathrm{tr}(A^3)F_0f\end{aligned}$$

$$
\begin{aligned}
&+F_rT_{(r)ij}f_{,ij}+F_rS_{r,p}V^p+S_rS_1F_rf-(r+1)S_{r+1}F_rf\\
&+2F_{n+1}\langle e_i,x\rangle V^i+2F_{n+1}\langle N,x\rangle f\\
&+F_{n+2}f-F_{n+2}(f_{,i}+h_{ij}V^j)\langle x,e_i\rangle)\\
&-F_0\sigma_{,i}V^i-F_rS_{r,i}V^i-2F_{n+1}\langle x,e_i\rangle V^i\\
&+F_{n+2}h_{ij}V^i\langle x,e_j\rangle-FS_1f\mathrm{d}v_t\\
=&\int_{M_t}2h_{ij}F_0f_{,ij}+2\mathrm{tr}(A^3)F_0f\\
&+F_rT_{(r)ij}f_{,ij}+S_rS_1F_rf-(r+1)S_{r+1}F_rf\\
&+2F_{n+1}\langle N,x\rangle f+F_{n+2}f-F_{n+2}f_{,i}\langle x,e_i\rangle-FS_1f\mathrm{d}v_t\\
=&\int_{M_t}[2(F_0h_{ij})_{,ji}+2\mathrm{tr}(A^3)F_0+T_{(r)ij}(F_r)_{,ji}\\
&+S_rS_1F_r-(r+1)S_{r+1}F_r+2F_{n+1}\langle N,x\rangle+(n+1)F_{n+2}\\
&+(F_{n+2})_{,i}\langle x,e_i\rangle+nHF_{n+2}\langle x,N\rangle-FS_1]f\mathrm{d}v_t.
\end{aligned}
$$

□

9.3 高余维一般子流形

本节研究余维数大于 1 的一般子流形的Robert Reilly泛函。根据维数的不同，表达式如下：

（1）当$\dim_R M=n=2m$时，有

$$R_{\mathrm{III}.1}(x)=\int_M F(\sigma,|\vec{S}_1|^2,S_2,\cdots,|\vec{S}_{2m-1}|^2,S_{2m})\mathrm{d}v.$$

（2）当$\dim_R M=n=2m+1$时，有

$$R_{\mathrm{III}.2}(x)=\int_M F(\sigma,|\vec{S}_1|^2,S_2,\cdots,S_{2m},|\vec{S}_{2m+1}|^2)\mathrm{d}v.$$

（3）为了统一处理，记以上两个表达式为

$$R_{\mathrm{III}}(x)=\int_M F(\sigma,\underbrace{|\vec{S}_r|^2}_{\mathrm{odd}},\underbrace{S_r}_{\mathrm{even}})\mathrm{d}v.$$

定理 9.3 设$x:M\to N^{n+p}$是高余维子流形，它是泛函$R_{\mathrm{III}}(x)$的临界点当

且仅当对任意的α满足方程

$$
\begin{aligned}
&2(F_0h^{\alpha}_{ij})_{,ji}+\sum 2F_0\mathrm{tr}(A_\beta A_\beta A_\alpha)-\sum 2F_0h^{\beta}_{ij}\bar{R}^{\beta}_{ij\alpha}\\
&+\sum_{r=\mathrm{odd}}\Big\{\sum_{ij}[\frac{2(r-1)}{r}(F_rS^{\beta}_{r})_{,ji}T_{(r-3,2)}{}^{\alpha\beta}_{i;j}+\frac{2}{r}(F_rS^{\alpha}_{r})_{,ji}T_{(r-1)_{ij}}]\\
&+\sum_{ij}[\frac{2(r-1)}{r}(F_rS^{\beta}_{r})_{,j}T_{(r-3,2)}{}^{\alpha\beta}_{i;j,i}+\frac{2}{r}(F_rS^{\alpha}_{r})_{,j}T_{(r-1)_{ij,i}}]\\
&+\sum_{ij}[\frac{2(r-1)}{r}(F_rS^{\beta}_{r})_{,i}T_{(r-3,2)}{}^{\alpha\beta}_{i;j,j}+\frac{2}{r}(F_rS^{\alpha}_{r})_{,i}T_{(r-1)_{ij,j}}]\\
&+\sum_{ij}[\frac{2(r-1)}{r}F_rS^{\beta}_{r}T_{(r-3,2)}{}^{\alpha\beta}_{i;j,ji}+\frac{2}{r}F_rS^{\alpha}_{r}T_{(r-1)_{ij,ji}}]\\
&+2nF_r|\vec{S}_r|^2H^{\alpha}-2(r+1)F_rS^{\beta}_{r}\sum_{\beta}T_{(r-1,2)}{}^{\alpha\beta}_{\emptyset}\\
&-\sum_{ij\beta\gamma}[\frac{2(r-1)}{r}F_rS^{\gamma}_{r}T_{(r-3,2)}{}^{\gamma\beta}_{i;j}\bar{R}^{\beta}_{ij\alpha}+\frac{2}{r}F_rS^{\beta}_{r}T_{(r-1)_{ij}}\bar{R}^{\beta}_{ij\alpha}]\Big\}\\
&+\sum_{r=\mathrm{evev}}[\sum_{ij}(F_r)_{,ji}T_{(r)}{}^{\alpha}_{ij}+\sum_{ij}(F_r)_{,i}T_{(r)}{}^{\alpha}_{ij,j}\\
&+\sum_{ij}(F_r)_{,j}T_{(r)}{}^{\alpha}_{ij,i}+\sum_{ij}F_rT_{(r)}{}^{\alpha}_{ij,ji}+F_rS_rnH^{\alpha}\\
&-F_r(r+1)S^{\alpha}_{r+1}-\sum_{ij\alpha\beta}F_rT_{(r-1)}{}^{\beta}_{ij}\bar{R}^{\beta}_{ij\alpha}]-nFH^{\alpha}=0. \qquad (9.5)
\end{aligned}
$$

◇

证明

$$
\begin{aligned}
&\frac{\mathrm{d}}{\mathrm{d}t}R_{III}(x_t)\\
&=\int_{M_t}\Big\{F_0[2h^{\alpha}_{ij}V^{\alpha}_{,ij}+\sigma_{,p}V^p+\sum 2h^{\alpha}_{ij}h^{\alpha}_{ip}h^{\beta}_{pj}V^{\beta}-\sum 2h^{\alpha}_{ij}\bar{R}^{\alpha}_{ij\beta}V^{\beta}]\\
&+\sum_{\mathrm{odd}}F_r2S^{\alpha}_{r}[\sum_{ij}[\sum_{\beta}\frac{r-1}{r}T_{(r-3,2)}{}^{\alpha\beta}_{i;j}V^{\beta}+\frac{1}{r}T_{(r-1)_{ij}}V^{\alpha}]_{,ij}\\
&-\sum_{ij}[\frac{r-1}{r}T_{(r-3,2)}{}^{\alpha\beta}_{i;j,i}V^{\beta}+\frac{1}{r}T_{(r-1)_{ij,i}}V^{\alpha}]_{,j}\\
&-\sum_{ij}[\frac{r-1}{r}T_{(r-3,2)}{}^{\alpha\beta}_{i;j,j}V^{\beta}+\frac{1}{r}T_{(r-1)_{ij,j}}V^{\alpha}]_{,i}\\
&+\sum_{ij}[\frac{r-1}{r}T_{(r-3,2)}{}^{\alpha\beta}_{i;j,ji}V^{\beta}+\frac{1}{r}T_{(r-1)_{ij,ji}}V^{\alpha}]+\sum_{p}S^{\alpha}_{r,p}V^p\\
&-\sum_{\beta}S^{\beta}_{r}L^{\alpha}_{\beta}+S^{\alpha}_{r}\langle\vec{S}_1,V\rangle-(r+1)\sum_{\beta}T_{(r-1,2)}{}^{\alpha\beta}_{\emptyset}V^{\beta}
\end{aligned}
$$

$$
\begin{aligned}
&-\sum_{ij\beta\gamma}[\frac{r-1}{r}T_{(r-3,2)}{}^{\alpha\beta}_{i;j}\bar{R}^{\beta}_{ij\gamma}V^{\gamma}+\frac{1}{r}T_{(r-1)ij}\bar{R}^{\alpha}_{ij\gamma}V^{\gamma}]]\\
&+\sum_{\text{even}}F_r[\sum_{ij}[T_{(r)}{}^{\alpha}_{ij}V^{\alpha}]_{,ij}-\sum_{ij}[T_{(r)}{}^{\alpha}_{ij,j}V^{\alpha}]_{,i}\\
&-\sum_{ij}[T_{(r)}{}^{\alpha}_{ij,i}V^{\alpha}]_{,j}+\sum_{ij}[T_{(r)}{}^{\alpha}_{ij,ji}V^{\alpha}]+\sum_{p}S_{r,p}V^{p}+S_r\langle\vec{S}_1,V\rangle\\
&-(r+1)\langle\vec{S}_{r+1},V\rangle-\sum_{ij\alpha\beta}T_{(r-1)}{}^{\alpha}_{ij}\bar{R}^{\alpha}_{ij\beta}V^{\beta}]-F_0\sigma_{,i}V^{i}\\
&-\sum_{\text{odd}}F_r2S^{\alpha}_{r}S^{\alpha}_{r,i}V^{i}-\sum_{\text{even}}F_rS_{r,i}V^{i}-F\langle\vec{S}_1,V\rangle\Big\}\mathrm{d}v_t \qquad (9.6)\\
=&\int_{M_t}\Big\{[2(F_0h^{\alpha}_{ij})_{,ji}V^{\alpha}+\sum 2F_0\mathrm{tr}(A_{\alpha}A_{\alpha}A_{\beta})V^{\beta}-\sum 2F_0h^{\alpha}_{ij}\bar{R}^{\alpha}_{ij\beta}V^{\beta}]\\
&+\sum_{\text{odd}}[\sum_{ij}2(F_rS^{\alpha}_{r})_{,ji}[\sum_{\beta}\frac{r-1}{r}T_{(r-3,2)}{}^{\alpha\beta}_{i;j}V^{\beta}+\frac{1}{r}T_{(r-1)ij}V^{\alpha}]\\
&+\sum_{ij}2(F_rS^{\alpha}_{r})_{,j}[\frac{r-1}{r}T_{(r-3,2)}{}^{\alpha\beta}_{i;j,i}V^{\beta}+\frac{1}{r}T_{(r-1)ij,i}V^{\alpha}]\\
&+\sum_{ij}2(F_rS^{\alpha}_{r})_{,i}[\frac{r-1}{r}T_{(r-3,2)}{}^{\alpha\beta}_{i;j,j}V^{\beta}+\frac{1}{r}T_{(r-1)ij,j}V^{\alpha}]\\
&+\sum_{ij}2F_rS^{\alpha}_{r}[\frac{r-1}{r}T_{(r-3,2)}{}^{\alpha\beta}_{i;j,ji}V^{\beta}+\frac{1}{r}T_{(r-1)ij,ji}V^{\alpha}]\\
&+2F_r|\vec{S}_r|^2\langle\vec{S}_1,V\rangle-(2F_rS^{\alpha}_{r})(r+1)\sum_{\beta}T_{(r-1,2)}{}^{\alpha\beta}_{\emptyset}V^{\beta}\\
&-\sum_{ij\beta\gamma}(2F_rS^{\alpha}_{r})[\frac{r-1}{r}T_{(r-3,2)}{}^{\alpha\beta}_{i;j}\bar{R}^{\beta}_{ij\gamma}V^{\gamma}+\frac{1}{r}T_{(r-1)ij}\bar{R}^{\alpha}_{ij\gamma}V^{\gamma}]]\\
&+\sum_{\text{even}}[\sum_{ij}(F_r)_{,ji}T_{(r)}{}^{\alpha}_{ij}V^{\alpha}+\sum_{ij}(F_r)_{,i}T_{(r)}{}^{\alpha}_{ij,j}V^{\alpha}\\
&+\sum_{ij}(F_r)_{,j}T_{(r)}{}^{\alpha}_{ij,i}V^{\alpha}+\sum_{ij}F_rT_{(r)}{}^{\alpha}_{ij,ji}V^{\alpha}+F_rS_rnH^{\alpha}V^{\alpha}\\
&-F_r(r+1)S^{\alpha}_{r+1}V^{\alpha}-\sum_{ij\alpha\beta}F_rT_{(r-1)}{}^{\beta}_{ij}\bar{R}^{\beta}_{ij\alpha}V^{\alpha}]-nFH^{\alpha}V^{\alpha}\Big\}\mathrm{d}v_t\\
=&\int_{M_t}\Big\{[2(F_0h^{\alpha}_{ij})_{,ji}+\sum 2F_0\mathrm{tr}(A_{\beta}A_{\beta}A_{\alpha})-\sum 2F_0h^{\beta}_{ij}\bar{R}^{\beta}_{ij\alpha}]\\
&+\sum_{\text{odd}}[\sum_{ij}[\frac{2(r-1)}{r}(F_rS^{\beta}_{r})_{,ji}T_{(r-3,2)}{}^{\alpha\beta}_{i;j}+\frac{2}{r}(F_rS^{\alpha}_{r})_{,ji}T_{(r-1)ij}]\\
&+\sum_{ij}[\frac{2(r-1)}{r}(F_rS^{\beta}_{r})_{,j}T_{(r-3,2)}{}^{\alpha\beta}_{i;j,i}+\frac{2}{r}(F_rS^{\alpha}_{r})_{,j}T_{(r-1)ij,i}]
\end{aligned}
$$

$$+\sum_{ij}[\frac{2(r-1)}{r}(F_rS_r^\beta)_{,i}T_{(r-3,2)}{}_{i;j,j}^{\alpha\beta}+\frac{2}{r}(F_rS_r^\alpha)_{,i}T_{(r-1)}{}_{ij,j}]$$

$$+\sum_{ij}[\frac{2(r-1)}{r}F_rS_r^\beta T_{(r-3,2)}{}_{i;j,ji}^{\alpha\beta}+\frac{2}{r}F_rS_r^\alpha T_{(r-1)}{}_{ij,ji}]$$

$$+2nF_r|\vec{S}_r|^2H^\alpha-2(r+1)F_rS_r^\beta\sum_\beta T_{(r-1,2)}{}_{\emptyset}^{\alpha\beta}$$

$$-\sum_{ij\beta\gamma}[\frac{2(r-1)}{r}F_rS_r^\gamma T_{(r-3,2)}{}_{i;j}^{\gamma\beta}\bar{R}_{ij\alpha}^\beta+\frac{2}{r}F_rS_r^\beta T_{(r-1)}{}_{ij}\bar{R}_{ij\alpha}^\beta]]$$

$$+\sum_{\text{even}}[\sum_{ij}(F_r)_{,ji}T_{(r)}{}_{ij}^\alpha+\sum_{ij}(F_r)_{,i}T_{(r)}{}_{ij,j}^\alpha$$

$$+\sum_{ij}(F_r)_{,j}T_{(r)}{}_{ij,i}^\alpha+\sum_{ij}F_rT_{(r)}{}_{ij,ji}^\alpha+F_rS_rnH^\alpha$$

$$-F_r(r+1)S_{r+1}^\alpha-\sum_{ij\alpha\beta}F_rT_{(r-1)}{}_{ij}^\beta\bar{R}_{ij\alpha}^\beta]-nFH^\alpha\Big\}V^\alpha\mathrm{d}v_t. \tag{9.7}$$

□

推论 9.3 设$x:M\to R^{n+p}(c)$是高余维子流形，它是泛函$R_{III}(x)$的临界点当且仅当对任意的α满足方程

$$2(F_0h_{ij}^\alpha)_{,ji}+\sum 2F_0\mathrm{tr}(A_\beta A_\beta A_\alpha)+2ncF_0H^\alpha$$

$$+\sum_{r=\text{odd}}[\frac{2(r-1)}{r}(F_rS_r^\beta)_{,ji}T_{(r-3,2)}{}_{i;j}^{\alpha\beta}+\frac{2}{r}(F_rS_r^\alpha)_{,ji}T_{(r-1)}{}_{ij}$$

$$+2nF_r|\vec{S}_r|^2H^\alpha-2(r+1)F_rS_r^\beta T_{(r-1,2)}{}_{\emptyset}^{\alpha\beta}$$

$$+\frac{2(r-1)(n-r+1)c}{r}F_rS_r^\beta T_{(r-3,2)}{}_{\emptyset}^{\alpha\beta}$$

$$+\frac{2c(n-r+1)}{r}F_rS_r^\alpha S_{r-1}]$$

$$+\sum_{r=\text{evev}}[\sum_{ij}(F_r)_{,ji}T_{(r)}{}_{ij}^\alpha+F_rS_rnH^\alpha$$

$$-F_r(r+1)S_{r+1}^\alpha+cF_rS_{r-1}^\alpha]-nFH^\alpha=0. \tag{9.8}$$

推论 9.4 设$x:M\to R^{n+p}(c)$是常主曲率高余维子流形，它是泛函$R_{III}(x)$的临界点当且仅当对任意的α满足方程

$$\sum 2F_0\mathrm{tr}(A_\beta A_\beta A_\alpha)+2ncF_0H^\alpha$$

$$+\sum_{r=\text{odd}}[2nF_r|\vec{S}_r|^2H^\alpha-2(r+1)F_rS_r^\beta T_{(r-1,2)}{}_{\emptyset}^{\alpha\beta}$$

$$+\frac{2(r-1)(n-r+1)c}{r}F_rS_r^\beta T_{(r-3,2)}{}_{\emptyset}^{\alpha\beta}$$

$$+\frac{2c(n-r+1)}{r}F_rS^{\alpha}_rS_{r-1}]$$

$$+\sum_{r=\text{evev}}[F_rS_rnH^{\alpha}-F_r(r+1)S^{\alpha}_{r+1}+cF_rS^{\alpha}_{r-1}]-nFH^{\alpha}=0. \tag{9.9}$$

9.4 欧氏空间高余维子流形

本节研究欧氏空间中余维数大于 1 的子流形的Robert Reilly泛函，根据维数的不同，表达式如下：

(1) 当$\dim_R M=n=2m$时，有

$$R_{IV.1}(x)=\int_M F(\sigma,|\vec{S}_1|^2,S_2,\cdots,|\vec{S}_{2m-1}|^2,S_{2m},|x|^2)\mathrm{d}v.$$

(2) 当$\dim_R M=n=2m+1$时，我们有

$$R_{IV.2}(x)=\int_M F(\sigma,|\vec{S}_1|^2,S_2,\cdots,S_{2m},|\vec{S}_{2m+1}|^2,|x|^2)\mathrm{d}v.$$

(3) 为了统一处理，记以上两个表达式为

$$R_{IV}(x)=\int_M F(\sigma,\underbrace{|\vec{S}_r|^2}_{\text{odd}},\underbrace{S_r}_{\text{even}},|x|^2)\mathrm{d}v.$$

定理 9.4 设$x:M\to E^{n+p}$是欧氏空间中的高余维子流形，它是泛函$R_{IV}(x)$的临界点当且仅当对任意的α满足方程

$$(2F_0h^{\alpha}_{ij})_{,ji}+2F_0\mathrm{tr}(A_{\beta}A_{\beta}A_{\alpha})+2F_{n+1}\langle x,e_{\alpha}\rangle-nFH^{\alpha}$$

$$+\sum_{r=\text{odd}}\{[\frac{2(r-1)}{r}(F_rS^{\beta}_r)_{,ji}T_{(r-3,2)}{}^{\alpha\beta}_{i;j}+\frac{2}{r}(F_rS^{\alpha}_r)_{,ji}T_{(r-1)ij}]$$

$$+2nF_r|\vec{S}_r|^2H^{\alpha}-(r+1)2F_rS^{\beta}_rT_{(r-1,2)}{}^{\alpha\beta}_{\emptyset}\}$$

$$+\sum_{r=\text{evev}}[(F_r)_{,ji}T_{(r)}{}^{\alpha}_{ij}+nS_rF_rH^{\alpha}$$

$$-(r+1)F_rS^{\alpha}_{r+1}+c(n-r+1)F_rS^{\alpha}_{r-1}]=0. \tag{9.10}$$

◇

证明

$$\frac{\mathrm{d}}{\mathrm{d}t}R_{IV}(x_t)=\int_M F_0\frac{\mathrm{d}}{\mathrm{d}t}\sigma+\sum_{r=\text{odd}}F_r\frac{\mathrm{d}}{\mathrm{d}t}|\vec{S}_r|^2+\sum_{r=\text{evev}}F_r\frac{\mathrm{d}}{\mathrm{d}t}S_r$$

$$+F_{n+1}\frac{\mathrm{d}}{\mathrm{d}t}|x|^2+F(V^i_{,i}-nH^{\alpha}V^{\alpha})$$

$$
\begin{aligned}
=\int_M & F_0[2h_{ij}^{\alpha}V_{,ij}^{\alpha}+\sigma_{,p}V^p+2\mathrm{tr}(A_\beta A_\beta A_\alpha)V^{\alpha}]\\
&+\sum_{r=\mathrm{odd}}2F_rS_r^{\alpha}[\frac{r-1}{r}T_{(r-3,2)}{}_{i;j}^{\alpha\beta}V^{\beta}+\frac{1}{r}T_{(r-1)ij}V^{\alpha}]_{,ij}\\
&+S_{r,p}^{\alpha}V^p-S_r^{\beta}L_{\beta}^{\alpha}+S_r^{\alpha}\langle\vec{S}_1,V\rangle-(r+1)T_{(r-1,2)}{}_{\emptyset}^{\alpha\beta}V^{\beta}\\
&+\sum_{r=\mathrm{evev}}F_r[[T_{(r)}{}_{ij}^{\alpha}V^{\alpha}]_{,ij}+S_{r,p}V^p+S_r\langle\vec{S}_1,V\rangle\\
&-(r+1)\langle\vec{S}_{r+1},V\rangle+c(n-r+1)\langle\vec{S}_{r-1},V\rangle]\\
&+2F_{n+1}\langle x,e_i\rangle V^i+2F_{n+1}\langle x,e_{\alpha}\rangle V^{\alpha}\\
&-F_0\sigma_{,i}V^i-\sum_{r=\mathrm{odd}}2F_rS_r^{\alpha}S_{r,i}^{\alpha}V^i\\
&-\sum_{r=\mathrm{evev}}F_rS_{r,i}V^i-2F_{n+1}\langle x,e_i\rangle V^i-nFH^{\alpha}V^{\alpha}\mathrm{d}v_t\\
=\int_M & \Big\{(2F_0h_{ij}^{\alpha})_{,ji}+2F_0\mathrm{tr}(A_\beta A_\beta A_\alpha)\\
&+\sum_{r=\mathrm{odd}}[\frac{2(r-1)}{r}(F_rS_r^{\beta})_{,ji}T_{(r-3,2)}{}_{i;j}^{\alpha\beta}+\frac{2}{r}(F_rS_r^{\alpha})_{,ji}T_{(r-1)ij}]\\
&+2nF_r|\vec{S}_r|^2H^{\alpha}-(r+1)2F_rS_r^{\beta}T_{(r-1,2)}{}_{\emptyset}^{\alpha\beta}\\
&+\sum_{r=\mathrm{evev}}[(F_r)_{,ji}T_{(r)}{}_{ij}^{\alpha}+nS_rF_rH^{\alpha}\\
&-(r+1)F_rS_{r+1}^{\alpha}+c(n-r+1)F_rS_{r-1}^{\alpha}]\\
&+2F_{n+1}\langle x,e_{\alpha}\rangle-nFH^{\alpha}\Big\}V^{\alpha}\mathrm{d}v_t.
\end{aligned}
$$

□

参考文献

[1] Abresch U. Isoparametric hypersurfaces with four or six distinct principal curvatures[J]. Mathematics Annalen,1983,264:283-302.

[2] Alencar H, Do Carmo M, Elbert M F. Stability of hypersurfaces with vanishing r-mean curvatures in Euclidean spaces[J]. Journal of Reine Angrew Mathematics,2003,554:201-206.

[3] Barbosa J L M,Colares A G. Stability of hypersurfaces with constant r-mean curature[J].Annals of Global Analysis and Geometry,1997,15:277-297.

[4] Barbosa J L M, Do Carmo M. On stability of cones in R^{n+1} with zero scalar curvature[J]. Annals of Global Analysis and Geometry, 2005,28:107-122.

[5] Barros A,Sousa P. Stability of r-minimal cones in R^{n+1}[J]. Journal of Geometry and Physics,2008,58:1407-1416.

[6] Besse L Arthur. Einstein manifolds[M]. Berlin Heidelberg: Springer-Verlag,1987.

[7] Cai M. L^p Willmore functionals[J]. Proceeding of American Mathematical Society, 1999,127:569-575.

[8] Cao L F,Li H Z. r-minimal submanifolds in space forms[J].Annals of Global Analysis and Geometry,2007,32: 311-341.

[9] Cartan E. Familles de surfaces isoparamètriques dans les espaces *à* courbure constante[J]. Annali di Mathematics, 1938,17:177 - 191.

[10] Cartan E. Sur des familles remarquables d*h́*ypersurfaces isoparamètriques dans les espaces sphèriques [J]. Mathematics Zeit, 1939, 45:335 - 367.

[11] Chen B Y. Some conformal invariants of submanifolds and their applications[J]. Bulletin of Union Mathematics Italy, 1974,10:380-385.

[12] Cheng S Y,Yau S T. Hypersurface with constant scalar curvature[J]. Mathematics Annalen,1977,225:195-204.

[13] Chern S S. Minimal submanifolds in a Riemannian manifold[D]. University of Kansas,Lawrence. 1968.

[14] Chern S S. Do Carmo M.,Kobayashi S. Minimal submanifolds of a sphere with second fundamental form of constant length// Functional Analysis and Related Fields[G]. Berlin:Springer-Verlag,1970.

[15] Do Carmo M, Elbert M F. On stable complete hypersurface with vanishing r -mean curvature[J]. Tohoku Mathematics Journal, 2004, 56(2): 155-162.

[16] Ge J Q,Tang Z Z. Isoparametric functions and exotic spheres[R]. arXiv:1003.0355.

[17] Ge J Q,Tang Z Z. Geometry of isoparametric hypersurafces in Riemannian manifolds[R]. arXiv:1006.2577.

[18] Ge J Q,Tang Z Z. Chern conjecture and isoparametric hypersurfaces[R]. arXiv:1008.3683.

[19] Ge J Q,Xie Y Q. Gradient map of isoparametric polynomial and its application to Ginzburg-Landau system[J]. Journal of Functional Analysis,2010,258:1682 - 1691.

[20] Guo Z,Li H Z,Wang C P. The second variation of formula for Willmore submanifolds in S^n[J]. Results in Mathematics, 2001,40:205-225.

[21] Guo Z,Li H Z. A variational problem for submanifolds in a sphere[J]. Monatsh Mathematics, 2007,152:295-302.

[22] He Y J,Li H Z. Stability of area-preserving variation in space forms[J]. Annals of Global Analysis and Geometry,2008,34:55-68.

[23] Hounie J,Leite M Luiza. The maximum principle for hypersurfaces with vanishing curvature[J]. Journal of Differential Geometry , 1995,41:247-258.

[24] Hu Z J, Li H Z. Willmore submanifolds in Riemannian manifolds // Proceedings of the Workshop, Contemporary Geometry and Related Topics [G]. World Scientific. May 2005:251-275.

[25] Huisken G. Flow by mean curvature of convex surfaces in to shperes[J]. Journal of Differential Geometry , 1984,20:237-266.

[26] Li H Z. Global rigidity theorems of Hypersurfaces[J]. Arkerdive Mathematics,1997,35:327-351.

[27] Li H Z. Willmore hypersurfaces in a sphere[J]. Asian Journal of Mathematics,2001,5:365-378.

[28] Li H Z. Willmore surfaces in a sphere[J].Annals of Global Analysis and Geometry,2002,21:203-213.

[29] Li H Z. Willmore submanifolds in a sphere[J]. Mathematics Research Letters,2002,9:771-790.

[30] Li H Z,Simon U. Quantization of curvature for compact surfaces in a sphere[J]. Mathematics Zeit, 2003,245:201-216.

[31] Korevaar,J Nicholas. Sphere theorems via Alexandrov for constant weingarten curvature hypersurface-Appendix to a note of A.Ros[J].Journal of Differential Geometry , 1988,27:221-223.

[32] Munzner H F. Isoparametrische hyperflachen in sharen I[J].Mathematics Annalen,1980,251:57-71.

[33] Nomizu K. Some results in E.cartan's theory of isoparametric families[J]. Bulletin of American Mathematical Society, 1973,79:1183-1188.

[34] Pedit F J,Willmore T J. Conformal geometry[D]. Atti Sem. Mat. Fis. Univ. Modena XXXVI,1988:237-245.

[35] Peng J G,Tang Z Z. Brouwer degrees of gradient maps of isoparametric functions[J]. Science in China Series A,1996,39(11):1131-1139.

[36] Reilly C R. Variational peoperties of functions of the mean curvatures for hypersurfaces in space forms[J].Journal of Differential Geometry , 1973,8:465-477.

[37] Simons J. Minimal varieties in Riemannian manifolds[J]. Annals of Mathematics, 1968,88(1):62-105.

[38] Stolz S. Multiplicities of Dupin hypersurfaces[J]. Invention Mathematics, 1999,138:253-279.

[39] Takahashi T. Minimal immersions of Riemannian manifolds[J]. Journal of Mathematics Society of Japan, 1966,18:380-385.

[40] Tang Z Z. Isoparametric hypersurfaces with four distinct principal curvatures[J]. Chinese Science, Bulletin ,1991,36:1237-1240.

[41] Tang Z Z. Multiplicities of equifocal hypersurfaces in symmetric spaces [J]. Asian Journal of Mathematics, 1998,2:181 - 214.

[42] Willmore T J. Total curvature in Riemannian geometry[M]. Ellis Horwood Ltd.,1982.

[43] Willmore T J. Riemannian geometry[M]. London:Oxford Science Pub, Clarendon Press,1993.

[44] 陈省身，陈维桓. 微分几何讲义[M]. 第二版. 北京:北京大学出版社,2001.

[45] 丘成桐，孙理察. 微分几何讲义[M]. 北京:高等教育出版社,2004.